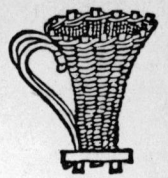

Die Apokalypsen der Menschheit

Isaac Asimov

Die Apokalypsen der Menschheit

Katastrophen, die unsere Welt bedrohen

Aus dem Amerikanischen
von Hermann-Michael Hahn

Kiepenheuer & Witsch

Zuerst erschienen unter dem Titel
A Choice of Catastrophes bei Simon & Schuster, New York, 1979
© 1979 by Isaac Asimov
Aus dem Amerikanischen von Hermann-Michael Hahn
© 1982 by Verlag Kiepenheuer & Witsch, Köln
Satz-Studio Hülskötter, Burscheid
Druck und Bindearbeiten Mohn-Druck, Gütersloh
Schutzumschlag Hannes Jähn, Köln
ISBN 3 462 01516 8

Inhalt

Einleitung

Das Wort »Katastrophe« stammt aus dem Griechischen und bedeutet soviel wie »auf den Kopf stellen«. Ursprünglich wurde es verwendet, um den überraschenden Ausgang eines Theaterstückes zu beschreiben, konnte daher also sowohl eine positive als auch negative Bedeutung haben.

Bei einer Komödie ist der Schluß ein Happy-End: Nach zahllosen Verwirrungen und Mißverständnissen, Liebesschmerz und Enttäuschungen wird schließlich alles auf den Kopf gestellt, wenn die Liebenden am Ende doch vereint sind. Die Katastrophe in einer Komödie ist daher eine Umarmung oder gar eine Hochzeit. Eine Tragödie dagegen schließt mit einem traurigen Ausgang. Alles Kämpfen und Streben erweist sich am Ende als vergeblich, der Held erkennt, daß das Schicksal gegen ihn gerichtet ist, der katastrophale Schlußakt ist der Tod des Helden.

Weil aber Tragödien in der Regel den Zuschauer mehr betroffen machen als Komödien und daher tiefer in der Erinnerung verhaftet bleiben, wurde das Wort »Katastrophe« immer stärker mit dem tragischen Ausgang eines Dramas in Verbindung gebracht als mit dem fröhlichen Ende eines Lustspiels. So benutzen auch wir es heute allgemein, wenn es um irgendein dramatisches, schreckliches Ende geht — und von solchen Katastrophen handelt auch dieses Buch.

Das Ende wovon aber? Unser Ende, natürlich; das Ende der Menschheit. Wenn wir die Menschheitsgeschichte als ein tragisches Theaterstück ansehen, dann wäre das Ende der Menschheit sogar auch im ursprünglichen Sinne eine Katastrophe. Was aber könnte das Ende der Menschheit heraufbeschwören?

Nun, zum Beispiel könnten sich die Bedingungen im Universum als Ganzem so verändern, daß es unbewohnbar würde. Wenn das Universum seine lebenserhaltenden Eigenschaften verlöre, könnte auch die Menschheit nicht fortbestehen; eine solche Veränderung wollen wir »Katastrophe der ersten Art« nennen. Natürlich muß sich nicht das gesamte Universum verändern, um das Überleben der Menschheit unmöglich zu machen. Es genügt eine Zustandsänderung der Sonne allein, und das ganze Planetensystem wird unbewohnbar. Dann bleibt das übrige Universum zwar so friedlich, wie es heute ist, doch das Ende der Menschheit wäre dennoch unausweichlich. Dies wäre eine »Katastrophe der zweiten Art«.

Nicht einmal die Sonne muß ihr gegenwärtiges Aussehen verändern, um das Leben auf der Erde zu gefährden. Vorgänge auf unserem Planeten selbst könnten diesen Planeten verwüsten, so daß die Menschheit nicht weiter existieren kann. Dann würde selbst das Sonnensystem als Ganzes weiterhin so bestehen wie heute — mit von der Sonne angestrahlten (und mit Energie versorgten) Planeten; einzig der dritte Planet (von der Sonne aus gezählt) wäre nicht länger von Menschen bewohnt. Dies wollen wir eine »Katastrophe der dritten Art« nennen.

Wir können uns auch als Veränderung Ereignisse vorstellen, die nur das menschliche Leben auf diesem Planeten beeinflussen und auslöschen, andere Lebensformen dagegen unberührt lassen. Dann wird die Evolution auf der Erde weitergehen — ohne uns. Dies wäre eine »Katastrophe der vierten Art«.

Wenn wir noch einen Schritt weitergehen, so kommen wir zu Ereignissen, die zwar die Menschheit überleben lassen, sie in ihrer technologischen und kulturellen Entwicklung dagegen zurückwerfen, zu einer Zerstörung der Zivilisation führen. Die Menschheit wäre dann zu einem Neuanfang in Armut, Hunger und Not verdammt. Dies können wir als »Katastrophe der fünften Art« bezeichnen.

In diesem Buch werden wir alle diese verschiedenen Arten von Katastrophen der Reihe nach kennenlernen und diskutieren. Sie betreffen zwar in ihrer Folge immer kleinere Bereiche des Universums, werden dafür aber entsprechend akuter und bedrohlicher. Das so entworfene Bild unserer Zukunft muß jedoch nicht notwendigerweise düster aussehen, da man gerade den letzten Katastrophen leichter begegnen kann. Und die Chancen dafür wachsen, wenn wir ihnen mit klarem Kopf entgegensehen und ihre Gefahren abschätzen.

Teil 1
Katastrophen der ersten Art

I. Der Tag des Gerichtes

Ragnarok

Die Überzeugung, das Universum müsse einem Ende entgegensteuern (die Katastrophe der ersten Art aus der Einleitung), ist sehr alt und ein wesentlicher Bestandteil der westlichen Überlieferung. Eine besonders dramatische Vorausschau auf das Ende der Welt gibt uns die Mythologie der nordischen Völker. Sie spiegelt die harten Lebensbedingungen der Nordmänner früherer Jahrhunderte wider, eine Welt, in der die Menschen nur eine untergeordnete Rolle spielen, während das Schicksal durch den Konflikt zwischen Göttern und Riesen bestimmt wird; dabei scheint es so, als würden die Götter fortwährend unterliegen.

Die Eisriesen (die langen, harten skandinavischen Winter) sind unbesiegbar, und selbst im belagerten Reich der Götter sitzt Loki (der Feuergott, der im nördlichen Klima so wesentlich ist), als Verräter. Am Ende kommt *Ragnarok*, das »schreckliche Ende der Götter«, aus dem Richard Wagner die »Götterdämmerung« der gleichnamigen Oper gemacht hat.

Ragnarok ist die Entscheidungsschlacht zwischen den Göttern und ihren Feinden. Hinter den Göttern stehen die Helden der Walhalla, jene Krieger, die auf der Erde im Kampf gefallen sind. Ihnen gegenüber stehen die Riesen und Ungeheuer, die von dem Verräter Loki angeführt werden. Nach und nach fallen die Götter im Kampf, aber auch die Riesen und Ungeheuer — und auch Loki — müssen sterben. Der Kampf ist so heftig, daß die Erde und das Universum zerstört werden. Sonne und Mond werden von Wölfen verschlungen, die ihnen seit ihrer Schöpfung auf den Fersen waren. Die Erde verbrennt und bricht in einem gewaltigen Holocaust zusammen, und natürlich geht während dieses Kampfes auch die Menschheit zugrunde.

Dies müßte eigentlich das Ende sein, doch es kommt anders.

Irgendwie überlebt eine zweite Generation von Göttern; eine neue Sonne, ein neuer Mond werden geschaffen, eine neue Erde entsteht. Der großen Vernichtung wird ein Happy-End angehängt. Wie aber kam es dazu?

Die heutige Form der Geschichte von Ragnarok stammt aus den Schriften des isländischen Chronisten Snorri Sturluson (1179 bis 1241). Zu diesem Zeitpunkt war Island bereits christianisiert, so daß man annehmen darf, daß der Bericht vom Ende der Götter dem christlichen Einfluß ausgesetzt war. In der christlichen Überlieferung aber gab es schon vorher Erzählungen über das Ende und die Wiedergeburt des Universums, die ihrerseits von jüdischen Traditionen beeinflußt waren.

Die Erwartung des Messias

Zu Zeiten des jüdischen Königreiches vor 586 v. Chr. glaubten die Juden, daß Gott der himmlische Richter sei, der die Menschen entsprechend ihren Taten belohne oder bestrafe. Beides — Lohn oder Strafe — wurde in dieser Welt zuteil, so glaubte man. Doch dieser Glaube sollte sich wandeln.
Nachdem Judäa von den Babyloniern unter Nebukadnezar erobert, der Tempel zerstört und viele Juden in babylonische Gefangenschaft gebracht worden waren, erwuchs ihnen im Exil das Verlangen nach der Rückkehr des alten Königreiches und nach einem König aus dem Geschlecht Davids. Solche Wünsche durfte man natürlich nicht offen aussprechen, da sie den neuen, babylonischen Herrschern als Hochverrat erschienen wären. Man sprach daher nur indirekt von der erhofften, herbeigesehnten Ankunft des Königs: man sprach vom Messias, dem Gesalbten; die Salbung des Königs gehörte zu den Riten seiner Amtsübernahme.
Dieses Bild von der Wiederkehr des Königs wurde so zum Beginn eines goldenen Zeitalters verklärt, das schließlich auch all die Belohnungen bringen sollte, die in der harten Gegenwart offensichtlich ausblieben.
Einige Verse, die dieses goldene Zeitalter beschreiben, finden wir bereits im Buch Jesaia, das die Worte eines Propheten aus der Zeit um 740 v. Chr. enthält. Diese Verse dürften daher erst nachträglich dem eigentlichen Text hinzuge-

fügt worden sein. Damit dieses goldene Zeitalter anbrechen konnte, mußten die Gerechten des Volkes an die Macht kommen, während die Übeltäter entmachtet oder gar vernichtet werden mußten. So lesen wir: ». . . Zwischen den Völkern wird er richten, entscheiden für viele Nationen. Ihre Schwerte schmieden sie zu Pflugscharen und ihre Speere zu Winzermessern. Nimmer wird Volk gegen Volk das Schwert erheben, und nicht mehr lernt man die Kriegskunst« (Is 2,4).

». . . Er richtet vielmehr die Geringen gerecht, entscheidet richtig für die Armen im Land; den Gewalttätigen schlägt er mit dem Stab seines Mundes und tötet den Frevler mit dem Hauch seiner Lippen« (Is 11,4).

Doch auch nach der Rückkehr aus der babylonischen Gefangenschaft erfuhren die Juden keine Erleichterung. Ihre nicht-jüdischen Nachbarn drangsalierten sie, und von den Persern, die jetzt ihr Land beherrschten, fühlten sie sich unterdrückt. Um so ausschmückender wurden die jüdischen Propheten mit ihren Verheißungen über das kommende goldene Zeitalter und das schreckliche Ende ihrer Feinde.

So schrieb Joel um etwa 400 v. Chr.: »O weh über den Tag! Ja, nahe ist der Tag des Herrn; wie Gewalt vom Allgewaltigen kommt er« (Joel 1,15). Und es entsteht ein Bild von der Endzeit, in der Gott die ganze Welt richten wird: ». . . da werde ich alle Völker sammeln und ins Tal Josaphat hinabführen. Dort will ich mit ihnen ins Gericht gehen wegen meines Volkes und Erbteils Israel« (Joel 4,2). Dies ist die erste schriftliche Erwähnung vom »Tag des Gerichtes«, dem Tag, an dem Gott der gegenwärtigen Ordnung der Welt ein Ende setzen wird.

Im zweiten Jahrhundert vor Christus wurden die Schilderungen stärker und deutlicher. Damals versuchten die Seleukiden, griechische Herrscher, die das Perserreich besiegt hatten, die Juden zu unterdrücken. Die Juden erhoben sich unter den Makkabäern zum Aufstand gegen die Fremdherrschaft. Das Buch Daniel gilt als »moralische Unterstützung« dieser Rebellion — es enthält viele Hinweise auf eine strahlende Zukunft.

Zum Teil beruht das Buch Daniel auf alten Überlieferungen, die auf den

Propheten Daniel zurückgehen. Ihm werden aber auch Weissagungen über apokalyptische* Geschehnisse in den Mund gelegt. Gott (der als »Hochbetagter« umschrieben wird) erscheint, um die Übeltäter zu strafen: »Ich schaute in den Nachtgesichten, und siehe, mit den Wolken des Himmels kam einer, der aussah wie ein Menschensohn. Er gelangte bis zu dem Hochbetagten und wurde vor ihn geführt. Ihm verlieh man Herrschaft, Würde und Königtum; alle Völker, Stämme und Sprachen dienten ihm. Seine Herrschaft ist eine ewige, unvergängliche Herrschaft, sein Königtum wird nie zerstört« (Dan. 7,13—14). Dieser »Menschensohn« hebt sich von den Feinden Israels ab, die zuvor als die unterschiedlichsten Tiere beschrieben wurden. Das menschliche Aussehen dieses Menschensohns kann entweder als Beschreibung des jüdischen Volkes allgemein oder des Messias speziell verstanden werden.

Der Aufstand der Makkabäer endete erfolgreich, und es wurde tatsächlich ein neues jüdisches Königreich etabliert, doch das goldene Zeitalter brach damit keineswegs an. Die Propheten hielten den Glauben an diese Weissagung in der darauffolgenden Zeit jedoch wach. Der Tag des Gerichts blieb unmittelbar bevorstehend, der Messias wurde jederzeit erwartet, das Königreich der Gerechten konnte nicht mehr lange auf sich warten lassen.

Den Makkabäern folgten die Römer als neue Fremdherrscher. Unter Kaiser Tiberius gab es in Judäa einen sehr bekannten Prediger, Johannes den Täufer, der seine Landsleute zur Umkehr aufforderte: »Bekehrt euch, denn das Reich des Himmels ist nahe« (Mt. 3,2).

Durch dieses ständige Schüren der Erwartung war das Volk begierig, endlich den Messias zu erleben. So konnte jeder, der sich für ihn ausgab, recht schnell eine Gefolgschaft um sich sammeln. In jener Zeit gab es eine Vielzahl solcher »Meister«, doch keiner von ihnen erreichte irgendein politisches Ziel. Auch Jesus von Nazareth erhob den Anspruch, der Messias zu sein, und ihm folgten

---

*Apokalypse stammt aus dem Griechischen und bedeutet soviel wie »Enthüllung«; eine Apokalypse ist daher eine Enthüllung der Zukunft, die normalerweise verborgen ist.

einige bescheidene, einfache Menschen. Sie glaubten an ihn, auch nachdem dieser Jesus gekreuzigt worden war, ohne daß etwas zu seiner Rettung geschehen wäre. Man hätte diese Gefolgschaft eigentlich die Gruppe der Messias-Anhänger nennen können, doch da immer mehr Griechen sich dieser Gruppe anschlossen und das griechische Wort für Messias »Christos« ist, wurden die Anhänger Jesu schließlich »Christen« genannt.

Die frühen Erfolge der Bekehrung sind vor allem auf die charismatischen Predigten des Saul von Tarsus (des Apostels Paulus) zurückzuführen. Seine missionarische Tätigkeit war der Grundstein für die Ausbreitung des Christentums, zunächst im römischen Reich, dann in Europa und schließlich in weiten Teilen der Erde. Die frühen Christen glaubten, das Auftreten von Jesus dem Messias (Jesus Christus) sei ein untrügliches Zeichen dafür, daß der Tag des Gerichtes unmittelbar bevorstehe. Jesus selbst soll entsprechende Ankündigungen über das drohende Ende der Welt gemacht haben:

»In den Tagen nach jener Drangsal wird die Sonne sich verfinstern und der Mond seinen Schein nicht mehr geben, die Sterne werden vom Himmel fallen, und die Kräfte des Himmels werden erschüttert werden. Und dann werden sie den Menschensohn kommen sehen auf Wolken mit großer Macht und Herrlichkeit ... Wahrlich, ich sage Euch: Nicht wird vergehen dieses Geschlecht, bis all dieses geschieht ... Jenen Tag aber und jene Stunde weiß niemand, auch nicht die Engel im Himmel und auch nicht der Sohn, nur der Vater.« (Mk. 13,24—26, 30—32).

Noch um das Jahr 50, also zwanzig Jahre nach dem Tode Jesu, erwartete der Apostel Paulus diesen Tag des Gerichtes für die unmittelbare Zukunft:

»Denn dies sagen wir euch mit einem Wort des Herrn: Wir, die wir leben und zurückgelassen sind für die Ankunft des Herrn, werden keineswegs den Entschlafenen vorausein. Denn er selber, der Herr, wird zugleich mit dem Aufruf des Herolds, mit dem Kampfruf des Erzengels und mit dem Schall der Posaune Gottes herniedersteigen vom Himmel, und zuerst werden die Toten in Christus auferstehen. Dann werden wir, die Lebenden, die Übriggelassenen, zusammen mit ihnen auf Wolken entrückt werden in die Lüfte, zur Begegnung mit dem Herrn; und so werden wir immerfort beim Herrn sein. So tröstet einander denn mit diesen Worten. Über die Zeiten und Stunden aber, Brüder, brauchen wir Euch nicht zu schreiben. Ihr selbst wißt ja genau: Der Tag des Herrn — wie ein Dieb in der Nacht, gerade so kommt er« (Th. 4,15—5,2).

Paulus vermied es ebenso wie Jesus, ein exaktes Datum für die Wiederkehr Gottes, für den Tag des Gerichtes anzugeben. Und wie wir heute alle wissen, ist der Tag des Gerichtes bislang nicht gekommen, ist das Böse noch nicht bestraft, das gerechte Königreich noch nicht erstanden. Jene, die an Jesus als den Messias glaubten, mußten sich mit dem Gedanken trösten, daß er eben noch einmal kommen werde (die Wiederkehr des Messias), um dann alle Prophezeiungen zu erfüllen.

Die Christen wurden im römischen Reich von Kaiser Nero verfolgt, waren später unter Domitian noch heftigeren Drangsalen ausgeliefert. Und so, wie die Herrschaft der Seleukiden mit dem Buch Daniel und seinen apokalyptischen Visionen »beantwortet« wurde, entstand während der Christenverfolgungen unter Domitian das »Buch der Offenbarung«, das wohl um 95 n. Chr. geschrieben wurde.

In allen Einzelheiten wird dort mit bestürzender Offenheit der Tag des Gerichtes geschildert. Es ist die Rede von einer letzten Schlacht zwischen den Kräften des Guten und den Mächten des Bösen, die an einem Ort namens Harmagedon stattfinden wird, wenn auch dieser Ort nicht genauer beschrieben wird (Off. 16,14—16). Schließlich lesen wir dort: »Ich sah einen neuen Himmel und eine neue Erde, denn der erste Himmel und die erste Erde sind vergangen« (Off. 21,1).

Es ist daher nicht unwahrscheinlich, daß die nordischen Mythen über Ragnorak in der Form, wie sie uns überliefert wurden, durch die Schlacht von Harmagedon aus der Offenbarung »beeinflußt« wurden. Und diese Offenbarung wiederum hat viel mit dem alttestamentarischen Buch Daniel gemein.

Der Chiliasmus

Das Buch der Geheimen Offenbarung brachte aber auch einen neuen Aspekt in die Vorstellung von der Endzeit ein: »Und ich sah einen Engel niedersteigen vom Himmel, der hatte den Schlüssel zum Abgrund und eine große Kette in der Hand. Er ergriff den Drachen, die alte Schlange, die der Teufel ist und Satan, und fesselte ihn auf tausend Jahre. Er warf ihn in den Abgrund, schloß zu und brachte ein Siegel darüber an, damit er nicht mehr die Völker verführe, bis vollendet sind die tausend Jahre. Danach muß er losgelassen werden auf eine kurze Zeit« (Off. 20,1—3).

Warum der Teufel für eintausend Jahre außer Gefecht gesetzt und dann für kurze Zeit noch einmal freigelassen werden mußte, erscheint unklar. Immerhin nahm es jedoch denen, die an eine unmittelbare Wiederkehr des Messias glaubten, etwas von dem Zeitdruck: nun konnte man immer sagen, daß der Messias bereits da war und der Teufel nun in Fesseln liege (was soviel heißen sollte wie, daß das Christentum Kraft verlieh) — das wahre Ende und die alles entscheidende Schlacht aber sollten erst nach tausend Jahren folgen.

Natürlich mußte man davon ausgehen, daß diese »Zeitbombe« mit der Geburt Jesu in Gang gesetzt worden war, und vielleicht war man daher um das Jahr tausend reichlich nervös — doch nichts geschah, und so existiert die Welt heute noch.

Die Ausführungen Daniels und der Offenbarung waren so verschwommen und vage und der Glaube an die Verheißungen so stark, daß Menschen immer wieder neue Auslegungen der Texte fanden, immer wieder neue Daten für das Weltenende ableiteten. Selbst große Wissenschaftler wie Isaac Newton oder John Napier, der Erfinder der Logarithmen, beteiligten sich daran.

Man nennt jene, die versuchten, aus den Texten Anfang und Ende der entscheidenden tausend Jahre abzuleiten, manchmal die Millenarier nach dem lateinischen Wort »millennium«. Man könnte sie auch als Chiliasten bezeichnen, nach dem griechischen Wort für tausend Jahre. Trotz zahlloser Enttäuschungen hat dieser Chiliasmus heute mehr Anhänger als je zuvor.

Die neuerliche Welle begann mit William Miller (1782—1849), einem Armee-offizier, der im Krieg von 1812 kämpfte. Vorher stand er dem Glauben skeptisch gegenüber, doch nach dem Krieg gewann er eine Überzeugung, mit der man ihn heute zu einem Anhänger der Gemeinschaft der Wiedergeborenen zählen würde. Er studierte das Buch Daniel und die Offenbarung und kam zu dem Ergebnis, daß die Wiederkehr des Messias am 21. März 1844 zu erwarten sei. Er untermauerte seine Weissagung mit zahlreichen Berechnungen und erwartete ein Ende in Feuer, ganz nach den gespenstischen Beschreibungen der Offenbarung.

Rund 100.000 Menschen schlossen sich ihm an und versammelten sich an dem genannten Tag auf Hügeln und Bergen, nachdem sie ihre irdischen Güter verkauft hatten, um zur Begegnung mit Christus aufgelesen werden zu können. Nachdem der 21. März ohne besondere Vorkommnisse verstrichen war, erkannte Miller seinen Rechenfehler und verkündete nun den 22. Oktober des gleichen Jahres als Termin für den Weltuntergang. Doch auch fünf Jahre später, als Miller starb, war das Weltall noch intakt.

Viele seiner Anhänger waren dadurch nicht entmutigt. Sie interpretierten die apokalyptischen Bücher der Bibel derart, daß mit den von Miller berechneten Terminen ein himmlischer Prozeß eingesetzt habe, der sich zunächst den gemeinen irdischen Sinnen entzog. Man »einigte« sich darauf, daß noch ein weiteres Jahrtausend der Wartezeit verstreichen müsse. Die Wiederkehr Jesu wurde also erneut verschoben, aber — wie auch zuvor immer wieder — in die nicht allzu ferne Zukunft.

So entstand die Bewegung der Adventisten, die sehr bald in verschiedene Sekten zerfiel; zu ihnen gehört auch die Gruppe derer, die zu alttestamentarischen Riten zurückfand und jetzt den Sabbat wieder achtet.

Charles Taze Russel (1852—1916) übernahm viele Elemente der Adventisten, als er 1879 die Gemeinschaft der Zeugen Jehovas gründete. Russell erwartete jedoch die Wiederkehr in der unmittelbaren Zukunft und machte auch — wie vor ihm Miller — verschiedene Voraussagen, die aber alle unerfüllt blieben. Er starb während des Ersten Weltkrieges, der in seinen Augen sicher der Anfang vom Ende war, doch die Ankunft des Herrn blieb bislang aus.

Die Bewegung nahm daran keinen Schaden, sie florierte unter Joseph Franklin Rutherford (1869—1942) weiter. Er sah der Ankunft des Herrn mit dem Slogan »Millionen derer, die jetzt leben, werden niemals sterben« entgegen; er selbst starb während des Zweiten Weltkrieges, der auch ihm als der Beginn der alles entscheidenden Schlachten am Ende der Zeiten erschienen sein muß, von denen in der Offenbarung die Rede ist — doch die Wiederkunft des Herrn steht immer noch aus.

Dennoch besteht die Gruppe der Zeugen Jehovas heute aus mehr als einer Million Anhänger.

II. Die wachsende Entropie

Erhaltungssätze

Soviel über das »mythologische Universum«. Parallel zu den mythischen Vorausschauen gibt es jedoch auch eine naturwissenschaftliche Betrachtungsweise dieser Welt, in der Beobachtung und Experiment bestimmen (und manchmal auch intuitive Einsichten, die dann aber durch Beobachtung und Experiment abgesichert werden müssen).

Wollen wir also jetzt einmal (und für den Rest des Buches) dieses »wissenschaftliche Universum« betrachten. Steht auch ihm das Schicksal eines Endzustandes bevor? Und wenn ja, warum, wie und wann?

Die griechischen Philosophen des Altertums nahmen an, daß die Erde Objekt der Veränderung, des Verfalls und der Zerstörung sei, während die Himmelskörper anderen Gesetzen folgten und unveränderlich, betändig und ewig existierten. Im Mittelalter glaubten die Christen zwar, daß auch Sonne, Mond und Sterne vom Weltuntergang betroffen seien, bis dahin aber zumindest unveränderlich und fest verankert blieben.

Diese Vorstellung änderte sich erst allmählich, nachdem Nikolaus Kopernikus (1473—1543) im Jahr seines Todes ein wohlfundiertes Büchlein veröffentlicht hatte, in dem er die Erde aus ihrer besonderen Position im Mittelpunkt des Weltalls herausnahm und die Sonne an ihre Stelle setzte; die Erde war nunmehr nur noch ein Planet unter vielen, der wie sie die Sonne umrundete.

Dieses kopernikanische Weltbild konnte sich anfangs natürlich nicht sofort durchsetzen, ja, es wurde sogar während der ersten 60 Jahre zum Teil recht heftig bekämpft. Erst nach der Erfindung des Fernrohrs konnte Galileo Galilei (1564 bis 1630), der es um das Jahr 1609 zum ersten Mal auf himmlische Objekte richtete, die Einwände der Gegner zumindest teilweise entkräften und sie aus dem wissenschaftlichen Sektor in den Bereich hartnäckigen Irrglaubens verweisen.

Galilei entdeckte beispielsweise, daß Jupiter von vier Monden umrundet wurde und die Erde somit nicht im Zentrum *aller* Himmelsbahnen stand. Er erkannte auch, daß die Venus einen vollen Zyklus mondähnlicher Phasen zeigte, gerade so, wie Kopernikus es im Gegensatz zu den Anhängern des geozentrischen Weltbildes (mit der Erde im Mittelpunkt) vorausgesagt hatte. Das Fernrohr zeigte ihm auch, daß der Mond mit Kratern, Bergen und Ebenen bedeckt war (die er für Meere hielt); der Mond — und vermutlich auch die anderen Planeten — waren also Welten ähnlich unserer Erde. Dann aber mußte auch der Mond, mußten auch die Planeten den gleichen Regeln der Veränderung, des Zerfalls und der Vergänglichkeit unterworfen sein wie die Erde. Selbst die Sonne, jener Inbegriff der Reinheit, der der göttlichen Vollkommenheit am nächsten zu kommen schien, war am Ende unvollkommen, beobachtete Galilei doch auch auf ihr vergängliche Erscheinungen, die Sonnenflecken.

Auf der Suche nach dem Ewigen mußten sich die Menschen also — zumindest für jenen Bereich der Welt, der sich der wissenschaftlichen Durchmusterung nicht entzog — auf eine abstraktere Ebene der Erfahrung zurückziehen. Wenn die Dinge selbst schon nicht ewig waren, so vielleicht die Beziehungen zwischen ihnen.

So stieß der Engländer John Wallis (1616 bis 1703) im Jahre 1668 beispielsweise auf die Tatsache, daß bei zusammenstoßenden Körpern die gemeinsame Bewegung in einem gewissen Sinne unverändert blieb.

Was ist damit gemeint? Jedem bewegten Körper kann man einen Impuls zuordnen, ein »Moment« (nach dem lateinischen Wort für Bewegung). Der Impuls ist abhängig von der Masse (die — vereinfacht gesagt — ein Maß für die Materiemenge ist) und der Geschwindigkeit, mit der sich das Objekt bewegt. Verläuft diese Bewegung in einer bestimmten Richtung, so kann man den Impuls mit einem positiven Vorzeichen versehen, verläuft sie in entgegengesetzter Richtung, erhält der Impuls ein negatives Vorzeichen.

Wenn nun zwei Körper frontal aufeinander zulaufen, können wir den Gesamtimpuls berechnen, indem wir den Minus-Impuls des einen Körpers vom Plus-Impuls des anderen abziehen. Nach dem Zusammenstoß mag sich die

Verteilung des Impulses zwar verändert haben, doch die Summe bleibt die gleiche wie zuvor. Es ist auch denkbar, daß die beiden Objekte zusammenbleiben; dann hat der neu entstandene Körper eine andere Masse als jeder der beiden Ausgangskörper und eine andere Geschwindigkeit als jene, und dennoch bleibt der Gesamtimpuls erhalten. Er bleibt auch konstant, wenn beide Objekte unter einem bestimmten Winkel aufeinander zulaufen und hinterher in ganz anderen Richtungen wieder verschwinden.

Den Experimenten von Wallis und all jenen Versuchen, die seither angestellt worden sind, kann man entnehmen, daß in einem »abgeschlossenen System« (einem System, auf das keine äußere Kraft wirkt) der Gesamtimpuls immer erhalten bleibt. Die Verteilung dieses Gesamtimpulses auf die einzelnen Körper des Systems kann auf unendlich viele Weisen erfolgen, doch der Gesamtimpuls selbst bleibt »erhalten«; es kommt nichts hinzu und geht nichts verloren. Entsprechend nennt man diese Erkenntnis das »Gesetz von der Erhaltung des Impulses«, oder auch kurz den »Impulssatz«.

Da das einzig wirklich abgeschlossene System das Universum selbst ist, kann man verallgemeinernd sagen »Der Gesamtimpuls des Universums ist konstant«. Er bleibt somit bis in alle Ewigkeit unverändert, ganz egal, was mit dem Universum bislang geschehen ist oder noch geschehen wird.

Wie können wir so etwas aber mit dieser Bestimmtheit postulieren? Wieso können wir aus den vergleichsweise wenigen Beobachtungen, die von einigen Wissenschaftlern während der letzten paar Jahrhunderte im Labor gemacht wurden, ableiten, daß der Impuls auch über Jahrmillionen und Jahrmilliarden erhalten geblieben ist und erhalten bleibt? Woher wissen wir, daß er zu diesem Zeitpunkt nicht gerade doch in einer weit entfernten Milchstraße oder auch in unserer Nachbarschaft, unter den extremen Bedingungen im Innern der Sonne, verändert wird?

Wir müssen zugeben, daß wir *das* nicht sagen können. Richtig ist lediglich, daß wir bislang unter keinen irgendwie gearteten Voraussetzungen eine Verletzung des Impulssatzes beobachtet haben und daß wir auch keine Hinweise dafür haben, daß eine Verletzung irgendwo stattfinden könnte. Und alle Konsequenzen, die sich aus der Annahme der Gültigkeit dieses Erhaltungssatzes ergeben, erweisen sich als sinnvoll und stimmen mit den Beobachtungen überein. Deshalb glauben die Wissenschaftler, daß sie mit Recht annehmen dürfen, die Erhaltung des Impulses sei ein Naturgesetz, das im gesamten Weltall unter allen nur denkbaren Voraussetzungen und zu jeder Zeit beachtet wird. Und daran halten sie sich, bis das Gegenteil bewiesen ist.

Die Erhaltung des Impulses war erst der Anfang in einer Reihe von Erhaltungssätzen, die die Wissenschaftler seither entdeckten. So gibt es beispielsweise auch einen Drehimpuls, den Körper besitzen, die sich um ihre Achse oder um ein anderes Objekt irgendwo im Raume drehen. In beiden Fällen errechnet sich der Drehimpuls aus der Masse des Körpers, seiner Drehgeschwindigkeit und dem mittleren Abstand zum Drehpunkt oder zur Drehachse. Auch für diesen Drehimpuls gibt es einen Erhaltungssatz. Der Gesamtdrehimpuls des Universums ist konstant.

Beide Impulsarten sind unabhängig voneinander und können nicht einmal aufeinander übertragen werden. Man kann einen Drehimpuls nicht in einen linearen Impuls umwandeln oder umgekehrt. 1774 fand der französische Chemiker Antoine Laurent Lavoisier (1743—1794) aufgrund einer Reihe von Experimenten, daß auch die Masse eines Systems erhalten bleiben mußte. In einem abgeschlossenen System mochte zwar ein Körper an Masse verlieren, doch nahm dafür ein anderer Körper an Masse zu, so daß die Gesamtmasse konstant blieb.

Nur allmählich entwickelte die Wissenschaft eine konkrete Vorstellung von dem, was wir heute Energie nennen, jener Eigenschaft, die es einem Körper ermöglicht, Arbeit zu leisten (das Wort Energie stammt aus dem Griechischen und heißt soviel wie »Arbeit enthaltend«). Der englische Physiker Thomas Young (1773—1829) benutzte es 1807 zum ersten Mal in unserem heutigen, modernen Sinne. Eine Vielzahl unterschiedlicher Erscheinungen konnte Arbeit leisten — Wärme, Bewegung, Licht, Schall, Elektrizität, Magnetismus, chemische Veränderungen, und so weiter —, und sie alle erkannte man schließlich als verschiedene Formen der Energie.

Man erkannte auch, daß Energie von einer Erscheinungsform in eine andere umgewandelt und von einem Körper auf einen anderen übertragen werden konnte. In einem geschlossenen System aber blieb auch die Energie erhalten. Diese Erkenntnis stammt zwar nicht von dem Physiker Hermann L. F. Helmholtz (1821—1894), doch blieb es ihm vorbehalten, die Wissenschaft von der Gültigkeit des Energiesatzes zu überzeugen, und so wird er oft als der Entdecker dieses Gesetzes bezeichnet.

Im Jahre 1905 schließlich vermochte Albert Einstein in überzeugender Form nachzuweisen, daß auch die Masse bloß eine Erscheinungsform der Energie ist, daß man eine vorgegebene Masse in einen fest kalkulierbaren Energiebetrag umwandeln konnte und umgekehrt.

Damit verschwand der Erhaltungssatz der Masse als selbständiges Naturgesetz und wurde Bestandteil des Energieerhaltungssatzes. Wenn wir daher heute von der Erhaltung der Energie in einem abgeschlossenen System reden, meinen wir die Erhaltung der Masse immer gleich mit.

Nachdem Ernest Rutherford (1871—1937) im Jahre 1911 die Struktur des Atoms entschleiert hatte, mußte man feststellen, daß die subatomaren Teilchen nicht nur den Gesetzen der Impulserhaltung, der Drehimpulserhaltung und der Energieerhaltung gehorchten, sondern auch noch entsprechenden Regeln über die Erhaltung der elektrischen Ladung, der Baryonenzahl, des Isospins und ähnlichen — eher abstrakten — Größen.

Diese Erhaltungssätze sind gewissermaßen die Spielregeln, an die sich alle Objekte im Universum halten müssen. Und all diese Regeln sind allgemein und für alle Zeiten gültig, soweit wir wissen. Sollte sich ein Erhaltungssatz als überholt erweisen, so nur deshalb, weil er Teil eines allgemeineren Satzes ist, wie wir es im Zusammenhang mit der Masse als Teil der Energie bereits kennengelernt haben.

Damit haben wir einen Aspekt des Universums kennengelernt, der ewig, ohne

Anfang und Ende zu sein scheint. Die Energie, die derzeit im Universum steckt, war immer so groß wie heute und wird immer so groß wie heute bleiben. Gleiches gilt für den Gesamtimpuls, den gesamten Drehimpuls, die elektrische Ladung, und so weiter. Natürlich wird es hier und da lokale Veränderungen geben, Abnahme oder Zunahme der einzelnen Größen, doch die Summe war, ist und bleibt erhalten.

Der Energiefluß

Jetzt können wir eine Parallele zwischen dem Universum der Mythologie und dem wissenschaftlichen Universum ziehen.

Im ersten Fall haben wir ein ewiges, unvergängliches himmlisches Königreich, dem die uns so vertraute veränderliche »Fleischeswelt« gegenübersteht. Nur in dieser unsrigen Welt haben aufgrund der Veränderlichkeit Begriffe wie Anfang und Ende einen Sinn. Unsere Welt ist nicht nur veränderlich, sie ist auch bloß vorübergehend existent.

In der Welt der Wissenschaft stoßen wir auf die ewigen, unvergänglichen Erhaltungsgrößen, denen unsere vergängliche Erfahrungswelt gegenübersteht, veränderlich gemäß den ewigen, auf das Ganze bezogenen Erhaltungssätzen. Auch in diesem Fall haben Begriffe wie »Anfang« und »Ende« nur für unsere Welt einen Sinn — auch vom wissenschaftlichen Standpunkt her ist diese Erfahrungswelt nicht nur veränderlich, sondern auch vorübergehend.

Warum aber existieren im wissenschaftlichen Weltbild Veränderungen und Vergänglichkeit? Warum bilden nicht alle Bestandteile des Universums ein einziges, supermassives Objekt mit einer festen Quantität an Impuls, Drehimpuls, elektrischer Ladung, Energie, und so weiter?

Warum besteht das Universum statt dessen aus unzähligen Einzelobjekten aller Größenordnungen, die untereinander ständig Teile der Erhaltungsgrößen austauschen?

Augenscheinlich verbirgt sich hinter allen Vorgängen im Universum die Energie, die damit zum wichtigsten Bestandteil im Universum wird. Entsprechend wird der Energie-Erhaltungssatz von vielen als das fundamentale Naturgesetz angesehen.

Die Energie treibt alle Prozesse im Weltall an, indem sie selbst sich in diesen Abläufen verändert. Energiepakete fließen von einem Bereich des Universums zu einem anderen, von einem Körper zu einem anderen; dabei verändern sie ihre Erscheinungsform. Wir müssen daher fragen, was für diesen Energiefluß verantwortlich ist.

Wahrscheinlich liegt die Ursache für den ständigen Energietransport in der ungleichen Ausgangsverteilung dieser »Qualität«. Es gibt Energiekonzentrationen hier und Energie»löcher« dort. Alle Energieströme von einem Ort zum anderen, von einem Körper zu einem anderen, von einer Energieform in eine andere, treten offenbar auf, um diese ungleiche Verteilung allmählich zu nivellieren.*

Erst der Energiestrom ist in der Lage, die »Berge« abzutragen und die »Löcher« zu stopfen; er kann genutzt werden, um Arbeit zu verrichten, und er ist auch für all die Veränderungen verantwortlich, die wir beobachten können, alle Veränderungen, die wir in unserem uns bekannten Universum erfahren, auch für die des Lebens und der Intelligenz.

Hinzu kommt, daß dieser Ausgleich des Energiegefälles spontan abläuft, ohne Anstoß und ohne Motor, aus eigenem Antrieb.

Vielleicht ein Beispiel dazu. Angenommen, wir haben zwei gleich große Behälter, die untereinander durch eine bodennahe Röhre verbunden sind. Dieses Rohr soll zunächst verschlossen sein, so daß zwischen den beiden Behältern keine passierbare Verbindung besteht. Den einen Behälter wollen wir dann bis zum Rand mit Wasser füllen, den anderen dagegen nur gerade so weit, daß der Boden bedeckt ist.

---

*An dieser Stelle müssen wir uns fragen, warum die Energie nicht von Anfang an gleichverteilt war. Wir werden später auf dieses Problem zurückkommen.

Im Mittel ist das Wasser im vollen Behälter höher über dem Erdboden als das Wasser im fast leeren Behälter. Wenn man Wasser gegen die Anziehungskraft der Erde auf ein höheres Niveau bringen will, erfordert dies einen bestimmten Betrag an Energie. Das Wasser im randvollen Container hat daher einen größeren Energieinhalt — bezogen auf das Gravitationsfeld der Erde — als das Wasser in dem beinahe leeren Gefäß. Aus historischen Gründen sagen wir, das Wasser im vollen Behälter besitzt mehr »potentielle Energie« als das Wasser im leeren Behälter. Wenn wir jetzt die Verbindungsröhre zwischen beiden Gefäßen freigeben, wird das Wasser sofort aus dem vollen Behälter in den leeren hinüberfließen, aus dem Bereich höherer potentieller Energie in den Bereich niedrigerer potentieller Energie. Jeder weiß aus Erfahrung oder Anschauung, daß dieser Ausgleich des Wasserstandes spontan und ohne Antrieb erfolgt.

Er läßt sich durch nichts verhindern, wie mir jeder, der auch nur ein wenig Erfahrungen gesammelt hat, zugestehen wird. Würde man die Verbindung zwischen den beiden Gefäßen freigeben und das Wasser bliebe im vollen Behälter, so nähme man gewiß sofort an, daß das Rohr verstopft sein müsse. Und wenn gar das wenige Wasser aus dem fast leeren Behälter in das volle Gefäß hinüberflösse, könnte man dies nur durch die Arbeit einer versteckten Pumpe erklären.

Und wenn schließlich einwandfrei geklärt ist, daß weder die Leitung verstopft noch eine verborgene Pumpe am Werke war, das Wasser aber dennoch im vollen Behälter verbleibt oder gar vom fast leeren Gefäß zum vollen hinüberfließt, dann könnten wir nicht anders als erschreckt feststellen, daß wir Augenzeugen eines Wunders geworden seien (eines Wunders, das — überflüssig, dies überhaupt zu erwähnen — natürlich noch nie beobachtet und in den Annalen der Wissenschaft verzeichnet wurde).

Der spontane Wasserstrom vom vollen zum leeren Gefäß ist uns so selbstverständlich, daß wir ihn sogar bereitwillig als Hinweis auf die Zeitrichtung anerkennen.

Wenn beispielsweise jemand den Wasserstrom zwischen beiden Behältern im

Film festgehalten hat und wir einer Vorführung dieses Films beiwohnen, das Wasser aber nicht fließt, so kämen wir sofort zu der Überzeugung, der Film sei angehalten worden, gerade so, als stünde im »Filmuniversum« die Zeit still. Sähen wir statt dessen einen Film, in dem das Wasser vom leeren zum vollen Behälter fließt, müßten wir sogleich annehmen, daß dieser Film rückwärts projiziert wird. Die Zeitrichtung im Filmuniversum wäre dann gegenüber der Zeitrichtung der wirklichen Welt umgekehrt. Solch ein rückwärts vorgeführter Film ist oft sehr lustig, weil wir dabei eine Vielzahl von Vorgängen »beobachten« können, die in der wirklichen Welt undenkbar sind: Wasserspritzer, die auf einen Punkt zustreben, aus dem dann ein Schwimmer auftaucht, der rückwärts aus dem Wasser emporfliegt und schließlich auf dem Sprungbrett zum Stehen kommt; die Glassplitter, die wie von Geisterhand geführt sich wieder zu einem vollständigen Glas zusammenfinden; vom Wind zersaustes Haar, aus dem sich eine perfekte Frisur entwickelt. Wenn wir solche Rückwärtsfilme betrachten, wird einem erst so richtig bewußt, wieviele Vorgänge in unserer Umwelt spontan, aus sich heraus ablaufen, und daß viele Umkehrungen — wenn sie wirklich einträten — als Wunder angesehen werden müßten. Die Erfahrung lehrt uns eben, welcher Vorgang in der »richtigen« Richtung abläuft und welcher nicht.

Kehren wir aber wieder zu unseren beiden Wasserbehältern zurück. Man kann leicht zeigen, daß die Fließgeschwindigkeit des Wassers vom vollen zum leeren Behälter abhängt von der unterschiedlichen Energieverteilung. Zu Beginn ist der Anteil an potentieller Energie im vollen Gefäß wesentlich größer als im leeren Container, so daß das Wasser zunächst recht schnell hinüberströmt. Je weiter aber der Wasserstand auf der einen Seite sinkt und auf der anderen Seite ansteigt, desto geringer wird der Unterschied der jeweiligen Energieinhalte, und so nimmt die Fließgeschwindigkeit des Wassers allmählich ab, bis schließlich bei gleichem Wasserstand auch die potentielle Energie auf beide Behälter gleichverteilt ist und entsprechend der Wasserstrom völlig zum Erliegen kommt.

Man kann also sagen, daß der spontane Ausgleich von Energiedifferenzen mit einer Geschwindigkeit abläuft, die vom jeweiligen Unterschied des Energieniveaus abhängt. Wenn erst einmal eine Gleichverteilung erreicht ist, hört der Ausgleichsprozeß und mit ihm die Veränderung des Systems auf.

Würden wir daher ein System mit zwei Behältern des gleichen Wasserstandes betrachten, in dem ohne Einwirkung von außen das Wasser von einem Behälter zum anderen fließt, so daß auf der einen Seite die Wasserhöhe abnimmt, im anderen dagegen ansteigt, so wären wir Augenzeugen eines Wunders.

Fließendes Wasser kann Arbeit verrichten. Es kann eine Turbine antreiben, mit der elektrischer Strom erzeugt wird, oder es kann einfach auch Objekte mitreißen. Nimmt die Strömungsgeschwindigkeit ab, so verringert sich auch die Leistungsfähigkeit des Wasserstromes, und wenn der Fluß zum Erliegen gekommen ist, kann er auch keine Arbeit mehr verrichten.

Wenn der Wasserstrom zum Stillstand kommt, wenn also die Höhe des Wasserspiegels in beiden Behältern gleich ist, kommt alles zum Erliegen. Das Wasser ist zwar immer noch in der gleichen Menge vorhanden wie am Anfang, und auch die Energiemenge ist die gleiche geblieben, aber Wasser — und damit Energie — sind nicht mehr ungleich verteilt. Nur die ungleiche Aufteilung von Energie führt zu Veränderungen, Bewegung, Arbeit, weil diese ungleiche Verteilung sich aus eigenen Stücken in eine Gleichverteilung verwandeln will. Ist diese Gleichverteilung erst einmal erreicht, dann gibt es keine weiteren Veränderungen, keine Bewegung, keine Arbeit mehr.

Dabei geht die spontane Veränderung immer von einer ungleichen Verteilung zu einer Gleichverteilung. Wenn die Energie gleichmäßig auf das System aufgeteilt ist, treten keine spontanen Veränderungen mehr auf, kommt es also nicht aus eigenen Stücken zu einer neuen Ungleichverteilung.*

Sehen wir uns noch ein anderes Beispiel an, in dem es nicht um Wasserstände, sondern um Temperatur geht. Zwei Körper mögen sich darin unterscheiden, daß einer von beiden mehr Wärmeenergie enthält als der andere. Da die Wär-

---

*Wir werden noch sehen, daß dies nicht *ganz* richtig ist.

meenergie in Temperaturen ausgedrückt wird, ist der eine Körper heißer als der andere. Wir haben somit einen heißen und einen kalten Körper, gerade so, wie wir zuvor einen vollen und einen fast leeren Wasserbehälter betrachteten. Diese beiden Gegenstände sollen ein abgeschlossenes System bilden, aus dem keine Wärme nach draußen abströmen kann, aber auch keine Wärme von draußen hineingelangt. Was geschieht nun, wenn wir diese beiden Körper in Berührung miteinander bringen?

Aus der Erfahrung des täglichen Lebens können wir recht gut vorhersagen, was in diesem Fall abläuft. Die Wärme wird von dem heißen Körper zum kalten herüberströmen, genauso, wie zuvor das Wasser vom vollen Behälter in den leeren Behälter geflossen ist. Dabei wird sich der heiße Körper abkühlen und der kalte erwärmen, so wie der Wasserstand im anfangs vollen Gefäß sank und der Pegel im anfangs leeren Gefäß anstieg. Schließlich besitzen beide Körper die gleiche Temperatur, was einem gleichen Wasserstand aus dem vorherigen Beispiel entspricht.

Auch in diesem Beispiel hängt die Wärmeflußrate vom heißen zum kalten Körper davon ab, wie ungleich die Temperaturen sind. Je größer der Temperaturunterschied ist, desto schneller wird die Wärme vom heißen Körper auf den kalten Körper übergehen. Mit zunehmender Temperaturangleichung nimmt die Wärmeflußrate ab, bis schließlich bei gleicher Temperatur kein weiterer Wärmeaustausch mehr stattfindet.

Auch in diesem Fall ist die Richtung des Wärmeflusses nicht von außen bestimmt, sondern spontan. Würde man zwei Körper unterschiedlicher Temperatur zusammenbringen und keinen Wärmeaustausch beobachten oder gar einen Wärmefluß vom kalten Körper zum warmen, so daß der kalte noch kälter und der warme noch wärmer wird, so müßten wir wiederum ein Wunder konstatieren — vorausgesetzt, wir sind sicher, daß es sich um ein abgeschlossenes System handelt; aber auch ein solches Wunder ist von Wissenschaftlern bislang nicht beobachtet oder beschrieben worden.

Sobald aber die beiden Körper die gleiche Temperatur besitzen, hört der

Temperaturfluß auf, wird keiner der beiden Körper mehr wärmer oder kälter.

Auch solche Temperaturveränderungen kann man als Indiz für die Zeitrichtung ansehen. Wenn wir den Wärmeausgleich zwischen beiden Körpern gefilmt hätten, indem wir ein Thermometer an jedem Objekt aufgenommen hätten, und würden nun bei der Vorführung sehen, daß sich trotz unterschiedlicher Anzeige der beiden Instrumente nichts tut, so würden wir daraus schließen, daß der Film offensichtlich im Projektor stillsteht. Und könnten wir sehen, wie die Quecksilbersäule am warmen Körper weiter ansteigt und am kalten Körper noch tiefer sinkt, kämen wir zu dem Schluß, daß man den Film rückwärts laufen läßt.

Man kann sich den Temperaturunterschied zwischen zwei Körpern auch zur Verrichtung von Arbeit zunutze machen. So könnte der heiße Körper beispielsweise eine kalte Flüssigkeit verdampfen, könnte der Dampf zum Antrieb eines Kolbens genutzt werden. Dabei kühlt sich der Dampf ab und wird wieder flüssig — ein Kreisprozeß, den man beliebig oft wiederholen kann.

Bei diesem Vorgang gibt der heiße Körper seinen Wärmeüberschuß auf dem Umweg über den Dampf an den kalten Körper ab; seine Temperatur wird daher sinken, während der kalte Körper (zum Beispiel der Kolben) warm wird. Je mehr sich die Temperaturen einander annähern, desto geringer wird der Temperaturfluß, und entsprechend nimmt die Leistungsfähigkeit des Systems ab. Sie wird schließlich gleich Null, wenn die beiden Körper die gleiche Temperatur haben und damit jeder Wärmefluß zum Erliegen kommt. Die beiden Körper sind noch da, die Wärmeenergie ist noch vorhanden — aber sie ist nicht mehr so ungleich verteilt wie am Anfang, und so gibt es am Ende keine Veränderung mehr, keine Bewegung, keine Arbeit.

Auch in diesem Beispiel überführt die Veränderung einen Zustand ungleicher Verteilung der Energie in einen Gleichverteilungszustand, wird aus einem System, das zu Veränderungen, Bewegung und Arbeit fähig ist, ein System, in dem solche Eigenschaften nicht mehr anzutreffen sind. Und auch diesmal verschwinden diese Fähigkeiten ein für allemal, kommen sie aus eigenem Antrieb nicht wieder zurück.

Der Zweite Hauptsatz der Thermodynamik

Energetische Untersuchungen schließen in der Regel eine sorgfältige Betrachtung des Wärmeflusses in einem System und der sich daraus ergebenden Temperaturveränderungen ein, weil dies zum einen im Laboratorium vergleichsweise einfach ist und zum anderen zu den Zeiten, da man die Dampfmaschinen als wichtige Wärmekraftmaschine entwickelte und nutzte, von besonderer Bedeutung war. Damals entstand auch der Begriff »Thermodynamik«, der die Wissenschaft der Energieveränderungen, des Energieflusses und der Umwandlung von Energie in Arbeit bezeichnet; er stammt aus dem Griechischen und heißt soviel wie »Bewegung der Wärme«.
Der Energieerhaltungssatz wird manchmal auch Erster Hauptsatz der Thermodynamik genannt, da er die Vorgänge im Zusammenhang mit Energie grundlegend prägt. Der spontane Ausgleich eines Energiegefälles, den wir gerade in zwei Beispielen kennengelernt haben, wird mit dem Zweiten Hauptsatz der Thermodynamik beschrieben.
Die ersten Untersuchungen in dieser Richtung wurden 1824 von dem französischen Physiker Nicholas L. S. Carnot (1796—1832) angestellt. Er studierte als erster mit großer Präzision den Wärmefluß in einer Dampfmaschine.
Es dauerte jedoch bis 1850, bis der deutsche Physiker Rudolf J. E. Clausius (1822—1888) annahm, daß dieser Ausgleichsprozeß bei allen Energieformen auftreten würde und auf alle Vorgänge im Universum Einfluß haben müsse. So gilt heute allgemein Clausius als der Entdecker des Zweiten Hauptsatzes der Thermodynamik.
Clausius konnte zeigen, daß eine Größe, die sich aus dem Verhältnis von gesamter Wärmeenergie zu Temperatur errechnet, für den Ausgleichsprozeß

von entscheidender Bedeutung ist. Er gab dieser Größe den Namen »Entropie«. Je kleiner die Entropie ist, desto ungleicher ist die Energie verteilt, je größer die Entropie ist, desto gleichmäßiger verteilt sich die Energie auf das System. Da wir gesehen haben, daß eine spontane Veränderung der Energieverteilung immer von einer ungleichen Verteilung zu einer Art Gleichgewicht führt, können wir jetzt sagen, das System verändert sich von einem Zustand niedriger Entropie zu einem Zustand höherer Entropie.

Auf zwei kurze Sätze verdichtet, können wir unser Wissen wie folgt zusammenfassen:

Der Erste Hauptsatz (der Thermodynamik) besagt, daß der Energieinhalt im Universum konstant bleibt.

Der Zweite Hauptsatz verlangt, daß die Entropie im Universum ständig zunimmt.

Wenn wir aus dem Ersten Hauptsatz ableiten könnten, daß das Universum unsterblich ist, so zeigt uns der Zweite Hauptsatz, daß diese Unsterblichkeit in gewissem Sinn wertlos ist. Die Energie wird zwar immer vorhanden sein, doch wird sie nicht für alle Zeit Veränderungen, Bewegung und Arbeit bewirken.

Eines Tages wird vielmehr die Entropie des Weltalls einen Maximalwert erreichen, und dann wird die Energie im ganzen System gleichmäßig verteilt sein, so daß keine weiteren Veränderungen mehr möglich sind, keine Bewegungen, keine Arbeit, kein Leben, keine Intelligenz. Das Universum wird zwar weiter existieren, doch wird es wie eine Statue erstarrt sein. Der Film ist abgelaufen, und wir sehen für alle weiteren Zeiten ein »ewiges Standbild«.

Da Wärme die am wenigsten geordnete Form der Energie darstellt und Wärme sich auch am einfachsten gleichmäßig verteilt, bedeutet jede Umwandlung einer Energieform in Wärme auch eine Zunahme der Entropie. Die spontane Energiewandlung führt also immer von Elektrizität zu Wärme, von chemischer Energie zu Wärme, von Strahlungsenergie zu Wärme, und so weiter. Wenn die Entropie ihren Maximalwert erreicht hat, wird demnach jede Energieform, die in Wärme umgewandelt werden kann, in Wärme überführt worden sein, und das Universum wird eine gleichmäßige Temperatur besitzen. Man nennt dies manchmal den »Wärmetod des Weltalls«, und er ist nach all dem, was wir bislang in diesem Buch erfahren haben, ein unabwendbarer Endzustand des Universums.

Somit unterscheidet sich das Ende des mythologischen Universums sehr stark vom Ende der wissenschaftlichen Welt. Am Ende der mythologischen Welt steht eine Katastrophe ungeheuren Ausmaßes, bei der die Sterne vom Himmel fallen und die Mächte des Bösen mit den Kräften des Guten um den Endsieg kämpfen. Wenn das Universum dagegen den Wärmetod stirbt, geht dies leise und ganz allmählich vonstatten.

Während das Ende der Welt in den Mythen immer »kurz vor der Tür« steht, wird der Wärmetod des Universums noch lange auf sich warten lassen. Es mag eine Billion Jahre dauern, vielleicht auch viele Billionen Jahre. Wenn wir daran denken, daß das Weltall heute erst etwa 15 Milliarden Jahre alt ist, müssen wir erkennen, daß wir gewissermaßen seine Kindheit miterleben. Doch obwohl das Ende der Welt in den Mythen meist als Apokalypse beschrieben wird, die noch dazu unmittelbar bevorsteht, schenkt man diesen Prophezeihungen mehr Glauben als dem Ende der wissenschaftlichen Welt: schließlich enthalten die Mythen auch die Verheißung einer Erneuerung im Guten, während das noch so friedlich anmutende Ende im Wärmetod eine solche Wiedergeburt nicht einschließt — dieses wissenschaftliche Ende der Welt erscheint endgültig, und dies verleitet offenbar dazu, nach »Auswegen« zu suchen.

Immerhin lassen sich auch spontane Vorgänge umkehren. So kann man Wasser auf ein höheres Niveau pumpen, man kann Gegenstände auf Werte unterhalb der Umgebungstemperatur abkühlen und sie im Kühlschrank vor neuerlicher Erwärmung schützen, man kann Objekte auf höhere Temperaturen bringen und sie in einem Ofen warmhalten. Unter diesen Voraussetzungen sollte man die unvermeidliche Entropiezunahme doch eigentlich in den Griff bekommen.

Man hat in diesem Zusammenhang das Universum oft mit einem gewaltigen Uhrwerk verglichen, das parallel zur Entropiezunahme langsam abläuft. Von unseren mechanischen Uhren kennen wir diese Erscheinung: sie laufen ab, können aber immer wieder aufgezogen werden. Gibt es vielleicht einen solchen »Aufzieh-Prozeß« auch für das gesamte Universum?

Solche die Entropie vermindernden Vorgänge müssen gar nicht einmal von den Menschen in Gang gesetzt werden. Das Leben selbst scheint — bar jeglicher Intelligenz — den Zweiten Hauptsatz der Thermodynamik zu verletzen. Zwar sterben die Lebewesen alle, doch neue entstehen, und der Jugend gehört die Zukunft heute wie schon immer. Die Vegetation stirbt im Herbst ab, ersteht aber jedes Frühjahr aufs neue. Das Leben existiert auf dieser Erde schon seit mehr als 3 Milliarden Jahren und zeigt noch keine Ermüdungserscheinung. Im Gegenteil, man beobachtet allenthalben Zeichen der ständigen Erneuerung, denn in der ganzen Geschichte des Lebens auf der Erde wurden die Lebensformen immer komplexer, sowohl im Hinblick auf ihren inneren Aufbau als auch bezogen auf ihre Anpassung an die vorherrschenden Umweltbedingungen. Die biologische Evolution ist demnach eine einzige Verletzung des Zweiten Hauptsatzes, schließt eine gewaltige Entropieabnahme ein.

Einige Menschen haben daher das Leben an sich als einen entropie-vermindernden Prozeß ansehen wollen. Wenn diese Hypothese richtig wäre, dann brauchte das Universum keinen Wärmetod zu erleiden, denn dann würde das Leben, wo immer es auftritt, für eine Reduzierung der Entropie sorgen. Doch erweist sich dieser vermeintliche Ausweg als Sackgasse. Leben kann nämlich die Zunahme der Gesamtentropie nicht verhindern, kann den Wärmetod aus sich heraus nicht vermeiden. Hier war wohl der Wunsch der Vater des Gedankens, ebenso wie ein unvollkommenes Verständnis der wahren Zusammenhänge.

Die Gesetze der Thermodynamik gelten immer nur für ein abgeschlossenes System. Wenn wir beispielsweise Wasser mit Hilfe einer Pumpe bergauf transportieren, müssen wir die Pumpe als zum System gehörend betrachten, und wenn wir irgendwelche Gegenstände mit Hilfe eines Kühlschrankes auf Temperaturen unterhalb der Umgebungstemperatur abkühlen, so zählt auch der Kühlschrank mit zu diesem System. Weder Pumpe noch Kühlschrank können extra gerechnet werden. Und das gilt nicht nur für die Apparaturen selbst, sondern auch für ihre Energiequellen — auch sie müssen bei der Untersuchung des Entropieverhaltens in Betracht gezogen werden.

Wo immer Menschen oder Maschinen in ein System eingreifen, um dessen Entropie zu verringern und einen spontanen Prozeß umzukehren, sorgen Menschen oder Maschinen selbst für eine Zunahme der Entropie. Und diese Entropiezunahme ist immer größer als die durch den Eingriff erreichte Entropieabnahme des Systems. Mit anderen Worten, bei einer lokalen Entropieverringerung nimmt auch die Gesamtentropie des Systems zu — immer.

Gewiß, ein einzelner Mensch kann für sich viele spontan ablaufende Prozesse umkehren, und die Zusammenarbeit vieler Menschen vermochte ein gewaltiges technologisches Erbe zu errichten, von den Pyramiden im alten Ägypten über die Große Chinesische Mauer bis hin zu den modernen Wolkenkratzern und den gewaltigen Staudämmen. Wie können die Menschen aber eine derart riesige Abnahme der Entropie erzielen, ohne dabei selbst aufgrund der »eigenen« Entropiezunahme zugrunde zu gehen?

Man kann die Menschen eben nicht isoliert betrachten. Sie bilden kein abgeschlossenes Entropiesystem. Menschen essen, trinken, atmen und scheiden Abfälle aus, und all dies verknüpft sie mit der Umwelt; es sind Vorgänge, bei denen Energie aufgenommen oder abgegeben wird. Wenn man einen Menschen als geschlossenes System betrachten will, muß man auch seine Nahrungsaufnahme, das Atmen und die Ausscheidung der Abfälle mitrechnen.

Die Entropie eines Menschen wächst mit jeder Handlung, die eine Entropieabnahme seiner Umwelt bringt, mit jeder Umkehrung eines spontan ablaufenden Prozesses, die er bewirkt, und ich habe vorhin gesagt, daß diese Entropiezunahme größer ist als die erzielte Entropieabnahme in der Umgebung des Menschen. Ein Mensch kann seine eigene Entropie aber auch verringern, nämlich beim Essen, Trinken, Atmen und Ausscheiden von Abfällen. Diese Reduzierung der Eigen-Entropie ist allerdings unvollkommen, denn irgendwann stirbt jeder Mensch, ganz gleich, wie erfolgreich er Krankheiten und Unfälle abgewehrt beziehungsweise vermieden hat; er kommt einfach nicht nach, alle Entropiezunahmen in seinem Körper wieder rückgängig zu machen — manche lassen sich einfach nicht mehr ausbügeln.

Und die Entropiezunahme, die mit der Nahrungsmittelproduktion verbunden ist, die in der Atemluft steckt und in den Ausscheidungen des Menschen, diese Entropiezunahme ist wiederum größer als die Entropieabnahme im menschlichen Körper. Für das Gesamtsystem ergibt sich somit trotz allem ein Anwachsen der Entropie. Gleiches gilt für die übrigen Tiere, die durch ihre Nahrungsaufnahme die eigene Entropie möglichst niedrig halten, dafür aber eine Entropiezunahme ihrer Umwelt in Kauf nehmen. Verfolgt man die Nahrungskette bis zu ihrem Ursprung, so stößt man in allen Fällen auf pflanzliches Leben. Wie aber können die Pflanzen dieser Erde dazu beitragen, die Entropie zu verringern, ohne durch die noch größere Zunahme der Eigenentropie zugrunde zu gehen?

Die Pflanzen produzieren Nährstoffe und Sauerstoff (das Schlüsselelement der Atemluft) durch einen Prozeß, der Photosynthese genannt wird, und dies schon seit Jahrmilliarden. Das aber heißt nichts anderes, als daß pflanzliches und tierisches Leben zusammengenommen immer noch kein abgeschlossenes System bilden. Die Pflanzen beziehen ihre Energie für die Produktion der Nährstoffe und des Sauerstoffs aus dem Sonnenlicht.

Wenn wir die Gesetze der Thermodynamik auf das Leben anwenden wollen, müssen wir also die Sonne in das System einbeziehen. Und die Entropie der Sonne nimmt in einem Maße ständig zu, das von den entropiesenkenden Lebensprozessen in keiner Weise ausgeglichen werden kann. Die Gesamtentropie des Systems Leben und Sonne wächst daher unaufhaltsam. Alle Vorgänge innerhalb der biologischen Evolution, die für sich genommen eine enorme Reduzierung der Entropie darstellen, vermögen nur einen winzigen

Bruchteil der Entropiezunahme aufzufangen, die durch die Energieabgabe der Sonne bewirkt wird. Wollte man nur diesen Bruchteil für sich betrachten, so läßt man die Grundvoraussetzung für eine Analyse des Entropieverhaltens außer acht — die Analyse eines geschlossenen Systems.

Die Menschen nutzen auch noch andere Energiequellen als nur ihre Nahrung und den Sauerstoff der Atemluft. Sie zapfen auch die Windenergie an und die Energie fließenden Wassers, doch ist dies am Ende auch eine Form umgewandelter Sonnenenergie: Winde entstehen aufgrund unterschiedlicher Erwärmung der Erdoberfläche, und das Wasser, das zum Meer hin fließt, hat seinen Ursprung in den Ozeanen, wo es durch die Sonneneinstrahlung verdunstet. Auch die Nutzung fossiler Brennstoffe stellt eine Verwendung gespeicherter Sonnenenergie dar. Fossile Brennstoffe wie Erdöl oder Erdgas sind schließlich Überreste früherer Pflanzen und Tiere, die ihrerseits wieder vom Sonnenlicht »gelebt« haben. Entsprechendes gilt für die Verbrennung von Holz oder auch von tierischen Fetten (Tranfunzeln o. ä.). Alle diese Brennstoffe führen am Ende immer wieder auf die Sonnenenergie zurück. Es gibt aber auch Energieformen, die von der Sonne unabhängig sind. Geothermale Energie, wie sie sich beispielsweise in Form heißer Quellen, Geysiren, Vulkanen, aber auch Erdbeben und der Verschiebung ganzer Teile der Erdkruste äußert. Wir dürfen die Rotationsenergie der Erde nicht vergessen, die etwa in Form von Gezeitenkraftwerken genutzt werden kann, und die Energie, die aus chemischen Reaktionen und der Radioaktivität gewonnen werden kann.

All diese Energieformen bewirken Veränderungen, die letztlich eine Zunahme der Entropie einschließen. Mit abklingender Radioaktivität verliert die Erde ihre innere Wärmequelle und wird allmählich auskühlen. Die Gezeitenreibung bremst die Rotation der Erde langsam, aber sicher ab, und so weiter. Selbst die Sonne wird durch die stetige Zunahme der Eigenentropie irgendwann ihre Energievorräte erschöpft haben, auf deren Nutzung so viele Systeme basieren. All die biologischen Prozesse der vergangenen drei oder mehr Milliarden Jahre auf der Erde, die für sich genommen eine gewaltige Reduzierung der Entropie darstellen, konnten nur aus dieser stetigen Zunahme der Entropie ihrer Umwelt funktionieren, und ihre Wirkung wiegt die Entropiezunahme dieser Umwelt bei weitem nicht auf.

Auf lange Sicht gesehen scheint nichts die stetige Entropiezunahme des Gesamtsystems aufhalten, nichts das Erreichen eines Maximalwertes abwenden zu können, der dem Wärmetod des Weltalls gleichkommt. Selbst wenn die Menschen auf der Erde alle Katastrophen meistern könnten und für Billionen und Aberbillionen Jahre fortbestehen würden, müßten sie am Ende diesem unvermeidbaren Wärmetod des gesamten Universums erliegen. Nach all dem, was wir bislang erfahren haben, gibt es jedenfalls keinen Ausweg aus dieser Sackgasse.

Die Gesetze des Zufalls

Dennoch wird dieses Bild von einer stetig zunehmenden Entropie des Weltalls etwas gestört; dazu müssen wir in die Vergangenheit zurückblicken.

Wenn die Entropie des Universums zunimmt, dann muß sie vor einer Milliarde Jahren kleiner gewesen sein als heute, vor zwei Milliarden Jahren noch kleiner, und so weiter. Gehen wir nur weit genug in die Vergangenheit zurück, so müssen wir an jenem Punkt ankommen, an dem die Entropie des Weltalls gleich Null war.

Die Astronomen gehen heute davon aus, daß das Universum vor etwa 15 Milliarden Jahren entstand. Weil der Erste Hauptsatz der Thermodynamik die Erhaltung der Energie verlangt, können wir nicht sagen, das Universum (oder besser, die in ihm enthaltene Energie und Materie) sei vor 15 Milliarden Jahren entstanden; wir meinen in diesem Zusammenhang nur, daß zu jenem Zeitpunkt offenbar die »Entropie-Uhr« in Gang gesetzt worden ist und seither unaufhaltsam abläuft.

Was aber hat diese Uhr am Anfang aufgedreht?

Um diese Frage beantworten zu können, müssen wir noch einmal zu den vorhin genannten Beispielen der spontanen Entropiezunahme zurückkehren — dem Ausgleich des Wasserstandes in den zwei Behältern und dem Temperaturausgleich zwischen einem warmen und einem kalten Körper. Ich habe in diesem Zusammenhang stillschweigend vorausgesetzt, daß Wasser und Wärme sich exakt analog verhalten; daß Wärme ebenso »beweglich« ist wie Wasser und den gleichen Gesetzen folgt wie jenes. Dieser Vergleich ist jedoch so nicht ganz zulässig. Es fällt uns nicht schwer, einzusehen, warum sich das Wasser so verhält, wie wir es in einem solchen Fall immer wieder beobachten können. Schließlich unterliegt es der Anziehungskraft der Erde. Und die Anziehungskraft ist in bezug auf den gefüllten Wasserbehälter größer als in bezug auf den leeren, so daß das Wasser bemüht ist, diese unterschiedliche Kraft auszugleichen, indem es vom vollen zum leeren Behälter hinüberfließt. Erreicht der Wasserstand in beiden Gefäßen die gleiche Höhe, so wirkt auch auf das Wasser in beiden Behältern die gleiche Anziehungskraft, und die Fließbewegung des Wassers kommt zum Stillstand. Wie aber sieht das Analogon zur Schwerkraft aus, das die Hitze von einem warmen Körper zu einem kühlen Gegenstand hinüberströmen läßt? Ehe wir diese Frage beantworten können, müssen wir zunächst einmal klären, was überhaupt Wärme ist.

Im 18. Jahrhundert nahm man allgemein an, Wärme sei eine Substanz ähnlich dem Wasser, nur viel flüchtiger, »beweglicher« als jenes. Nur so konnte man sich erklären, daß Wärme auch von festen, für Wasser undurchdringlichen Körpern gespeichert werden konnte, so wie ein Schwamm Wasser aufzusaugen vermag. 1798 untersuchte der in Amerika geborene britische Physiker Benjamin Thompson, Count Rumford (1753—1814), die Entstehung von Reibungshitze bei der Produktion von Kanonenrohren. Er kam zu dem Ergebnis, daß die Wärme Ausdruck einer Bewegung sehr kleiner Materieteilchen sein müsse. Fünf Jahre später, 1803, entwickelte der englische Chemiker John Dalton (1766—1844) die Vorstellung vom atomaren Aufbau der Materie. Er verkündete, daß alle Materie aus Atomen bestehen müsse. Wollte man Rumfords Untersuchungen und seinen Interpretationen glauben, dann sollte die Bewegung dieser Atome sich in Form von Wärme »bemerkbar« machen.

Um 1860 formulierte der schottische Mathematiker James Clerk Maxwell (1831—1879) die »kinetische Gastheorie«, mit deren Hilfe er das Verhalten des Gases aus den Bewegungen der Atome und Moleküle beschreiben konnte, aus denen das jeweilige Gas besteht. Er konnte zeigen, daß diese winzigen Partikel, die sich völlig zufällig in alle Richtungen bewegen und dabei untereinander und mit den Wänden des Behälters zusammenstoßen, in dem sie sich befinden, die Regeln erklären konnten, die das Verhalten des Gases bestimmten, das in den zwei Jahrhunderten zuvor aus empirischen Untersuchungen abgeleitet worden war.

In einer vorgegebenen Gasmenge bewegen sich die Bausteine (Atome oder Moleküle) mit sehr unterschiedlichen Geschwindigkeiten. Die Durchschnittsgeschwindigkeit ist jedoch um so größer, je höher die Temperatur des Gases ist. Was wir als Temperatur bezeichnen, ist in der Tat gleichbedeutend mit der mittleren Geschwindigkeit aller Teilchen eines Gases. (Dies gilt auch für Flüssigkeiten und Festkörper, wobei die Teilchen sich bei diesen Aggregatzuständen allerdings nicht so sehr von der Stelle bewegen, sondern mehr um eine vorgegebene Sollposition hin und her schwingen.)

Um jedoch das folgende Argument so einfach wie möglich zu halten, wollen wir einmal annehmen, daß in jeder beliebigen Materiemenge einer vorgegebenen Temperatur alle Teilchen sich mit der mittleren Geschwindigkeit bewegen, die dieser Temperatur entspricht.

Stellen wir uns nun einmal vor, wir bringen einen heißen Körper (gasförmig, flüssig oder fest) mit einem kalten Körper in Berührung. Die Teilchen am Rande des heißen Objektes werden mit den Teilchen am Rande des kalten Körpers zusammenstoßen, ein schnelles Teilchen aus dem heißen Körper also mit einem langsamen Teilchen aus dem kalten Objekt; danach werden sie wieder auseinanderfliegen. Der Gesamtimpuls der beiden Teilchen muß während dieses Vorganges unverändert bleiben, doch kann sehr wohl Impuls von einem Teilchen auf das andere übergehen. Das aber heißt, daß die beiden Teilchen den Ort des Zusammenstoßes mit einer jeweils anderen Geschwindigkeit verlassen können, als sie zuvor hatten.

Dabei kann das schnelle Teilchen dem langsameren Stoßpartner einen Teil seines Impulses überlassen, so daß das schnellere Teilchen nach der Kollision langsamer ist und das langsame Teilchen schneller. Es kann aber auch Impuls von dem langsamen Partikel auf das schnellere Teilchen übergehen, so daß das langsame Teilchen nachher noch langsamer ist und das schnelle Teilchen noch schneller.

Eigentlich bleibt es dem Zufall überlassen, in welcher Richtung der Impuls übertragen wird, und doch können wir aus den Messungen ablesen, daß der Impuls vom schnellen Teilchen auf das langsame übergeht, daß das schnelle Teilchen den Ort des Zusammenstoßes also mit geringerer Geschwindigkeit verläßt, während das langsamere Teilchen mit größerer Geschwindigkeit davonfliegt.

Warum? Weil die Zahl der Möglichkeiten, nach denen der Impuls von einem schnellen Teilchen auf ein langsames Partikel übertragen werden kann, größer ist als bei einer Impulsübertragung in umgekehrter Richtung. Wenn alle möglichen Arten der Kollision gleich wahrscheinlich sind, dann ist die Chance größer, daß ein schnelles Teilchen seinen Impuls an ein langsameres Teilchen abgibt als umgekehrt.

Um zu verstehen, warum das so ist, stellen wir uns einen Behälter vor, in dem 50 Chips mit den Zahlen von 1 bis 50 liegen. Wenn wir nun beispielsweise die Zahl 49 herausnehmen, soll dies einem Teilchen mit sehr großer Geschwindigkeit entsprechen. Nun werfen wir diesen Chip wieder in den Topf zurück (und simulieren damit eine Kollision) und greifen einen anderen Chip heraus. Dies kann erneut derjenige mit der Nummer 49 sein, und das bedeutet dann, daß das Teilchen den Ort des Zusammenstoßes mit der gleichen Geschwindigkeit wie vorher verläßt. Wir können auch den Chip mit der Nummer 50 herausfischen — in diesem Fall hat das ohnehin schon schnelle Teilchen bei dem Zusammenprall mit einem anderen Partikel sogar noch etwas an Impuls gewonnen. Viel *wahrscheinlicher* ist aber, daß wir irgendeinen Chip mit einer Zahl zwischen 1 und 48 herausgreifen (die Chancen stehen 48 zu 2), was gemäß unserem Vergleich heißt, daß das Teilchen mit einer geringeren Geschwindigkeit davonfliegt.

Wir können daher sagen, daß für ein Teilchen der »Geschwindigkeit« 49 die Chancen eines Impulsgewinnes nur 1 zu 50 stehen, die Chancen eines Impulsverlustes dagegen 48 zu 50.

Hätten wir statt dessen zu Beginn den Chip mit der Nummer 2 gezogen, so lägen die Verhältnisse genau umgekehrt. Die 2 entspricht in unserem Vergleich einer sehr niedrigen Geschwindigkeit. Wirft man den Zweier-Chip wieder zurück und zieht eine neue Zahl, so stehen die Chancen 1 zu 50, daß wir mit 1 eine noch geringere Geschwindigkeit erhalten, daß ein langsames Teilchen nach dem Zusammenstoß eine noch geringere Geschwindigkeit hat als vorher. Dagegen stehen die Chancen 48 zu 2, eine größere Zahl als 2 zu ziehen, was eben einer Geschwindigkeitszunahme des Partikels entspricht.

Setzen wir nun einmal 10 Personen nebeneinander, die alle aus »ihrem« Topf zunächst die Zahl 49 gezogen haben. Wenn sie nun (nachdem die 49 wieder im Topf gelandet ist) erneut einen Chip herausgreifen, dann stehen die Chancen für zehn »Fünfziger-Chips« bei etwa 1 zu Hundertbilliarden (einer 1 mit 17 Nullen). Dagegen ziehen in zwei von drei Versuchen alle zehn Personen eine Zahl zwischen 1 und 48.

Auch hier kehren sich die Verhältnisse um, wenn wir von zehn Personen ausgehen, die zunächst die Zahl 2 gezogen hatten und nun einen neuen Versuch starten.

Aber sie müssen gar nicht alle am Anfang die gleiche Zahl aus dem Topf genommen haben. Nehmen wir einmal an, eine große Menschengruppe zieht — jeder aus einem eigenen Topf — die verschiedensten Zahlen (wobei lediglich der Durchschnitt dieser Zahlen vergleichsweise hoch sein soll); wenn sie ihre Chips wieder in die Töpfe zurücklegen und ein zweites Mal zugreifen, ist die

Wahrscheinlichkeit für eine kleinere Durchschnittszahl größer als für einen größeren Mittelwert aller Zahlen. Und die Chancen für einen solchen geschilderten Ausgang nehmen mit wachsender Personenzahl zu.

Gleiches gilt in entsprechender Weise, wenn man zu Beginn einen niedrigen Durchschnitt erreicht hatte. Beim nächsten Mal wird der Mittelwert mit großer Wahrscheinlichkeit höher sein, und zwar mit um so größerer Wahrscheinlichkeit, je mehr Personen sich an diesem Spiel beteiligen.

Jeder Gegenstand, der groß genug ist, daß man ihn in einem Labor untersuchen kann, enthält aber nicht nur zehn oder fünfzig oder auch 1 Million Atome oder Moleküle, sondern Trilliarden und Abertrilliarden. Wenn diese Trilliarden Partikel eines heißen Körpers eine hohe Geschwindigkeit besitzen und die Trilliarden Teilchen eines kalten Körpers sich mit geringer Geschwindigkeit bewegen, dann sprechen die Gesetze der Wahrscheinlichkeit eine eindeutige Sprache: Bei jeder noch so zufälligen Kollision der Partikel untereinander wird der Impuls von den schnellen Teilchen auf die langsameren Partikel übertragen, so daß die Durchschnittsgeschwindigkeit im Bereich des heißen Körpers abnimmt und im Bereich des kalten Körpers zunimmt.

Wenn der Mittelwert der Geschwindigkeit in beiden Körpern gleich ist, dann ist die Wahrscheinlichkeit der Impulsübergabe in der einen wie der anderen Richtung gleich groß. Einzelne Teilchen mögen ihre spezielle Geschwindigkeit bei den dann noch immer stattfindenden Kollisionen vergrößern, andere auch verringern, doch die mittlere Geschwindigkeit — und damit die Temperatur — bleibt konstant.

Jetzt also wissen wir, warum die Wärme von einem heißen Körper an seine kältere Umgebung abfließt, bis die Temperaturen ausgeglichen sind: Die Gesetze der Wahrscheinlichkeit erzwingen dieses Verhalten, da sich die Teilchen nach dem »blinden Zufall« bewegen.

Deshalb nimmt auch die Entropie im Universum beständig zu. Die Zahl der möglichen Prozesse und Veränderungen, die einen Ausgleich vorhandener Energiedifferenzen bewirken, ist so unendlich viel größer als die Zahl natürlicher Vorgänge, die eine Ungleichverteilung noch verstärken. Deshalb stehen die Chancen für einen Ausgleich der vorhandenen Energieunterschiede unvorstellbar viel besser als für eine Vergrößerung dieser Differenzen, ist die Wahrscheinlichkeit für jene Prozesse, die eine Zunahme der Entropie nach sich ziehen, soviel größer als für entropiereduzierende Vorgänge — der »blinde Zufall« ist schuld daran.

Der Zweite Hauptsatz der Thermodynamik sagt daher genau genommen nicht, was *passieren muß*, sondern nur, was *mit größter Wahrscheinlichkeit passieren sollte*. Zwischen beiden Aussagen klafft ein entscheidender Unterschied. Wenn die Entropie stetig und überall zunehmen *müßte*, dann könnte sie *nirgends und nimmer* abnehmen. Wenn dagegen die Entropie nur mit überwältigender Wahrscheinlichkeit zunimmt, dann ist es zwar mit ebenso überwältigender Wahrscheinlichkeit unvorstellbar, daß sie abnimmt, doch *muß* sie irgendwann einmal auch abnehmen, wenn wir nur genügend lange warten. Stellen wir uns daher einmal vor, das Universum habe den Wärmetod bereits erreicht. Diesen Zustand wollen wir uns einmal als riesigen, vielleicht grenzenlosen, dreidimensionalen Teilchen-Ozean vorstellen, in dem die einzelnen Partikel in ständige Kollisionen verwickelt sind; sie mögen sich individuell mal schneller, mal langsamer bewegen, doch die durchschnittliche Geschwindigkeit soll konstant bleiben.

Gelegentlich wird es hier und da zu lokalen Ansammlungen von Teilchen mit durchschnittlich höherer beziehungsweise niedrigerer Geschwindigkeit kommen. Auf den Mittelwert der Geschwindigkeit im gesamten Universum hat dies keinen Einfluß, doch haben wir jetzt ein — wenn auch begrenztes — Gebiet niedrigerer Entropie, und damit wird ein bestimmtes Maß an Arbeit möglich, bis sich die Entropiedifferenz ausgeglichen hat, was spontan, also ohne äußeren Antrieb, geschieht.

Wenn wir länger warten, werden wir auch das Entstehen einer größeren Ansammlung schnellerer Teilchen und damit eine stärkere Entropieabnahme beobachten, und je länger wir warten, desto größere Bereiche dieser Art können entstehen. Nach einer Sextillion Jahren (einer 1 mit 36 Nullen) könnte sogar eine so große Konzentration schnellerer Teilchen entstehen, daß sie das gesamte Universum ausfüllt. Ehe eine solch riesige Ungleichverteilung der Entropie sich wieder ausgeglichen hat, vergeht eine lange Zeit — eine Billion Jahre und mehr.

Vielleicht erleben wir gerade einen solchen Prozeß: Im endlosen Ozean des Wärmetods bildet sich zufällig ein Universum, in dem die Entropie sehr viel geringer ist als in der »Umgebung«, und während des Entropieausgleichs konzentriert sich die Materie in Galaxien, Sternen und Planeten, entstehen Leben und Intelligenz, und wir sind da und bestaunen all dieses.

Auf diese Weise könnte selbst die so endgültig erscheinende Katastrophe des Wärmetods von einer Phase der »Wiedergeburt«, der Erneuerung abgelöst werden, gerade so, wie es in der Geheimen Offenbarung oder auch der Sage von Ragnarok beschrieben wird. Weil der Erste Hauptsatz der Thermodynamik absolute Gültigkeit zu haben scheint und der Zweite nur eine statistische Gültigkeit, ergibt sich die Möglichkeit, daß die Universen in endloser Reihe aufeinanderfolgen können — alle voneinander getrennt durch unvorstellbare Äonen. Allerdings gibt es nichts, mit dem man die Zeit zwischen zwei solchen Universen messen könnte, und niemanden, der dies versuchen könnte: Im Stadium ausgeglichener Entropie »steht die Zeit still«, geschieht nichts, mit dessen Hilfe man einen Zeitablauf definieren könnte; so könnten wir also sagen, daß die endlose Kette aufeinanderfolgender Universen durch zeitlose Intervalle unterbrochen wird.

Und wie wirkt sich das auf die Menschheitsgeschichte aus?

Stellen wir uns einmal vor, menschliche Wesen hätten irgendwie alle anderen möglichen Katastrophen überlebt, so daß die Menschheit auch noch in Billionen von Jahren existierte, wenn das Universum den Zustand des Wärmetods nahezu erreicht hat. Die Zunahme der Entropie verlangsamt sich dann immer mehr, je näher der Wärmetod heranrückt, und »Inseln« vergleichsweise niedriger Entropie blieben hier und dort zurück (sie sind zwar klein im Verhältnis zum Gesamtuniversum, für menschliche Maßstäbe aber ziemlich groß).

Wahrscheinlich wird eine Menschheit, die eine Billion Jahre überdauert hat, auch eine entsprechend weit entwickelte Technik besitzen, die es ihr ermöglicht, solche »Inseln« geringer Entropie zu entdecken und »auszubeuten«, so wie wir heute Ölfelder aufspüren und ausbeuten. Natürlich werden auch diese Entropieinseln im Laufe der Zeit im Ozean des den Wärmetod erleidenden Universums versinken, doch wird dabei genügend Energie freigesetzt, um die Menschheit über Milliarden von Jahren zu versorgen. So böte sich vielleicht auch die Chance, jene durch Zufall neu entstehenden Inseln geringer Entropie aufzuspüren und auszunutzen; dies könnte schließlich ein unbegrenztes Fortbestehen der Menschheit garantieren, wenn auch unter eingeschränkten Möglichkeiten. Am Ende brächte der Zufall schließlich eine solche Insel von der Größe eines ganzen Universums hervor, in dem sich die Menschheit dann eine neue Existenz relativ unbegrenzter Möglichkeiten aufbauen könnte.

Vielleicht ist es den Menschen eines Tages sogar möglich, eine solche Abnahme der Entropie selbst einzuleiten, wie ich es 1956 schon einmal in meiner Science-fiction-Story *Die letzte Frage* beschrieben habe. Damit ließe sich vielleicht der Wärmetod überhaupt verhindern oder zumindest seine Dauer verkürzen, wenn er bereits über das Universum hereingebrochen ist. Die Menschheit würde dann wirklich unsterblich.

Die Frage, die entscheidende Frage ist jedoch, ob die Menschen überhaupt noch existieren, wenn der Wärmetod einmal zu einem lebensbedrohenden Problem wird, oder ob sie nicht durch eine andere Katastrophe längst vernichtet worden sind.

Auf diese Frage will der Rest des Buches eine Antwort geben.

III.   Ein geschlossenes Universum

Die Galaxien

Bislang haben wir die Entwicklung des Universums unter den Gesichtspunkten der Thermodynamik studiert und gesehen, was mit ihm geschehen müßte, wenn diese Gesetze allein gültig wären. Nun wird es Zeit, daß wir uns das Universum einmal anschauen, um zu sehen, ob wir etwas finden, das uns zu einer Überprüfung unserer Schlußfolgerungen zwingt. Dazu wollen wir einmal »zurücktreten« und uns das Universum als Ganzes betrachten mit allem, was darin enthalten ist. Dies ist uns erst möglich geworden durch die Beobachtungstechniken des 20. Jahrhunderts.

Während der ganzen vorangegangenen Geschichte war unser Wissen über das Universum beschränkt auf das, was wir sehen können, und dies ist — wie wir jetzt wissen — nur ein kleiner Ausschnitt des Weltalls. Anfangs war die »Welt« sogar auf einen kleinen Bereich der Erdoberfläche beschränkt, erschien der Himmel mit seinen Sternen lediglich als Baldachin.

Die Griechen des klassischen Altertums entwickelten erstmals die Vorstellung einer kugelförmigen Erde und hatten sogar schon eine gute Kenntnis ihrer Größe. Sie erkannten, daß sich Sonne, Mond und Planeten unabhängig von den Sternen über den Himmel bewegten und versetzten sie daher auf durchsichtige, kristallene Sphären. Die Sterne selbst glaubte man auf der äußersten Sphäre angesiedelt, und sie galten als bloßer »Hintergrund«. Noch nachdem Kopernikus die Erde auf eine Umlaufbahn um die Sonne gesetzt und nachdem das Fernrohr interessante Details der Planeten enthüllt hatte, blieb das Bewußtsein der Menschen auf eben dieses Sonnensystem beschränkt. So waren die Sterne auch im 18. Jahrhundert noch wenig mehr als bloßer Hintergrund. Erst 1838 gelang es Friedrich Wilhelm Bessel (1784—1846), die Entfernung zu einem der nächsten Fixsterne zu bestimmen. Damit wurden erstmals interstellare Maßstäbe aufgedeckt.

Das Licht bewegt sich mit einer Geschwindigkeit von nahezu 300.000 Kilometern pro Sekunde durch den Raum. Innerhalb eines Jahres legt es daher eine

Strecke von 9,46 Billionen Kilometern zurück. Diese Entfernung nennt man ein Lichtjahr. Selbst der nächste Fixstern ist mehr als 4,3 Lichtjahre von uns entfernt, und im Durchschnitt liegen zwischen zwei Sternen in unserer Umgebung rund 7,6 Lichtjahre.

Die Sterne scheinen im Weltall jedoch nicht in allen Richtungen gleich dicht zu stehen. Wir beobachten einen leuchtenden Ring um uns herum, in dem die entfernteren Sterne so dicht stehen, daß wir ihr Leuchten noch als verschwommenen Glanz erkennen (die »Milchstraße«), während anderswo vergleichsweise wenig Sterne zu finden sind.

Daraus leitete man im 19. Jahrhundert ab, daß die Sterne sich offenbar in Form einer gewaltigen Linse gruppieren, deren Durchmesser viel größer ist als ihre Dicke und die am Rand dünner ist als in der Mitte. Heute wissen wir, daß dieses gewaltige Sternensystem einen Durchmesser von rund 100.000 Lichtjahren hat und schätzungsweise 300 Milliarden Sterne enthält, wobei die mittlere Sternenmasse etwa halb so groß ist wie die Masse der Sonne. Wir nennen diese Sternenansammlung Galaxis nach dem griechischen Wort für Milchstraße.

Während des 19. Jahrhunderts ging man davon aus, daß diese Galaxis allein im Universum ist. Mit Ausnahme der Magellanschen Wolken gab es nichts am Himmel, das mit Sicherheit außerhalb unserer Galaxis anzusiedeln gewesen wäre (diese beiden leuchtenden Flecke am Südhimmel, die wie losgelöste Teile der Milchstraße aussehen, erkannte man als kleinere Ansammlungen von Sternen, die so etwas wie Trabanten unserer Galaxis zu sein schienen).

Ein weiteres »verdächtiges« Objekt war der Andromedanebel, den man unter guten Sichtbarkeitsbedingungen mit bloßem Auge noch so eben als schwach leuchtendes Fleckchen im Sternbild Andromeda erkennen kann. Einige Astronomen glaubten, dies sei lediglich eine besonders helle Gaswolke, die noch zu unserer Galaxis gehöre. Wo waren dann aber die Sterne, die diese Gaswolke zum Leuchten bringen konnten? Solche Sterne kannte man von anderen leuchtenden Gaswolken innerhalb unserer Galaxis. Außerdem ähnelte die Natur des Lichtes, das vom Andromedanebel kommt, mehr dem Licht einzelner Sterne als dem leuchtender Gaswolken. Und schließlich beobachtete man im Andromedanebel das Aufleuchten sogenannter Novae, das Aufleuchten von Sternen, die zuvor unsichtbar geblieben waren.

All diese Gründe erhärteten den Verdacht, daß der Andromedanebel in Wirklichkeit eine ebenso große Ansammlung von Sternen sein mochte wie die Galaxis, nur so weit entfernt, daß wir keine Einzelsterne mehr ausmachen konnten — mit Ausnahme derer, die gelegentlich als Nova extrem hell aufleuchten und dann eben »aus dem Dunkel« hervortraten. Vor allem der amerikanische Astronom Heber Doust Curtis (1872—1942) war ein Verfechter dieser Theorie, und er untersuchte daher mit besonderem Eifer die Novae im Andromedanebel der Jahre 1917 und 1918.

Etwa zur gleichen Zeit war auf dem Mount Wilson, rund 40 Kilometer nordöstlich von Los Angeles, ein neues, großes Spiegelteleskop mit einem Durchmesser von 2,5 Metern aufgestellt worden. Es war das größte und modernste Instrument seiner Zeit. Mit ihm konnte Edwin Paul Hubble (1889—1953) schließlich in den Randbereichen des Andromedanebels Einzelsterne nachweisen. Es war also wirklich eine gewaltige Sternenansammlung, vergleichbar der Galaxis, und wird deshalb seither Andromeda-Galaxie genannt.

Heute wissen wir, daß die Andromeda-Galaxie rund 2,3 Millionen Lichtjahre von uns entfernt ist und daß es darüber hinaus unzählige weitere Galaxien in den Tiefen des Universums gibt, bis in Entfernungen von 10 oder 15 Milliarden Lichtjahren. Wenn wir also das Universum als Ganzes betrachten, haben wir es mit einer gewaltigen Ansammlung von ziemlich gleichmäßig verteilten Galaxien zu tun, deren jede einige Milliarden bis einige Billionen Sterne enthält.

Die Sterne innerhalb einer Galaxie werden durch ihre gegenseitige Anziehungskraft aneinander gebunden. Durch die Bewegung der Sterne um das jeweilige Massezentrum einer Galaxie entsteht der Eindruck einer ganzheitlichen Rotation. Diese gegenseitige Anziehungskraft hält also eine Galaxie zusammen, läßt sie über viele Milliarden Jahre existieren.

Benachbarte Galaxien bilden oft Gruppen oder ganze Haufen, die auch durch die gegenseitigen Anziehungskräfte stabil bleiben. So gehört unsere Galaxis zusammen mit der Andromeda-Galaxie, den beiden Magellanschen Wolken und vielleicht rund 20 anderen, meist recht kleinen Galaxien zu einer Ansammlung, die wir die »Lokale Gruppe« nennen. Es gibt aber auch gewaltige Galaxienhaufen wie etwa jenen, dessen Zentrum im Sternbild Coma Berenices liegt; dieser Coma-Haufen ist rund 120 Millionen Lichtjahre entfernt und enthält rund 10.000 Einzelgalaxien. Denkbar ist, daß das Universum rund 1 Milliarde Galaxienhaufen mit durchschnittlich 100 Mitgliedern enthält.

Das expandierende Weltall

Obwohl die Distanz zu den einzelnen Galaxien gewaltig ist, können wir aus der Untersuchung des Lichtes, das uns von dort erreicht, einige interessante Einzelheiten in Erfahrung bringen.

Von jedem heißen Objekt, sei es nun ein riesiger Galaxienhaufen oder ein kleines Feuerwerk, trifft sichtbares Licht auf unser Auge, das aus einer Vielzahl unterschiedlicher Wellenlängen zusammengesetzt ist. Mit besonderen Beobachtungsinstrumenten kann man diesen »Wellensalat« sortieren und nach Wellenlängen ordnen. Ein solches geordnetes Lichtband wird Spektrum genannt. Wir empfinden Licht unterschiedlicher Wellenlängen als verschiedene Farben. Sichtbares Licht der kürzesten Wellenlänge erscheint uns violett, und mit wachsender Wellenlänge sehen wir blau, grün, gelb, orange und rot. Dies sind die Regenbogenfarben, denn auch ein Regenbogen ist ein »natürliches« Spektrum, eine geordnete Ausgabe des Sonnenlichtes.

Wenn man das Licht der Sonne oder eines anderen Sterns zu einem Spektrum auffächert, so fehlen einige Wellenlängen. Sie sind auf ihrem Weg zu uns in den Zonen vergleichsweise kälteren Gases (den Atmosphären der Sterne oder auch der Sonne) verschluckt worden. Dadurch entsteht ein Muster dunkler Linien über dem gesamten Spektrum.

Jede Atomsorte in der Atmosphäre eines Sterns absorbiert ganz charakteristische Wellenlängen, die von allen anderen Atomsorten durchgelassen werden. Man kann das exakte Muster für jedes Atom im Labor bestimmen und dann aus der Position der dunklen Linien im Spektrum auf die chemische Zusammensetzung der Sternatmosphäre schließen.

Schon 1842 zeigte der österreichische Physiker Christian Johann Doppler (1803—1853), daß sich die Wellenlänge einer Schallwelle verändert, wenn sich Schallquelle und Empfänger relativ zueinander bewegen: Die Wellenlänge nimmt zu, wenn der Abstand zwischen beiden wächst, und sie nimmt ab, wenn sich beide aufeinander zubewegen. Der französische Physiker Armand H. L. Fizeau (1819—1896) konnte diese Erscheinung 1848 auch beim Licht beobachten.

Aufgrund dieses Doppler-Fizeau-Effekts muß die Wellenlänge des Lichts, das ein Stern ausstrahlt, zunehmen, wenn sich dieser Stern von uns entfernt. Natürlich trifft diese Veränderung auch für die dunklen Linien zu, die dann zum roten Ende des Spektrums hin verschoben erscheinen. Bewegt sich die Lichtquelle dagegen auf uns zu, so verschieben sich die Wellenlängen zu kürzeren Bereichen, also zum blauen Ende des Spektrums. Im einen Fall sprechen wir von Rotverschiebung, im anderen von Blauverschiebung.

Aus der Analyse der exakten Linienpositionen im Spektrum eines Sterns kann man aber nicht nur erkennen, ob sich der Stern auf uns zubewegt oder von uns weg, man kann auch die Geschwindigkeit dieser Bewegung messen. Je größer die Geschwindigkeit ist, desto stärker wird nämlich auch die Verschiebung der Linien. 1868 konnte der englische Astronom William Huggins (1824—1910) mit dieser Methode eine allmähliche Entfernungszunahme für Sirius, den hellsten Stern am Himmel, nachweisen. Im Laufe der Zeit untersuchte man die Spektren von immer mehr Sternen und fand — wie nicht anders zu erwarten — eine mehr oder minder gleiche Zahl von Sternen, die sich auf uns zu bewegen, und solchen, die sich von uns entfernen. Ähnliches würde man von den Galaxien erwarten, wenn auch sie sich »statistisch«, das heißt, ungeordnet im Weltall bewegen würden.

1912 begann der amerikanische Astronom Vesto Melvin Slipher (1875—1969) mit einer Untersuchungsreihe, in der er die Verschiebung der dunklen Linien in den Spektren der Galaxien studieren wollte (zu diesem Zeitpunkt war noch gar nicht bewiesen, daß diese Galaxien eigenständige Sternsysteme waren).

Im Bereich unserer Lokalen Gruppe konnte eine eher zufällige Bewegung der einzelnen Mitglieder sehr wohl nachgewiesen werden — manche bewegen sich auf uns zu, andere entfernen sich von uns. Die Andromedagalaxie beispielsweise, der erste Kandidat von Slipher, nähert sich unserer Galaxis mit einer Geschwindigkeit von rund 50 Kilometern pro Sekunde.

Bei den Galaxien außerhalb der Lokalen Gruppe stieß Slipher jedoch auf eine unerwartete Gleichförmigkeit der Bewegung. Sie alle weisen einheitlich eine Rotverschiebung auf, aus der man eine von uns weggerichtete Bewegung ablesen kann. Dabei stieß man auf ungewöhnlich hohe Geschwindigkeiten. Während sich die Sterne unserer Galaxis untereinander mit Relativgeschwindigkeiten von einigen zehn Kilometern pro Sekunde bewegen, entfernen sich selbst die nächsten Galaxien außerhalb der Lokalen Gruppe mit einer Geschwindigkeit von einigen hundert Kilometern pro Sekunde von uns. Und je lichtschwächer die Galaxien sind (je weiter entfernt sie zu sein scheinen), desto größer wird diese »Fluchtgeschwindigkeit«.

Um das Jahr 1929 konnte Hubble, dem 1924 der Nachweis von Einzelsternen in der Andromedagalaxie gelungen war, zeigen, daß diese Fluchtbewegung proportional zur Entfernung des jeweiligen Objektes sein mußte. Wenn die Galaxie A beispielsweise dreimal so weit entfernt ist wie Galaxie B, dann ist die Fluchtgeschwindigkeit von A auch dreimal größer als die von B. Nachdem dieser Zusammenhang allgemein anerkannt worden war, konnte man die Entfernung einer Galaxie aus dem Studium der Rotverschiebung ihrer Spektrallinien ableiten.

Warum aber entfernen sich alle Galaxien von uns?

Will man diese allgemeine Fluchtbewegung der Galaxien erklären, ohne unserem eigenen Standort besondere Vorzüge einzuräumen, so braucht man nur davon auszugehen, daß sich das Universum als Ganzes ausdehnt und damit die Entfernung zwischen den einzelnen Galaxienhaufen zunimmt. Dann nämlich würde von jedem Standpunkt aus die Welt so aussehen, wie von der Erde aus gesehen, würden sich für einen Beobachter an jedem beliebigen Ort die übrigen Galaxienhaufen entfernen, und zwar um so schneller, je größer die Distanz schon ist.

Warum aber sollte sich das Weltall ausdehnen?

Wenn wir diesen Expansionsvorgang umkehren, uns also zurück durch die Zeit bewegen würden, könnten wir sehen, wie all die Galaxienhaufen sich nun aufeinander zubewegten und am Ende miteinander verschmelzen würden.

Der belgische Astronom Georges Lemaître (1894—1966) vermutete 1927, daß vor sehr langer Zeit die gesamte Materie des Universums in einem einzigen Objekt konzentriert war, das er »Kosmisches Ei« nannte. Dieses Objekt explodierte, und aus den »Splittern« formten sich die Galaxien, die sich heute noch von uns entfernen. Die Expansion des Universums wäre dann eine Folge jener Ur-Explosion.

George Gamow (1904—1968), ein amerikanischer Physiker russischer Abstammung, nannte diese Anfangsexplosion den »Big Bang«, den Urknall, und dieser Begriff wird heute allgemein verwendet. Nach heutigem Kenntnisstand liegt dieser Big Bang etwa 15 Milliarden Jahre zurück. Die Entropie des Kosmischen Eis muß extrem niedrig gewesen sein, doch hat sie seit dem Big Bang ständig zugenommen: seither läuft das Universum wie ein Uhrwerk ab, gerade so, wie wir es in den vorausgegangenen Kapiteln gesehen haben.

Hat es den Urknall aber wirklich gegeben?

Je weiter wir in die Tiefen des Weltalls vordringen, desto weiter blicken wir auch in die Vergangenheit zurück, denn das Licht, das wir heute empfangen, hat ja für den Weg bis zu uns seine Zeit gebraucht. Ein Objekt, das wir in einer Entfernung von 1 Milliarde Lichtjahren beobachten, sehen wir so, wie es vor einer Milliarde Jahren ausgesehen hat, denn so lange brauchte das Licht von dort zu uns. Wenn wir daher etwas sehen könnten, das 15 Milliarden

Lichtjahre entfernt ist, müßten wir das Ereignis des Big Bang verfolgen können.

1965 stießen Arno A. Penzias und Robert W. Wilson von den Bell Telephone Laboratorien auf eine schwache Radiostrahlung, die uns aus allen Himmelsrichtungen gleichmäßig erreicht. Diese »Hintergrundstrahlung« im Radiofrequenzbereich dürfte ein Überrest jener Strahlung sein, die im Zusammenhang mit dem Urknall freigesetzt worden ist. Damit hatte man ein gewichtiges Argument für die Realität dieser anfänglichen »Explosion«.

Wird sich das Universum nun aufgrund dieses Urknalls für alle Zeiten und über alle Grenzen hinaus ausdehnen? Ich werde diese Frage gleich näher diskutieren, doch wollen wir zunächst einmal von einer solchen unbegrenzten Expansion ausgehen. Wie würde sie sich auf unser Leben auswirken? Könnte die grenzenlose Ausdehnung des Weltalls für uns eine Katastrophe auslösen? Für einen Beobachter mit bloßem Auge würde sich kaum etwas verändern. Die beiden Magellanschen Wolken und die Andromedagalaxie gehören zur Lokalen Gruppe, und die Mitglieder dieser kleinen Ansammlung von Galaxien werden durch ihre gegenseitige Schwerkraft aneinander gebunden — innerhalb dieser Gruppe beobachten wir daher keine zunehmende Entfernung; der Himmel bleibt also für Beobachter ohne Fernrohr im wesentlichen unverändert, wenn wir nur die Folgen der Expansionsbewegung betrachten. Es wird Veränderungen aus anderen Gründen geben, aber die Lokale Gruppe bleibt prinzipiell erhalten.

Je weiter sich das Weltall ausdehnt, desto schwieriger wird es für die Astronomen, außerhalb der Lokalen Gruppe noch andere Galaxien nachzuweisen, und schließlich werden sie sie alle aus den Augen verlieren. Alle Galaxienhaufen werden sich so weit von uns entfernt haben, daß sie keinerlei Einfluß mehr auf uns ausüben können (ihr Einfluß ist auch jetzt schon gering: allenfalls aus ihrer Strahlung können wir entnehmen, daß sich das Weltall ausdehnt). Für uns wird das Weltall dann nur noch aus unserer Lokalen Gruppe bestehen und damit nur noch ein Fünfzigmilliardstel der heutigen Größe haben.

Hätte dieser enorme Größenschwund des von uns überschaubaren Universums katastrophale Konsequenzen für uns? Vielleicht nicht direkt, aber er könnte zumindest unsere Reaktion auf den drohenden Wärmetod einschränken.

Je kleiner das Universum ist, desto geringer sind die Aussichten, daß sich darin zufällig einmal ein großes Gebiet niedriger Entropie entwickelt, etwa in der Form eines neuerlichen Kosmischen Eis, aus dem unser gegenwärtiges Universum entstand. Die verbliebene Masse würde dazu nicht ausreichen. Schließlich ist die Wahrscheinlichkeit, im eigenen Garten auf eine Ölquelle zu stoßen, auch viel geringer als dann, wenn man auf der gesamten Erdoberfläche bohren darf. Die grenzenlose Expansion des Weltalls beschneidet daher die Chancen der Menschheit, den Wärmetod des Universums zu überleben, sehr empfindlich (wenn sie überhaupt so lange existiert). Man ist sogar versucht zu sagen, daß beides zusammen — grenzenlose Expansion und Wärmetod — für die Menschheit zuviel ist, selbst bei einer noch so optimistischen Betrachtungsweise.

Doch dies ist noch nicht alles. Kann die grenzenlose Expansion des Universums noch andere Auswirkungen haben, die vielleicht zu einer bedrohlicheren Katastrophe führen als jener Beschränkung der Überlebenschancen im Falle des Wärmetodes?

Einige Physiker wollen nicht ausschließen, daß die Anziehungskraft nicht nur von der Masse der direkt beteiligten Körper abhängt, sondern von der Konzentration der Masse im Universum allgemein. Je dichter die Masse im Weltall gedrängt ist, desto stärker ist — so glauben sie — die Anziehungskraft eines jeden Körpers; je weiter die Masse auseinanderstrebt, desto geringer müßte demzufolge die Schwerkraft werden.

Und weil sich das Universum ausdehnt und dabei die Materiedichte allgemein abnimmt, müßte nach Ansicht dieser Wissenschaftler die Stärke der Schwerkraft ganz allmählich geringer werden. Entsprechende Vermutungen wurden 1937 von dem englischen Physiker Paul Dirac (1902—) geäußert.

Der erwartete Effekt wäre allerdings sehr klein und bliebe im alltäglichen Leben sicher über viele Millionen Jahre unbemerkt, doch er würde sich natürlich im Laufe der Äonen summieren. So wird beispielsweise die Sonne durch ihre eigene Massenanziehung zusammengehalten. Würde die Anziehungskraft sich allmählich verringern, dann müßte die Sonne im gleichen Maße langsam expandieren und sich dabei abkühlen; ähnliches würde den übrigen Sternen widerfahren. Eine Abnahme der allgemeinen Gravitation würde auch die Anziehungskraft der Sonne auf die Erde reduzieren, und dann müßte sich unser Planet auf einer sehr engen Spiralbahn ganz allmählich von der Sonne entfernen. Natürlich verlöre auch die Erde selbst an Anziehungskraft, könnte sich langsam, aber sicher ausdehnen und darüber hinaus ihren Einfluß auf den Mond verlieren, und so weiter. All dies hätte eine allmähliche Abkühlung der Erde zur Folge, da einerseits die Sonnenglut schwächer würde und andererseits auch noch die Entfernung zur Sonne zunähme. Am Ende müßten wir erfrieren, lange bevor das Universum den Wärmetod erlitten hat.

Bislang haben die Wissenschaftler allerdings noch keine eindeutigen Hinweise auf eine Abnahme der Gravitation gefunden, und es spricht auch nichts dafür, daß die Anziehungskraft der Erde früher einmal stärker gewesen sein müsse als heute. Vielleicht ist es noch zu früh, in dieser Frage eine endgültige Antwort zu erwarten, doch kann ich meine Zweifel an dieser Theorie einer allmählich abnehmenden Gravitation nicht verhehlen. Wenn die Annahme stimmen sollte und die Erde daher in der Zukunft kälter würde, dann müßte sie umgekehrt in der Vergangenheit wärmer gewesen sein, und dafür gibt es keinerlei Hinweise. Je weiter wir in die Vergangenheit zurückschauen, desto stärker müßte die Schwerkraft gewesen sein, bis sie schließlich zum Zeitpunkt des Kosmischen Eis so groß hätte sein müssen, daß die Urexplosion niemals hätte stattfinden können und entsprechend überhaupt keine Galaxien und Galaxienhaufen entstanden wären.*

---

*Wir werden bald sehen, daß die Wissenschaftler sogar schon Schwierigkeiten haben, den Urknall mit der heutigen Intensität der Schwerkraft in Einklang zu bringen.

Solange nichts Gegenteiliges nachgewiesen ist, erscheint es vernünftig, davon auszugehen, daß die unbegrenzte Expansion des Weltalls keinen direkten Einfluß auf unseren beschränkten Raumbereich hat. Es ist daher unwahrscheinlich, daß eine Ausdehnung ohne Ende uns in eine Katastrophe stürzt, die eher über uns hereinbrechen würde als jener Zeitpunkt, zu dem das Überleben der Menschheit durch den Wärmetod ernstlich in Frage gestellt wird.

Das kollabierende Weltall

Aber halt! Wie sicher sind wir, daß sich das Universum für immer und alle Zeiten so ausdehnt wie heute?

Stellen wir uns einmal vor, wir würden einen Ball beobachten, der senkrecht nach oben geworfen wurde. Er wird sich zunächst stetig aufwärts bewegen, doch nimmt seine Geschwindigkeit ebenso stetig ab. Wir wissen aus der Erfahrung, daß die Aufwärtsbewegung irgendwann zum Stillstand kommt und der Ball dann immer schneller und schneller zur Erdoberfläche zurückstürzt. Der Grund dafür ist im Schwerefeld der Erde zu suchen. Es zerrt beständig an dem Ball und vermindert dabei zunächst seine Aufstiegsgeschwindigkeit, bis sie ganz verloren ist, während sie anschließend seine Fallbewegung beschleunigt. Ein Ball, der mit einer größeren Anfangsgeschwindigkeit hochgeworfen wird, kann gegen dieses Schwerefeld der Erde länger ankämpfen und erreicht so eine größere Höhe, ehe auch er zum Stillstand kommt und dann zur Erde zurückfällt.

Aus dieser Erkenntnis könnten wir den Schluß ziehen, daß alle Körper unabhängig von ihrer Geschwindigkeit irgendwann vom Schwerefeld der Erde abgebremst werden und dann wieder zur Erdoberfläche zurückstürzen. Dies wäre aber nur dann richtig, wenn die Anziehungskraft der Erde in jeder Höhe gleich stark wäre, doch dies ist nicht der Fall.

Die Erdanziehungskraft nimmt vielmehr mit dem Quadrat des Abstandes vom

Erdmittelpunkt ab. Ein Objekt an der Erdoberfläche ist rund 6.400 Kilometer vom Erdmittelpunkt entfernt. Ein Objekt in 6.400 Kilometern Höhe über dem Erdboden wäre doppelt so weit vom Erdmittelpunkt entfernt und würde nur noch ein Viertel der Anziehungskraft spüren, die auf das Objekt am Erdboden ausgeübt wird.

Man kann sich einen Körper vorstellen, der mit einer solchen Geschwindigkeit hochgeworfen wird, daß die Anziehungskraft der Erde an keiner Stelle ausreicht, um die Geschwindigkeit bis auf Null abzubremsen. Ein solcher Körper wird nie mehr zur Erde zurückstürzen, sondern ihren Einflußbereich für immer verlassen. Man nennt die erforderliche Mindestgeschwindigkeit auch »Fluchtgeschwindigkeit«, und sie liegt für einen »Start« von der Erdoberfläche bei rund 11,2 Kilometern pro Sekunde.

Eine solche Fluchtgeschwindigkeit kann man auch für das Universum als Ganzes definieren. Die Galaxienhaufen ziehen sich untereinander durch ihre wechselseitige Anziehungskraft an, bewegen sich aber aufgrund der »Schleuderwirkung« des Urknalls voneinander fort. Auf jeden Fall muß also die gegenseitige Anziehungskraft der Galaxienhaufen die Expansionsbewegung abbremsen, vielleicht sogar so weit, daß die gegenwärtige Ausdehnung des Weltalls zum Stillstand kommt und die Galaxienhaufen anschließend aufgrund ihrer Schwerkraftwirkung untereinander wieder aufeinander zustürzen. Dann wäre die Expansionsbewegung des Weltalls in eine Kontraktion umgewandelt worden, würde das Universum kollabieren. Durch die momentane Expansionsbewegung aber nimmt die wechselseitige Schwerkraftwirkung ab. Wenn daher die Fluchtbewegung der Galaxienhaufen schnell genug erfolgt, kann die Abnahme der Gravitation stärker sein als die Abbremsung der Expansionsgeschwindigkeit, und das Weltall würde sich immer weiter ausdehnen müssen. Auch hier können wir wieder die Mindestgeschwindigkeit, die ausreicht, um die Fluchtbewegung unbegrenzt aufrechtzuerhalten, als »Fluchtgeschwindigkeit« bezeichnen.

Ist die Geschwindigkeit, mit der sich die Galaxienhaufen voneinander entfernen, größer als diese Fluchtgeschwindigkeit, dann werden sie sich immer weiter auseinanderbewegen, wird sich das Weltall ausdehnen, bis es vom Wärmetod ereilt wird. Ein solches Universum nennen wir ein »offenes Weltall«, und dieses »Modell« haben wir bislang immer vorausgesetzt. Ist die Geschwindigkeit der Galaxienhaufen dagegen kleiner als die erforderliche Fluchtgeschwindigkeit, dann wird die Expansionsbewegung allmählich abgebremst und kommt schließlich zum Stillstand. Daran wird sich dann eine Kontraktion anschließen, die schließlich zu einer Neuauflage des Kosmischen Eis führt, das dann seinerseits wieder in ein neues Universum explodiert.

Ein solches Universum nennen wir »geschlossen« oder auch »oszillierend«, wenn wir das Kosmische »Endei« erneut einen Big Bang erleben lassen.

Wir müssen also herausfinden, ob sich das Weltall mit einer Geschwindigkeit ausdehnt, die größer als die Fluchtgeschwindigkeit ist, oder nicht. Die Expansionsgeschwindigkeit kennen wir, denn wir können sie messen, aber wie steht es um die Fluchtgeschwindigkeit?

Sie hängt von der gegenseitigen Anziehungskraft der Galaxienhaufen untereinander ab, und die wiederum wird bestimmt durch die Masse der einzelnen Haufen und ihre Entfernungen zueinander. Dabei gibt es natürlich Galaxienhaufen der unterschiedlichsten Größen (und Massen), die auch nicht alle gleich weit voneinander entfernt sind.

Wir können also nur versuchen, uns die gesamte Materie des Weltalls gleichmäßig über das Universum verteilt vorzustellen; dann ließe sich nämlich die mittlere Dichte der Materie bestimmen. Je höher diese mittlere Dichte ist, desto größer wird auch die Fluchtgeschwindigkeit sein, und desto unwahrscheinlicher ist es, daß sich die Galaxienhaufen mit genügend großer Geschwindigkeit voneinander entfernen, um der gegenseitigen Anziehungskraft »entfliehen« zu können, und die momentane Expansion des Weltalls irgendwann zum Stillstand kommt und in eine Kontraktionsbewegung umschlägt.

Nach allem, was wir bislang wissen, können wir sagen, daß eine mittlere Dichte der Materie von 400 Wasserstoffatomen in einem großen Wohnzimmer ausreichen sollte, um das Weltall mit seiner gegenwärtigen Expansionsrate »geschlossen« zu halten (dies entspricht einer mittleren Dichte von rund 10^{-29} Gramm pro Kubikzentimeter).

Aus den vorliegenden Beobachtungen können wir aber nur rund ein Hundertstel dieses Wertes für die wahre mittlere Dichte des Weltalls ermitteln. Es gibt eine Reihe indirekter Hinweise dafür (unter anderem auch die Häufigkeit von Deuterium, einer schweren Version des Wasserstoff-Atoms), daß die mittlere Dichte nicht wesentlich höher sein *kann*. Wenn diese Argumente richtig sind, kann die gegenseitige Anziehungskraft der Galaxienhaufen nicht ausreichen, um die Expansion des Universums zu stoppen. Es scheint also, daß wir wirklich in einem offenen Weltall leben, das sich unbegrenzt ausdehnen und schließlich den Wärmetod erleiden wird.

Allerdings müssen die Astronomen eingestehen, daß sie die mittlere Dichte des Universums vielleicht doch nicht mit der erforderlichen Genauigkeit kennen. Die mittlere Dichte ist ja nichts anderes als die Masse in einem vorgegebenen Volumen, dividiert durch das Volumen. Den Rauminhalt eines bestimmten Sektors im Universum können wir zwar recht genau ermitteln, doch ist die Bestimmung der in ihm enthaltenen Masse ungleich schwieriger.

Zwar können wir die Masse der einzelnen Galaxien aus bestimmten Beobachtungen recht ordentlich bestimmen, doch versagen diese Verfahren, wenn es darum geht, die Außenbezirke der Galaxien und den Raum zwischen den Sterneninseln mit zu berücksichtigen. Vielleicht wird dieses extragalaktische Material mengenmäßig stark unterschätzt.

Tatsächlich stießen im Jahre 1977 Astronomen der Harvard Universität bei ihren Beobachtungen des Röntgenhimmels auf Spuren extragalaktischer Materie bislang ungeahnten Ausmaßes: Sie fanden, daß einige Galaxienhaufen von »Wolken« aus Gas, Staub und Sternen umgeben sind, deren Massen fünf- bis zehnmal größer zu sein scheinen als die Massen der Galaxien selbst. Wenn diese »Wolken« allgemeiner Bestandteil einer Galaxie oder eines Galaxienhaufens sind, dann könnten sie die nachweisbare Masse im Weltall beträchtlich erhöhen und damit die mittlere Dichte vielleicht so hoch treiben, daß ein offenes Universum unwahrscheinlich wird.

Ein gewichtiges Argument für die Existenz »unsichtbarer« Materie liegt im Verhalten der Galaxienhaufen selbst begründet. Man kann ja die Masse eines solchen Haufens aus der Masse der in ihm enthaltenen Einzelgalaxien zusammenrechnen, und dabei stellt sich in vielen Fällen heraus, daß diese Gesamtmasse eigentlich gar nicht ausreicht, um eine gegenseitige Schwerkraftbindung der Einzelgalaxien zu eben diesen Haufen zu ermöglichen. Vielmehr sollten sich die einzelnen Galaxien aufgrund der gemessenen Geschwindigkeiten voneinander entfernen, sollten sich die Haufen längst aufgelöst haben — und dennoch scheinen sie durch die Schwerkraft zusammengehalten. Eine sinnvolle Lösung dieses inneren Widerspruchs ergibt sich aus der Annahme, daß die sichtbare Materie eben nicht alles ist, was zu einem Galaxienhaufen gehört. So kommen wir zu dem Schluß, daß im Augenblick viele Beobachtungsdaten zwar noch für ein offenes Universum sprechen, daß sich aber auch jene Daten mehren, die ein geschlossenes Weltall nahelegen.*

Aber ist ein kollabierendes Weltall überhaupt mit den Naturgesetzen verträglich? In ihm würden sich die Galaxien wieder einander annähern und am Ende das Kosmische Ei mit seiner extrem niedrigen Entropie bilden. Widerspricht dies nicht dem Zweiten Hauptsatz der Thermodynamik? Natürlich, doch dies ist kein Widerspruch zu irgendeinem Naturgesetz.

Wir haben schon gelernt, daß dieser Zweite Hauptsatz lediglich eine Verallgemeinerung unserer alltäglichen Erfahrung darstellt. Wir beobachten, daß im gegenwärtigen Universum mit all seinen verschiedenartigen Objekten und Prozessen der Zweite Hauptsatz nicht verletzt wird, und schließen daraus, daß er nie verletzt werden kann.

---

*Ich persönlich halte ein offenes Universum aus Gründen, die ich im nächsten Kapitel erläutern werde, für wenig wahrscheinlich. Ich glaube, wir müssen nur noch etwas warten, ehe die Astronomen die »fehlende Masse« gefunden haben, die für die »Schließung« des Universums ausreicht.

Vielleicht geht diese Schlußfolgerung zu weit. Immerhin können wir trotz aller möglichen Veränderungen der entsprechenden Experimente eine grundlegende Voraussetzung nicht variieren: wir beobachten alle Vorgänge in einem expandierenden Universum. Die allgemeinste Aussage, die wir aus unseren Beobachtungen über die Einhaltung des Zweiten Hauptsatzes ableiten können, ist daher: Der Zweite Hauptsatz der Thermodynamik kann in einem expandierenden Weltall nicht verletzt werden.

Aus unseren Beobachtungen können wir rein gar nichts über das Verhalten der Entropie in einem kollabierenden Weltall aussagen. Wir könnten also durchaus spekulieren, daß die Zuwachsrate der Entropie mit langsamer werdender Expansion ebenfalls abnimmt und mit beginnender Kontraktion auch eine allgemeine Abnahme der Entropie einsetzt.

Wir könnten dann davon ausgehen, daß in einem geschlossenen Universum die Entropie während der Expansionsphase immer weiter zunimmt und — lange bevor der Wärmetod erreicht wird — infolge einer einsetzenden Kontraktion dann wieder abnimmt. Das Universum würde so wie eine sorgfältig gepflegte Uhr immer wieder neu aufgezogen, ehe es ganz abgelaufen ist, und könnte auf diese Weise unbegrenzt fortbestehen. Können wir daraus aber auch ableiten, daß — wenn nun der Wärmetod ausbleibt — auch die Menschheit diese zyklische Aufeinanderfolge der Universen überlebt? Oder gibt es in einem solchen Zyklus Phasen, in denen Leben unmöglich ist?

Zum Beispiel ist die Explosion des Kosmischen Eis mit Sicherheit absolut lebensfeindlich. Im Augenblick der Explosion hat das Universum (das ja dann nur aus dem Kosmischen Ei besteht) eine Temperatur von vielen Billionen Grad, und es dauert schon seine Zeit, ehe sich das Weltall so weit abgekühlt hat, daß sich aus der Strahlungsenergie Materie bilden kann, die dann Galaxien, Sterne und Planeten formt, ehe sich schließlich auf geeigneten Planeten Lebewesen entwickeln können.

Vielleicht dauert es rund eine Milliarde Jahre, ehe sich das Weltall so weit entwickelt hat. Wenn die Kontraktion des Universums diese Geschichte rückwärts durchlebt, dann sollten wir erwarten, daß auch eine Milliarde Jahre vor der Bildung des Kosmischen Eis Leben, Planeten, Sterne und Galaxien vernichtet werden.

So erhalten wir eine Zeitspanne von rund zwei Milliarden Jahren im Umkreis um das Kosmische Ei, während der Leben unmöglich ist. Zwar kann sich in jedem Zyklus neues Leben entwickeln, doch wird dies keine Verbindung zu früheren oder späteren Lebensformen haben.

Doch es erhebt sich jetzt eine weitere Frage: In dem von uns überschaubaren Weltall dürfte es einige Trilliarden Sterne geben, die seit vielen Milliarden Jahren Energie an ihre Umgebung abstrahlen. Warum hat die so freigesetzte Wärme nicht ausgereicht, um alle kalten Körper im Universum aufzuheizen (also auch die Erde) und damit das vorhandene Leben auszulöschen?

Eine solche allgemeine Aufheizung des Weltalls wurde aus zwei Gründen verhindert. Zum einen entfernen sich die Galaxienhaufen aufgrund der Expansionsbewegung voneinander, und das führt zu einer mit wachsender Distanz zunehmenden Rotverschiebung. Je langwelliger aber die ankommende Strahlung ist, desto weniger energiereich ist sie. Dadurch enthält die Strahlung, die uns aus den Tiefen des Weltalls erreicht, weniger Energie, als man allgemein annehmen möchte.

Zum anderen wächst mit der Expansion des Universums auch sein Volumen, und zwar schneller, als die Sterne Energie »nachliefern« können. Infolgedessen hat sich das Weltall seit dem Urknall und der späteren Entstehung der Sterne nicht etwa aufgeheizt, sondern ist im Gegenteil sogar kälter geworden. Die allgemeine Temperatur liegt derzeit bei rund 3 Grad über dem absoluten Nullpunkt.

Die Situation würde sich natürlich umkehren, wenn das Universum eines Tages wieder kollabiert. Durch die gegenseitige Annäherung der Galaxienhaufen erfährt das Licht dann eine Violettverschiebung und damit einen Energiezuwachs im Vergleich zu den heutigen Verhältnissen. Zusätzlich verringert sich das zu erwärmende Volumen, so daß die Strahlung das Weltall viel schneller aufheizen dürfte, als man vermuten möchte. Ein kollabierendes Universum wird daher ständig heißer und heißer werden, bis es — etwa eine Milliarde Jahre vor der Bildung des nächsten Kosmischen Eis — für jedwede Lebensform zu heiß wird.

Und wie lange wird es bis zum Ende dieses Zyklus noch dauern? Wann wird sich unser Weltall wieder zu einem Kosmischen Ei zusammengefunden haben? Eine Antwort darauf können wir nicht geben. Auch hier spielt nämlich die Gesamtmasse des Universums eine entscheidende Rolle. Setzen wir einmal voraus, sie ist groß genug, um ein geschlossenes Universum zu garantieren. Je mehr die Masse diesen Mindestwert übersteigt, desto stärker wird die gravitative Bindung der Galaxienhaufen untereinander sein, und desto schneller kommt die gegenwärtige Expansion zum Stillstand, desto schneller aber läuft auch die anschließende Kontraktion ab.

Da die Astronomen aber gegenwärtig eher noch ein offenes Weltall für möglich halten, dessen Masse nicht ausreicht, um die Expansion zu stoppen, wird man annehmen dürfen, daß die wirkliche Masse des Weltalls (wenn sie denn größer ist als jene bislang nachweisbare Materie) kaum weit über der für eine allmähliche Abbremsung notwendigen Mindestmasse liegen wird. Die Expansionsbewegung wird sich dann nur ganz allmählich verlangsamen und sehr zögernd in eine Kontraktionsbewegung umkippen, und diese Kontraktion wird ihrerseits auch viel Zeit in Anspruch nehmen.

Dann leben wir in einer vergleichsweise stürmischen Anfangsphase heftiger Expansion von vielleicht einigen Zig-Milliarden Jahren Dauer, und eine entsprechende Periode heftiger Kontraktion wird diesen Zyklus abschließen — dazwischen aber liegt die lange Zeit eines nahezu statischen Universums.

Man wird annehmen dürfen, daß die Umkehr von der Expansions- in eine Kontraktionsbewegung etwa zur »Halbzeit« des Universums stattfinden wird, vielleicht nach 500 Milliarden Jahren. Dann würde es weitere rund 500 Milliarden Jahre dauern, ehe das nächste Kosmische Ei entsteht. Damit gibt es also — je nach der Gesamtmasse des Weltalls — zwei Zukunftsmodelle »zur Aus-

wahl«: Entweder stirbt die Menschheit nach einer Billion Jahren den Wärmetod, oder sie geht auf dem Wege zum nächsten Kosmischen Ei zugrunde
— vorausgesetzt, sie wird nicht vorher vernichtet. Beide Varianten sehen wie
endgültige Katastrophen aus, doch ist das Ende des geschlossenen Universums
zweifellos dramatischer als das des offenen, erinnert mehr an die Mythen von
Ragnarok und Offenbarung, scheint weniger leicht abwendbar. Viele Menschen mögen die erste Version bevorzugen, doch ich für meinen Teil glaube
eher, daß die zweite Version eintreten wird — wiewohl es offen bleibt, ob
irgendwelche Nachfahren von uns eine solche Endphase überhaupt erleben
werden.*

*Paul Anderson hat übrigens in seiner Science-fiction-Story *Tau Zero* mit beachtenswerter Akribie
beschrieben, wie eine Raumschiffbesatzung die Entstehung eines Kosmischen Eis und seine neuerliche
Explosion erlebt und überlebt.

IV. Der Zusammen-
bruch der Sterne

Gravitation

Bei der Betrachtung der beiden möglichen Endphasen des Universums, dem Wärmetod und der Bildung eines Kosmischen Eis, haben wir das Weltall immer als Ganzheit aufgefaßt, als einen Ozean aus mehr oder weniger dünn verteilter Materie, deren Entropie gleichmäßig zunimmt auf dem Wege zum Wärmetod oder gleichmäßig abnimmt bei der Kontraktion zu einem neuen Kosmischen Ei. Wir haben stillschweigend vorausgesetzt, daß alle Teilbereiche des Universums gleichzeitig vom selben Schicksal ereilt werden. Ein solches Vorgehen ist aber nur denkbar, wenn wir das Universum gewissermaßen aus der Ferne betrachten. In Wirklichkeit ist die Materie alles andere als gleichverteilt — sie kommt vielmehr recht klumpig vor.

So enthält das Weltall mindestens 10 Trilliarden Sterne, und die Bedingungen in einem Stern beziehungsweise in unmittelbarer Nachbarschaft unterscheiden sich gewaltig von denen in großer Entfernung von einem Stern. Aber auch die Sterne sind nicht etwa gleichmäßig über den Raum verteilt. In manchen Zonen stehen sie ziemlich dicht gedrängt, dann wieder eher dünn gesät, und wieder anderswo fehlen sie eigentlich ganz. Es ist daher durchaus möglich, daß an einer Stelle des Weltalls ganz andere Prozesse ablaufen als anderswo, daß beispielsweise das Universums zwar als Ganzes expandiert, dafür aber in begrenzten Teilen kollabiert. Wir dürfen diese Möglichkeit nicht außer acht lassen, da sie zu einer noch anderen Katastrophe führen kann.

Beginnen wir einmal mit unserer Erde, einer Kugel aus rund 6 Trillionen Tonnen Gestein und Metall. Sie entstand im wesentlichen unter dem Einfluß der Schwerewirkung all dieser Materie. Dabei wurde jedes Stück soweit wie möglich an den Mittelpunkt des Schwerefeldes herangezogen; jedes Materiestück kam diesem Mittelpunkt so nahe, bis es von einem schon näher liegenden Brocken aufgehalten wurde. Dadurch entstand ein Körper, dessen gesamte potentielle Energie einen Minimalwert erreichte. Der Abstand der einzelnen Teilchen vom Mittelpunkt ist bei einer Kugel im Ganzen gesehen kleiner als bei jeder anderen geometrischen Figur — deshalb hat die Erde und haben auch Sonne, Mond und Sterne Kugelgestalt.

Aufgrund der Anziehungskraft ist die Erde auch so fest gepackt, wie es unter den gegebenen Voraussetzungen möglich ist. Die Atome berühren sich gegenseitig, und je tiefer man ins Erdinnere vordringt, desto stärker werden die Atome unter der Last der darüberliegenden Schichten zusammengedrückt (diese Last ist die Folge der Anziehungskraft).

Doch selbst im Mittelpunkt der Erde, wo die Atome schon recht spürbar verformt sind, behalten sie ihren normalen Aufbau bei. Deshalb können sie dem Druck der darüberliegenden Schichten standhalten. Die Erde wird daher nicht weiter schrumpfen, sondern ihren Durchmesser von rund 12.750 Kilometern beibehalten, solange sie von außen nicht »gestört« wird.

Der innere Aufbau eines Sternes sieht etwas anders aus, weil in einem solchen Objekt einige Zehntausend bis Zehnmillionen Erdmassen vereint sind.

Unsere Sonne beispielsweise enthält rund 330.000 Erdmassen. Entsprechend ist ihr Schwerefeld 330.000 mal stärker. Als die Sonne entstand, wurden die »Rohstoffe« daher mit sehr viel mehr Kraft angezogen und in eine Kugelform gepreßt als bei der Erde. Die Kraft war so stark, die Last der äußeren Schichten so groß, daß im Innern der Sonne die Atome zerquetscht wurden. Die Atome sind nämlich nicht jene winzigen Billardkügelchen, für die man sie im 19. Jahrhundert gehalten hat; sie bestehen vielmehr zum überwiegenden Teil aus flüchtigen Elektronenwellen extrem geringer Masse, die einen winzigen Kern umkreisen; in diesem Kern steckt der Löwenanteil der Atommasse. Ein Atomkern ist rund hunderttausendmal kleiner als der Durchmesser eines »intakten« Atoms. Man sollte ein Atom daher eher mit einem Tischtennisball vergleichen, der im Inneren ein winziges Kügelchen extrem dichten Metalls enthält.

Der Druck der äußeren Sonnenschichten führt also zu einer Auflösung der normalen Atomstruktur: die Elektronenschalen werden »geknackt«, der Kern freigesetzt. Beide Bestandteile, Elektronenwellen und Atomkern, sind für sich genommen sehr viel kleiner als ein normales Atom. Man sollte daher erwarten, daß die Sonne unter ihrer eigenen starken Anziehungskraft auf ein viel kleineres Volumen zusammenschrumpft. Genau dies aber ist nicht geschehen.

Schuld daran ist die Zusammensetzung der Sonne — und der anderen Sterne: sie bestehen hauptsächlich aus Wasserstoff. Der Kern des Wasserstoffs ist ein einzelnes Elementarteilchen, genannt »Proton«, das eine positive elektrische Ladung trägt. Wenn die Atome erst einmal aufgelöst sind, können sich die nackten Protonen einander viel näher kommen als im Normalzustand der Materie. Die Protonen können sich sogar nicht nur gegenseitig annähern, sie können auch mit voller Wucht zusammenprallen. Die gewaltige Last der äußeren Sonnenschichten führt im Innern der Sonne nämlich zu einer extrem hohen Temperatur — der Gravitationsdruck wird in Wärme umgewandelt: Man schätzt die Zentraltemperatur der Sonne auf rund 15 Millionen Grad. Gelegentlich vereinen sich zwei Protonen bei einem solchen Zusammenprall, fliegen nicht mehr auseinander; eine Kernreaktion hat stattgefunden. Im Verlaufe solcher Prozesse können Protonen ihre elektrische Ladung verlieren und sich in Neutronen umwandeln (die elektrische Ladung verschwindet natürlich nicht spurlos, sondern wird von einem während der Reaktion entstehenden Teilchen davongetragen). Auf diese Weise kann schließlich ein Atomkern mit zwei Protonen und zwei Neutronen entstehen, ein Kern des Elements Helium. Bei diesem Prozeß, der in ähnlicher Weise übrigens auch bei der Explosion einer Wasserstoffbombe abläuft, werden gewaltige Mengen an Wärme freigesetzt, die die Sonne für eine sehr lange Zeit in einen riesigen, selbstleuchtenden Gasball verwandeln.

Während die Erde also durch den »inneren Widerstand« der intakten Atome in ihrem Innern an einer weiteren Kontraktion gehindert wird, sorgen bei der Sonne die gewaltigen, durch die Kernprozesse freigesetzten Wärmemengen für eine Expansion. Dieser Unterschied hat eine nicht zu übersehende Folge: Die Erde wird, wie wir gesehen haben, ihre Größe im wesentlichen beibehalten, da die Atome im Innern der Erde nicht weiter schrumpfen, solange keine zusätzliche Kraft hinzukommt. Bei der Sonne sieht das anders aus. Ihre Größe hängt davon ab, wieviel Hitze im Zentralbereich freigesetzt wird. Dies aber hängt vom Ablauf der Kernreaktionen im Innern der Sonne ab, die ihrerseits auf einen ständigen Nachschub an Wasserstoff, dem nuklearen Brennstoff, angewiesen sind.

Die Menge an Wasserstoff im Innern eines Sternes ist jedoch begrenzt. Irgendwann einmal wird der Vorrat unter eine kritische Grenze sinken. Das gilt dann auch für die Reaktionsrate und damit gleichzeitig für die Menge an freigesetzter Energie. Wenn aber der Wärmenachschub von innen aufhört, muß die Sonne oder jeder andere Stern anfangen, unter seiner eigenen Anziehungskraft in sich zusammenzustürzen. Der Zusammensturz eines Sterns hat bedeutsame Folgen für die Schwerkraft.

Die Gravitationskraft zwischen zwei Körpern nimmt mit sinkendem Abstand zu, und zwar quadratisch. Wenn man die Entfernung des Mondes zur Erde auf die Hälfte reduzieren könnte, würde auf den Erdtrabanten an seiner neuen Position eine viermal so starke Kraft wirken wie bisher. Wird der Abstand gar auf ein Sechzehntel verkleinert, nimmt die Anziehungskraft der Erde um 16 mal 16 oder um das 256fache zu.

Im Augenblick befinden Sie sich als Leser auf der Erdoberfläche. Dann errechnet sich die Anziehungskraft der Erde auf Sie aus der Masse der Erde, aus Ihrer Masse und der Entfernung zum Erdmittelpunkt, die (am Erdäquator) 6.378 Kilometer beträgt. Die Masse der Erde läßt sich so leicht nicht verändern, und die eigene Masse möchte man vielleicht auch nicht allzu sehr vergrößern oder verkleinern. Aber was geschieht, wenn wir uns einmal vorstellen, wir würden den Abstand zum Erdmittelpunkt variieren? Man könnte beispielsweise — in Gedanken — ein Loch in die Erde bohren, um so näher an den Erdmittelpunkt heranzukommen. Würde dabei die Anziehungskraft zunehmen, je geringer die Distanz zum Erdmittelpunkt wird?

Nein! Die Abhängigkeit der Anziehungskraft vom Abstand zum Mittelpunkt des Schwerefeldes ist nur so lange gültig, wie man sich außerhalb des anziehenden Körpers befindet. Nur dann nämlich können wir die Anziehungskraft unter der vereinfachten Annahme berechnen, die gesamte Masse des Körpers wäre in seinem Mittelpunkt vereint.

Wer sich dagegen in die Erde hineinbohrt, wird nur noch von den Teilen der Materie angezogen, die sich zwischen ihm und dem Erdmittelpunkt befinden; jene Bereiche, die weiter draußen liegen, haben auf die Anziehungskraft keinen Einfluß mehr. Folgerichtig muß die Anziehungskraft mit zunehmender Tiefe abnehmen. Könnte man daher den Mittelpunkt der Erde selbst erreichen, dann müßte die Erdanziehung ganz verschwinden, weil sich nichts mehr näher am Erdmittelpunkt befindet als man selbst: man wäre schwerelos.

Anders verhält es sich, wenn wir uns vorstellen, die Erde würde als Ganzes auf die Hälfte ihres jetzigen Durchmessers schrumpfen. Für einen Astronauten in einem Raumschiff weit von der Erde entfernt würde sich dadurch nichts verändern: die Erdmasse bliebe konstant, die Masse des Astronauten auch, und auch sein Abstand zum Erdmittelpunkt änderte sich nicht. Für ihn ist es also völlig gleichgültig, ob sich die Erde zusammenzieht oder ausdehnt — ihre Anziehungskraft auf das Raumschiff über der Erdoberfläche bleibt konstant (solange sich die Erde nicht so weit aufbläht, daß sie das Raumschiff umschließt — dann nämlich würde die Anziehungskraft abnehmen).

Wir wollen uns aber einmal vorstellen, daß wir auf der Oberfläche dieser schrumpfenden Erde stehen. Auch in diesem Fall bleiben natürlich die Erdmasse und die Masse des Lesers gleich, doch schrumpft die Entfernung zum Erdmittelpunkt auf die Hälfte des Ausgangswertes. Bei diesem Gedankenspiel bleibt man — weil auf der Erdoberfläche — außerhalb der Erdmasse, bleibt die Gesamtmasse für die Anziehungskraft wirksam. Wenn aber die Entfernung auf die Hälfte schrumpft, vergrößert sich diese Anziehungskraft um 2 x 2, also auf das Vierfache. Mit anderen Worten, die *Oberflächenschwerkraft* der Erde würde zunehmen, wenn ihr Durchmesser abnimmt.

Könnte die Erde immer weiter in sich zusammensinken, ohne dabei Materie zu verlieren, und könnte man selbst sich auf der Oberfläche dieser »Schrumpf-Erde« aufhalten, so würde man eine stetige Zunahme der Anziehungskraft

verspüren. Bei einem (unvorstellbaren) Nulldurchmesser, wenn also die Erde
auf die »Größe« eines Punktes zusammengesunken wäre, wüchse die Oberflächenschwerkraft auf unendliche Werte an.
Dies gilt für jeden Körper, der Masse besitzt, egal, ob wenig oder viel. Selbst,
wenn es gelänge, ein Proton auf die Größe eines Punktes zu verdichten und
man sich auf die »Oberfläche« dieses Proton-Punktes stellen könnte, würde
man eine unendlich große Anziehungskraft verspüren.

Schwarze Löcher

Zugegeben — es ist ziemlich unwahrscheinlich, daß sich die Erde in ihrem
jetzigen Zustand verkleinern wird, und gleiches gilt für Objekte, die ohnehin
kleiner sind als die Erde. Nicht einmal Jupiter mit seinen 318 Erdmassen wird
seinen Durchmesser wesentlich verringern, wenn man ihn »in Ruhe« läßt.
Anders sieht dies bei den Sternen aus. Sie haben meist viel mehr Masse als ein
Planet, und ihr machtvolles Schwerefeld wird sie zum Kollaps zwingen, sobald
erst einmal das atomare Feuer im Innern unter eine kritische Grenze sinkt und
nicht mehr genügend Hitze produzieren kann, um dieser Gravitationslast
standzuhalten. Wie weit diese Kontraktion geht, hängt stark von der Intensität des Schwerefeldes und damit von der Masse des Sternes ab. Übersteigt sie
einen Grenzwert, dann kann nichts mehr den Kollaps aufhalten, und der Stern
schrumpft nach unserem heutigen Wissen auf ein Nullvolumen zusammen.
Während dieses Vorgangs ändert sich die Anziehungskraft des Sternes auf
weiter entfernte Objekte nicht, doch die Oberflächenschwerkraft nimmt
grenzenlos zu. Damit wächst unter anderem auch die Fluchtgeschwindigkeit,
die erreicht werden muß, wenn irgend etwas von der Oberfläche aus den
Anziehungsbereich des Sternes verlassen möchte: Mit schrumpfendem Durchmesser und wachsender Oberflächenschwerkraft wird es immer schwieriger,
ein Objekt aus dem Wirkungsbereich des Sternes herauszubringen.

Gegenwärtig beträgt die Fluchtgeschwindigkeit von der Oberfläche der Sonne etwa 617 Kilometer pro Sekunde; das ist fast 55mal mehr als die Fluchtgeschwindigkeit von der Erdoberfläche aus. Dennoch können Elementarteilchen die Sonne (und andere Sterne) noch ziemlich ungehindert mit großer Geschwindigkeit und in alle Richtungen verlassen.

Würde sich die Sonne dagegen verkleinern und entsprechend ihre Oberflächenschwerkraft anwachsen, so käme die Fluchtgeschwindigkeit sehr bald in den Bereich von tausend Kilometern pro Sekunde, dann zehntausend und schließlich hunderttausend; irgendwann würde die Fluchtgeschwindigkeit sogar 300.000 Kilometer pro Sekunde erreichen, und das ist die Lichtgeschwindigkeit.

Wenn ein Stern (oder irgendein anderes Objekt) so weit geschrumpft ist, daß die Fluchtgeschwindigkeit an seiner Oberfläche die Lichtgeschwindigkeit erreicht, besitzt das Objekt nur noch die Größe seines Schwarzschild-Radius, so benannt nach dem deutschen Astronomen Karl Schwarzschild (1873—1916), obwohl erst der amerikanische Physiker Robert Oppenheimer (1904—1967) die dazugehörige Theorie vollständig entwickelt hat.

Der Schwarzschild-Radius der Erde liegt bei 0,8 Zentimeter. Man stelle sich einmal eine Kugel von 1,6 Zentimeter Durchmesser vor, die die gesamte Masse der Erde in sich vereint. Der Schwarzschild-Radius der Sonne liegt bei etwa 3 Kilometer. Es gibt kaum mehr einen Zweifel daran, daß sich kein Masseteilchen mit mehr als Lichtgeschwindigkeit bewegen kann. Wenn daher ein Körper erst einmal seinen Schwarzschild-Radius erreicht hat, kann nichts mehr von der Oberfläche aus seinem Anziehungsbereich entfliehen, da die erforderliche Fluchtgeschwindigkeit so groß wie die Lichtgeschwindigkeit wird oder noch größer.*

*Wie ich später noch zeigen werde, stimmt diese Aussage nicht mehr ganz, nachdem man neue theoretische Untersuchungen angestellt hat.

Nichts von dem, was auf ein solches kollabiertes Objekt fällt, kann wieder von ihm entweichen; das Objekt verhält sich also wie ein unendlich tiefes Loch im Weltall. Nicht einmal Licht vermag der geballten Anziehungskraft zu entkommen, so daß dieses »Loch« auch vollkommen schwarz ist. Der amerikanische Physiker John Archibald Wheeler (1911—) prägte für solche Objekte den Begriff »Schwarzes Loch«.*

Es scheint daher, daß Schwarze Löcher immer dann entstehen müssen, wenn ein genügend massereicher Stern seinen Kernbrennstoff verbraucht hat und sein Schwerefeld stark genug ist, um das Objekt über den Schwarzschild-Radius hinaus zusammenzuziehen. Und dieser Vorgang muß wohl eine »Einbahnstraße« sein: ein Schwarzes Loch kann entstehen, sich aber nicht mehr auflösen. Ein einmal entstandenes Schwarzes Loch ist — bis auf eine Ausnahme, die ich später erläutern werde — beständig.

Alles, was in die unmittelbare Nähe eines solchen Schwarzen Loches gerät, wird von seiner enormen Anziehungskraft eingefangen. Das Objekt wird auf einer Spiralbahn immer näher an das Schwarze Loch herankommen und schließlich »hinein«fallen. Aus den schon genannten Gründen gibt es dann kein Zurück mehr. Ein Schwarzes Loch kann also nur an Masse zunehmen, nicht jedoch Masse verlieren.

Wenn aber Schwarze Löcher nur entstehen können, an sich aber unvergänglich sind, sollten wir erwarten, daß die Zahl der Schwarzen Löcher im Universum mit wachsendem Weltalter zunimmt. Aber nicht nur ihre Zahl steigt stetig an, sondern auch ihre Masse. Das aber heißt, daß Jahr für Jahr immer mehr Materie in immer zahlreicheren und immer größer werdenden Schwarzen Löchern verschwindet. Wenn man nur genügend lange wartet, sollte daher irgendwann einmal die gesamte Materie des Weltalls in Form von Schwarzen Löchern gebunden sein.

*Eine ähnliche Überlegung hat übrigens bereits 1798 der französische Astronom Pierre Simon de Laplace (1749—1827) angestellt.

Wenn wir in einem offenen Universum leben, können wir uns vorstellen, daß das Ende der Welt dann nicht nur ein Zustand maximaler Entropie eines in einem grenzenlosen Ozean extrem dünnverteilten Gases ist, den wir als Wärmetod bezeichnet haben. Es wird auch kein Zustand maximaler Entropie und damit kein Wärmetod für einzelne Galaxienhaufen sein, die untereinander durch unvorstellbare, immer weiter anwachsende Entfernungen getrennt sind. Es sieht vielmehr so aus, als würde das Universum in ferner Zukunft einen Zustand maximaler Entropie erreichen, bei dem die Materie in Schwarzen Löchern konzentriert ist, die — vielleicht in Form ganzer Haufen — untereinander durch endlose, weiter wachsende Distanzen getrennt sind. Nach den bisherigen Ausführungen dürfte dies das wahrscheinlichste Ende eines offenen Weltalls sein.

Theoretische Untersuchungen haben gezeigt, daß man die Gravitationsenergie der Schwarzen Löcher zur Verrichtung riesiger »Arbeitsmengen« nutzen kann. Man kann sich beispielsweise eine Zivilisation vorstellen, die all ihren Müll in ein Schwarzes Loch hineinwirft; wie ein »Allesbrenner« würde ein Schwarzes Loch daraus Strahlung produzieren, die man nutzbar machen könnte. Und wenn man nichts mehr zum Hineinwerfen hat, kann man vielleicht die Rotationsenergie eines Schwarzen Loches anzapfen. Mit diesen Methoden läßt sich aus einem Schwarzen Loch sehr viel mehr Energie herausholen als aus normalen Sternen gleicher Masse. Vielleicht kann daher die Menschheit in der Nähe eines Schwarzen Lochs besser überleben als anderswo. Am Ende wird aber auch hier der Zweite Hauptsatz der Thermodynamik »eingreifen«: Alle Materie wäre in Form von Schwarzen Löchern »unbrauchbar« geworden, alle Schwarzen Löcher wären bis zum Stillstand abgebremst worden. Dann bliebe keine Energie mehr übrig, mit der man weitere Arbeitsprozesse antreiben könnte — wäre der Zustand maximaler Entropie erreicht. Wahrscheinlich ist aber der Wärmetod eines Universums mit Schwarzen Löchern noch weniger abwendbar. Zufällige Veränderungen hin zu Bereichen mit niedrigerer Entropie lassen sich in einem Universum voll Schwarzer

Löcher weniger leicht vorstellen als in einem Universum ohne diese Objekte; und man kann sich noch weniger vorstellen, wie es irgendwelchen Lebensformen möglich sein sollte, dem Wärmetod in einem Universum mit Schwarzen Löchern zu entrinnen.

Wie aber passen Schwarze Löcher in ein geschlossenes Weltall? Die Zuwachsrate für Zahl und Masse der Schwarzen Löcher kann klein sein im Vergleich zur Größe und Gesamtmasse des Weltalls. Obwohl das Universum derzeit etwa 15 Milliarden Jahre alt sein dürfte, machen die Schwarzen Löcher wahrscheinlich nur einen geringen Teil der Gesamtmasse aus.*

Selbst nach 500 Milliarden Jahren, zum Zeitpunkt der »Umkehr«, beim Übergang von einem expandierenden Weltall zu einem kollabierenden Universum, könnten die Schwarzen Löcher noch immer nur einen unbedeutenden Teil der Gesamtmasse des Weltalls in sich vereinen.

Wenn das Weltall dann aber beginnt, sich wieder zusammenzuziehen, wird auch den Schwarzen Löchern mehr Bedeutung zukommen. Jene Schwarzen Löcher, die bis dahin schon entstanden sind, dürften sich im wesentlichen in den Kernregionen der Galaxienhaufen befinden. Die ansteigende mittlere Dichte des Weltalls erlaubt dann aber auch die Entstehung Schwarzer Löcher in den übrigen Bereichen in größerer Zahl und mit stetig steigendem Massenzuwachs. Gegen Ende der Kontraktionsphase, wenn die Galaxienhaufen miteinander verschmelzen, werden sich natürlich auch die Schwarzen Löcher vereinen. Das Kosmische Ei kann dann nichts anderes sein als ein gigantisches Schwarzes Loch, in dem die Gesamtmasse des Weltalls vereint ist.

Wie aber kann ein solches Kosmisches Ei dann wieder erneut explodieren und ein neues Universum begründen, wenn aus einem Schwarzen Loch nichts

---

*Dies ist allerdings mehr eine Vermutung als eine belegbare Aussage. Schwarze Löcher lassen sich nämlich nur unter besonderen Bedingungen nachweisen, und so entziehen sich möglicherweise viele solcher Objekte einfach unserer Kenntnis. Schließlich könnten die Schwarzen Löcher auch jene »fehlende Masse« in sich bergen, die notwendig wäre, um das Universum geschlossen zu halten — das aber hieße, daß sie zwischen 50 und 90 Prozent der Gesamtmasse des Weltalls in sich vereinen müßten.

entkommen kann? Und wie konnte jenes Kosmische Ei explodieren und das Weltall bilden, in dem wir heute leben, wenn auch es nichts anderes als ein gewaltiges Schwarzes Loch gewesen ist?

Wir dürfen bei dieser Frage nicht vergessen, daß die Materie nicht in allen Schwarzen Löchern gleich dicht gepackt sein muß. Je massereicher ein Objekt ist, desto stärker ist seine Oberflächenschwerkraft schon während der normalen Sternphase, und desto größer ist von vornherein die Fluchtgeschwindigkeit. Ein solches Objekt braucht also gar nicht sehr viel zu schrumpfen, um den Schwarzschild-Radius zu erreichen, bei dem die Fluchtgeschwindigkeit ja gleich der Lichtgeschwindigkeit wird.

Ich erwähnte bereits den Schwarzschild-Radius der Sonne, der bei etwa 3 Kilometern liegt. Ein Stern der dreifachen Sonnenmasse besitzt einen Schwarzschild-Radius von dreimal drei Kilometern, also 9 Kilometer.

Eine Kugel mit dem dreifachen Radius umschließt das 27fache Volumen der Ausgangskugel. Auf dieses 27fache Volumen verteilt sich aber nur das Dreifache der Sonnenmasse, so daß die mittlere Dichte des Schwarzen Lochs mit 3 Sonnenmassen neunmal kleiner ist als die mittlere Dichte des Schwarzen Lochs mit einer Sonnenmasse.

Allgemein kann man sagen, je massereicher ein Schwarzes Loch, desto weniger dicht ist die Materie gepackt.

Wollte man die Masse der gesamten Milchstraße in ein Schwarzes Loch stopfen (150 Milliarden Sonnenmassen), so hätte dieses Objekt einen Radius von 450 Milliarden Kilometer oder etwa 5 Prozent eines Lichtjahres. Die mittlere Dichte in diesem gigantischen Schwarzen Loch betrüge rund ein Promille der Atmosphärendichte, und das erschiene uns schon fast als »leerer« Raum. Und doch wäre das Objekt in seiner Gesamtheit ein Schwarzes Loch, aus dem nichts nach außen entkommen kann.

Gäbe es schließlich genügend Materie in unserem Universum, um es als »geschlossen« bezeichnen zu können, und könnte man all diese Materie in ein Schwarzes Loch werfen, dann hätte dieses Objekt einen Radius von 300

Milliarden Lichtjahren! Ein solches Schwarzes-Loch-Universum wäre viel größer als das gegenwärtig bekannte Weltall, und seine mittlere Dichte wäre viel geringer als die mittlere Dichte in unserem jetzigen Universum.

Sehen wir uns einmal an, was geschieht, wenn ein solches Weltall kollabiert. Dabei setzen wir voraus, daß alle Galaxien bereits zu Schwarzen Löchern zusammengesunken sind; entsprechend besteht dieses kollabierende Universum aus vielleicht hundert Milliarden Schwarzen Löchern, von denen jedes zwischen 0,002 und 1 Lichtjahr Durchmesser besitzt (abhängig von seiner Masse). Aus keinem dieser Schwarzen Löcher kann Materie nach außen dringen.

In der Endphase der Kontraktionsbewegung werden all diese Schwarzen Löcher miteinander verschmelzen und ein einziges Schwarzes Loch bilden — mit einem Schwarzschild-Radius von 300 Milliarden Lichtjahren. Aus diesem Raumbereich wird nichts »nach draußen« dringen können, doch innerhalb dieses Radius ist alles möglich, auch eine Expansionsbewegung. Vielleicht ist das, was wir als Expansion des Weltalls erleben, nur eine Pulsation innerhalb des Schwarzschild-Radius, ist der Big Bang lediglich ein Ereignis innerhalb dieser Pulsationsbewegung.

Wenn wir dieser Argumentationsweise folgen, kann das Universum gar nicht offen und grenzenlos sein, kann es gar nicht für immer und ewige Zeiten expandieren.

Das Kosmische Ei am Anfang muß vielmehr ein Schwarzes Loch gewesen sein, das einen Schwarzschild-Radius besitzt. Wollte das Weltall oder auch nur ein Teilbereich sich endlos ausdehnen, dann müßte irgendwann der Schwarzschild-Radius nach außen überschritten werden, und das dürfte nach allem, was wir bislang von Schwarzen Löchern wissen, nicht möglich sein. Schon aus diesem Grund muß das Weltall geschlossen bleiben und seine Bewegungsrichtung umkehren, bevor es den Schwarzschild-Radius erreicht.*

*Aus diesem Grund bin ich überzeugt, daß das Weltall geschlossen ist, auch wenn die Astronomen bislang noch nicht genügend Materie gefunden haben, um dieses geschlossene Universum auch begründen zu können.

Quasare

Wir haben jetzt drei Katastrophen der ersten Art kennengelernt, die das Leben im gesamten Universum unmöglich werden lassen können: Die Expansion bis zum Wärmetod, die Kontraktion zu einem Kosmischen Ei und die Kontraktion zu einzelnen Schwarzen Löchern. Diese dritte Katastrophe unterscheidet sich in einigen wichtigen Aspekten von den beiden anderen.

Sowohl die allgemeine Expansion des Weltalls bis hin zum Wärmetod als auch die generelle Kontraktion zu einem neuerlichen Kosmischen Ei treffen immer alle Bereiche des Universums gleichermaßen. In beiden Fällen würde der Menschheit — vorausgesetzt, sie existiert nach einer Billion Jahre überhaupt noch — aus ihrer Position im Weltall kein Vor- oder Nachteil entstehen. Unser gegenwärtiger Aufenthaltsort wäre durch nichts vor anderen ausgezeichnet und würde das endgültige Schicksal ziemlich gleichzeitig mit allen anderen Orten erfahren.

In der dritten Version sieht die Lage anders aus. Hier wird sich eine Folge von lokalen Katastrophen abspielen. Ein Schwarzes Loch kann an einer Stelle entstehen, an einer anderen dagegen vielleicht nicht; dann wird das Leben hier unmöglich, dort aber nicht. Sicher, auf lange Sicht wird auch in dieser dritten Version niemand dem endgültigen Schicksal entgehen können, doch schlägt dieses Schicksal überall dann und dort zu, wo dann und dort ein Schwarzes Loch entsteht, während anderswo das Leben gefahrlos weiter existieren kann. Wir müssen jetzt also fragen, ob es heute bereits Schwarze Löcher gibt, und wenn, wo sie sich am wahrscheinlichsten befinden und wie groß die Chancen sind, daß ein solches Schwarzes Loch uns einmal gefährlich nahe kommt und dadurch lange vor der endgültigen Katastrophe ins Verderben reißt.

Man wird davon ausgehen können, daß Schwarze Löcher zunächst einmal dort entstehen, wo die Masse des Weltalls von vornherein in hohem Maße konzentriert ist. Je massereicher ein Stern, desto eher kann er zu einem Schwarzen Loch werden. Sternhaufen mit dicht gedrängt stehenden Mitgliedern sind noch bessere Kandidaten.

Besonders dicht stehen die Sterne in den Zentralbereichen der Galaxien, vor allem in großen Galaxien wie unserer Milchstraße oder der Andromeda-Galaxie. Hier findet man viele Millionen bis Milliarden Stern eine in vergleichsweise kleines Volumen gequetscht, und hier dürften Schwarze Löcher am ehesten entstehen.

Noch vor 20 Jahren hatten die Astronomen nicht die leiseste Ahnung von dem, was im Zentralbereich einer Galaxie alles geschehen kann. Die Sterne stehen dort zwar dicht gedrängt, doch liegt der mittlere Abstand zwischen ihnen auch hier noch bei vielleicht einem Lichtmonat; die Sterne können sich also frei bewegen, ohne gleich zusammenstoßen zu müssen.

Stände die Sonne im Zentrum der Galaxis, dann könnten wir am »nächtlichen« Himmel rund 2,5 Milliarden Sterne mit bloßem Auge erkennen, von denen allein 10 Millionen so hell wie Beteigeuze im Orion oder Regulus im Löwen wären — und heller noch. Sie alle wären aber nur einzelne Lichtpunkte, keine Scheiben wie die Sonne. Ihre gesammelte Licht- und Wärmestrahlung würde vielleicht ein Viertel der Sonneneinstrahlung ausmachen und könnte damit die Erde unbewohnbar werden lassen; dafür aber erhielte ein Planet in der Entfernung des Mars zur Sonne dann soviel Gesamtwärme, daß er durchaus bewohnbar wäre. Den Bewohnern eines solchen Planeten böte sich ein beneidenswerter Anblick des nächtlichen Himmels. Allerdings erst seit etwa 1960 wirklich beneidenswert, seit wir nämlich die im folgenden beschriebene Erkenntnis gewonnen haben.

Wenn wir auf der Erde nur das sichtbare Licht der Sterne empfangen könnten, hätten wir unsere Meinung vielleicht nie geändert. Doch 1931 stieß der amerikanische Radio-Ingenieur Karl Guthe Jansky (1905—1950) auf Radiowellen aus dem Weltall, deren Wellenlängen etwa eine Million mal größer sind als die des sichtbaren Lichtes. Nach dem Zweiten Weltkrieg entwickelten die Astronomen Beobachtungsinstrumente für diese Radiowellen, insbesondere für die kurzwellige »Version«, die sogenannten Mikrowellen. So konnten in den 50er Jahren zahlreiche punktförmige Radioquellen am Himmel ausgemacht wer-

den. Einige von ihnen schienen mit schwach leuchtenden Sternen unserer
Galaxis identisch. Eine genauere Untersuchung dieser Objekte zeigte dann
aber, daß sie nicht bloß eine ungewöhnlich starke Radiostrahlung aussenden,
sondern auch noch von extrem lichtschwachen Wolken umgeben scheinen.
Das hellste Objekt dieser Art (es trägt die Katalognummer 3C 273) weist
beispielsweise einen kleinen Materiestrom auf, der von ihm auszugehen
scheint.

Aus diesem Grund begannen die Astronomen, die Stern-Natur dieser Objekte
anzuzweifeln. Man nannte sie alsbald »quasistellare (sternähnliche) Radioquellen«, und daraus machte der chinesisch-amerikanische Astronom Hong-Yee
Chiu 1964 die »Quasare«.

Man wollte die Spektren der Quasare zur Deutung ihrer Natur heranziehen,
doch verschlossen sie sich bis 1963 jeglichem Interpretationsversuch. Dann
kam Maarten Schmidt (1929—), einem amerikanischen Astronom niederländi-
scher Abstammung, die Erleuchtung: die dunklen Linien, die man in den
Quasarspektren fand, gehörten eigentlich in den Bereich der Ultraviolettstrahlung, dürften also eigentlich für unser Auge — und für die Kamera — gar
nicht »sichtbar« sein. Erst eine enorme Rotverschiebung rückte diese Linien in
den Bereich des sichtbaren Lichtes. Eine solche Rotverschiebung bedeutete
jedoch, daß sich die Quasare mit viel größerer Geschwindigkeit von uns
entfernen mußten als irgendeine bekannte Galaxie, daß sie entsprechend weiter von uns entfernt sein mußten als gewöhnliche Galaxien. Selbst 3C 273, der
nächstgelegene Quasar, ist mehr als 1 Milliarde Lichtjahre von uns entfernt.*
Heute kennt man mehr als dreihundert dieser Objekte, deren weiteste Vertreter mehr als 12 Milliarden Lichtjahre entfernt sind.

Damit man sie über derart große Distanzen überhaupt beobachten kann,
müssen Quasare mehr als hundertmal heller sein als normale Galaxien wie etwa

---

*1978 stieß der amerikanische Astronom Bruce Margon im Sternbild Kassiopeia auf einen Quasar, der
»nur« etwa 800 Millionen Lichtjahre entfernt sein dürfte. (Anm. d. Ü.)

unsere Galaxis. Diese Helligkeit kann aber nicht von Objekten stammen, die hundertmal so groß wie unsere Galaxis sind und hundertmal soviel Sterne enthalten wie sie. Wären Quasare nämlich derart riesig, dann müßten die großen Fernrohre trotz der gewaltigen Entfernung zumindest ein verwaschenes Nebelfleckchen zeigen, nicht aber eine bloß punktförmige Lichtquelle. Quasare müssen also kleiner sein als Galaxien.

Man kann die geringe Ausdehnung dieser Objekte auch aus der Beobachtung ableiten, daß sie ihre Helligkeit innerhalb kurzer Zeitintervalle verändern, von Jahr zu Jahr oder sogar innerhalb weniger Monate. Bei einem Objekt von der Größe unserer Galaxis ist dies unvorstellbar. Ein Teil der Galaxis mag zwar an Helligkeit abnehmen, doch können dafür andere Bereiche heller werden, so daß die Gesamthelligkeit ziemlich unbeeinflußt bleibt von solchen lokalen Schwankungen. Damit alle Zonen heller oder dunkler werden, muß irgendeine Wirkung die gesamte Galaxis beeinflussen, und was immer dies auch sein mag — es muß von einem Rand der Galaxis zum anderen gelangen, und das geht eben nicht schneller als mit Lichtgeschwindigkeit. In der Galaxis würde es also mindestens einhunderttausend Jahre dauern, ehe eine solche Wirkung alle Bereiche erfaßt hätte. Wenn daher unsere Galaxis als Ganzes heller oder dunkler werden sollte, würden wir erwarten, daß die Lichtwechselperiode mindestens einhunderttausend Jahre betragen würde, eher noch mehr.

Entsprechend können wir aus den kurzfristigen Helligkeitsschwankungen der Quasare ableiten, daß sie nicht größer als vielleicht ein Lichtjahr sein können, und das, obwohl sie mehr als hundertmal soviel Energie wie unsere Milchstraße abgeben, die einen Durchmesser von 100.000 Lichtjahren besitzt. Wie ist so etwas möglich? Erste Hinweise für eine Antwort auf diese Frage kennen wir möglicherweise bereits seit 1943, als ein fortgeschrittener Astronomiestudent namens Carl Seyfert eine besondere Galaxie entdeckte, den Prototyp einer inzwischen großen Gruppe von Galaxien, der sogenannten Seyfert-Galaxien. Seyfert-Galaxien fallen nicht durch ihre ungewöhnliche Größe oder riesige Entfernungen auf; sie haben vielmehr sehr kompakte, helle Kernregionen, die sehr heiß und aktiv zu sein scheinen — gerade so wie Quasare. Auch die Kerne von Seyfert-Galaxien können ihre Helligkeit kurzfristig verändern, dürften also kaum größer als ein Lichtjahr im Durchmesser sein.

Wenn wir uns eine extrem weit entfernte Seyfert-Galaxie mit einem ungewöhnlich hellen Kern vorstellen, dann würden wir wohl auch nur den hellen Kern sehen, während der Rest zu lichtschwach wäre, um über diese Strecke hin noch sichtbar zu sein. Es wäre also denkbar, daß die Quasare nichts anderes sind als weit entfernte Seyfert-Galaxien, von denen wir nur ihre extrem hellen Kernregionen beobachten können (und die schwach erkennbaren Nebelfetzen bei einigen näheren Quasaren wären dann Hinweise auf die jeweiligen »Reste« der Seyfert-Galaxien). Auf je eine riesige Seyfert-Galaxie mögen eine Milliarde »normaler« Galaxien kommen, doch können wir sie alle über Entfernungen von mehreren Milliarden Lichtjahren nicht mehr ausmachen, so daß wir nur noch die hellen Seyfert-Kerne sehen, die Quasare eben.

Es gibt aber auch Galaxien, die nicht zur Gruppe der Seyfert-Galaxien gehören und dennoch aktive Kernregionen besitzen; Kernregionen, die in der einen oder anderen Weise Strahlung produzieren und aussenden, die aussehen, als wären sie explodiert, oder auch beides zusammen.

Könnte es sein, daß die Fülle der Sterne im Zentrum einer Galaxie notgedrungen zu Verhältnissen führt, in denen Schwarze Löcher entstehen müssen? Und daß diese Schwarzen Löcher dann immer weiter und weiter wachsen, bis sie schließlich so groß sind, daß sie für die ganze Aktivität eines Galaxienkernes verantwortlich gemacht werden können, der uns dann als Seyfert-Kern oder auch als Quasar erscheint?

Man wird sich dann fragen müssen, wie ein Schwarzes Loch im Zentrum einer Galaxie soviel Strahlung produzieren kann, wenn doch eigentlich nichts aus einem Schwarzen Loch entweichen kann, nicht einmal Strahlung. Nun, die Strahlung braucht gar nicht aus dem Schwarzen Loch selbst zu stammen. Wenn Materie auf Spiralbahnen in ein Schwarzes Loch hineinstürzt, wird sie aufgrund des enormen Gravitationsfeldes zu extrem rascher Bewegung gezwungen. Die Materie reibt gegeneinander und heizt sich dabei auf, so daß am Ende aufgrund der hohen Temperatur eine sehr energiereiche Strahlung freigesetzt wird. Vor allem Röntgenstrahlen mit Wellenlängen im Bereich von 1/500.000 der Wellenlängen des sichtbaren Lichtes werden in großen Mengen produziert.

Die Strahlungsmenge, die ein Schwarzes Loch auf diese Weise in seiner Nachbarschaft erzeugen kann, hängt von zwei Größen ab, von der Masse des Schwarzen Loches (je massereicher es ist, desto mehr Materie kann es umso schneller einfangen und so eben mehr Strahlung anliefern) und von der Materiedichte in der Umgebung des Schwarzen Loches. Solche Materie in der Umgebung eines Schwarzen Loches wird durch dessen Schwerkraft angezogen und in einer flachen Akkretionsscheibe gesammelt. Je mehr Materie in der Umgebung des Schwarzen Loches verfügbar ist, desto größer kann die Akkretionsscheibe werden, desto mehr Materie kann also in das Schwarze Loch hineinstürzen, und desto intensiver ist die produzierte Strahlung.

Ein Galaxienkern ist nicht nur ein idealer Platz für die Entstehung eines Schwarzen Loches, sondern hält auch genügend Materie in seiner Umgebung bereit, um den »Materiehunger« eines solchen Objektes zu stillen. So brauchen wir uns also nicht zu wundern, daß wir in so vielen Galaxienkernen auf sehr kompakte Strahlungsquellen stoßen, die noch dazu mitunter extrem intensive Strahlung aussenden.

Manche Astronomen vermuten, daß ein Schwarzes Loch im Kern einer jeden Galaxie sitzt. Tatsächlich könnte aus den Zentralbereichen jener Gaswolken, aus denen sich nach dem Urknall die Galaxien bildeten, Schwarze Löcher entstanden sein, die dann immer mehr Materie aus ihrer Umgebung in ihren Bann schlugen. Dann wären die Galaxien am Ende riesige Akkretionsscheiben, wären die zentralen Schwarzen Löcher die ältesten Bereiche einer Galaxie.

Normalerweise blieben diese Schwarzen Löcher klein und unauffällig, würde ihre Strahlung nicht ausreichen, um in unseren Instrumenten die Kunde von ungewöhnlichen Vorgängen im Zentrum der Galaxien zu hinterlassen. Bei einigen mag aber die Masse und damit die Anziehungskraft so groß geworden sein, daß sich in ihrer Akkretionsscheibe völlig intakte Sterne befinden, die sich gegenseitig auch noch anrempeln und am Ende »am Stück« im Schwarzen Loch verschwinden. Durch solche Vorgänge könnte die Umgebung eines Schwarzen Loches mit Strahlung nur so überschwemmt werden.

Hinzu kommt, daß Materie, die in ein Schwarzes Loch stürzt, bis zu 10 und mehr Prozent ihrer Masse an Energie freisetzt, während bei »herkömmlicher« Energieproduktion der Sterne, bei der Kernverschmelzung, nur 0,7 Prozent Masse in Energie umgewandelt werden.

Stellt man dies alles in Rechnung, dann ist die hohe Energieproduktion eines Quasars bei gleichzeitig geringem Durchmesser nicht mehr ganz so rätselhaft wie zu Beginn unserer Überlegungen. Man vermag mit dieser Modellvorstellung sogar zu erklären, warum die Quasare gelegentlich dunkler und wieder heller werden: dies könnte an einem ziemlich unregelmäßigen Zustrom der Materie liegen, die mal in größeren Mengen, dann wieder eher dürftig anfällt.

Aufgrund von Untersuchungen der Röntgenstrahlung, die aus dem Weltall auf die Erde trifft, kann man vermuten, daß eine typische Seyfert-Galaxie in ihrer Kernregion ein Schwarzes Loch mit 10- bis hundertmillionenfacher Sonnenmasse besitzt. Die Schwarzen Löcher im Zentrum eines Quasars müßten dann noch massereicher sein, vielleicht eine Milliarde Sonnenmassen oder noch mehr in sich vereinen.

Ungewöhnliche Objekte kann es natürlich auch in anderen Galaxien geben, wenn sie nur groß genug sind. Da ist zum Beispiel die Galaxie M 87 (so benannt nach ihrer Nummer im Katalog von Charles Messier), die vielleicht hundertmal soviel Masse enthält wie unsere Galaxis, also etwa 30 Billionen Sterne. M 87 gehört zum riesigen Galaxienhaufen im Sternbild Jungfrau und ist etwa 65 Millionen Lichtjahre von uns entfernt. Das Zentrum von M 87 ist äußerst aktiv, obwohl sein Durchmesser weit kleiner als 300 Lichtjahre sein dürfte (und das ist wenig im Vergleich zum Gesamtdurchmesser der Galaxie, rund 300.000 Lichtjahre). Aus diesem Zentrum scheint eine Materiewolke hervorzubrechen, bis über den Rand der Galaxie hinaus.

1978 berichteten einige Astronomen über ihre Untersuchungen der Helligkeit dieser Kernregion einerseits und der Bewegung der Sterne um dieses Zentrum andererseits. Sie kamen zu dem Ergebnis, daß im Zentralbereich von M 87 ein gewaltiges Schwarzes Loch sitzt, das 6 Milliarden Sonnenmassen in sich vereint. Doch so groß diese Masse auch scheinen mag, sie ist dennoch nur ein Viertel Promille der Gesamtmasse von M 87.

Innerhalb unserer Milchstraße

Selbstverständlich kann das Schwarze Loch im Zentrum von M 87, können die Schwarzen Löcher im Zentralbereich der Seyfert-Galaxien und Quasare (wenn sie überhaupt existieren) uns nicht gefährlich werden. 65 Millionen Lichtjahre bis hin zu M 87 und noch größere Entfernungen zu den Seyfert-Galaxien und den Quasaren bieten mehr als genug Schutz gegen alle Gefahren, die derzeit von einem Schwarzen Loch ausgehen. Hinzu kommt, daß sich die genannten Objekte mit großen Geschwindigkeiten von uns entfernen, die Quasare mit 10 bis 90 Prozent der Lichtgeschwindigkeit, und auch M 87 bewegt sich relativ zu uns schon mit beachtlichen eintausend Kilometern pro Sekunde.
Eben diese Expansion des Weltalls sorgt dafür, daß alle Schwarzen Löcher außerhalb der Lokalen Gruppe uns vorerst nicht gefährlich werden können, weil sie sich mit immer größer werdender Geschwindigkeit von uns entfernen. Erst während einer möglichen Kontraktionsphase in der zweiten »Halbzeit« des Universums könnten sie uns bedrohen, doch stellt diese Kontraktion in sich bereits eine unausweichliche Gefahr dar.
Wie aber ist es um die Mitglieder der Lokalen Gruppe bestellt, die immer in unserer Nachbarschaft bleiben werden, ganz gleich, wie lange sich das Universum noch weiter ausdehnt? Können die Galaxien der Lokalen Gruppe auch Schwarze Löcher enthalten? Natürlich. Zwar zeigt keine Galaxie innerhalb dieser Gruppe irgendwelche Anzeichen einer verdächtigen Aktivität im Zen-

trum, und bei den meisten ist dies aufgrund ihrer geringen Größe auch unwahr-scheinlich. Demgegenüber könnte die Andromedagalaxie, die ja noch etwas größer als unsere Galaxis ist, durchaus ein beachtliches Schwarzes Loch in ihrem Zentrum bergen. Dieses Schwarze Loch würde sich auf lange Sicht kaum von uns entfernen — es wird uns allerdings auch ebensowenig viel näher kommen.

Und in unserer Galaxis? Da gibt es sehr wohl eine verdächtige Aktivität. Die Galaxis zählt zwar nicht zu den wirklich aktiven Vertretern dieser Gruppe wie etwa M 87 oder die Seyfert-Galaxien oder die Quasare, doch ist uns das Zentrum der Galaxis viel näher als jene Objekte, näher als das Zentrum einer jeden anderen Galaxie. Während der nächste Quasar rund 1 Milliarde Licht-jahre entfernt ist, M 87 etwa 65 Millionen Lichtjahre und die Andromedagala-xie rund 2,3 Millionen Lichtjahre, trennen uns vom Zentrum der Galaxie nur rund 32.000 Lichtjahre. Auf diese Distanz können wir auch eine geringe Aktivität viel leichter nachweisen als in jeder anderen Galaxie.

Die Strahlung, die aus einem rund 40 Lichtjahre großen Objekt im eigentlichen Mittelpunkt der Galaxis kommt, reicht aus, um den Verdacht auf die Existenz eines Schwarzen Loches zu stützen, und so halten es einige Astronomen für denkbar, daß dort ein Schwarzes Loch mit einer Million Sonnenmassen resi-diert. Dies wäre zwar nur ein Sechzigstel der Masse jenes Schwarzen Loches, das im Zentrum von M 87 vermutet wird, doch ist die Masse der Galaxis auch entschieden kleiner als die von M 87. »Unser« Schwarzes Loch besäße immer-hin rund 1/1500 der Galaxismasse. Vergleicht man dieses Verhältnis mit dem von M 87, dann ist »unser« Schwarzes Loch relativ zur Galaxis 1,6mal größer als das Schwarze Loch von M 87 relativ zur Gesamtmasse von M 87.

Stellt das Schwarze Loch im Zentrum unserer Galaxis also eine Bedrohung für uns dar, und wenn ja, wie schnell kann es uns gefährlich werden?

Wir könnten die Gefahr mit folgender Argumentationskette herunterspielen: Die Galaxis entstand schon bald nach dem Urknall, und das Schwarze Loch in ihrem Zentrum könnte sich noch etwas früher gebildet haben als der Rest der

Galaxis. Wollen wir daher also einmal annehmen, das zentrale Schwarze Loch sei eine Milliarde Jahre nach dem Urknall entstanden, das heißt, vor rund 14 Milliarden Jahren. Dann hätte es immerhin 14 Milliarden Jahre benötigt, um 1/1500 der Materie unserer Galaxis aufzusaugen. Fährt es in diesem Tempo fort, dann dauert es etwa 21 Billionen Jahre, ehe die ganze Galaxis »verschluckt« wäre; bis dahin hat uns aber entweder längst der Wärmetod oder (wie ich meine) der Kollaps des gesamten Universums ausgerottet.

Ist es aber richtig, wenn man sagt, »mit diesem Tempo«? Nach allem, was wir bislang erfahren haben, wird der Einflußbereich eines Schwarzen Loches immer größer, je weiter seine Masse anwächst. Vielleicht brauchte es wirklich 14 Milliarden Jahre, um 1/1500 der Galaxis-Masse aufzusaugen, schafft den Rest aber innerhalb nur 1 Milliarde Jahre.

Die »Freßrate« eines Schwarzen Loches hängt andererseits aber auch von der Materiedichte in seiner Umgebung ab. Ein Schwarzes Loch, das im Zentrum einer Galaxie heranwächst, wird den Zentralbereich sehr wirksam all seiner Sterne berauben, so daß eine Art »Hohl-Galaxie« entsteht, eine Milchstraße, deren Kernregion leer ist bis auf das gewaltige Schwarze Loch im Mittelpunkt. Dieses Schwarze Loch mag bis zu einhundert Milliarden Sonnenmassen besitzen, in einer Riesengalaxie vielleicht auch eine Billion Sonnenmassen. Schwarze Löcher dieses Ausmaßes haben einen Schwarzschild-Radius von 0,05 bis 0,5 Lichtjahre.

Die Sterne in den Außenbereichen einer solchen »Hohl-Galaxie« würden das Zentrum aber noch immer relativ sicher umkreisen können. Zwar könnte hin und wieder die Bahn eines Sterns durch Störeinflüsse benachbarter Sterne so verändert werden, daß sie gefährlich nahe an das Schwarze Loch heranführt und der Stern darin verschwindet, doch können solche Ereignisse nicht allzu häufig sein und müssen noch dazu mit der Zeit abnehmen. Für die meisten Sterne dagegen ist der Umlauf um ein Schwarzes Loch im Zentrum einer Galaxie nicht gefährlicher als die Bahn der Erde um die Sonne. Und wenn die Erde der Sonne auf irgendeine Weise zu nahe kommen sollte, kann die Sonne sie genauso verschlingen, wie ein Schwarzes Loch dies vermag.

Wir könnten ein solches Schwarzes Loch im Zentrum unserer Milchstraße allerdings nur sehr schwer direkt nachweisen, selbst wenn es schon eine Zeitlang »gewütet« und die Kernregion um sich herum leergefegt hat, wenn es also eine Hohl-Galaxis hätte entstehen lassen; allenfalls eine allmähliche Abnahme der Strahlungsintensität ließe sich erkennen, wenn immer weniger und weniger Material in das Schwarze Loch stürzt. Das Zentrum der Galaxis liegt vor unseren Blicken verborgen hinter riesigen Gas- und Staubwolken in Richtung des Sternbildes Schütze — wenn es ausgehöhlt wäre, könnten wir es nicht einmal merken.

Wäre das Universum offen, ließe sich seine ferne Zukunft vielleicht so umschreiben: Es erlebt die endlose Expansion von Galaxien, die innen hohl sind und gewaltige Schwarze Löcher enthalten. Schwarze Löcher, deren jedes von einer Art Asteroidengürtel zurückgebliebener Sterne umrundet wird; über dieses Universum würde eines Tages der Wärmetod hereinbrechen.

Könnte es aber vielleicht auch noch an anderen Stellen in unserer Galaxis Schwarze Löcher geben, Schwarze Löcher, die vielleicht weniger weit von uns entfernt sind als das galaktische Zentrum?

Zum Beispiel in einem der zahlreichen kugelförmigen Sternenhaufen? Bei ihnen handelt es sich um dicht gepackte, kugelförmige Gruppen von Sternen mit einem Gesamtdurchmesser von vielleicht einhundert Lichtjahren. Auf engem Raum drängen sich hier rund 100.000 bis 1 Million Sterne. Ein Kugelhaufen ähnelt in gewisser Weise einem freien Stück Galaxienkern, wiewohl er sehr viel kleiner als ein solcher Kern und weniger dicht von Sternen besetzt ist. Die Astronomen kennen derzeit etwas über einhundert solcher Kugelhaufen, die sich alle annähernd gleichmäßig auf den Raum um die Milchstraße herum verteilen. Ähnliche Kugelhaufen-Systeme kennt man auch von anderen Galaxien.

Aus den Kernregionen vieler dieser Kugelhaufen kommt offenbar Röntgenstrahlung, wie die Astronomen inzwischen nachweisen konnten. Und was liegt näher als anzunehmen, daß der gleiche Prozeß, der zur Entstehung Schwarzer

Löcher in den Zentren von Galaxien geführt hat, auch im Bereich der Kugelhaufen sein »Unwesen« treibt?

Die Schwarzen Löcher in den Zentren von Kugelhaufen wären zwar nicht so massereich wie die in einem galaktischen Zentrum, obwohl sie immer noch eintausend und mehr Sonnenmassen in sich vereinen mögen. Könnten sie trotz dieser eher »bescheidenen« Ausmaße uns stärker bedrohen als das große galaktische Schwarze Loch? Im gegenwärtigen Augenblick sicher nicht. Der Kugelsternhaufen mit der geringsten Distanz, Omega Centauri, ist immer noch 22.000 Lichtjahre von uns entfernt, und das reicht für unsere Sicherheit.

Soweit, so gut. Offenbar haben wir das Glück auf unserer Seite. Zwar haben die Astronomen seit 1963 aufgrund vieler Beobachtungen die Erkenntnis gewonnen, daß die Zentralbereiche von Galaxien und Kugelsternhaufen äußerst lebensfeindliche Plätze sind, daß dort Leben entweder direkt — durch den Sturz in ein Schwarzes Loch — zerstört wurde oder aber indirekt gefährdet war — durch die tödliche Dosis der Dauerbestrahlung, die aus einer solchen Region stammt. Wir können aber umgekehrt auch davon ausgehen, daß niemand diese Katastrophe wirklich zu erleben brauchte, denn es ist unwahrscheinlich, daß sich in den genannten Regionen so früh jemals Leben entwickelt hat. Und wir selbst leben in genügend sicherem Abstand zu einem derart aktiven Bereich, in den ruhigen Außenzonen einer Galaxis, wo die Sterne weit voneinander entfernt sind und die Schwarze-Loch-Katastrophe kaum über uns hereinbrechen kann.

Doch halt! Gibt es in den Außenbezirken einer Galaxie wirklich keine Schwarzen Löcher? Zwar gibt es keine großen Sternenhaufen in unserer Nähe, aus denen sich ein Schwarzes Loch bilden könnte, aber kann nicht auch ein einzelner Stern soviel Masse in sich vereinen, um als Schwarzes Loch zu enden? Wir müssen also sehen, ob sich in unserer Nachbarschaft irgendein Riesenstern in ein Schwarzes Loch verwandelt haben könnte? Wenn ja, wo ist er? Können wir ihn erkennen? Kann er uns gefährlich werden?

Beim Nachweis eines Schwarzen Loches stoßen wir immer wieder auf das gleiche Problem. Wir sehen nämlich nie das Schwarze Loch selbst, sondern immer nur den »Todesschrei« jener Materie, die in das Schwarze Loch hineinstürzt, die Strahlung, die dabei freigesetzt wird. Diese Strahlung ist heftig, wenn ein Schwarzes Loch von genügend dichter Materie umgeben wird, so daß viel Material in das Objekt hineinstürzen kann. Dann aber verbirgt eben diese Materie den Blick auf die unmittelbare Umgebung des Schwarzen Loches. Befindet sich das Schwarze Loch dagegen in einem Raumbereich mit nur dünnverteilter Materie, hätten wir also die Chance, bis nahe an den Schwarzschild-Radius zu blicken, dann ist umgekehrt die Strahlung von diesem Schwarzen Loch so gering, daß wir sie sehr leicht »übersehen« können und das Schwarze Loch gar nicht bemerken.

Zum Glück gibt es noch eine dritte Möglichkeit, einen Mittelweg gewissermaßen. Etwa jeder zweite Stern im Universum gehört offenbar zu einem Doppel oder Mehrfachsystem, in dem sich die einzelnen Mitglieder gegenseitig umrunden. Sind in einem Doppelsternsystem beide Partner massereich, dann kann einer von beiden (derjenige, der sich aufgrund seiner etwas größeren Masse etwas schneller entwickelt hat) zu einem Schwarzen Loch kollabieren und langsam, aber sicher Materie von dem anderen Stern zu sich herüberziehen. Auch dabei würde die typische Schwarz-Loch-Strahlung ausgesendet, ohne daß das Schwarze Loch vollständig unseren Blicken entzogen sein müßte. Die Astronomen haben inzwischen den Himmel nach Röntgenstrahlung abgesucht, die von solchen Doppelsternsystemen mit Schwarz-Loch-Partnern stammen könnte. Sie akzeptierten diese Interpretation ihrer Meßdaten aber nur dann als Hinweise auf mögliche Schwarz-Loch-Kandidaten, wenn sie den Prozeß der Strahlungsentstehung und das zeitliche Verhalten der Strahlung auf keine andere Weise erklären konnten. So ist die Wahrscheinlichkeit für die »Beteiligung« eines Schwarzen Loches größer, wenn die Röntgenstrahlung ziemlich unregelmäßig schwankt als dann, wenn es sich um ein gleichmäßiges Röntgenleuchten handelt.

1969 wurde vor der Küste Kenias von einer Startplattform aus ein Röntgensatellit gestartet. Der Starttermin fiel mit dem 5. Jahrestag der kenianischen Unabhängigkeit zusammen, und so wurde der Satellit UHURU getauft nach dem Suaheli-Wort für Freiheit. Er konnte oberhalb der Erdatmosphäre nach Röntgenstrahlen Ausschau halten (was vom Erdboden aus nicht möglich ist, da die Röntgenstrahlen in der irdischen Lufthülle absorbiert werden).

UHURU entdeckte 161 Röntgenquellen, von denen etwa die Hälfte zu unserer Galaxis gehören dürfte. Zwei Jahre nach dem Start stieß er im Sternbild Schwan auf eine sehr helle Strahlungsquelle, deren Intensität unregelmäßig schwankte (da es sich um die hellste Röntgenquelle im Sternbild Schwan (lat. Cygnus) handelt, erhielt sie die Bezeichnung Cygnus X-1 (X für Röntgenstrahlung)). Sofort konzentrierte sich die Aufmerksamkeit der Wissenschaftler auf dieses Objekt, das auch den Radioastronomen nicht unbekannt war. Mit Hilfe der Radioastronomie konnte dann auch die Position der Strahlungsquelle am Himmel sehr genau bestimmt werden — sie lag sehr dicht neben einem sichtbaren Stern mit der Katalognummer HD-226868. Dieses Objekt aber ist ein großer, heißer, blauer Stern, der rund 30 Sonnenmassen in sich vereint. Aus der Untersuchung seines Spektrums erkannten die Astronomen, daß dieser Stern sich innerhalb von 5,6 Tagen zusammen mit einem anderen Objekt um den gemeinsamen Schwerpunkt dreht; sogar die Masse dieses anderen Objektes ließ sich ableiten: sie mußte bei 5 bis 8 Sonnenmassen liegen.*

Trotzdem blieb dieser Begleiter von HD-226868 unsichtbar, auch wenn er als Quelle der unregelmäßigen Röntgenstrahlung identifiziert werden konnte. Ein normaler Stern konnte dies nicht sein, da man ihn sonst aufgrund seiner Masse und der damit verbundenen Energieabgabe in Form von sichtbarem Licht hätte auffinden müssen. Als Lösung blieb nur die Vorstellung von einem kollabierten Stern, und der wiederum mußte aufgrund seiner großen Masse zu einem Schwarzen Loch geworden sein. Dieses Schwarze Loch aber wäre viel

---

*Es ist nicht ganz einfach, die Masse eines Sternes zu bestimmen. Wenn sich allerdings zwei Sterne umkreisen, kann man aus ihrem gegenseitigen Abstand, der Umlaufzeit und der Lage des gemeinsamen Schwerpunktes die Massen der beiden Partner ermitteln.

kleiner als alle Objekte, die wir bislang untersucht haben, jene Schwarzen Löcher mit Tausenden, Millionen oder gar Milliarden von Sonnenmassen. Dieses Schwarze Loch würde nur rund acht Sonnenmassen in sich vereinen, sein Schwarzschild-Radius läge bei knapp 25 Kilometern!

Es wäre aber auch viel näher als alle bisher erwähnten Schwarzen Löcher. Die Astronomen geben die Entfernung zu HD-226868 mit rund 10.000 Lichtjahren an, weniger als ein Drittel der Strecke bis zum galaktischen Zentrum, weniger als halb so weit wie bis zum nächsten Kugelsternhaufen.

1978 fand man ein ähnliches System im Sternbild Skorpion. Hinter der Röntgenstrahlungsquelle dort — sie trägt die Katalogbezeichnung V 861 Sco — könnte sich ein Schwarzes Loch mit zwölf Sonnenmassen verbergen; V 861 Sco ist nur 5.000 Lichtjahre von uns entfernt.

Natürlich können wir sagen, daß selbst 5.000 Lichtjahre eine ausreichende Sicherheit gewährende Distanz darstellen. Wir können auch davon ausgehen, daß die Wahrscheinlichkeit für noch nähere Schwarze Löcher ziemlich klein ist. Sie entstehen nur aus sehr auffälligen Sternen, die noch dazu vergleichsweise selten im Kosmos sind und die uns daher eigentlich nicht entgehen können. Und schließlich würden wir bei geringerer Entfernung ja auch schon Objekte aufstöbern können, die noch weniger Strahlung produzieren als die beiden genannten.

Dennoch können uns die zuletzt beschriebenen Schwarzen Löcher auf eine Weise gefährlich werden, die wir bei den übrigen Objekten dieser Art nicht zu berücksichtigen brauchten: Alle Schwarzen Löcher außerhalb der Lokalen Gruppe sind schon jetzt sehr weit von uns entfernt, und dieser Abstand vergrößert sich in jedem Augenblick aufgrund der allgemeinen Expansion des Weltalls immer weiter; alle Schwarzen Löcher innerhalb der Lokalen Gruppe, aber außerhalb unserer Milchstraße, sind immer noch genügend weit von uns entfernt und halten diese Distanz im wesentlichen — sie nehmen zwar relativ zu uns nicht an der allgemeinen Expansion teil, kommen uns aber auch nicht entscheidend näher; das Schwarze Loch im Zentrum unserer Galaxis ist uns zwar näher als jedes Schwarze Loch in einer anderen Galaxie, doch auch dieses bleibt natürlich an seinem Ort, kann uns also wenig gefährlich werden, solange die Sonne das Zentrum auf ihrer jetzigen, fast kreisförmigen Bahn umrundet. Aber: Die Schwarzen Löcher innerhalb unserer Galaxis müssen sich nicht alle im Zentrum aufhalten, und jene außerhalb des Zentralbereiches bewegen sich natürlich ebenso durch die Galaxis wie unsere Sonne. Auf ihren Bahnen können sie sich der Sonne nähern und wieder von ihr entfernen. Vereinfacht kann man sagen, daß sie sich mit 50-prozentiger Wahrscheinlichkeit nähern müssen. Wie nahe? Wie gefährlich können sie uns werden?

Es wird Zeit, daß wir von den Katastrophen der ersten Art, die das Universum als Ganzes betreffen, übergehen zu den Katastrophen der zweiten Art, die speziell unser Sonnensystem bedrohen.

Teil 2
Katastrophen der zweiten Art

V. Zusammenstöße mit der Sonne

Geburt aus einer Katastrophe?

Es sieht so aus, als wäre die wahrscheinlichste und sicher unvermeidbare Katastrophe der ersten Art die Entstehung eines neuen Kosmischen Eis in vielleicht einer Billion Jahre. Die Diskussion der Schwarzen Löcher hat jedoch gezeigt, daß lokale Katastrophen hier und dort lange vor dem Ende dieser Zeit eintreten können. Es ist daher an der Zeit, die Wahrscheinlichkeit für eine solche lokale Katastrophe zu untersuchen, die unser Sonnensystem unbewohnbar macht und damit der Menschheit ein Ende setzt, auch wenn der Rest des Universums davon unberührt bleibt.
Ein solches Ereignis wollen wir eine Katastrophe der zweiten Art nennen.
Vor Kopernikus galt es als selbstverständlich, daß die Erde als ruhender Körper im Zentrum des Universums steht, um das herum sich alles dreht. Die Sterne stellte man sich vor als festgeheftet an die äußere Himmelssphäre, die die Erde einmal in 24 Stunden umrundete. Von daher rührt auch die Bezeichnung »Fixstern«, um sie von den nähergelegenen Objekten, der Sonne, dem Mond und den Planeten zu unterscheiden, die sich von den Fixsternen unabhängig bewegten. Doch auch das Kopernikanische System, das die Erde aus dem Zentrum der Welt herausrückte, beeinflußte zunächst unsere Vorstellungen über die Sterne nicht. Sie galten immer noch als helle, unbewegliche Objekte, die an einer äußeren Sphäre festgeheftet waren. Im Mittelpunkt dieser Sphäre stand die Sonne, die von den Planeten, darunter auch der Erde, umrundet wurde.
1718 entdeckte jedoch der englische Astronom Edmond Halley (1656—1742) bei der Untersuchung der Sternpositionen, daß zumindest drei Sterne, Sirius, Prokyon und Arcturus, nicht mehr an den Stellen standen, die von den Griechen überliefert worden waren. Die Abweichungen waren beachtlich, und es galt als unwahrscheinlich, daß den Griechen derart große Meßfehler unterlaufen sein sollten. Halley schloß daraus, daß diese Sterne sich relativ zu den anderen bewegt hatten. Seither konnte eine solche »Eigenbewegung« bei

immer mehr Sternen nachgewiesen werden, vor allem, weil auch die Beobachtungsgeräte der Astronomen immer genauer wurden.

Würden sich alle Sterne mit gleicher Geschwindigkeit durch den Weltraum bewegen, dann würde dies bei einem sehr entfernten Stern zu einer weit geringeren Verschiebung führen als bei einem Stern in unserer Nachbarschaft. Wir wissen aus Erfahrung, wie langsam sich ein weit entferntes Flugzeug am Himmel zu bewegen scheint im Vergleich zu einem Flugzeug, das direkt über uns hinwegbraust. Die Sterne sind jedoch so weit von uns entfernt, daß wir nur bei den nächstgelegenen Objekten eine solche Eigenbewegung nachweisen können. Aber daraus dürfen wir schließen, daß sich alle Sterne bewegen.

Die Eigenbewegung eines Sterns ist lediglich seine Bewegung an der Himmelssphäre, die Bewegung quer zur Blickrichtung. Ein Stern kann sich natürlich auch auf uns zu oder von uns wegbewegen, was sich dann aber nicht als Ortsveränderung an der Himmelssphäre bemerkbar macht. Es ist sogar denkbar, daß sich ein Stern genau auf uns zu bewegt, und dies würden wir bei einem noch so nahe gelegenen Stern nicht erkennen.

Zum Glück erlaubt der Doppler-Fizeau-Effekt, den wir schon beschrieben haben, die Messung der Geschwindigkeit, mit der sich ein Körper auf uns zu oder von uns weg bewegt. Mit dieser Größe und der jährlichen Eigenbewegung können wir die dreidimensionale Raumgeschwindigkeit zumindest der nahegelegenen Sterne berechnen.

Und warum sollte sich nicht auch die Sonne bewegen?

Der deutsch-englische Astronom William Herschel (1738—1822) untersuchte 1783 alle damals bekannten Eigenbewegungen der Fixsterne. Es hatte den Anschein, als würden die Sterne auf der einen Himmelshälfte sich im ganzen gesehen voneinander entfernen, während sie an der gegenüberliegenden Himmelshälfte aufeinander zuzulaufen schienen. Die einzig logische Erklärung für diesen Effekt sah Herschel in einer Eigenbewegung der Sonne, die in Richtung Sternbild Herkules verläuft. Die Sterne, denen wir uns auf diese Weise nähern, scheinen dabei etwas auseinanderzulaufen, während die Sterne hinter uns wieder enger zusammenzurücken scheinen.

Wenn Himmelskörper sich durch den Weltraum bewegen und sich dabei einander so nahe kommen, daß ihre Anziehungskräfte aufeinander wirken, dann werden sie sich umeinander bewegen. So kreist der Mond um die Erde, während die Erde und die übrigen Planeten um die Sonne laufen. Ähnliches gilt für ein Mehrfachsternsystem, wo sich zwei oder mehrere Sterne gegenseitig umrunden. Sind die Abstände zwischen den einzelnen Himmelskörpern dagegen sehr groß und gibt es darüber hinaus kein Objekt mit einer »beherrschenden« Masse (wie zum Beispiel die Sonne im Fall des Planetensystems), dann bewegen sich die einzelnen Objekte auf eher zufällig erscheinenden Bahnen, vergleichbar der Bewegung von Bienen in einem Schwarm. Von einer solchen Verteilung der Bewegungsrichtungen der einzelnen Sterne ging man im 19. Jahrhundert aus, und es erschien daher keineswegs abwegig, daß aufgrund dieser Bewegungen hin und wieder zwei Sterne einander sehr nahe kommen konnten.

1880 schlug deshalb der englische Astronom Alexander William Bickerton (1842—1929) vor, daß auf diese Weise das Sonnensystem entstanden sein könnte. Er meinte, daß vor langer Zeit ein Stern sehr nahe an die Sonne herangekommen sei, wobei der gegenseitige Gravitationseffekt Material aus beiden Sternen herausgerissen habe, aus dem dann später die Planeten entstanden seien. Die beiden Sterne wären dann als Einzelkörper aufeinander zugelaufen und hätten sich — jeder mit einem entstehenden Planetensystem — wieder voneinander entfernt. Diese »Katastrophen-Theorie« zur Entstehung des Sonnensystems war ein wahrhaft dramatisches Szenario, eine Art kosmischer Raub, der jedoch von den meisten Astronomen — wenn auch mit gewissen Abwandlungen — für rund ein halbes Jahrhundert akzeptiert wurde. Wenn eine solche Katastrophe der Anfang unserer Erde wäre, dann könnte natürlich eine Wiederholung das Ende unserer Welt bringen. Die enge Begegnung mit einem anderen Stern würde uns über einen langen Zeitraum einer zunehmenden Wärmeeinstrahlung aussetzen, während die Sonne durch den zunehmenden Einfluß der Schwerkraft dieses anderen Sterns auf die eine oder andere

Weise gestört werden könnte. Die zusätzliche Schwerkraftwirkung dieses zweiten Himmelskörpers hätte auch Einflüsse auf die Umlaufbahn der Erde um die Sonne. Es ist daher sehr unwahrscheinlich, daß das Leben auf der Erde die gewaltigen Veränderungen, die eine solch enge Begegnung mit einem anderen Stern mit sich brächte, überstehen würde.

Wie wahrscheinlich ist aber eine solch enge Begegnung, ein solcher Beinahe-Zusammenstoß mit einem anderen Stern?

Mehr als unwahrscheinlich. Ein Grund dafür, daß die Katastrophen-Theorie über die Entstehung unseres Sonnensystems nicht überlebte, ist in der Unwahrscheinlichkeit eines solchen Beinahe-Zusammenstoßes zu suchen. Die Sonne befindet sich in den Außenbezirken unserer Galaxis, und hier sind die Sterne so weit voneinander entfernt, bewegen sie sich so langsam relativ zueinander, daß man sich den Zusammenstoß zweier Sterne nur sehr schwer vorstellen kann.

Nehmen wir einmal Alpha Centauri, den Stern, der uns am nächsten steht.* Er ist 4,4 Lichtjahre von uns entfernt und nähert sich der Sonne. Die Bewegung verläuft aber nicht auf der direkten Verbindungslinie Alpha Centauri-Sonne, sondern auch seitlich dazu. Als Folge davon wird Alpha Centauri der Sonne bis auf 3 Lichtjahre nahekommen (ohne uns dabei wesentlich stärker zu beeinflussen als heute) und sich dann wieder von uns entfernen.

Nehmen wir aber einmal an, Alpha Centauri würde sich direkt auf uns zubewegen. Seine Geschwindigkeit relativ zu uns beträgt 37 Kilometer pro Sekunde. Damit brauchte er für die 4,4 Lichtjahre bis zu uns rund 35.000 Jahre.

Stellen wir uns nun einmal vor, Alpha Centauri würde sein Ziel um 15 Bogenminuten verfehlen. Dies entspricht gerade dem Winkel des halben Vollmond-

---

*In Wirklichkeit ist Alpha-Centauri ein Mehrfach-System, bei dem zwei Sterne einander in geringem Abstand umkreisen und ein dritter, ein Zwergstern, in relativ großer Entfernung die beiden umrundet. In unserer Nachbarschaft finden wir sogar ein Sechsfach-Sternsystem, drei Paare, die um ihren gemeinsamen Schwerpunkt laufen. Für unsere Zwecke werde ich aber immer den Begriff Stern benutzen, auch wenn es sich um Mehrfach-Systeme handeln sollte.

durchmessers — es wäre also vergleichbar mit der Trefferungenauigkeit, die man erreichen würde, wenn man auf die Mondmitte zielt, der Schuß aber eben am Rand des Mondes vorbeigeht. Läge die Zielgenauigkeit von Alpha Centauri in dieser Größenordnung, dann würde er die Sonne um 2 Prozent eines Lichtjahres verfehlen, um rund 180 Milliarden Kilometer; das entspricht immerhin etwa der dreißigfachen Entfernung Sonne-Pluto. Alpha Centauri wäre dann ein ziemlich heller Stern an unserem Himmel, doch sein Einfluß auf die Erde bliebe vernachlässigbar gering.

Man kann die Sachlage auch noch anders betrachten. Der mittlere Abstand der Sterne untereinander liegt in der Sonnenumgebung bei 7,6 Lichtjahren, und die mittlere Relativgeschwindigkeit der Sterne beträgt etwa 100 Kilometer pro Sekunde.

In einem Modell wollen wir ein Lichtjahr einmal auf einen Kilometer schrumpfen lassen; die Sterne haben dann Durchmesser von 0,1 Millimeter. Diese Staubkörnchen, die man so eben noch mit dem bloßen Auge sehen könnte, wären in unserem Modell im Mittel 7,6 Kilometer voneinander entfernt. Würde man sie auf eine Ebene projizieren, dann entfielen auf die Fläche von West-Berlin 15 dieser Staubkörner.

In diesem Modell bewegten sich die Staubkörner mit einer Geschwindigkeit von 30 Zentimetern pro Jahr. Man kann sich vorstellen, wie gering die Wahrscheinlichkeit ist, daß sich 2 dieser 15 Staubkörner auf der Fläche von West-Berlin bei einer zufälligen Bewegung irgendwann einmal begegnen.

Man hat versucht, die Wahrscheinlichkeit eines nahen Vorübergangs zweier Sterne in den Außenbezirken unserer Galaxis abzuschätzen, und kam dabei auf ein Verhältnis von 1 : 5 Millionen innerhalb von 15 Milliarden Jahren, dem Höchstalter der Galaxis. Das aber bedeutet, daß selbst innerhalb von 1 Billion Jahre, der Zeit bis zum nächsten Kosmischen Ei, die Chancen lediglich bei 1 : 80.000 stehen. Eine solche Katastrophe der zweiten Art ist so viel unwahrscheinlicher als eine Katastrophe der ersten Art, daß wir uns darüber nicht länger den Kopf zu zerbrechen brauchen.

Außerdem würden wir die Gefahr eines bevorstehenden Zusammenstoßes mit einem Fixstern, selbst mit heutigen astronomischen Kenntnissen, schon lange im voraus erkennen können (von den möglichen Fähigkeiten einer weiterentwickelten Zivilisation ganz zu schweigen). Gefährlich sind aber nur jene Katastrophen, die unverhofft und plötzlich über uns hereinbrechen, so daß uns keine Zeit mehr für Gegenmaßnahmen bleibt. Zwar stünden wir gegenwärtig einer Sternkollision ziemlich hilflos gegenüber, selbst wenn wir vor vielen tausend Jahren gewarnt worden wären, doch muß dies nicht notwendigerweise immer so bleiben (wie ich noch zeigen werde).

Beides — die äußerst geringe Eintrittswahrscheinlichkeit und die extrem lange Vorwarnzeit — können uns jede Beschäftigung mit dieser speziellen Katastrophe ersparen.

Daran ändert sich auch nichts, wenn der Stern, der mit der Sonne zusammenstößt, ein Schwarzes Loch ist. Der Tod im Schwarzen Loch ist nicht anders als der Tod durch einen normalen Stern. Allenfalls die Tatsache, daß Schwarze Löcher sehr viel mehr Masse enthalten können als ein normaler Stern, könnte uns zu denken geben: ein Schwarzes Loch mit hundertfacher Sonnenmasse würde uns auch aus zehnmal größerer Entfernung gefährlicher werden als ein Stern mit 10 Sonnenmassen — die »Zielgenauigkeit« braucht für ein Schwarzes Loch also nicht so groß zu sein wie für einen normalen Stern.

Allerdings sind die großen Schwarzen Löcher so selten, daß die Gefahr eines Zusammenstoßes trotz ihrer »Reichweite« sicher millionenfach kleiner ist als die ohnehin schon geringe Wahrscheinlichkeit eines Zusammenstoßes mit einem normalen Stern. Es gibt aber Objekte, die nicht zu den Sternen gerechnet werden können und die gelegentlich ohne lange Vorwarnzeit gefährlich nahe kommen können — wir werden im Laufe der weiteren Ausführungen darauf zurückkommen.

Auf der Bahn um das galaktische Zentrum

Ein Argument für die Unwahrscheinlichkeit einer katastrophalen Begegnung unserer Sonne mit einem anderen Stern liegt darin begründet, daß die Sterne in unserer Nachbarschaft sich alles andere als rein zufällig bewegen, daß man sie nicht mit Bienen in einem Schwarm vergleichen kann. Eine solch zufällige Verteilung der Bewegungsrichtung mag im Zentrum der Galaxis vorzufinden sein, vielleicht auch im Zentrum eines Kugelsternhaufens, aber nicht in den Außenbezirken einer Milchstraße.

Hier draußen ist die Situation ähnlich wie im Sonnensystem. Der galaktische Kern, der nur einen kleinen Raumbereich innerhalb der Galaxis ausfüllt, enthält die Masse von einigen 10 Milliarden Sternen; ein Teil dieser Masse kann im zentralen Schwarzen Loch enthalten sein, vorausgesetzt, es existiert. Dieser galaktische Kern spielt eine ähnliche Rolle wie die Sonne im Planetensystem.

Die Milliarden und Abermilliarden Sterne in den Außenbezirken der Galaxis umkreisen das galaktische Zentrum wie die Planeten, die die Sonne umlaufen. Die Sonne beispielsweise, die etwa 32.000 Lichtjahre vom galaktischen Zentrum entfernt ist, bewegt sich mit einer Geschwindigkeit von annähernd 250 Kilometern pro Sekunde auf einer fast kreisförmigen Bahn um diesen Mittelpunkt der Milchstraße; sie braucht dafür rund 200 Millionen Jahre. Da die Sonne vor etwa 5 Milliarden Jahre entstanden ist, hat sie seither rund 25 Umläufe um das galaktische Zentrum vollendet, wenn wir davon ausgehen, daß sie sich stets auf der gleichen Bahn bewegt hat. Sterne, die weniger weit vom galaktischen Zentrum entfernt sind als unsere Sonne, bewegen sich mit größerer Geschwindigkeit und brauchen weniger Zeit für einen Umlauf. Wenn sie uns auf der Innenbahn überholen, nähern sie sich uns zwar, doch ziehen sie in der Regel in sicherem Abstand an uns vorbei und entfernen sich dann wieder von der Sonne. Ähnliches gilt für die Sterne, die sich außerhalb der Sonnenbahn um das galaktische Zentrum bewegen. Sie umlaufen das Zentrum langsamer als die Sonne und brauchen mehr Zeit für einen Umlauf. Während wir solche Sterne überholen, verringert sich der Abstand zu uns, doch auch wir ziehen in sicherer Entfernung an ihnen vorbei und laufen ihnen davon, wobei sich der Abstand wieder vergrößert.

Würden sich alle Sterne auf nahezu kreisförmigen Bahnen und in etwa der gleichen Ebene in großen Abständen zueinander um das Zentrum bewegen (wie es im Fall des Planetensystems verwirklicht ist), so wäre die Chance für einen Zusammenstoß zweier Sterne oder auch nur für eine enge Begegnung gleich Null. Offenbar haben sich in der Geschichte der Galaxis die Sterne durch ihre gegenseitige Schwerkraftwirkung in einer solchen Weise angeordnet, denn die Außenbezirke der Milchstraße haben die Form einer flachen Scheibe (innerhalb derer die Sterne sich in einer Spiralstruktur anordnen); die Ebene dieser galaktischen Scheibe verläuft durch das Milchstraßenzentrum. Aus der Tatsache, daß die Sonne 25 Umläufe um dieses galaktische Zentrum vollendet hat, ohne durch eine nahe Begegnung empfindlich beeinträchtigt worden zu sein (zumindest finden wir dafür in den geologischen Schichten der Erde keine Hinweise), zeigt, wie wirksam diese gegenseitige Anordnung der Sterne vor solchen Zusammenstößen schützt.

In unserem Sonnensystem gibt es allerdings nur 9 große Planeten, während die Außenbezirke der Milchstraße viele Milliarden Sterne enthalten. Wenn auch die überwiegende Mehrzahl der Sterne auf solch »geregelten« Bahnen das Milchstraßenzentrum umkreist, bedeutet doch schon ein kleiner Prozentsatz von Einzelgängern eine verhältnismäßig große Zahl von Störenfrieden.

Einige Sterne bewegen sich auf ziemlich elliptischen Bahnen. Es ist durchaus denkbar, daß eine solche elliptische Bahn die Bahn der Sonne in geringem Abstand streift; doch selbst dann ist es unwahrscheinlich, daß beide Sterne gleichzeitig diesen Schnittpunkt der beiden Bahnen durchlaufen — wenn die Sonne dort vorbeizieht, kann der andere Stern gerade am gegenüberliegenden Ende der Bahn stehen und umgekehrt. Es kann natürlich auch vorkommen, daß die Sonne und der andere Stern doch einmal ziemlich gleichzeitig den

Schnittpunkt der beiden Bahnen erreichen und sich dann einander weitgehend annähern — doch dürften »kleine Ewigkeiten« vergehen, ehe ein solches Ereignis eintritt.

Schlimmer erscheint die Möglichkeit, daß die Bahnen nicht unveränderlich sind. Wenn sich zwei Sterne einander nähern, sich aber nicht so nahe kommen, daß sie eventuell vorhandene Planetensysteme auseinanderreißen, so vermag doch die gegenseitige Anziehungskraft die Bahnen der beiden Sterne ein wenig zu verändern. Das kann der Sonne gefährlich werden, ohne daß sie direkt beteiligt ist. Zwei Sterne auf der anderen Seite der Milchstraße können sich auf diese Weise begegnen und einer mag dabei seine Bahn etwas verändern, so daß er, auch wenn er die Sonnenbahn sonst nie erreicht hätte, nun auf Kollisionskurs mit der Sonne geht.

Es geht natürlich auch in umgekehrter Richtung. Ein Stern, dessen Umlaufbahn um das galaktische Zentrum der Sonne gefährlich nahe kommt, kann durch die nahe Begegnung mit einem anderen Stern von diesem Kollisionskurs abgebracht werden.

Elliptische Bahnen sind aber auch noch aus einem anderen Grunde für uns interessant. Ein Stern, der das galaktische Zentrum auf einer ausgeprägt elliptischen Bahn umkreist, kann sich im Augenblick in der Nachbarschaft der Sonne befinden und einige hundert Millionen Jahre später, am gegenüberliegenden Ende seiner Bahn, viel weiter vom galaktischen Zentrum entfernt sein als jetzt. Solch eine elliptische Bahn, deren geringster Abstand zum galaktischen Zentrum in der Nähe der Sonnenbahn liegt, ist für uns nicht sonderlich gefährlich; auf dem Weg weiter nach draußen kann diesem Stern nicht viel widerfahren.

Die elliptische Bahn kann jedoch auch so angelegt sein, daß der Stern in der Umgebung der Sonne seinen größten Abstand zum galaktischen Zentrum erreicht. Er würde nach hundert Millionen Jahren viel näher am galaktischen Zentrum stehen als derzeit, und das muß nicht ohne Folgen für uns bleiben.

Näher zum Zentrum der Milchstraße hin stehen die Sterne dichter gedrängt, und ihre Bahnen sind weniger stabil. Ein Stern, dessen Bahn ihn näher an das galaktische Zentrum heranführt, ist einer größeren Kollisionswahrscheinlich-keit ausgesetzt. Die Chance für einen Zusammenstoß mag zwar auch nahe dem galaktischen Zentrum noch gering sein, doch ist sie wesentlich größer als in den Außenbezirken der Galaxis. In gleicher Weise dürfte die Wahrscheinlichkeit für eine enge Begegnung ansteigen, für eine enge Begegnung, die ausreicht, um die Bahn des Sternes empfindlich zu stören.

Es ist daher nicht auszuschließen, daß jeder Stern, der aus den Außenbezirken der Galaxis auf seiner elliptischen Bahn nahe an das galaktische Zentrum herangeführt wird, mit einer leicht veränderten Bahn wieder nach außen dringt. Dabei kann eine für uns vorher ungefährliche Bahn nun gefährlich werden und umgekehrt. Eine solche Bahnstörung kann uns direkt angehen.

Ich erwähnte vorhin das Beispiel eines Sterns, der uns in 30facher Entfernung Sonne-Pluto begegnet. Ein solcher Vorübergang eines Sterns, so sagte ich, beeinträchtigt uns auf der Erde nicht. Dies gilt aber nur im Hinblick auf die direkten Auswirkungen dieser Begegnung, etwa die zusätzliche Strahlung, die von diesem Stern ausgeht, oder auch seine Gravitationswirkung auf die Bahnen der Planeten.

Und doch muß eine solche Begegnung der Sonne mit einem anderen Stern nicht ganz ohne Folgen für die Sonne bleiben. Die Anziehungskraft des anderen Sterns kann die Sonne auf ihrem Weg um das galaktische Zentrum ein wenig abbremsen. Dadurch würde die fast kreisförmige Bahn der Sonne etwas elliptisch verformt, so daß die Sonne nun geringfügig näher an das galaktische Zentrum herankommt als auf den 25 Umläufen vorher.

Näher am galaktischen Zentrum sind die Chancen für weitere Bahnstörungen etwas größer als hier draußen. Mit etwas Pech kann die Sonne so auf eine Bahn geraten, die sie in vielleicht einer Milliarde Jahre ziemlich nahe an das galakti-sche Zentrum heranführt; so nahe, daß die verstärkte Strahlung der veränder-ten Umgebung das Leben auf der Erde auslöscht. Die Chancen dafür sind zugegebenermaßen gering; wie wir gesehen haben, liegt die Wahrscheinlichkeit einer engen Begegnung der Sonne mit einem anderen Stern für die nächste Billion Jahre bei 1 : 80.000.

Diese 1 : 80.000-Wahrscheinlichkeit innerhalb der nächsten Billion Jahre gilt jedoch nur für Einzelsterne. Wie aber ist es um die Kugelsternhaufen bestellt? Die Kugelsternhaufen sind zwar nicht in der galaktischen Ebene angeordnet, sondern verteilen sich mehr oder minder gleichmäßig um das galaktische Zentrum, doch umlaufen sie dieses auf zum Teil sehr stark elliptischen Bahnen, die gegen die galaktische Ebene geneigt sind. Ein Kugelsternhaufen, der gegenwärtig weit oberhalb der galaktischen Ebene steht, wird sich auf seiner Bahn um das galaktische Zentrum dieser Milchstraßenebene nähern, sie durchstoßen, sich dann eine Zeitlang unterhalb der galaktischen Ebene aufhalten, sie erneut durchstoßen und schließlich wieder die gegenwärtige Position erreichen.

Ein Kugelsternhaufen, der etwa so weit vom Milchstraßenkern entfernt ist wie die Sonne, wird die Milchstraßenebene ungefähr alle 100 Millionen Jahre einmal überqueren. Kugelsternhaufen in geringeren Distanzen zum galaktischen Kern kommen öfter auf die galaktische Ebene, solche, die weiter vom Milchstraßenzentrum entfernt sind, entsprechend seltener. Insgesamt gibt es rund 200 Kugelsternhaufen im Umfeld unserer Milchstraße, so daß wir erwarten können, daß im Schnitt alle 500.000 Jahre ein Kugelsternhaufen durch die galaktische Ebene hindurchwandert, vorausgesetzt, der mittlere Abstand der Kugelsternhaufen zum galaktischen Zentrum entspricht dem des Sonnensystems.

Der Durchmesser eines Kugelsternhaufens oder, besser noch, der Einflußbereich seines Schwerefeldes, ist trillionenmal größer als bei einem normalen Einzelstern, und entsprechend steigt die Wahrscheinlichkeit eines Zusammenstoßes mit einem Stern in der galaktischen Ebene an.

Ein solcher »Zusammenstoß« eines Kugelsternhaufens mit einem normalen Stern ist aber nicht vergleichbar mit dem Zusammenstoß zweier Einzelsterne.

Würde unsere Sonne von einem Einzelstern getroffen, so wäre dies auf jeden Fall ein Zusammenstoß. Wenn die Sonne dagegen mit einem Kugelsternhaufen zusammentrifft, muß damit nicht notwendigerweise ein wirklicher Zusammenstoß erfolgen. Obwohl es aus großer Entfernung so aussieht, als stünden die Sterne in einem Kugelsternhaufen dicht gedrängt, ist doch der Raum in einem Kugelsternhaufen nahezu leer. Würde sich die Sonne durch einen Kugelsternhaufen hindurchbewegen, dann stünden die Chancen für einen wirklichen Zusammenstoß mit einem einzelnen Stern des Haufens bei 1 : 1 Billion. Diese Wahrscheinlichkeit ist zwar immer noch sehr gering, aber doch deutlich größer als bei der normalen Bewegung der Sonne durch die Außenbezirke der Milchstraße mit ihren weit gestreuten Sternen.

Wenn auch der Durchgang der Sonne durch einen Kugelsternhaufen nicht notwendigerweise zu einem direkten Zusammenstoß mit einem Stern führen muß, wenn auch die zusätzliche Strahlung das Leben auf der Erde nicht unbedingt gefährden muß, so ist doch die Gefahr gegeben, daß dabei die Bahn der Sonne um das galaktische Zentrum verändert wird, und das nicht unbedingt zum Guten.

Die Chancen für eine solche Bahnstörung werden umso größer, je geringer der Abstand der Sonne vom Zentrum des Kugelsternhaufens wird; nicht nur, weil die Sterne im Zentralbereich eines Kugelsternhaufens dichter gedrängt stehen und damit die Wahrscheinlichkeit eines engen Vorüberganges größer wird, sondern auch, weil die Sonne dem eventuell vorhandenen zentralen Schwarzen Loch mit seinen vielen tausend Sonnenmassen gefährlich nahe kommen kann. Die damit verbundene Gefahr einer Bahnstörung oder gar eines Einfangs kann sehr groß sein, doch selbst, wenn dergleichen nicht geschieht, dürfte die energiereiche Strahlung in der Umgebung eines Schwarzen Loches dem Leben auf der Erde ein Ende bereiten, ohne daß unser Planet andere Folgen davon tragen würde.

Die Wahrscheinlichkeit eines solchen Ereignisses ist jedoch verschwindend gering. Zum einen gibt es nicht sehr viele Kugelsternhaufen, zum anderen können uns nur diejenigen gefährlich werden, die die galaktische Ebene in etwa der gleichen Entfernung zum Milchstraßenzentrum überqueren, in der die Sonne dieses Zentrum umläuft. Dieses trifft vielleicht für einen oder zwei Kugelsternhaufen zu, und es ist äußerst unwahrscheinlich, daß sie sich zum gleichen Zeitpunkt am Schnittpunkt der Bahnen befinden wie die Sonne. Schließlich ist eine drohende Kollision mit einem Kugelsternhaufen für uns noch weniger ein Damoklesschwert als der Zusammenstoß mit einem Einzelstern. Ein Kugelsternhaufen ist ein viel auffälligeres Objekt als ein Einzelstern in der gleichen Entfernung; wenn sich daher ein Kugelsternhaufen auf Kollisionskurs mit uns befindet, würden wir dies sicher sehr frühzeitig merken und vielleicht sogar eine Vorwarnzeit von 1 Million Jahre haben.

Schwarze Minilöcher

Aus astronomischen Beobachtungen *wissen* wir, daß die Sonne für die nächsten Millionen Jahre vor einem Zusammenstoß mit einem sichtbaren Objekt gesichert ist. Wir kennen keinen Stern oder gar Kugelsternhaufen, der sich auf Kollisionskurs mit der Sonne befindet und sie in dieser Zeit erreichen würde. Könnte es aber nicht auch Objekte im Weltraum geben, die wir nicht sehen, von deren Existenz wir gar nichts wissen? Hätten wir im Fall einer Kollision mit einem solchen Objekt überhaupt eine Vorwarnzeit? Wie ist es um Schwarze Löcher von der Größe des Cygnus X-1 bestellt, um Schwarze Löcher, die nicht wie die großen Vertreter dieser Klasse im Zentrum einer Milchstraße oder eines Kugelsternhaufens sitzen — und dort bleiben —, sondern die wie Sterne um das galaktische Zentrum herumlaufen? Gewiß, Cygnus X-1 verrät seine Gegenwart, indem er riesige Materiemengen von seinem sehr wohl sichtbaren Sternpartner absaugt. Wir wollen daher einmal annehmen, ein Schwarzes Loch sei aus dem Kollaps eines einzelnen Sterns entstanden, besäße also keinen sichtbaren Begleiter.

Nehmen wir weiter an, daß ein solches einzelnes Schwarzes Loch 5 Sonnenmassen besitzen soll und daher einen Schwarzschild-Radius von 15 Kilometern
hat. Ohne sichtbaren Sternpartner wäre dieses Schwarze Loch für uns nicht
nachweisbar: es kann nicht gewaltige Materiemengen verschlucken und dabei
Strahlung aussenden, sondern muß sich mit dem dünn verteilten Gas zwischen
den Sternen begnügen — und das reicht allenfalls für eine extrem schwache
Röntgenstrahlung, die man über größere Entfernung nicht nachweisen kann.
Ein solches Schwarzes Einzelsternloch könnte sich durchaus in einem Abstand
von nur einem Lichtjahr zur Sonne befinden, ohne daß wir etwas von seiner
Existenz wüßten. Es könnte sich genau auf die Sonne zu bewegen, und wir
hätten keine Ahnung davon. Es bliebe uns so lange verborgen, bis sein Schwerefeld zunächst unerklärliche Störungen im äußeren Planetensystem hervorruft, oder bis wir eine schwache, aber ständig stärker werdende Röntgenstrahlungsquelle am Himmel finden. Dann blieben uns möglicherweise nur einige
wenige Jahre bis zum Ende unserer Welt. Selbst wenn das Schwarze Loch ohne
irgendeinen Zusammenstoß durch das Sonnensystem hindurchrast, würde sein
starkes Schwerefeld die über Jahrmilliarden entstandenen stabilen Bahnen
gehörig durcheinander wirbeln.
Wie wahrscheinlich aber ist so ein Ereignis? Die Chancen dafür sind nicht groß.
Nur Riesensterne werden zu Schwarzen Löchern, und davon gibt es nicht sehr
viele. Im ungünstigsten Fall kann man mit einem sterngroßen Schwarzen Loch
pro 10.000 sichtbarer Sterne in der Galaxis rechnen. Wenn die Chancen für
den Zusammenstoß mit einem sichtbaren Stern schon bei 1 : 80.000 für einen
Zeitraum von 1 Billion Jahre stehen, dann liegt die Wahrscheinlichkeit für den
Zusammenstoß mit einem sterngroßen Schwarzen Loch bei nur 1 : 800 Millionen. Sicher, es kann im nächsten Jahr geschehen, doch die Chancen stehen 1
Trilliarde : 1 dafür, daß im nächsten Jahr nichts dergleichen passiert. Entsprechend unsinnig wäre es, sich den Kopf darüber zu zerbrechen. Sterngroße
Schwarze Löcher sind so selten, daß die Wahrscheinlichkeit einer Katastrophe
extrem gering ist.

Wir wissen aber, daß bei allen astronomischen Objekten die kleineren Ausgaben viel zahlreicher sind als die großen Vertreter einer Klasse. Gibt es also auch viel mehr kleine Schwarze Löcher als sterngroße? Ein kleines Schwarzes Loch wird zwar bei einer Kollision nicht die Verwüstung anrichten, die ein sterngroßes Schwarzes Loch hinterläßt, doch ist auch ein kleines Schwarzes Loch nicht ungefährlich; und wenn kleine Schwarze Löcher wirklich so zahlreich sind, wächst natürlich auch die Trefferwahrscheinlichkeit.

Es ist jedoch unwahrscheinlich, daß in unserem Universum derzeit Schwarze Löcher entstehen, die weniger als eine Sonnenmasse enthalten. Nur ein massereicher Stern kann unter seiner eigenen Schwerkraft zu einem Schwarzen Loch kollabieren; einen anderen Prozeß zur Bildung eines Schwarzen Loches kennen wir nicht.

Doch damit ist die Gefahr nicht aus der Welt geschafft. 1974 äußerte der englische Physiker Stephen Hawking die Vermutung, daß während des Big Bang die Strahlung und die durcheinander wirbelnden Massen hier und dort Zonen mit unvorstellbar hohen Dichten produzierten, aus denen unmittelbar nach Entstehung des Weltalls zahllose Schwarze Löcher aller Massenbereiche entstanden, von der Masse eines Sterns bis herunter zu Objekten von einem Kilogramm oder noch weniger. Hawking nannte die Schwarzen Löcher, deren Masse nicht an die Masse eines Sterns heranreicht, »Schwarze Minilöcher«.

Hawking konnte mit seinen Rechnungen nachweisen, daß Schwarze Löcher ihre Masse nicht für immer und ewig an sich fesseln; es sollte vielmehr möglich sein, daß Schwarze Löcher auch Materie verlieren können. Paare von subatomaren Teilchen sollten sich im starken Energiefeld eines Schwarzen Loches exakt am Schwarzschild-Radius bilden können und in entgegengesetzter Richtung davonfliegen. Eines der Teilchen würde damit in das Schwarze Loch hineinstürzen, das andere aber seinem Anziehungsbereich entfliehen. Nach diesen Berechnungen würde sich ein Schwarzes Loch also wie ein heißer Körper verhalten, von dem ständig Materie abdampft.

Je masseärmer ein Schwarzes Loch ist, desto höher ist seine Temperatur, und desto schneller wird seine Materie verdampfen. Mit anderen Worten: je mehr ein Schwarzes Miniloch aufgrund dieser Verdampfung schrumpft, desto höher steigt seine Temperatur und desto schneller wird der Masseverlust ablaufen. Am Ende wird der letzte Rest des Schwarzen Miniloches durch eine gewaltige Explosion freigesetzt, und das Objekt ist verschwunden.

Sehr kleine Schwarze Minilöcher dürften die vergangenen 15 Milliarden Jahre seit dem Urknall nicht überstanden haben — sie sind bereits von der Bildfläche verschwunden. Ein Schwarzes Miniloch von der Masse eines Eisberges dagegen wäre anfangs kalt genug gewesen, um ausreichend langsam zu verdampfen, so daß es heute noch existieren dürfte. Sollte es während seines bisherigen Lebens Materie aufgesogen haben (was bei einem Schwarzen Loch ziemlich wahrscheinlich ist), dann hätte es sich sogar noch weiter abgekühlt und damit seine Lebensdauer verlängert.*

Selbst wenn die kleinsten und damit zahlreichsten der Schwarzen Minilöcher inzwischen verschwunden sind, dürfte es noch sehr viele Schwarze Minilöcher geben, deren Masse im Bereich zwischen der Masse eines kleinen Asteroiden und der Masse des Mondes liegt. Hawking schätzt ihre Zahl in der Galaxis auf etwa 300 pro Kubiklichtjahr. Wenn sie innerhalb der Galaxis ähnlich verteilt sind wie die normalen Sterne, dann dürften die meisten von ihnen im galaktischen Zentrum zu finden sein. In den Außenbezirken dagegen, in denen die Sonne angesiedelt ist, mag es vielleicht nur 30 Schwarze Minilöcher pro Kubiklichtjahr geben. Dann wären die Schwarzen Minilöcher im Mittel 500mal so weit voneinander entfernt wie der Pluto von der Sonne. Das nächste Miniloch stünde in einem Abstand von 1,6 Billionen Kilometern.

*Schwarze Löcher mit der Masse eines Sterns haben eine effektive Temperatur, die nur 1 millionstel Grad über dem absoluten Nullpunkt liegt — sie verdampfen so langsam, daß sie dafür viel länger brauchen als die Zeit bis zur Entstehung des nächsten Kosmischen Eis. Bis dahin werden sie zweifellos aber auch Materie aufsaugen, so daß die Massenbilanz stets positiv sein dürfte. Sterngroße Schwarze Löcher sind daher sicher dauerhafte Objekte, die stetig größer werden, niemals kleiner. Die Hawkingschen Überlegungen sind daher nur für Schwarze Minilöcher von Interesse, und zwar um so stärker, je kleiner ihre Masse ist.

Selbst bei dieser für astronomische Verhältnisse kleinen Entfernung bleibt
genügend Freiraum für das Schwarze Loch, bleibt genügend Bewegungsfrei-
heit ohne direkte Kollisionsgefahr. Anders als ein sterngroßes Schwarzes Loch
muß ein Schwarzes Miniloch nämlich einen Volltreffer landen, wenn die
Begegnung irgendwelche Folgen haben soll. Ein sterngroßes Schwarzes Loch
kann selbst in einiger Distanz zur Sonne die Bahnen der Planeten um die Sonne
oder auch die Bahn der Sonne um das galaktische Zentrum empfindlich stören.
Ein Schwarzes Miniloch kann dagegen ohne meßbaren Einfluß auf die Sonne,
die großen Planeten und ihre Satelliten durch das Sonnensystem hindurchsausen. Solche Ereignisse können in der Vergangenheit sehr zahlreich gewesen
sein, ohne daß wir davon etwas wissen müßten.
Was würde passieren, wenn ein Schwarzes Miniloch in die Sonne stürzte?
Sofern wir nur seine Masse berücksichtigen, sind seine Einflüsse auf die Sonne
gering. Selbst ein Schwarzes Miniloch mit Mondmasse besäße lediglich
1/26millionstel der Sonnenmasse, und das ist nicht mehr als 1 Zehntel eines
Wassertropfens im Vergleich zum Durchschnittsgewicht eines Menschen.
Die Masse allein macht es aber nicht. Würde wirklich der Mond in die Sonne
stürzen, so müßte er trotz seiner großen Geschwindigkeit verdampfen, bevor
er die Sonne erreicht. Selbst wenn ein Teil seines Materials fest bliebe, könnte
es nicht sehr tief in die Sonne eindringen, ohne schließlich doch zu verdampfen.
Ein Schwarzes Miniloch dagegen würde bei seiner Annäherung an die Sonne
nicht verdampfen oder sonstwie durch die Sonne verändert werden. Es könnte
ungehindert in die Sonne eintauchen, Masse aufsaugen und dabei gewaltige
Energiemengen freisetzen; auf seinem Weg durch die Sonne müßte es beständig anwachsen und schließlich als deutlich größeres Schwarzes Miniloch auf
der anderen Seite wieder auftauchen.
Es läßt sich schwer abschätzen, wie sich ein solcher Zusammenstoß auf die
Sonne auswirkt. Ist die Begegnung eher streifend, so daß das Schwarze Miniloch nur die oberen Schichten der Sonne durchdringt, mag die Auswirkung

erträglich bleiben. Fliegt dagegen das Schwarze Loch geradewegs durch das Sonnenzentrum, wird es natürlich diese Region, in der die Kernreaktionen ablaufen und die Sonnenenergie freigesetzt wird, durcheinander wirbeln.

Ich weiß nicht, was die Folge wäre; es hängt sicher davon ab, wie schnell sich die Sonne wieder »fangen« kann. Denkbar wäre, daß die Energieproduktion im Sonneninnern unterbrochen wird und die Sonne kollabiert oder explodiert, ehe die Kernreaktionen wieder auf vollen Touren laufen. Wenn so etwas unerwartet und plötzlich geschieht, wäre dies für uns die absolute Katastrophe.

Schließlich können wir uns auch vorstellen, daß ein Schwarzes Miniloch nur mit sehr geringer Geschwindigkeit auf die Sonne trifft. Der Widerstand, den das Sonnengas auf das Schwarze Loch ausübt, könnte ausreichen, das Schwarze Miniloch abzubremsen und einzufangen; es würde sich dann im Zentrum der Sonne ansiedeln.

Und dann? Würde es langsam die Sonne von innen aushöhlen? Etwas derartiges könnten wir von außen vielleicht gar nicht feststellen: Die Masse der Sonne und damit ihr Gravitationsfeld blieben konstant, die Bahnen der Planeten blieben unbeeinflußt, und die Sonne könnte sogar ihre Strahlung aussenden, als sei nichts geschehen. Irgendwann einmal aber käme der Zeitpunkt, an dem die Sonne nicht mehr über genügend normale Materie verfügt, um ihre gegenwärtige Gestalt beizubehalten. Dann würde wahrscheinlich alles Material in das Schwarze Loch hineinstürzen und dabei gewaltige Mengen tödlicher Strahlung aussenden, die alles Leben auf der Erde vernichtet. Es würde uns auch wenig nützen, könnten wir diese tödliche Strahlungsdosis abschirmen: die Erde würde anschließend ein Schwarzes Loch von der Masse der Sonne umrunden (so daß die Erdbahn unverändert bliebe), ein Schwarzes Loch jedoch, das zu klein ist, als daß es Strahlung in nennenswerten Mengen produzieren könnte. Als Folge davon müßte die Temperatur an der Erdoberfläche bis nahe an den absoluten Nullpunkt absinken, und das wäre für uns ebenfalls tödlich.

Ist vielleicht vor 1 Million Jahren ein Schwarzes Miniloch mit der Sonne zusammengestoßen und sitzt heute noch im Zentrum, ohne daß wir etwas davon wissen? Könnte die Sonne plötzlich und ohne Vorwarnung in sich zusammenstürzen?

Wir können diese Frage nicht mit einem absoluten Nein beantworten. Wir dürfen aber auch nicht vergessen, daß die Wahrscheinlichkeit des Zusammenstoßes eines Schwarzen Miniloches mit der Sonne äußerst gering ist, auch, wenn Hawking ihre Zahl recht hoch einschätzt; die Zahl der Schwarzen Minilöcher, die durch das Zentrum der Sonne hindurchsausen, ist noch kleiner; die Zahl der Schwarzen Minilöcher, die von der Sonne eingefangen werden können und sich in ihrem Mittelpunkt ansiedeln, ist noch kleiner. Und schließlich stellen Hawkings Zahlen lediglich eine vernünftig erscheinende Obergrenze dar. Wahrscheinlich sind die Schwarzen Minilöcher weniger häufig, als Hawking annimmt, vielleicht sind sie sogar sehr viel seltener. Entsprechend geringer wird ihre Gefahr anzusetzen sein.

Bislang haben wir keinerlei Hinweise auf die Existenz von Schwarzen Minilöchern gefunden, so daß sie vorerst nur in Hawkings Berechnungen auftauchen. Kein Schwarzes Miniloch ist bislang nachgewiesen, keine Erscheinung beobachtet worden, die zu ihrer Erklärung ein Schwarzes Miniloch benötigt. (Selbst die Hinweise auf die Existenz von sterngroßen Schwarzen Löchern, wie sie im Fall von Cygnus X-1 gegeben sind, werden nicht von allen Astronomen akzeptiert.)

Ehe wir genauere Zahlenangaben über diese Art der Katastrophe machen können, brauchen wir mehr Informationen über das Universum. Schon jetzt können wir aber zuversichtlich sein, daß die Wahrscheinlichkeit gegen eine solche Katastrophe spricht. Immerhin hat die Sonne nun schon 5 Milliarden Jahre überstanden, ohne kollabiert zu sein, wir haben auch nirgendwo beobachtet, wie ein anderer Stern plötzlich in sich zusammensinkt, wie man es erwarten würde, wenn er von einem Schwarzen Miniloch in seinem Zentrum verschluckt worden wäre.

Antimaterie und freie Planeten

Schwarze Einzellöcher sind jedoch nicht die einzigen Objekte im Weltall, die unerwartet und unbemerkt der Sonne nahekommen können. Es gibt auch noch andere Gefahren, deren Existenz aber noch umstrittener ist als die der Schwarzen Löcher.

Die normale Materie um uns herum ist aus Atomen aufgebaut, die aus winzigen Kernen und sie umgebenden Elektronen bestehen. Im Kern finden wir zwei Arten von Teilchen, Protonen und Neutronen, die beide mehr als 1.800mal so viel Masse besitzen wie ein Elektron. Die Materie um uns herum besteht also aus drei Arten von Elementarteilchen: Elektronen, Protonen und Neutronen. 1930 konnte Paul Dirac (der als erster die Vermutung geäußert hatte, die Schwerkraft könne mit der Zeit schwächer werden) aufgrund theoretischer Überlegungen zeigen, daß es auch »Antiteilchen« geben müsse. Zum Beispiel ein Teilchen, das dem Elektron wie ein Zwilling gleicht, aber entgegengesetzt elektrisch geladen ist. Während das Elektron eine negative elektrische Ladung trägt, müßte sein Antiteilchen eine positive elektrische Ladung besitzen. Zwei Jahre später konnte der amerikanische Physiker Carl David Anderson (1905—) dieses positiv geladene Elektron tatsächlich nachweisen. Man nannte es »Positron«, doch ist auch die Bezeichnung Anti-Elektron richtig.

Später stieß man auch auf das Antiproton und das Antineutron. Während das Proton eine positive elektrische Ladung besitzt, ist das Antiproton elektrisch negativ geladen. Das Neutron trägt überhaupt keine elektrische Ladung, so daß sich das Antineutron auf eine andere Weise von ihm unterscheiden muß. Anti-Elektron, Antiproton und Antineutron können Anti-Atome bilden, die sich zu Antimaterie gruppieren können.

Trifft ein Anti-Elektron mit einem Elektron zusammen, so werden sich beide gegenseitig vernichten, da ihre entgegengesetzten elektrischen Ladungen sich gegenseitig aufheben. Ihre Masse wird dabei in kurzwellige Gammastrahlung umgewandelt. Auf die gleiche Weise löschen sich Antiproton und Proton oder Antineutron und Neutron gegenseitig aus. Wo immer gleiche Mengen von Materie und Antimaterie zusammentreffen, zerstrahlen sie in Form von kurzwelliger Energie.

Die Energie, die bei solch einer gegenseitigen Vernichtung freigesetzt wird, ist gewaltig. Bei der Fusion von Wasserstoff, wie sie bei den Wasserstoffbomben, aber auch im Innern der Sterne abläuft, werden etwa 0,7 Prozent der Masse in Energie umgesetzt. Bei der gegenseitigen Vernichtung von Materie und Antimaterie wird dagegen die gesamte Masse in Energie umgewandelt. Eine Materie-Antimaterie-Bombe wäre demzufolge in ihrer Wirkung 140mal stärker als eine Wasserstoffbombe gleicher Masse.

Der Prozeß ist auch umkehrbar. Man kann auch Energie in Materie überführen. So wie man aber ein Teilchen und ein Antiteilchen braucht, um Energie zu produzieren, müssen bei der Umwandlung von Energie in Masse auch jeweils Teilchen und Antiteilchen entstehen. Daran scheint kein Weg vorbei zu führen.

Im Laboratorium können die Physiker immer nur winzige Mengen von Teilchen und Antiteilchen auf einmal produzieren. Als nach dem Urknall die Energie in Materie umgewandelt wurde, entstand ein ganzes Universum. Eigentlich hätte damals Antimaterie in gleicher Menge entstehen müssen. Doch wo ist sie geblieben?

Auf dem Planeten Erde finden wir nur »normale« Materie. Ein paar Antiteilchen können im Laboratorium produziert werden, ein paar Antiteilchen sind in der kosmischen Strahlung enthalten, doch fallen sie nicht ins Gewicht; darüber hinaus verschwinden die einzelnen Antiteilchen, sobald sie mit ihren Gegenstücken aus der »normalen« Materie zusammentreffen, wobei ihre Masse in Gammastrahlung umgewandelt wird.

Sehen wir von diesen wenigen Ausnahmen ab, können wir die Erde als vollständig aus normaler Materie bestehend ansehen. Und das ist gut so. Bestünde die Erde je zur Hälfte aus Materie und Antimaterie, dann würde die eine Hälfte sofort die andere Hälfte vernichten, dann gäbe es keine Erde, sondern nur einen riesigen Feuerball intensiver Gammastrahlung. Man wird annehmen dürfen, daß das ganze Sonnensystem, die ganze Galaxis, selbst die ganze Lokale Gruppe, aus normaler Materie entsteht. Andernfalls müßten wir sehr viel mehr Gammastrahlung nachweisen können als dies der Fall ist.

Bestehen vielleicht einige Galaxienhaufen aus normaler Materie, andere aus Antimaterie? Sind mit dem Big Bang am Ende gar zwei Universen entstanden, eines aus normaler Materie und eines aus Antimaterie? Wir wissen es nicht. Die Rätsel um die Antimaterie sind vorerst ungelöst. Sollte es allerdings tatsächlich Galaxienhaufen aus normaler Materie und solche aus Antimaterie geben, so wären sie untereinander wenig gefährdet, weil das expandierende Weltall sie durch immer größer werdende Abstände voneinander trennt.

Ist aber vielleicht ein Prozeß denkbar, bei dem doch Antimaterie von einem Galaxienhaufen aus eben dieser Antimaterie weggeschleudert werden kann, die dann in einen Galaxienhaufen mit normaler Materie eindringt? Oder umgekehrt, daß normale Materie in einen Galaxienhaufen aus Antimaterie eindringt?

Einen »Antistern« in unserer Galaxis könnte man von außen als solchen nicht erkennen. Er bliebe unauffällig, solange er nicht durch eine Wolke interstellaren Gases aus normaler Materie wandert. Sicher, hin und wieder würde man aus seiner Umgebung Gammastrahlen beobachten können, die entstehen, wenn Sternwindteilchen des Antisterns mit normaler Materie in seiner Umgebung zusammenstoßen und sich gegenseitig vernichten. Solche Erscheinungen hat man bislang nicht beobachtet, doch können wir auch in diesem Fall davon ausgehen, daß kleinere Objekte zahlreicher sind und auch leichter aus einem Galaxienhaufen herausgeschleudert werden können als sterngroße Materiebrocken.

Gibt es also in unserer Galaxis doch das eine oder andere planeten- oder kleinplanetengroße Objekt aus Antimaterie? Könnte eines von ihnen unverhofft mit der Sonne zusammenstoßen? Immerhin wären solche Objekte zu klein, als daß man sie über große Entfernungen sehen könnte. Und selbst wenn man sie sähe, ließe sich nicht erkennen, ob sie aus normaler oder Antimaterie bestehen. Nicht vor dem Zusammenstoß.

Wenn wir ehrlich sein wollen, so müssen wir zugeben, daß wir uns über solche Dinge nicht den Kopf zerbrechen sollten. Bis heute haben wir keinen Hinweis darauf, daß irgendwelche größeren Brocken von Antimaterie durch die Galaxis geistern. Doch selbst wenn es sie gäbe, würden sie uns kaum gefährlich, weil die Chancen eines Zusammenstoßes mit der Sonne kaum größer sein dürften als die eines Zusammenstoßes mit einem Schwarzen Miniloch.

Und würde doch ein Brocken Antimaterie auf die Sonne treffen, wäre seine Zerstörungskraft viel enger begrenzt als die eines Schwarzen Miniloches der gleichen Masse.

Ein Schwarzes Miniloch ist beständig und könnte im Innern der Sonne auf deren Kosten wachsen. Ein Brocken Antimaterie dagegen kann lediglich einen gleich großen Anteil normaler Materie der Sonne vernichten, doch ist er damit auch von der Bildfläche verschwunden.

Es bleibt noch eine dritte Klasse von Himmelsobjekten, die aus dem Dunkeln des Weltalls auftauchen und in das Sonnensystem eindringen können, ohne daß wir sie vorher bemerken. Dabei handelt es sich weder um Schwarze Löcher noch um Antimaterie, sondern um ganz gewöhnliche Objekte, die wir bislang lediglich außer acht gelassen haben, weil sie so klein sind.

Für ihre Existenz gibt es mehrere Gründe:

Ich habe schon mehrfach darauf hingewiesen, daß in jeder Klasse astronomischer Objekte die Zahl der kleinen Vertreter viel größer ist als die Zahl der großen Mitglieder. Entsprechend gibt es sehr viel mehr kleine Sterne als große Sterne.

Sterne, deren Masse vergleichbar ist mit der Masse der Sonne (die ein Durchschnittsstern ist), machen allenfalls 10 Prozent der Sterne in unserer Milchstraße aus. Riesensterne mit mehr als 15 Sonnenmassen sind viel seltener. Auf einen solchen Riesenstern kommen rund hundert sonnenähnliche Sterne.

Dagegen besitzen mehr als drei Viertel aller Sterne in unserer Milchstraße weniger als halb so viel Masse wie unsere Sonne. Diese Verhältnisse jedenfalls finden wir in der Nachbarschaft der Sonne wieder.*

Ein Stern, der nur ein Fünftel der Sonnenmasse enthält, ist gerade massereich genug, um im Innern die Atome aufzubrechen und die Kernreaktionen in Gang zu setzen. Ein solcher Körper wird nicht sehr heiß und leuchtet daher nur schwach in einem rötlichen Licht; wir können ihn nur über geringe Distanzen beobachten.

Es gibt jedoch keinen Grund zu der Annahme, daß für die Entstehung von Himmelskörpern eine untere Grenze gesetzt ist, die noch dazu exakt mit der Mindestmasse zusammenfällt, die für das Zünden der Kernreaktionen erforderlich ist. Es dürfte auch eine Vielzahl von »Substernen« entstanden sein, Himmelskörper, die zu klein sind, als daß in ihrem Innern Kernreaktionen gezündet haben können.

Würden solche nichtleuchtenden Himmelsköper zu einem Sonnensystem gehören, so würde man sie der Klasse der Planeten zuordnen, und vielleicht sollten wir sie als solche ansehen — als Planeten, die unabhängig von einem Stern entstanden sind, die keine Sonne umrunden, sondern sich auf Bahnen um das galaktische Zentrum befinden.

Solche »Freiplaneten« können in sehr viel größerer Zahl entstanden sein als normale Sterne, sie können sehr viel weiter verbreitet sein als Sterne — und doch für uns unsichtbar bleiben, gerade so wie auch die Planeten unseres Sonnensystems trotz ihres geringen Abstandes unsichtbar blieben, wenn sie nicht das auftreffende Sonnenlicht reflektieren würden.

Wie groß ist also die Wahrscheinlichkeit, daß ein solcher Freiplanet in das Sonnensystem eindringt und hier für Unruhe sorgt?

*Solche kleinen Sterne sind sehr lichtschwach und können daher über große Entfernungen nicht gesehen werden. Wir bekommen daher nur aus dem Studium der unmittelbaren Nachbarschaft unserer Sonne eine objektive Vorstellung über ihre Häufigkeit, weil wir sie nur über kleine Distanzen nachweisen können. In großen Entfernungen sehen wir nur die großen, hellen Sterne und würden so ein falsches Bild von der Sternhäufigkeit erhalten.

Die größten Freiplaneten sollten zumindest so häufig sein wie die kleinsten Sterne, doch angesichts der gewaltigen Ausdehnung des interstellaren Raumes ist selbst diese Häufigkeit nicht ausreichend, um eine enge Begegnung mit der Sonne wahrscheinlich werden zu lassen. Kleine Freiplaneten sollten natürlich häufiger sein und noch kleinere Objekte noch zahlreicher. Mit anderen Worten — je kleiner ein solches Objekt ist, desto größer ist die Wahrscheinlichkeit, daß es in das Sonnensystem eindringt.

Wahrscheinlich ist die Chance für die enge Begegnung mit einem asteroidengroßen Freiplaneten viel größer als für die Begegnung mit einem umstrittenen Schwarzen Miniloch oder einem Brocken aus Antimaterie. Doch die Freiplaneten sind viel weniger gefährlich als die beiden anderen Objektklassen. Schwarze Minilöcher würden unbegrenzt viel Materie der Sonne verschlucken, wenn sie sich in ihrem Zentrum ansiedeln, und Antimaterie würde normale Materie der gleichen Menge vernichten. Freiplaneten dagegen, die aus normaler Materie bestehen, würden einfach verdampfen.

Sollten wir einmal einen Asteroiden auf Kollisionskurs mit der Sonne entdecken, so könnten wir nicht einmal sagen, ob es sich dabei um einen Eindringling aus dem interstellaren Raum handelt oder um einen Kleinplaneten unseres eigenen Sonnensystems, den wir vorher nicht gesehen haben oder der durch eine Bahnstörung von seiner ursprünglichen Bahn abgekommen ist.

Es ist durchaus denkbar, daß solche Eindringlinge aus dem interstellaren Raum das Sonnensystem in großer Zahl durchquert haben, ohne irgendwelche Schäden zu hinterlassen. Einige kleine Objekte im Außenbereich des Sonnensystems, deren Bahnen verdächtig anormal erscheinen, könnten solche eingefangenen Freiplaneten sein. Dazu gehören der äußere Neptunmond, Nereide, Saturns äußerster Mond, Phoebe, und das seltsamste Objekt Chiron, das 1977 entdeckt wurde und dessen elliptische Bahn zwischen der Saturn- und der Uranusbahn verläuft.

Vielleicht bildeten Pluto und sein 1978 entdeckter Satellit ein kleines unabhängiges »Sonnensystem«, das von der Sonne eingefangen wurde. Dann wären die ungewöhnlich große Neigung und die ungewöhnlich große Exzentrizität der Plutobahn weniger verwunderlich.

Es gibt noch eine letzte Möglichkeit der Begegnung mit Objekten des interstellaren Raumes — Begegnungen mit Objekten, die nicht größer sind als Staubkörner oder einzelne Atome. Interstellare Gaswolken sind im Weltraum sehr verbreitet, und die Sonne kann nicht nur mit solchen Gaswolken »zusammenstoßen«, sie ist zweifellos in der Vergangenheit bereits mehrfach durch solche Gas- und Staubwolken hindurch gewandert. Die Auswirkungen einer solchen Gas- und Staubwolke auf die Sonne selbst mögen vernachlässigbar klein sein, doch gilt dies nicht notwendigerweise auch für uns. Ich werde später im Buch noch einmal darauf zurückkommen.

VI. Das Ende der Sonne

Die Energiequelle der Sonne

Wir haben gesehen, daß die Kollision der Sonne mit einem Objekt von außerhalb des Sonnensystems oder auch nur der nahe Vorübergang eines solchen Objektes für das Planetensystem keine Gefahr darstellt. Die Wahrscheinlichkeit eines derartigen Ereignisses ist zumeist so klein, daß eher eine Katastrophe der ersten Art, wie die Bildung eines neuen Kosmischen Eis, über das gesamte Universum hereinbricht. In den Fällen, in denen die Wahrscheinlichkeit einer »Invasion« höher ist, ist die Gefährdung der Sonne zu vernachlässigen.
Können wir also die Katastrophen der zweiten Art als ungefährlich abtun? Ist die Sonne ein »ungefährlicher« Stern, der uns — zumindest bis zum »Ende« des Universums — als Lebensquelle erhalten bleibt?
Keineswegs. Selbst wenn der Sonne von außen keine Gefahr droht, ist eine Katastrophe der zweiten Art, die das Leben der Sonne bedroht, nicht nur möglich, sondern sogar unabwendbar.
Zu den Zeiten, da es noch keine Naturwissenschaften gab, wurde die Sonne vielfach als lebensspendende Gottheit verehrt, von deren Licht und Wärme die Menschheit und alle anderen Lebensformen abhängig waren. Ihre Wanderung durch die Sternbilder wurde sorgfältig beobachtet, und dabei fand man, daß die Sonne eine regelmäßige Bahn am Himmel beschreibt: ihre Mittagshöhe wuchs bis zu einem maximalen Wert, der sogenannten Sommersonnenwende (21. Juni auf der Nordhalbkugel der Erde), und nahm dann wieder ab bis zu einem minimalen Wert, der sogenannten Wintersonnenwende (21. Dezember auf der Nordhalbkugel); dieser Zyklus wiederholte sich Jahr für Jahr.
Schon in vorgeschichtlicher Zeit haben die Menschen offenbar Möglichkeiten besessen, die Position der Sonne am Himmel mit erstaunlicher Genauigkeit zu bestimmen. Die Steine von Stonehenge sind beispielsweise so aufgestellt, daß sie — unter anderem — die Position der Sonne zur Sommersonnenwende markieren.
Bevor man die wahre Natur der Bewegungen im Planetensystem erkannt hatte,

konnte man natürlich nicht sicher sein, ob die Sonne jedes Jahr nach Durch-
schreiten der Wintersonnenwende am Himmel wieder emporstieg, ob sie nicht
irgendwann einmal immer weiter zum Horizont sinken und schließlich verschwinden würde, was das Ende für alle Lebensformen bedeuten mußte. So
wird beispielsweise in den skandinavischen Mythen das Ende der Welt durch
den »Fimbulwinter« angekündigt, in dem die Sonne ganz verschwindet und
eine dreijährige schreckliche Periode der Kälte und Dunkelheit herrscht — auf
die Ragnarok und das Ende folgen. Selbst in sonnigeren Gegenden, wo das
Vertrauen in die beständige segensreiche Sonneneinstrahlung naturgemäß
stärker ist, war die Zeit der Wintersonnenwende, wenn die Abnahme der
Sonnenhöhe zu Ende ging, Anlaß für mancherlei Freudenfeste.

Am besten kennen wir die Sonnenwendfeiern der Römer. Sie glaubten, daß ihr
Gott des Ackerbaus, Saturn, die Welt während des goldenen Zeitalters regiert
habe, als es reiche Ernten und genügend Nahrungsmittel gab. Die Woche um
die Wintersonnenwende, die die Wiederkehr des Sommers und des goldenen
Zeitalters unter der Herrschaft des Saturns versprach, wurde als »Saturnalia«
vom 17. bis zum 24. Dezember gefeiert. Es war eine Zeit ausgelassener Feste
und großer Freuden, während derer die Arbeit ruhte, keine Geschäfte getätigt
wurden (um die Festtagsfreude nicht zu stören) und überall Geschenke verteilt
wurden. Es war eine Zeit der Brüderlichkeit, da Diener und Sklaven während
dieser Woche »freigestellt« wurden, so daß sie mit ihren Herren an den
Feierlichkeiten teilnehmen konnten.

Die Saturnalien blieben erhalten. Obwohl das Christentum mehr und mehr
Einfluß im römischen Reich gewann, wurde klar, daß die »heidnischen« Feierlichkeiten zur Wiedergeburt der Sonne nicht ersatzlos gestrichen werden
konnten. Im 4. Jahrhundert wurde daher dieses Fest »christianisiert«, indem
man willkürlich den 25. Dezember zum Geburtstag Jesu erklärte (wofür es
absolut keine biblische Grundlage gibt). Die Feiern zur Wiedergeburt der
Sonne wurden umgewandelt in eine Feier zur Geburt des Sohnes, des Gottes-
sohnes.

Im christlichen Gedankengut konnte es natürlich neben dem himmlischen Gott keine weiteren Gottheiten geben, und entsprechend mußte die Sonne ihren heidnischen göttlichen Rang abtreten. Doch war diese »Erniedrigung« nur geringfügig: die Sonne galt als vollkommene Kugel des himmlischen Lichtes, die unveränderlich und beständig vom vierten Tag der Schöpfung an, an dem sie von Gott erschaffen worden war, bis zu jenem unbestimmten Tag, an dem es Gott gefallen würde, der Welt ein Ende zu bereiten, strahlte. Solange sie bestand, war sie mit ihrem Glanz und ihrer Unveränderlichkeit das vollkommenste Symbol Gottes.

Erste »wissenschaftliche Kratzer« bekam dieses mythologische Bild der Sonne zu Beginn des 17. Jahrhunderts mit der Entdeckung der Sonnenflecken. Galilei konnte zeigen, daß die Flecken Teil der Sonnenoberfläche waren und nicht etwa Wolken, die die Sonnenoberfläche verdeckten. Wenn aber die Sonne nicht mehr vollkommen war, konnte man dann noch auf ihre Beständigkeit vertrauen? Je mehr die Wissenschaftler auf der Erde über die Energie in Erfahrung brachten, desto mehr rätselten sie über die Energiequelle der Sonne. 1854 fand Helmholtz, einer der bedeutendsten Entdecker des Satzes von der Erhaltung der Energie, daß es wichtig war, die Energiequelle der Sonne zu ergründen, um sicher zu sein, daß der Energieerhaltungssatz auch hier Gültigkeit besaß. Er meinte, die Gravitationskraft würde ausreichen, um die Sonnenenergie bereitzustellen. Nach seiner Ansicht sollte die Sonne sich beständig unter ihrer eigenen Anziehungskraft zusammenziehen, wobei die Energie der Fallbewegung aller ihrer Teile in Strahlung umgewandelt wurde. Sollte diese Theorie stimmen, wären also die Energievorräte der Sonne begrenzt (und es war klar, daß dies so sein mußte), dann mußte die Sonne sowohl einen Anfang als auch ein Ende haben.*

*Wenn der Energieerhaltungssatz gilt, muß jede Energiequelle der Sonne, sei sie nun vom Schwerefeld bedingt oder nicht, irgendwann versiegen. Aus dem Satz von der Energieerhaltung kann man daher zwingend ableiten, daß die Sonne irgendwann entstanden sein und irgendwann ein Ende nehmen muß. Mit anderen Worten, es gab eine Zeit, zu der die Sonne noch nicht existierte, und es wird eine Zeit geben, zu der die Sonne nicht mehr existieren wird. Gegenstand wissenschaftlicher Diskussionen kann somit allenfalls die Art der Energiequelle sein.

Folgte man den Helmholtzschen Überlegungen, dann muß die Sonne anfangs eine Wolke aus sehr dünnem Gas gewesen sein, die nur wenig Strahlungsenergie produzierte. Erst als die Kontraktion dieser Gaswolke einsetzte und damit das Schwerefeld, das in seiner Stärke natürlich konstant blieb, kompakter wurde, nahm das Tempo der Fallbewegung und damit die Intensität der freigesetzten Strahlung zu.

Erst 25 Millionen Jahre konnten vergangen sein, seit die Sonne einen Durchmesser von der Größe der Erdbahn besessen haben mußte; entsprechend konnte die Erde erst vor weniger als 25 Millionen Jahren entstanden sein.

Das Ende der Sonne ließ sich ebenso vorausberechnen, denn irgendwann mußte das Stadium erreicht sein, in dem die Sonne sich nicht weiter zusammenziehen und damit keine Strahlung mehr produzieren können würde; statt dessen müßte sie auskühlen und zu einem kalten, toten Himmelskörper werden — und das wäre für uns zweifellos eine Katastrophe. Wenn die Sonne 25 Millionen Jahre gebraucht hatte, um von einem Durchmesser von 300 Millionen Kilometern auf einen Durchmesser von 1,4 Millionen Kilometern (dem heutigen Wert) zu schrumpfen, dann sollte sie nach weiteren 250.000 Jahren jenen Zustand erreichen, der keine weitere Strahlungsproduktion mehr erlauben würde; mehr Zeit bliebe uns dann auf der Erde auch nicht mehr.

Die Geologen, die die langsam ablaufenden Veränderungen in der Erdkruste studierten, waren jedoch überzeugt davon, daß die Erde älter als 25 Millionen Jahre sein mußte. Auch die Biologen, die die langsamen Prozesse der Evolution der Lebewesen untersuchten, waren davon überzeugt. Es gab jedoch keinen Ausweg aus den Überlegungen von Helmholtz, es sei denn, man verzichtete auf den Energieerhaltungssatz oder fände eine andere, stärkere Energiequelle der Sonne. Diese zweite Möglichkeit »rettete die Physik«: man fand, daß die Sonne ihre Energie aus einer anderen Quelle bezieht.

1896 entdeckte der französische Physiker Antoine Henri Becquerel (1852—1908) die Radioaktivität, und es wurde sehr schnell klar, daß im Atomkern eine enorme Energiequelle steckte, von der man sich bislang nichts hatte träumen lassen. Wenn die Sonne diese Energiequelle auf irgendeine Weise nutzen könnte, wäre die Vorstellung einer schrumpfenden Sonne überflüssig. Sie könnte dann mit Hilfe dieser Kernenergie über viel größere Zeiträume strahlen, ohne dabei ihren Durchmesser wesentlich zu verändern.

Es ist allerdings wenig überzeugend, einfach zu sagen, daß die Sonne (und damit alle übrigen Sterne) ihre Strahlung aus der Kernenergie bezieht. Man muß schon genau erklären können, wie die Sonne sich diese Kernenergie zunutze macht.

Schon 1862 konnte der schwedische Physiker Anders Jonas Ångström (1814—1874) im Spektrum der Sonne Wasserstoff nachweisen. In den folgenden Jahrzehnten wurde deutlich, daß Wasserstoff, das einfachste chemische Element, in der Sonne viel häufiger ist als auf der Erde. 1929 konnte der amerikanische Astronom Henry Norris Russell (1877—1957) zeigen, daß die Sonne zum überwiegenden Teil aus Wasserstoff besteht. Wir wissen heute, daß dieses Element 75 Prozent der Sonnenmaterie stellt, während nahezu 25 Prozent aus dem zweiteinfachsten chemischen Element, Helium, bestehen. Die übrigen, komplizierteren Elemente machen nur einen Bruchteil eines Prozentes der Sonnenmaterie aus. Es leuchtet ein, daß, wenn die Sonne ihre Energie aus Kernreaktionen bezieht, Wasserstoff und Helium an diesen Prozessen wesentlich beteiligt sein müssen. Kein anderes Element ist auf der Sonne in ausreichendem Maße vorhanden.

Mittlerweile hatte der englische Astronom Arthur S. Eddington (1882—1944) Anfang der zwanziger Jahre zeigen können, daß die Temperatur im Innern der Sonne viele Millionen Grad beträgt. Bei diesen Temperaturen brechen die Atome auseinander, die Elektronen in den Außenbezirken werden losgerissen, und die nackten Kerne können mit einer solchen Wucht zusammenstoßen, daß Kernreaktionen gezündet werden.

Nach der Vorstellung von Helmholtz begann die Sonne als dünne Gas- und Staubwolke, die sich langsam zusammenzog und dabei Strahlungsenergie abgab. Als sie etwa die heutige Größe erreicht hatte, war die Temperatur in ihrem Innern weit genug angestiegen, um die Kernreaktionen zu zünden, und damit begann die Sonne mit ihrer heutigen Intensität zu leuchten. Seither hat sie ihre Größe nahezu beibehalten und aus der Nutzung der Kernenergie mit ungefähr gleichbleibender Intensität Strahlung an den Weltraum abgegeben. Schließlich konnte der deutsch-amerikanische Physiker Hans Albrecht Bethe (1906—) 1938 anhand von Labordaten über Kernreaktionen zeigen, wie die Kernreaktionen im Innern der Sonne wahrscheinlich aussehen dürften. Es handelt sich dabei um die Fusion von Helium aus Wasserstoffkernen (Wasserstoffusion), die über einige wohl bestimmbare Zwischenschritte abläuft.

Die Wasserstoffusion liefert ausreichend Energie, um die gegenwärtige Strahlungsintensität der Sonne über eine sehr lange Zeit zu sichern. Die Astronomen haben kaum noch Zweifel daran, daß die Sonne auf diese Weise bereits seit fast 5 Milliarden Jahren strahlt. Sie gehen daher aufgrund dieser und anderer Daten davon aus, daß die Sonne, die Erde und das übrige Planetensystem vor mehr als 4 Milliarden Jahren in der heutigen Form entstanden sind. Damit sind auch die »Forderungen« der Geologen und Biologen erfüllt, die ja zur Erklärung ihrer Untersuchungen entsprechend lange Zeiträume benötigen.

Die Nutzung der Kernenergie durch die Sonne garantiert aber auch, daß unser Stern noch über weitere Milliarden Jahre in der heutigen Form Strahlung an den umgebenden Weltraum aussendet, solange er nicht von außen gestört wird.

Rote Riesen

Doch auch die Kernenergie muß irgendwann einmal erschöpft sein, auch wenn es eher Milliarden als Millionen Jahre dauert, ehe es soweit ist.

Bis vor rund 40 Jahren nahm man allgemein an, daß, gleichgültig, welche Energiequelle die Sonne nutzt, die allmähliche Ausbeutung dieser Energiequelle eine langsame Abkühlung der Sonne mit sich bringt, daß die Sonne am

Ende ausglüht und kalt wird, so daß die Erde in einem endlosen Fimbulwinter erstarrt. Mit dem besseren Verständnis der Sternentwicklung änderte sich diese Vorstellung einer »Endeiszeitkatastrophe« allerdings.

Ein Stern existiert aus seinem empfindsamen Gleichgewicht: Sein eigenes Schwerefeld möchte die Sternmaterie nach innen ziehen, während durch die Hitze der Kernreaktionen im Innern das Sternengas nach außen gedrückt wird. Die beiden Kräfte halten einander die Waage, und solange die Kernreaktionen im Innern ablaufen, bleibt das Gleichgewicht erhalten, verändert sich das Äußere des Sternes kaum.

Je massereicher ein Stern ist, desto intensiver ist sein Gravitationsfeld, und desto stärker ist entsprechend das Bestreben der Materie, zum Kern zu sinken. Damit ein solcher Stern seinen momentanen Durchmesser beibehält, müssen die Kernverschmelzungsprozesse in seinem Innern mit sehr viel größerer Geschwindigkeit ablaufen als bei einem massearmen Stern, denn nur durch die höhere Temperatur im Innern kann der Stern seiner eigenen Anziehungskraft widerstehen.

Je massereicher ein Stern also ist, desto heißer muß er im Innern sein, und desto schneller muß er seinen elementaren Brennstoff, den Wasserstoff, verbrauchen. Ein massereicher Stern enthält zwar am Anfang mehr Wasserstoff als ein massearmer Stern, doch nützt ihm das wenig. Wenn wir den Energiebedarf von Sternen unterschiedlicher Massen vergleichen, müssen wir feststellen, daß mit steigender Masse die Kernverschmelzungsrate sehr viel schneller zunimmt als die Masse des Sterns. Ein massereicher Stern verbraucht seine größeren Wasserstoffvorräte also viel schneller als ein massearmer Stern seine geringen Wasserstoffvorräte. Je massereicher ein Stern ist, desto schneller gehen seine Energievorräte zur Neige, und desto schneller durchlebt er die verschiedenen Entwicklungsstadien.

Diesen Tatbestand können wir beim Studium von Sternen in Sternenhaufen sehr deutlich erkennen; ich meine allerdings nicht die Sterne in einem Kugelsternhaufen, denn dort kann man die Einzelsterne nicht studieren: vielmehr die sogenannten »offenen Sternenhaufen«, die nur einige hundert bis tausend Sterne enthalten — sie stehen weit genug auseinander, daß man sie einzeln untersuchen kann. Mit astronomischen Teleskopen kann man mehr als tausend dieser Sternenhaufen beobachten, und einige von ihnen, wie zum Beispiel die Plejaden, stehen sogar so nahe, daß man die hellsten Mitglieder dieser Sternenhaufen mit bloßem Auge sehen kann.

Man wird davon ausgehen dürfen, daß alle Sterne in einem Sternenhaufen mehr oder minder gleichzeitig aus einer gewaltigen Gas- und Staubwolke entstanden sind. Dennoch sollten sich die massereicheren Sterne bereits weiter entwickelt haben als die massearmen, so daß wir in einem Sternenhaufen die unterschiedlichsten Entwicklungsstadien in der Geschichte eines Sternes beobachten können. Diese unterschiedlichen Positionen werden deutlich, wenn man die Sterntemperatur und die absolute Helligkeit in einem Diagramm gegen die Sternenmasse aufrechnet. Anhand dieser Untersuchungen können die Astronomen dann, zusammen mit dem stetig wachsenden Verständnis der Kernreaktionen, zu entschlüsseln versuchen, was im Innern eines Sternes passiert.

Dabei stellt sich heraus, daß ein Stern, obwohl er am Ende als kaltes Objekt durch das Weltall geistert, zuvor eine Phase stetiger Erwärmung durchgemacht haben muß. Während der Umwandlung von Wasserstoff in Helium nimmt der Anteil dieses schwereren Elementes im Sternkern beständig zu, wird der Kern immer dichter. Die wachsende Dichte konzentriert immer mehr Schwerkraft auf einen kleineren Raum, so daß der Kern, wenn er stabil bleiben will, heißer werden muß. Ein heißerer Sternkern heizt aber auch die äußeren Sternschichten auf, und so dehnt sich der Stern als Ganzes aus, während der Kern weiter schrumpft. Schließlich wird der Sternkern so heiß, daß weitere Kernreaktionen zünden. Jetzt verschmelzen die Heliumatomkerne miteinander und bilden komplexere Atome wie beispielsweise Kohlenstoff, Sauerstoff, Magnesium, Silizium usw.

Dabei steigt die Temperatur im Kern so sehr an, daß das empfindliche Gleichgewicht zwischen Kontraktion und Expansion zugunsten der Expansion gestört wird. Der Sterndurchmesser wächst immer schneller und schneller. Damit nimmt natürlich auch die Sternoberfläche zu, und zwar noch schneller als der Sterndurchmesser, so daß immer mehr Energie an den Weltraum abgestrahlt werden kann. Die Temperatur des Sternengases in den Außenbereichen nimmt entsprechend rapide ab, der Stern leuchtet nicht mehr wie in seiner Jugendzeit weißlich, sondern rötlich.

Ein »Roter Riese« ist entstanden. Wir kennen solche Sterne vom nächtlichen Sternenhimmel: Beteigeuze im Orion und Antares im Skorpion sind zwei Beispiele dafür.

Alle Sterne erreichen irgendwann einmal das Rote-Riese-Stadium, die massereichen Sterne eher, die massearmen später.

Es gibt Sterne, so groß, massereich und leuchtkräftig, daß sie weniger als 1 Million Jahre in der Phase des stabilen Wasserstoffbrennens verharren (die Astronomen sagen, ein solcher Stern stehe auf der »Hauptreihe«), bis sie zu einem Roten Riesen werden. Andere Sterne sind so klein, so massearm und leuchtschwach, daß sie mehr als 200 Milliarden Jahre brauchen, bis sie zu einem Roten Riesen werden.

Die Größe eines Roten Riesen hängt von der Masse ab. Je massereicher ein Stern ist, desto weiter wird er sich aufblähen. Ein sehr massereicher Stern wird dabei Durchmesser erreichen, die viele hundert Mal größer sind als der gegenwärtige Durchmesser der Sonne. Massearme Sterne dagegen werden allenfalls ein paar dutzend Mal größer als die heutige Sonne.

Wo paßt in dieser Skala die Sonne hin? Sie ist ein Durchschnittsstern, hat eine durchschnittliche Verweilzeit auf der Hauptreihe und wird irgendwann ein Roter Riese von durchschnittlicher Größe werden. Die Phase des stabilen Wasserstoffbrennens dauert für einen Stern mit einer Sonnenmasse möglicherweise bis zu 13 Milliarden Jahre. Nachdem die Sonne schon annähernd 5 Milliarden Jahre existiert, bleiben ihr also auf der Hauptreihe noch etwa 8 Milliarden Jahre. Während dieser Zeit wird die Sonne (wie jeder andere Stern auch) eine allmähliche Erwärmung erfahren. Während der letzten Milliarde

Jahre auf der Hauptreihe dürfte die Temperatur an der Sonnenoberfläche so weit zugenommen haben, daß die Erde für das Leben auf ihr zu heiß wird. Wir können also nur noch für allenfalls 7 Milliarden Jahre mit dem Fortbestand einer lebenspendenden Sonne rechnen, die ihre Saturnalien wert ist.

7 Milliarden Jahre sind zwar keine extrem kurze Zeit, doch ist dieser Zeitraum klein im Vergleich zu der Zeitspanne, die bis zum Eintreten einer Katastrophe der ersten Art bleibt.

Wenn sich die Sonne zu einem Roten Riesen entwickelt und das Leben auf der Erde unmöglich wird, dürfte es immer noch fast 1 Billion Jahre dauern, ehe das nächste Kosmische Ei entsteht. Die gesamte Verweilzeit der Sonne auf der Hauptreihe beträgt demnach kaum mehr als 1 Prozent der wahrscheinlichen Lebensdauer des Universums von Kosmischem Ei zu Kosmischem Ei.

Wenn die Erde dann einmal nicht mehr als Wohnstätte des Lebens geeignet sein wird (nachdem sie es über 10 Milliarden Jahre hindurch getragen hat), wird das Universum als Ganzes gegenüber heute kaum gealtert sein, wird es viele noch »ungeborene« Generationen von Sternen und Planeten geben, die auf ihre Rolle im kosmischen Drama warten.

Gehen wir einmal davon aus, daß die Menschheit nach 7 Milliarden Jahren noch existiert (was keineswegs selbstverständlich ist), so wird sie wahrscheinlich versuchen, dieser räumlich begrenzten Katastrophe zu entgehen und sich eine neue Heimat im Universum zu suchen. Die »Flucht« wird nicht einfach sein, denn auf der Erde bleibt mit Sicherheit kein Lebensraum erhalten. Wenn die Sonne ihren größten Durchmesser während der Rote-Riese-Phase erreicht, wird sie rund hundertmal so groß sein wie heute, so daß sowohl Merkur als auch Venus von ihr verschluckt werden. Die Erde bleibt möglicherweise noch außerhalb des aufgedunsenen Sonnenkörpers, doch selbst dann dürfte die enorme Hitze, die von der Riesensonne ausgeht, genügen, um die Erde zu verdampfen.

Aber auch dann ist noch nicht alles verloren. Zumindest gibt es eine frühzeitige Warnung. Wenn die Menschheit diese 7 Milliarden Jahre überlebt, wird sie die ganze Zeit über wissen, daß sie einen Fluchtplan entwickeln muß, und da die Technologie dann sicher sehr viel weiter entwickelt sein wird als heute (wenn wir sehen, wie sehr sich die Technologie in den vergangenen zwei Jahrhunderten entwickelt hat, kann man sich kaum vorstellen, wie sie nach 7 Milliarden Jahren aussieht), dürfte ein Exodus vielleicht möglich sein.

Zwar wird der innere Bereich des Planetensystems durch die ausgedehnte Sonne verwüstet, doch die Riesenplaneten weiter draußen werden mit ihren Monden weit weniger betroffen sein. Dort gibt es möglicherweise Veränderungen zugunsten einer menschlichen Besiedlung. Vielleicht ist man dann in der Lage, die größeren Monde von Jupiter, Saturn, Uranus und Neptun so umzugestalten, daß sie als Lebensraum für die Menschheit in Frage kommen (ein Prozeß, der in Amerika unter dem Begriff »Terraforming« diskutiert wird).

Es wird genügend Zeit zum Umzug bleiben. Wenn die Sonne sich dann immer schneller ausdehnt und die Erde allmählich zu einer Wüste verdorrt, könnte die Menschheit bereits rund ein Dutzend Himmelskörper im äußeren Sonnensystem besiedelt haben, angefangen von den Jupitermonden Ganymed und Callisto bis vielleicht hinaus zum Pluto. Die Menschen erhielten von der großen roten Sonne sicher genügend Wärme, ohne allerdings dabei zu verbrennen. Von Pluto aus gesehen dürfte die rote Riesensonne dann kaum größer erscheinen als die Sonne heute von der Erde aus betrachtet.

Hinzu kommt, daß die Menschheit möglicherweise künstliche Lebensräume im Weltraum errichten wird, in denen zehntausend bis zehnmillionen Menschen leben können. Jede dieser Siedlungen würde ein vollständiges und unabhängiges ökologisches System darstellen. Dazu braucht man nicht einmal eine milliardenjahrelange technologische Erfahrung, denn wir wären heute bereits in der Lage, solche Raumsiedlungen zu bauen und das Sonnensystem damit zu bevölkern. Diesem Unternehmen stehen lediglich politische, wirtschaftliche und psychologische Faktoren entgegen (das »lediglich« ist allerdings noch sehr gewichtig).

Auf diese Weise könnte man der Katastrophe ausweichen, könnte die Menschheit in neuen Lebensräumen, natürlichen und künstlichen, weiter überleben. Zumindest vorübergehend.

Weiße Zwerge

Wenn einmal die Wasserstoffusion ihre Rolle als Hauptenergiequelle eines Sterns verloren hat, dann kann dieser Stern sich nicht mehr lange als großes Objekt halten. Die dafür erforderliche Energie wird vorübergehend aus der Verschmelzung von Helium zu schwereren Atomkernen bereitgestellt, doch liefern diese Prozesse kaum mehr als 5 Prozent der Energie, die durch die Wasserstoffusion freigesetzt wurde. Nach vergleichsweise kurzer Zeit kann der Rote Riese daher dem Sog seiner eigenen Massenanziehung keinen Gegendruck von innen mehr entgegenstemmen. Der Stern beginnt zu kollabieren. Die Lebenserwartung eines Roten Riesen und die Art des Kollapses hängen von der Masse des Sterns ab. Je größer die Masse ist, desto schneller wird der Rote Riese seine letzten Energievorräte aufzehren, und desto kürzer wird seine Lebensdauer sein. Je größer die Masse ist, desto stärker ist aber auch das Gravitationsfeld, und desto schneller wird der anschließende Kollaps ablaufen. Wenn sich ein Stern zusammenzieht, befindet sich in seinem äußeren Bereich noch genügend unverbrauchter Wasserstoff, da in den Außenbezirken die Wasserstoffusion normalerweise nicht abläuft. Während der Kontraktion wird der gesamte Stern aufgeheizt (jetzt zapft der Stern seine Gravitationsenergie an, wie Helmholtz es vorgeschlagen hat), und so kann die Kernverschmelzung auch in den äußeren Bereichen einsetzen. Parallel zu der Kontraktion des Sterns wird daher in den Außenbereichen eine gewaltige Energiemenge freigesetzt.
Je massereicher ein Stern ist, desto schneller ist seine Kontraktion, und desto intensiver wird die Aufheizung der äußeren Schichten sein, so daß die ohnehin

größeren Wasserstoffvorräte dort besonders schnell verschmelzen können — und entsprechend stark sind die Veränderungen, denen der Stern unterworfen wird. Ein kleiner, massearmer Stern wird daher eher »leise« kollabieren, während in den äußeren Schichten eines großen, massereichen Sterns genügend Fusionen stattfinden, um einen Teil der äußeren Schichten in den Weltraum abzusprengen; dies verläuft mehr oder minder heftig, so daß mitunter der nackte innere Kern zurückbleibt. Bei einem massereichen Stern kann die Rote-Riese-Phase in einer unvorstellbar heftigen Explosion enden, die den Stern kurzfristig so hell leuchten läßt wie viele Milliarden normale Sterne. Ein solcher Stern wird vorübergehend so hell leuchten wie eine ganze Galaxie. Im Verlauf einer solchen Explosion, die Supernova genannt wird, können bis zu 95 Prozent der Materie eines Sterns in den Weltraum abgeblasen werden. Der Rest zieht sich weiter zusammen.

Was passiert mit den Sternen, die während des Kollapses nicht explodieren, was geschieht mit den Teilen eines explodierenden Sterns, die übrig bleiben und weiter kollabieren? Ein kleiner Stern, dessen Außenbereiche nicht heiß genug werden, um genügend Wasserstoffusion für eine Explosion zu zünden, wird sich so lange zusammenziehen, bis er nur noch planetare Dimensionen besitzt, dabei aber nahezu alle ursprüngliche Masse behalten. Die Oberfläche eines solchen Objektes ist extrem heiß, viel heißer als die Oberfläche der Sonne heute. Aus größerer Entfernung sieht ein solcher kollabierter Stern jedoch nicht sehr hell aus, weil die Energie nur durch eine kleine Oberfläche abgestrahlt werden kann. Ein solcher Stern wird »Weißer Zwerg« genannt.

Warum aber sinkt ein Weißer Zwerg nicht weiter in sich zusammen? Im Innern eines Weißen Zwerges sind die Atome »geknackt«, und die Elektronen, die nicht länger in den Atomhüllen gebunden sind, bilden eine Art »Elektronengas«, das nur bis zu einer bestimmten Dichte komprimiert werden kann. Es trägt die Last der übrigen Materie und bildet so ein Gerüst für zumindest ein planetengroßes Objekt, und dieses Gerüst ist nahezu unzerbrechlich.

Ein Weißer Zwerg kühlt dann langsam, aber sicher ab, bis er so kalt ist, daß er kein sichtbares Licht mehr aussendet: er ist zu einem »Schwarzen Zwerg« geworden.

Wenn ein Stern zu einem Weißen Zwerg kollabiert, kann er — für den Fall, daß er nicht zu klein ist — einen Teil der äußeren Regionen seiner Rote-Riese-Hülle in einer »sanften Explosion« abblasen und dabei bis zu 20 Prozent seiner Materie verlieren. Aus größerer Entfernung erscheint der Weiße Zwerg dann von einer leuchtenden Nebelwolke umgeben, die aussieht wie ein Rauchring. Solch ein Objekt wird »planetarischer Nebel« genannt; wir kennen eine ganze Reihe dieser Objekte am Himmel. Diese Gaswolke breitet sich allmählich in alle Richtungen aus, leuchtet immer schwächer und verschwindet schließlich ganz im dünnen interstellaren Medium.

Wenn ein massereicher Stern explodiert und dabei einen Großteil seiner Masse verliert, kann der verbleibende Sternrest trotzdem noch zuviel Masse besitzen, um einen Weißen Zwerg bilden zu können. Je mehr Masse in einem solchen Überrest steckt, desto stärker ist der Druck auf das Elektronengas und desto kleiner ist der Weiße Zwerg.

Wird die Masse des Sternenrestes zu groß, kann auch das Elektronengas dem entstehenden Druck nicht widerstehen. Die Elektronen werden in die Protonen hinein gequetscht, und es entstehen Neutronen. Da in den Atomkernen auch vorher schon Neutronen vorhanden waren, besteht das Objekt jetzt im wesentlichen nur noch aus Neutronen und sonst nichts. Das Ergebnis ist ein »Neutronenstern«, der kaum größer ist als ein Asteroid, 10 oder 20 Kilometer im Durchmesser, aber trotzdem so massereich wie ein normaler Stern.

Ist die Masse des verbleibenden Sternrestes noch größer, dann können nicht einmal die Neutronen dem Gravitationsdruck standhalten. Auch sie werden zerquetscht, und der Überrest wird zu einem Schwarzen Loch kollabieren.

Und wie sieht das Schicksal der Sonne aus, nachdem sie die Rote-Riese-Phase durchlebt hat?

Sie wird vielleicht für einige hundert Millionen Jahre ein Roter Riese bleiben — eine sehr kurze Zeit im Vergleich zur Lebensdauer eines Sterns, aber doch genügend Zeit, um eine Zivilisation zu ermöglichen, auf den Monden der äußeren Planeten und den künstlichen Raumsiedlungen Fuß zu fassen —, doch dann wird auch die Sonne kollabieren. Ihre Masse reicht allerdings für eine heftige Explosion nicht aus, so daß keine Gefahr besteht, daß das Sonnensystem innerhalb eines Tages oder einer Woche der Zerstörung ein für allemal leer gefegt wird. Ganz und gar nicht. Die Sonne wird sich langsam zusammenziehen und allenfalls einen dünnen planetarischen Nebel zurücklassen.

Diese Materiewolke wird an den äußeren Planeten, die wir uns einmal als von den Nachkommen der Menschen bewohnt vorstellen wollen, vorbeidriften, ohne allzugroßen Schaden anzurichten. Das Gas wird sehr dünn sein, und es ist denkbar, daß die Menschen, die möglicherweise in Siedlungen unter der Oberfläche oder in künstlichen Kuppeln wohnen, überhaupt nichts davon merken. Das wirkliche Problem ist allerdings die schrumpfende Sonne selbst. Wenn sie einmal das Stadium des Weißen Zwerges erreicht hat (ihre Masse reicht nicht aus, um einen Neutronenstern oder gar ein Schwarzes Loch zu bilden), wird sie nicht mehr als ein kleiner, heller Fleck am Himmel sein. Von den Monden des Jupiters aus betrachtet wird sie kaum 1/4.000 der Helligkeit besitzen wie die Sonne von der Erde aus gesehen heute, und auch nur dieser Bruchteil an Energie wird die Jupitermonde erreichen.

Wenn die menschlichen Siedlungen im äußeren Sonnensystem von der Sonnenenergie abhängen, werden sie dann nicht mehr genügend Energie empfangen, um ihre Zivilisation aufrechtzuerhalten. Wenn die Sonne zu einem Weißen Zwerg geworden ist, müssen sie wieder näher an die Sonne heranrücken, doch werden sie dafür keinen bewohnbaren Planeten mehr vorfinden, da die Sonne während ihrer Rote-Riese-Phase alle Körper des inneren Sonnensystems zerstört oder zumindest verwüstet hat. Allenfalls mit künstlichen Raumsiedlungen wird man dann nahe genug an die Sonne herankommen, um ihre Energie nutzen zu können.

Die ersten Raumsiedlungen, die vielleicht im nächsten Jahrhundert gebaut werden, dürften sich in Umlaufbahnen um die Erde bewegen, die Sonnenstrahlung als Energiequelle nutzen und ihre Rohstoffe vom Mond beziehen. Einige wichtigere leichte Elemente — Kohlenstoff, Stickstoff und Wasserstoff —, die auf dem Mond nicht in erforderlichen Mengen vorhanden sind, wird man von der Erde beziehen müssen.

Irgendwann einmal — so futuristische Pläne — kann man solche Raumsiedlungen auch im Asteroidengürtel bauen, wo man sicher auch diese lebenswichtigen leichten Elemente findet, so daß man die Abhängigkeit von der ohnehin schon stark ausgebeuteten Erde weiter verringern kann.

Es ist nicht auszuschließen, daß solche Raumsiedlungen mehr und mehr zu eigenständigen Selbstversorgern werden, die sich immer weiter von der Erde loslösen. Die Gefahren, die angesichts der späteren Entwicklung der Sonne mit dem Verbleiben auf einer planetaren Oberfläche verbunden sind, könnten als so groß eingeschätzt werden, daß es den Menschen sinnvoll erscheint, in solche Raumsiedlungen umzuziehen. Folgt man dieser Vision, so wird man erwarten können, daß, lange bevor die Sonne dem Leben auf der Erde gefährlich werden kann, weite Teile der Menschheit, oder vielleicht alle Menschen, die Oberfläche unseres Planeten verlassen haben und sich in solchen Raumsiedlungen wohlfühlen, sie auch der Besiedelung anderer Himmelskörper in unserem Sonnensystem vorziehen. Dann wird die Menschheit im Weltraum leben — in »Welten« und Umgebungen ihrer eigenen Wahl.

Dann wird man die Monde der äußeren Planeten nicht mehr umzuformen brauchen, um die Rote-Riese-Phase der Sonne überleben zu können. Man wird eine solche gewaltsame Umgestaltung der Himmelskörper dann vielleicht als primitive, verwerfliche Lösung abtun. Statt dessen kann man im gleichen Maße, in dem die Strahlungsintensität der Sonne zunimmt, die Bahnen der Raumsiedlungen langsam an die veränderten Umweltbedingungen anpassen und allmählich nach außen verlegen.

Unmöglich erscheint ein solches Vorhaben jedenfalls nicht. Die Umlaufbahn eines Planeten wie der Erde ist zwar für menschliche Verhältnisse unveränderlich, da die Erdmasse so groß ist und die Erde entsprechend einen großen

Impuls besitzt, der sich nur schwer verändern läßt. Und die Masse der Erde ist nun einmal notwendig, um mit dem ihr eigenen Schwerefeld einen Ozean und eine Atmosphäre an diesen Planeten zu binden und damit das Leben auf der Oberfläche zu ermöglichen.

In einer Raumsiedlung dagegen kann die Gesamtmasse sehr viel kleiner sein, da Wasser, Luft und alles andere nicht durch die Schwerkraft festgehalten werden müssen. Eine äußere Hülle hält alles beisammen, und den Effekt der Gravitation auf der Innenwand kann man mit Zentrifugalkräften simulieren, die durch eine Rotation der Raumsiedlungen um ihre Längsachsen entstehen.

Die Bahn einer Raumsiedlung kann daher mit einer realistisch verfügbaren Energiemenge verändert, kann ohne allzu große Schwierigkeiten den sich aus der aufblähenden Sonne ergebenden verändernden Umweltbedingungen angepaßt werden. Theoretisch kann die Bahn einer Raumsiedlung natürlich auch der kollabierenden Sonne folgen, näher an den Weißen Zwerg heranführen. Allerdings wird die Kontraktion sehr viel schneller ablaufen als die vorangegangene Expansion der Sonne. Hinzu kommt, daß die vielen Raumsiedlungen, die während der Rote-Riese-Phase sich auf einen weiten Raum im äußeren Bereich des Sonnensystems verteilt haben, vielleicht gar nicht alle in das enge Volumen der dann viel kleineren »lebenserhaltenden« Zone um den Weißen Zwerg hinein passen. Man könnte sich zu sehr an die Weiten des äußeren Sonnensystem gewöhnt haben.

Warum aber sollten andererseits die Raumsiedler nicht schon lange vor der Schrumpfung der Sonne Energiestationen entwickelt haben, die die Kernfusion in kleinem Maßstab verwirklichen, so daß sie von der Sonnenenergie unabhängig werden. Sie könnten dann versucht sein, das Sonnensystem ganz zu verlassen.

Wenn nur eine genügend große Anzahl von Raumsiedlungen auf diese Weise das Sonnensystem verläßt, zu »Freiplaneten« wird, dann können Katastrophen der zweiten Art der Menschheit nicht länger gefährlich werden, dann könnte die Menschheit weiter existieren (sich im Universum ausbreiten), bis das Weltall als Ganzes ein Ende nimmt, bis ein neues Kosmisches Ei entsteht.

Supernovae

Zwei Gründe tragen entscheidend dazu bei, daß der Tod der Sonne (mit Tod sind hier Veränderungen gemeint, die die Sonne am Ende ganz anders aussehen lassen als heute) nicht notwendigerweise eine Katastrophe für die Menschheit darstellt: zum einen werden Expansion und anschließende Kontraktion der Sonne zu einem Weißen Zwerg erst in so ferner Zukunft anstehen, daß die Menschheit bis dahin sicher technologische Möglichkeiten und Wege entwickelt hat, diese Katastrophe zu umgehen und so zu überleben, zum anderen sind derartige Veränderungen der Sonne absehbar, ja vorhersagbar, so daß die Katastrophe nicht über eine unvorbereitete Menschheit hereinbricht.

Wir müssen nun mögliche Katastrophen der zweiten Art untersuchen (die unsere Sonne oder allgemeiner einen Stern betreffen), die uns ohne Vorwarnung überraschen und noch dazu in so naher Zukunft eintreten könnten, daß wir keine Chance haben, technologische Abwehrmaßnahmen zu entwickeln.

Wir kennen Sterne, die katastrophalen Veränderungen unterworfen sind, Sterne, die aus der »Unsichtbarkeit« auftauchen, vorübergehend als helle Leuchtpunkte erscheinen und dann wieder in der Dunkelheit versinken. Solche Sterne nennen wir Novae (nach dem lateinischen Wort für neu; den Astronomen aus der Zeit vor der Erfindung des Fernrohrs erschienen diese Sterne nämlich als wirklich »neue Sterne«). Die älteste Überlieferung eines solchen Novaereignisses stammt von dem griechischen Astronomen Hipparch (190—120 v. Chr.).

Ungewöhnlich helle Novae nennt man Supernovae, von ihnen haben wir bereits gehört; die Bezeichnung wurde erstmals von dem schweizerisch-amerikanischen Astronomen Fritz Zwicky (1898—1974) verwendet. Die erste Supernova, die von europäischen Astronomen eingehend diskutiert und untersucht wurde, leuchtete im Jahre 1572 auf.

Nehmen wir einmal an, nicht die Sonne würde die Endphase ihrer Entwicklung erreichen, sondern ein anderer Stern. Obwohl die Sonne bereits in der Mitte ihres Lebens steht, könnte ein benachbarter Stern alt genug sein, um bereits in naher Zukunft in die Endphase seiner Entwicklung zu treten. Könnte eine Supernova in der Nachbarschaft der Sonne uns überraschen, könnte sie uns gefährlich werden?

Supernovae sind vergleichsweise seltene Ereignisse; nur ein Stern von hundert wird eine solche Supernova durchleben, und die wenigsten von ihnen stehen unmittelbar vor der Katastrophe; die Zahl der möglichen Kandidaten in unserer Nachbarschaft ist verschwindend gering. (Vor der Erfindung des Fernrohrs mußte eine Supernova schon ausnehmend hell werden, so hell, daß sie mit bloßem Auge sichtbar wurde, damit die Astronomen sie überhaupt bemerkten.) Dennoch können Supernovae aufleuchten, wie wir es in der Vergangenheit mehrfach beobachtet haben — ohne Vorwarnung natürlich.

Eine sehr bemerkenswerte Supernova erschien am 4. Juli 1054 — zweifellos das brillanteste Feuerwerk aus Anlaß des 4. Juli*, allerdings 722 Jahre »zu früh«. Die Supernova aus dem Jahre 1054 wurde von chinesischen Astronomen beobachtet, nicht dagegen von ihren europäischen und arabischen Kollegen**. Die Supernova erschien im Sternbild Stier als neuer Stern, so hell, daß er selbst die Venus an Glanz übertraf. Nur Sonne und Mond waren heller als dieser neue Stern. Er konnte sogar am Taghimmel gesehen werden, und dies nicht nur für kurze Zeit, sondern für drei Wochen. Erst dann wurde er langsam blasser, konnte jedoch noch fast zwei Jahre am Nachthimmel verfolgt werden, ehe er so lichtschwach wurde, daß man ihn mit dem bloßen Auge nicht mehr sehen konnte. An jener Himmelsposition, die von den chinesischen Astronomen als Ort dieser ungewöhnlichen Erscheinung überliefert wird, finden wir heute eine turbulente Gaswolke mit dem Namen Crab-Nebel, ein Objekt mit 13 Licht-

---

*Der 4. Juli ist der amerikanische Nationalfeiertag im Andenken an die Unterzeichnung der Unabhängigkeitserklärung am 4. Juli 1776.
**Die Astronomie wurde damals in Europa wenig gepflegt, und die Menschen, die den Himmel beobachteten, waren zu sehr von der griechischen Lehrmeinung geprägt, nach der es keine Veränderungen am Himmel geben konnte.

jahren Durchmesser. Der schwedische Astronom Knut Lundmark schlug 1921 vor, daß dieser Crab-Nebel der Überrest der Supernova aus dem Jahe 1054 sein könne. Die Gase des Crab-Nebels breiten sich heute noch mit einer Geschwindigkeit aus, die ausreichen würde, um die Entstehung der Gaswolke aus dieser Supernovaexplosion zu erklären. So hell die Supernova im Jahre 1054 auch am Himmel leuchtete, so gering war doch ihre Strahlung im Vergleich zum Sonnenlicht: die Supernova brachte es kaum auf 1 Hundertmillionstel der Strahlung, die uns von der Sonne erreicht, und das ist sicher zu wenig, um die Menschen in irgendeiner Weise zu beeinflussen, zumal diese Intensität nur über einige Wochen aufrechterhalten wurde.

Von Bedeutung ist allerdings nicht bloß die Gesamtmenge des ankommenden Lichts, sondern seine spektrale Verteilung. Unsere Sonne produziert vergleichsweise wenig energiereiche Strahlung in Form der Röntgenstrahlung, doch eine Supernova gibt in diesem Bereich sehr viel mehr Strahlung ab. Gleiches gilt für die kosmische Strahlung, eine andere, sehr energiereiche Strahlung, auf die wir später zurückkommen werden.

Wenn auch das Licht der Supernova aus dem Jahr 1054 im Vergleich zum Sonnenlicht sehr schwach war, so mag die Röntgenstrahlung dieser Supernova mit der Röntgenstrahlung der Sonne vergleichbar gewesen sein, zumindest während der ersten Wochen nach der ersten Explosion, und ähnliches gilt für die kosmische Strahlung.

Selbst dies war jedoch wenig gefährlich. Wir werden zwar noch sehen, daß die energiereiche Strahlung für das Leben zerstörerische Wirkungen haben kann, doch unsere Atmosphäre schützt uns recht wirkungsvoll dagegen. Weder die Supernova aus dem Jahre 1054 noch die Sonne selbst können uns mit ihrer Röntgenstrahlung und kosmischen Strahlung unter der schützenden Atmosphäre der Erde gefährlich werden. Und dies ist nicht bloße Spekulation. Tatsache ist, daß das Leben auf der Erde das kritische Jahr 1054 ohne irgendwelche Folgen überstanden hat.

Zugegeben, der Crab-Nebel ist nicht gerade in unserer kosmischen Nachbarschaft angesiedelt. Seine Entfernung beträgt etwa 6.500 Lichtjahre*.

Eine noch hellere Supernova leuchtete im Jahre 1006 auf. Nach den Berichten chinesischer Beobachter dürfte sie rund 100mal so hell gewesen sein wie die Venus, also schon einen beachtlichen Teil der Vollmondhelligkeit besessen haben. Hinweise auf diese Erscheinung gibt es sogar in europäischen Chroniken. Diese Supernova ereignete sich in einer Entfernung von nur 4.000 Lichtjahren.

Nach 1054 wurden nur noch zwei weitere Supernovae an unserem Himmel beobachtet. Eine erschien 1572 im Sternbild Cassiopeia und war ungefähr so hell wie die von 1054, obwohl sie in größerer Entfernung stattfand. Schließlich tauchte im Jahre 1604 im Sternbild Schlange noch eine Supernova auf, deren Helligkeit jedoch nicht an die der drei vorgenannten heranreichte, weil der Stern in einem noch größeren Abstand zur Sonne explodierte.**

Es ist nicht ausgeschlossen, daß auch in unserer Galaxis seit 1604 weitere Supernovae stattgefunden haben, ohne daß wir etwas davon bemerkt hätten; schließlich wird uns der Blick auf die entfernteren Bereiche der Galaxis vielfach durch Dunkelwolken versperrt. Wir können aber zumindest die Supernova-Überreste aufspüren, Gaswolken ähnlich dem Crab-Nebel, aus deren Größe und Gasdichte und einer eventuell meßbaren Ausbreitungsgeschwindigkeit wir sogar auch den ungefähren Zeitpunkt der Explosion errechnen können. Dabei stößt man auch auf Überreste, die auf Supernovae in jüngerer Vergangenheit hindeuten, auf Ereignisse also, die von uns unbeobachtet blieben.

---

*Man kann sich vielleicht ausmalen, wie heftig die Explosion gewesen sein muß, daß dieser Stern über eine solche Entfernung etwa so hell wie die Venus erschien.

**Für die Astronomen ist es ziemlich frustrierend, daß, nachdem damals unmittelbar vor der Erfindung des Fernrohrs in einem Abstand von nur 32 Jahren zwei Supernovae aufleuchteten, seither kein solches Ereignis mehr beobachtet wurde. Kein einziges! Die hellste Supernova, die nach 1604 beobachtet werden konnte, tauchte 1885 im Andromeda-Nebel auf. Sie wurde fast so hell, daß man sie mit bloßem Auge hätte sehen können — trotz der gewaltigen Entfernung der Andromeda-Galaxie —, doch es reichte zum Sichtbarwerden nicht ganz.

So fanden die Radioastronomen Spuren von Gasfetzen im Sternbild Cassiopeia, die in dieser Region die stärkste Radioquelle darstellen; in den Katalogen werden sie daher als Cassiopeia A bezeichnet. Sie sind die Überreste einer Supernova-Explosion, die gegen Ende des 17. Jahrhunderts aufgeleuchtet sein muß, von der wir jedoch keine Beobachtungsberichte besitzen. Dies wäre dann die jüngste, nachträglich bekanntgewordene Supernova-Explosion in unserer Galaxis. Hätte sie sich in der gleichen Entfernung ereignet wie die Supernova-Explosion des Jahres 1054, so wäre sie sicherlich noch heller gewesen als jene, wenn man die Radiostrahlung der beiden Supernova-Überreste vergleicht. Cassiopeia A steht aber in einer Entfernung von mehr als 10.000 Lichtjahren, so daß sie wahrscheinlich in der Helligkeit vergleichbar gewesen wäre mit jener Sternexplosion aus dem Jahre 1054 — wenn man sie hätte sehen können.

Heller als alle bekannten Supernovae in geschichtlicher Zeit dürfte ein Ereignis gewesen sein, das vor 11.000 Jahren gleißend hell am Himmel erschien, zu einer Zeit, zu der — zumindest in einigen Bereichen auf unserem Planeten — die Menschen in der Vorphase einer Zivilisation standen. Von dieser Supernova ist nur eine Gaswolke im Sternbild Vela (Segel) übergeblieben, die 1939 erstmals von dem russisch-amerikanischen Astronomen Otto Struve (1897—1963) beobachtet wurde. Die Gaswolke wird heute Gum-Nebel genannt, nach dem australischen Astronomen Colin Gum, der sie in den fünfziger Jahren eingehend untersuchte.

Das Zentrum dieser Gasschale ist nur 1.500 Lichtjahre von uns entfernt. Damit wird diese Supernova zur nächsten von allen. Die uns zugewandte Seite der sich immer noch weiter ausbreitenden Gaskugel ist uns bereits bis auf 300 Lichtjahre nahe gekommen. Sie wird das Sonnensystem in vielleicht 4.000 Jahren erreichen, dann aber bereits so stark ausgedünnt sein, daß sie uns nicht wesentlich beeinträchtigt.

Als diese Supernova »vor unserer Haustür« explodierte, mag sie zur Zeit des Helligkeitsmaximums für ein paar Tage so gleißend hell gewesen sein wie der Vollmond, so daß wir jene vorgeschichtlichen Bewohner unseres Planeten um den grandiosen Anblick beneiden könnten. Doch nicht einmal diese nahe gelegene Supernova scheint das Leben auf der Erde gefährdet zu haben.

Allerdings war auch diese Explosion im Sternbild Segel immer noch 1.500 Lichtjahre von uns entfernt. Es gibt Sterne, deren Distanz zu uns mehr als hundertmal kleiner ist. Was wäre, wenn ein wirklich naher Stern unerwartet zu einer Supernova würde? Stellen wir uns einmal vor, Alpha Centauri, der nur 4,4 Lichtjahre von uns entfernt ist, würde zu einer Supernova — was dann? Wenn in einem solchen Abstand eine Supernova aufleuchten und die für ein derartiges Ereignis maximale Helligkeit erreichen würde, dann würde sie bis auf ein Sechstel an die Leuchtkraft der Sonne herankommen, sowohl in ihrer Lichterfülle als auch in ihrer Wärmestrahlung. Über Wochen hinweg dürfte die Erde von einer ungeahnten Hitzewelle betroffen sein.*

Stellen wir uns einmal vor, daß die Supernova in der Weihnachtszeit aufleuchten würde, als hellster Weihnachtsstern aller Zeiten. Dann nämlich ist auf der Südhalbkugel der Erde Sommersonnenwende, und die antarktischen Eismassen sind Tag und Nacht dem Sonnenlicht ausgesetzt. Die Sonnenstrahlung ist über der Antarktis allerdings nicht sehr wirkungsvoll, weil die Sonne dort bekanntlich tief über dem Horizont steht. Die Supernova Alpha Centauri allerdings würde auch am Südpol eine beachtliche Höhe über dem Horizont erreichen, könnte mit ihrer Strahlung die Sonne spürbar unterstützen. Dies bliebe nicht ohne Folgen für die antarktische Eisdecke. Große Eismengen könnten schmelzen und zu einem spürbaren Anstieg des Meeresspiegels führen, was für viele Orte auf der Erde katastrophale Folgen hätte. Und dieser Prozeß würde sich nicht so schnell wieder einspielen, auch wenn die Supernova nach ein paar Wochen langsam verblaßt. Die Wiederherstellung eines Gleichgewichts zwischen Meeresspiegel und antarktischer Eisdecke dürfte sicher einige Jahre benötigen.

*In den Vereinigten Staaten und Europa bliebe die Supernova natürlich unsichtbar, weil Alpha Centauri so weit südlich steht, daß man ihn in diesen nördlichen Breiten nicht sehen kann, doch die heißen Winde aus dem Süden würden uns Kunde davon bringen, daß irgend etwas passiert ist.

Zusätzlich würden gewaltige Mengen von Röntgenstrahlung und kosmischer Strahlung über die Erde hinwegbrausen, und ein paar Jahre später würde eine dichte Gas- und Staubwolke folgen.*

Wir werden später noch diskutieren, welche Auswirkungen ein solches Ereignis auf die Erde haben könnte, doch sind sie mit Sicherheit katastrophal.

Der einzige Trost ist, daß so etwas nicht passiert. Es kann wirklich nicht geschehen. Der hellere Stern des Alpha-Centauri-Systems besitzt gerade eine Sonnenmasse und kann damit ebenso wenig zu einer Supernova werden wie unsere Sonne. Alpha Centauri wird sich allenfalls zu einem Roten Riesen entwickeln, einen Teil seiner äußeren Gashülle zu einem planetarischen Nebel abblasen und dann zu einem Weißen Zwerg werden.

Wir wissen zwar nicht, wann dies geschieht, weil wir nicht wissen, wie alt Alpha Centauri ist, doch muß sich der Stern natürlich zuerst zu einem Roten Riesen aufblähen, und selbst, wenn er damit morgen begänne, würde dieses Rote-Riese-Stadium einige hundert Millionen Jahre andauern.

Welches ist aber dann die kleinste mögliche Entfernung, in der eine Supernova nach unserem heutigen astronomischen Kenntnisstand aufleuchten kann?

Zunächst einmal müssen wir nach einem massereichen Stern suchen; 1,4fache Sonnenmasse ist das Minimum, und der Stern muß schon sehr viel mehr Masse besitzen, wenn wir eine wirklich »große Show« haben wollen. Solche massereichen Sterne sind nicht sehr häufig, und dies ist der Hauptgrund, warum Supernovae vergleichsweise selten sind. (Man schätzt, daß in einer Galaxie von der Größe unserer Milchstraße etwa alle 150 Jahre eine Supernova aufleuchtet, und davon ist natürlich nur ein geringer Prozentsatz so nahe, daß wir das Ereignis als auffällige Erscheinung am Himmel verfolgen können.)

*Hier ist Asimov offenbar ein Fehler unterlaufen: Setzt man die Ausbreitungsgeschwindigkeit des Crab-Nebels als »normal« für die Überreste einer Supernova voraus, dann würden die Gas- und Staubwolke von der Alpha-Centauri-Supernova für die 4,4 Lichtjahre bis zu uns rund 1.200 Jahre benötigen. (Anm. d. Übers.)

Der nächste massereiche Stern ist Sirius mit 2,1facher Sonnemasse, der 8,63 Lichtjahre entfernt steht, also ungefähr doppelt so weit wie Alpha Centauri, doch selbst die Siriusmasse reicht nicht aus, um eine wirklich spektakuläre Supernova zu ermöglichen. Sollte er eines Tages explodieren, dann ist das Ereignis eher mit einem Pistolenschuß zu vergleichen, nicht aber mit einem Kanonendonner. Außerdem steht Sirius noch auf der Hauptreihe. Zwar beträgt seine Lebenserwartung angesichts der größeren Masse nur rund 500 Millionen Jahre, und wir können sicher sein, daß ein Teil davon bereits vergangen sein muß, doch zusammen mit der sich anschließenden Rote-Riese-Phase dürfte die Explosion von Sirius noch einige hundert Millionen Jahre auf sich warten lassen.

Wir müssen also weiter fragen, welches der nächste massereiche Stern ist, der sich bereits im Rote-Riese-Stadium befindet.

Der nächste Rote Riese steht im Sternbild Pegasus, trägt den Namen Scheat und ist 160 Lichtjahre von uns entfernt; sein Durchmesser ist 110mal so groß wie der Durchmesser der Sonne. Wir kennen nicht die Masse von Scheat, doch wenn er bereits seine größte Ausdehnung erreicht hat, kann er kaum massereicher sein als die Sonne selbst, und dann wird er nicht zu einer Supernova werden. Besitzt er dagegen deutlich mehr Masse als unsere Sonne, muß er sich während des Rote-Riese-Stadiums also noch weiter ausdehnen, dann ist die mögliche Supernova-Explosion noch weit entfernt.

Der nächste Wirklich große Rote Riese ist Mira im Sternbild Walfisch. Er ist 420mal so groß wie die Sonne, so daß er, stünde er an der Stelle unserer Sonne, bis knapp an den Asteroidengürtel heranreichen würde. Seine Masse muß deutlich größer sein als die Masse der Sonne, und er ist rund 230 Lichtjahre von uns entfernt.

Wir kennen drei weitere, noch größere Rote Riesen, deren Distanz auch nicht sehr viel größer ist: Beteigeuze im Orion, Antares im Skorpion und Ras Algethi im Herkules; alle drei sind rund 500 Lichtjahre entfernt.

Ras Algethi ist 500mal so groß wie die Sonne, Antares etwa 640mal größer als

unser Stern; stünde er an der Stelle der Sonne, würde er bis über den Zentralbereich des Asteroidengürtels reichen.

Beteigcuze hat keinen festen Durchmesser, weil der Stern offensichtlich
pulsiert. In der Phase seiner kleinsten Ausdehnung ist Beteigeuze kaum
größer als Ras Algethi, doch er kann sich bis auf 750 Sonnendurchmesser
aufblähen; das sind immerhin zwei Drittel der Entfernung Sonne — Jupiter.
Wahrscheinlich ist Beteigeuze der massereichste dieser verhältnismäßig nahen
Roten Riesen, und seine Pulsationen könnten ein erstes Anzeichen für eine
innere Instabilität sein. In diesem Fall wäre Beteigeuze der nächstgelegene
Stern, der in »naher Zukunft« zu einer Supernova werden und kollabieren
dürfte.

Dafür sprechen auch Fotografien von Beteigeuze, die 1978 im Bereich des
infraroten Lichtes (= elektromagnetische Strahlung, deren Wellenlänge
größer ist als die des roten Lichtes und die daher vom Auge nicht registriert werden kann) gemacht wurden; sie zeigen, daß Beteigeuze von
einer gewaltigen Gashülle umgeben ist, deren Durchmesser 400mal so groß ist
wie der Durchmesser der Plutobahn. Möglicherweise beginnt Beteigeuze
bereits, im Vorstadium der Supernova-Explosion Teile seiner äußeren Hülle
abzublasen.

Weil wir die Masse von Beteigeuze nicht kennen, können wir auch nicht
abschätzen, wie hell die Beteigeuze-Supernova werden wird, doch dürfte sie
schon zu einer auffälligen Erscheinung heranwachsen. Was ihr auf der einen
Seite an Masse und damit absoluter Helligkeit fehlt, könnte ihr durch den im
Vergleich zur Segel-Supernova dreifach geringeren Abstand wieder »gutge-
schrieben werden«. So könnte die Beteigeuze-Supernova auf jeden Fall heller
werden als die Supernova des Jahres 1006, sie könnte sogar vielleicht an die
Supernova im Sternbild Segel heranreichen. Eine Zeitlang würde ein »zweiter
Mond«, eine Lichtquelle so hell wie der Vollmond, am Himmel auftauchen.
Die Erde wäre dann mit Sicherheit einem Bombardement von Röntgenstrah-
lung und kosmischer Strahlung ausgesetzt, wie seit der Supernova-Explosion

vor 11.000 Jahren nicht mehr. Nachdem die Menschen — und mit ihnen die Lebensformen auf der Erde allgemein — bereits die Segel-Supernova überlebt haben, darf man hoffen, daß sie auch eine Supernova von Beteigeuze ohne allzu großen Schaden überstehen.*

Wir können natürlich den genauen Zeitpunkt der Beteigeuze-Supernova-Explosion nicht voraussagen. Vielleicht sind die Pulsationen ein Hinweis darauf, daß Beteigeuze »am Rand des Abgrundes steht«, daß jeder »kleine Kollaps« nur noch einmal durch die ansteigende Temperatur im Zentrum aufgefangen wird. Irgendwann einmal sollte ein solcher Kollaps so weit gehen, daß die Explosion in Gang gesetzt wird. Dieses »irgendwann« kann noch jahrhundertelang auf sich warten lassen, es kann aber auch morgen sein. Es ist sogar möglich, daß Beteigeuze bereits vor 500 Jahren explodiert ist und die dabei ausgesandte Strahlung seither auf dem Weg zu uns unterwegs ist, daß sie uns morgen erreicht.

Selbst wenn eine Beteigeuze-Supernova das Schlimmste ist, das wir in halbwegs überschaubarer Zukunft befürchten müssen — wobei wir davon ausgehen können, daß dieses Ereignis lediglich einen grandiosen Himmelsanblick bieten wird, uns dagegen keine Gefahr bringt —, müssen stellare Explosionen nicht immer für uns ungefährlich bleiben. Je größer der Zeitraum ist, den wir überschauen wollen, desto mehr wachsen die Gefahren, die uns drohen, ehe die Sonne selbst stirbt.

Schließlich ist die gegenwärtige Situation nicht unveränderlich. Jeder Stern, auch unsere Sonne, bewegt sich durch die Galaxis. Unsere Sonne erreicht so ständig neue Nachbarschaften, und diese Nachbarschaften verändern sich ebenfalls.

Dadurch kann die Sonne in eine Gegend kommen, in der ein »supernovareifer« Roter Riese steht, der gerade zum Zeitpunkt der engsten Begegnung mit der

---

*Wir werden später noch sehen, daß in diesem Zusammenhang eine Verkettung unglücklicher Umstände die Situation für uns verschlechtern kann.

Sonne explodiert. Wenn uns auch die Beteigeuze-Supernova nicht gefährlich wird, so können wir doch keine Sicherheit auf Dauer erwarten; die gegenwärtige Ruhe ergibt sich lediglich aus der momentanen Nachbarschaft der Sonne. Eine solche Katastrophe in unserer Nachbarschaft ist allerdings trotz allem ziemlich unwahrscheinlich. Wie ich schon gezeigt habe, bewegen sich die Sterne langsam im Vergleich zu den gewaltigen Entfernungen zwischen ihnen, und so wird es ziemlich lange dauern, ehe Sterne, die derzeit weit von uns entfernt sind, uns merklich näher kommen.

Der amerikanische Astronom Carl Sagan (1934—) hat ausgerechnet, daß etwa alle 750 Millionen Jahre eine Supernova in einer Entfernung von weniger als 100 Lichtjahren zur Sonne explodieren dürfte. Wenn dem so ist, dann sollten etwa 6 derartige nahe Supernovae seit der Entstehung des Sonnensystems explodiert sein und weitere 9 folgen, ehe die Sonne die Hauptreihe verläßt. Aber auch ein solches Ereignis kann uns nicht überraschend treffen. Es ist nicht schwer, festzustellen, welche Sterne sich uns nähern. Wir können Rote Riesen über Entfernungen beobachten, die viel größer sind als 100 Lichtjahre. Wir werden daher für eine solche nahe Supernova-Explosion sicher eine Vorwarnzeit von mehr als 1 Million Jahren haben und damit in der Lage sein, der drohenden Katastrophe erfolgreich zu begegnen.

Sonnenflecken

Die nächste Frage ist: Können wir uns auf unsere Sonne wirklich verlassen? Könnte irgend etwas mit der Sonne geschehen, solange sie noch auf der Hauptreihe ist? Kann ein solches Ereignis in der nahen Zukunft eintreten, ohne Vorwarnung, so daß wir keine Gegenmaßnahmen mehr treffen können? Sofern unsere Vorstellungen über die Entwicklungsgeschichte eines Sterns nicht völlig falsch sind, können wir davon ausgehen, daß die Zukunft der Sonne keine Überraschungen bringt. Die Sonne befindet sich schon sehr lange

in ihrem heutigen Zustand und wird auch noch sehr lange so bleiben. Jede
Veränderung wird so klein sein, daß sie auf die Sonne als Ganzes keinen Einfluß
hat.

Aber gibt es vielleicht Veränderungen auf der Sonne, die zwar für die Sonne
selbst ungefährlich sind, für die Erde aber schlimme Folgen haben können? Mit
Sicherheit. Ein kleiner »Schluckauf« der Sonne mag zwar für diesen Stern keine
wesentlichen Folgen haben und ist selbst von einem der nächstgelegenen
Sterne aus nicht einmal zu beobachten. Der Einfluß einer solchen kleinen
Veränderung auf die Erde kann jedoch die Bedingungen hier so stark verän-
dern, daß sie — falls die Störung nur lange genug dauert — zu einer wahren
Katastrophe führen kann.

Leben ist, wie wir wissen, im kosmischen Maßstab eine ziemlich »zerbrechli-
che« Erscheinung. Man braucht die Temperatur gar nicht allzu stark zu
verändern, um die Meere entweder gefrieren oder verdampfen zu lassen, und
beides wäre für das Leben tödlich. Vergleichsweise geringfügige Änderungen
in der Energieabgabe der Sonne würden ausreichen, um solche für das Leben
extremen Veränderungen hervorzurufen. Daraus können wir schließen, daß
das Leben nur dann auf unserem Planeten weiter existieren kann, wenn die
Sonnenstrahlung nur geringfügigen Schwankungen unterworfen ist.

Da das Leben seit mehr als 3 Milliarden Jahren kontinuierlich auf unserem
Planeten existiert, können wir die ermutigende Feststellung treffen, daß
unsere Sonne ein ziemlich zuverlässiger Stern zu sein scheint. Doch kann die
Sonne zwar stabil genug sein, um Leben allgemein auf Dauer zu ermöglichen,
dabei aber doch solche Schwankungen aufweisen, daß dieses Leben immer
wieder aufs neue gefährdet wird. Es gibt in der Tat Hinweise auf Ereignisse in
der Geschichte des Lebens, die biologischen Katastrophen gleichgekommen
sein müssen, und wir können nicht sicher sein, daß die Sonne daran unbeteiligt
war. Wir werden später noch einmal darauf zurückkommen.

Wenn wir uns auf geschichtliche Zeiten beschränken, so zeigte sich die Sonne
vollkommen stabil, zumindest für die gelegentlichen Beobachter und jene

Astronomen, die noch nicht über die empfindlichen Meßgeräte ihrer heutigen Kollegen verfügten. Täuschen wir uns aber vielleicht selbst, wenn wir davon ausgehen, daß diese stabile Phase auch weiter andauern wird? Eine Antwort können wir darauf bekommen, wenn wir andere Sterne beobachten. Sind alle anderen Sterne in ihrer Helligkeit unveränderlich, warum sollten wir dann nicht annehmen, daß auch unsere Sonne ein stabiler Strahler ist, der uns weder zuwenig noch zuviel Licht und Wärme zukommen läßt?

Wir kennen jedoch eine Reihe von Sternen, die nicht immer mit gleicher Helligkeit leuchten. Einige wenige davon sind in ihrer Helligkeitsschwankung auch mit bloßem Auge zu beobachten. Algol im Sternbild Perseus gehört dazu. Aus dem Altertum und dem Mittelalter kennen wir keinen Bericht über seine Veränderlichkeit, vielleicht, weil man mit den Griechen glaubte, daß die Himmel unveränderlich sind. Es gibt jedoch einen indirekten Hinweis darauf, daß die Astronomen die Veränderlichkeit von Algol zwar kannten, nicht aber offen darüber reden wollten. Das Sternbild des Perseus wurde immer darge- stellt als ein Mann, der das Haupt der Medusa trägt, jenes Ungeheuers, dessen Haare Schlangen waren und dessen Anblick die Menschen zu Stein erstarren ließ. Algol, der »Teufelsstern«, fiel mit dem Auge dieses Haupts der Medusa zusammen. Selbst der Name deutete darauf hin, denn er leitet sich aus dem Arabischen Al Gul ab, was soviel heißt wie Kopf des Gul, eines arabischen Dämonen.

Man ist versucht anzunehmen, daß schon die Griechen von dieser Veränder- lichkeit Algols wußten, sie aber nur durch die Wirkung eines Dämons erklären konnten. Den ersten Bericht über die Veränderlichkeit Algols gab 1669 der italienische Astronom Geminiano Montanari (1633—1687). 1782 konnte der 18 Jahre alte taubstumme holländisch-englische Astronom John Goodricke (1764—1786) zeigen, daß die Veränderlichkeit von Algol absolut regelmäßig war, und er schlug vor, daß Algol kein wirklich veränderlicher Stern sei. Er ging davon aus, daß Algol von einem leuchtschwachen Begleiter umrundet würde, der ihn periodisch teilweise verfinsterte. Es zeigte sich später, daß Goodricke völlig recht hatte.

Schon 1596 hatte der deutsche Astronom David Fabricius (1564—1615) einen veränderlichen Stern registriert, der — wie sich später herausstellen sollte — von sehr viel größerer Bedeutung ist als Algol. Fabricius entdeckte die Veränderlichkeit von Mira, dem Stern, den ich schon als »benachbarten« Roten Riesen vorgestellt habe. »Mira« ist das lateinische Wort für die Wunderbare, und als solcher ist der Stern den Astronomen damals aufgrund seiner Veränderlichkeit erschienen. Der Lichtwechsel von Mira ist so groß, daß der Stern vorübergehend für das bloße Auge unsichtbar wird. Außerdem ist die Lichtwechselperiode von Mira sehr viel länger als die des Algol und zeigt gewisse Unregelmäßigkeiten. (Auch hier sollte man annehmen, daß dieser veränderliche Stern viel früher hätte bemerkt werden müssen, daß also seine Existenz »totgeschwiegen« wurde.)

Wir können Sterne wie Algol außer acht lassen, die keine wirklichen Veränderlichen sind, sondern ihre Helligkeit lediglich aufgrund von gegenseitigen Bedeckungen in einem Doppelsternsystem verändern. Bei ihnen beobachten wir keine Anzeichen irgendwelcher katastrophalen Ereignisse im Innern des Sterns. Wir können auch die Supernovae ausklammern, die nur im Zusammenhang mit den heftigen Ereignissen am Ende eines massereichen Sterns auftreten, ebenso die normalen Novae, bei denen es sich um Weiße Zwerge handelt, die ungewöhnlich viel Materie von einem benachbarten Sternpartner absaugen.

Zurück bleiben die wirklich veränderlichen Sterne wie Beteigeuze oder Mira, Sterne, deren Helligkeit aufgrund zyklischer Wechselprozesse in ihrem Innern variiert. Sie pulsieren, die einen regelmäßig, andere unregelmäßig, werden dabei größer und kühler und wieder kleiner und heißer.

Wäre die Sonne ein solcher veränderlicher Stern, dann wäre das Leben auf der Erde unmöglich, weil die Schwankung der Strahlungsintensität die stabilen Voraussetzungen für das Leben auf unserem Planeten zerstören würde: während einer solchen Pulsation wäre es mal zu heiß für das Leben auf der Erde und mal zu kalt. Wir könnten vielleicht einwenden, daß die Menschen in der

Lage seien, sich selbst vor solchen Temperaturunterschieden zu schützen, doch ist es unwahrscheinlich, daß das Leben unter diesen Voraussetzungen überhaupt erst entstanden ist oder sich jemals zu einer derart hohen Stufe entwickelt hat, daß die Lebewesen sich mit technologischen Mitteln gegen solche Schwankungen wappnen könnten. Derzeit ist die Sonne natürlich kein solcher veränderlicher Stern, aber vielleicht muß sie auch einmal diese Entwicklungsphase durchleben. Könnte es also sein, daß wir uns plötzlich in einer Welt wiederfinden, die solchen Temperaturschwankungen ausgesetzt ist?

Zum Glück ist dies wenig wahrscheinlich. Veränderliche Sterne sind nicht sehr zahlreich. Wir kennen vielleicht 14.000 insgesamt. Selbst wenn man zugesteht, daß die Veränderlichkeit vieler Sterne unbemerkt bleibt, weil sie entweder zu weit von uns entfernt sind oder aber ihr Licht durch interstellare Staubwolken verschluckt wird, dürfte die Gesamtzahl nur einen kleinen Prozentsatz aller Sterne ausmachen. Die überwiegende Mehrzahl aller Sterne erscheint stabil und unveränderlich, so wie die Griechen sich das vorgestellt hatten.

Hinzu kommt, daß viele veränderliche Sterne wie Mira und Beteigeuze längst die Hauptreihe verlassen haben und sich am Ende ihrer Rote-Riese-Phase befinden. Andere Veränderliche sind große helle Sterne, die zwar noch auf der Hauptreihe, aber auch kurz vor dem Abdriften stehen. Wahrscheinlich sind die Sternpulsationen Anzeichen einer Instabilität, die mit dem Ende einer bestimmten Entwicklungsphase der Sterne einhergehen, den Wechsel zur nächsten Phase einleiten.

Da die Sonne sich erst in der Mitte ihres Lebens befindet und noch mehrere Milliarden Jahre vor sich hat, ehe sie von der Hauptreihe abwandert, ist es mehr als unwahrscheinlich, daß sie in absehbarer Zeit zu einem veränderlichen Stern wird. Dennoch unterliegt auch die Sonne gewissen Schwankungen, so daß sie — wenn auch in geringem Maße — zu den veränderlichen Sternen gezählt werden könnte, daß sie uns Sorgen bereiten kann.

Wie steht es beispielsweise mit den Sonnenflecken? Bedeutet ihr Auftauchen, das periodischen Schwankungen unterworfen ist, eine geringe Veränderlichkeit in der Energieabgabe der Sonne? Die Flecken sind bekanntermaßen deutlich kühler als die normalen Regionen der Sonnenoberfläche. Ist daher eine »fleckige« Sonne kälter als eine fleckenfreie Sonne, und sind wir auf der Erde von diesen Effekten betroffen?

Die Frage gewann an Bedeutung, nachdem der deutsche Apotheker Samuel Heinrich Schwabe (1789—1875) die Ergebnisse seiner Untersuchungen veröffentlichte; Schwabe war Amateurastronom. Er konnte aber nur während der Tagesstunden Fernrohrbeobachtungen anstellen, und so suchte er die Umgebung der Sonne nach einem bislang unbekannten, sonnennahen Planeten ab, der noch innerhalb der Merkurbahn die Sonne umrunden sollte. Wenn es diesen damals vermuteten Planeten wirklich gäbe, müßte er in regelmäßigen, ziemlich kurzen Abständen vor der Sonnenscheibe herziehen; auf solche Ereignisse wartete Schwabe.

Er begann seine Suche 1825 und kam dabei nicht umhin, regelmäßig auch die Position der Sonnenflecken festzuhalten, um das Auftauchen eines Planeten vor der Sonnenscheibe erkennen zu können. Nach einer Zeit der vergeblichen Suche »vergaß« er den Planeten und widmete sich der Überwachung der Sonnenflecken. 17 Jahre hindurch beobachtete und notierte er die Sonnenfleckenpositionen an jedem sonnigen Tag. 1843 konnte er vermelden, daß die Zahl der Sonnenflecken in einem etwa 10jährigen Rhythmus ansteigt und wieder abnimmt.

1908 konnte der amerikanische Astronom George Ellery Hale (1868—1938) im Innern der Sonnenflecken starke Magnetfelder nachweisen. Die Polarität dieser Magnetfelder blieb während eines Zyklus konstant und kehrte sich dann für den nächsten Zyklus wieder um. Berücksichtigt man diese Magnetfelder, dann dauert die Zeit von einem Fleckenmaximum mit bestimmter Magnetfeldrichtung bis zum nächsten Maximum mit der gleichen Magnetfeldrichtung 21 Jahre.

Die Stärke des Magnetfeldes der Sonne variiert offenbar aus noch unbekannten Gründen, und mit diesen Schwankungen treten die Sonnenflecken auf. Eine solche Abhängigkeit gilt auch für andere Erscheinungen der Sonnenaktivität. Dazu gehören die »Sonnenflares«, plötzliche, kurzzeitige Aufhellungen der Sonnenoberfläche hier und dort, die mit lokalen Magnetfeldkonzentrationen einhergehen. Ihre Zahl nimmt mit steigender Sonnenfleckenhäufigkeit zu, da auch sie Schwankungen im Magnetfeld der Sonne repräsentieren. Zum Zeitpunkt des Sonnenfleckenmaximums sprechen wir daher von einer »aktiven« Sonne, zum Zeitpunkt des Sonnenfleckenminimums von einer »ruhigen« Sonne.*

Von der Sonne geht ein ständiger Strom atomarer Teilchen aus (vorwiegend Wasserstoffatome, also Protonen), der sich mit großer Geschwindigkeit in alle Richtungen ausbreitet. Der amerikanische Astronom Eugene Norman Parker (1927—) prägte für diesen Teilchenstrom 1958 den Begriff »Sonnenwind«. Der Sonnenwind umströmt auch die Erde und reagiert mit den oberen Luftschichten der irdischen Lufthülle, wo er Erscheinungen wie die Polarlichter hervorruft. Sonnenflares setzen gewaltige Mengen von Protonen frei und tragen damit zu einer vorübergehenden Verstärkung des Sonnenwindes bei. Dadurch wird die Erde weit mehr im Rhythmus der Sonnenaktivität beeinflußt als durch die bloßen Temperaturschwankungen im Zusammenhang mit der sich ändernden Sonnenfleckenhäufigkeit.

Doch ganz gleich, auf welche Weise der Sonnenfleckenzyklus die Erde beeinflußt, direkte Auswirkungen auf das Leben sind nicht nachweisbar. Wir können uns aber fragen, ob der Sonnenfleckenzyklus irgendwann einmal derart außer Kontrolle geraten kann, daß sich für das Leben auf der Erde katastrophale Folgen ergeben. Bislang ist so etwas zwar nicht geschehen, und warum sollte die Zukunft etwas ähnliches bringen, ließe sich dagegen einwenden. Ein solches Argument würde sicherlich gelten, wenn der Sonnenfleckenzyklus absolut regelmäßig wäre. Doch das Gegenteil ist der Fall: die Zeiträume

---

*Die zusätzliche Sonnenenergie, die in den Flares produziert wird, wiegt die Abkühlung der Sonnenoberfläche im Bereich der Sonnenflecken mehr als nur auf, so daß die aktive Sonne eher heißer ist als die ruhige Sonne.

zwischen einzelnen Sonnenfleckenmaxima schwanken zwischen 7 und 17 Jahren.

Darüber hinaus ist die Höhe der Sonnenfleckenmaxima nicht konstant. Der Grad der »Fleckigkeit der Sonne« wird durch die Züricher Sonnenflecken-Relativzahl angegeben. In ihr wird ein einzelner Fleck einfach, jede Fleckengruppe als 10 gezählt, und dann wird das Ganze noch mit einem Faktor multipliziert, dessen Größe von dem Beobachtungsinstrument und den Beobachtungsbedingungen abhängt. Werden die Sonnenflecken-Relativzahlen jeweils für ein ganzes Jahr gemittelt, so ergeben sich niedrige Sonnenfleckenmaxima mit einer Relativzahl von 50, wie z. B. im frühen 17. und 18. Jahrhundert, und auf der anderen Seite taucht ein hohes Maximum mit einer Relativzahl von 200 im Jahre 1957 auf.

Die Sonnenfleckenzahlen sind erst nach Veröffentlichung der Untersuchungen Schwabes im Jahre 1843 regelmäßig bestimmt worden. Die Werte früherer Jahre sind daher vielleicht nicht ganz so zuverlässig, und Beobachtungsmeldungen aus dem 17. Jahrhundert, der Zeit, nachdem Galilei die Sonnenflecken beobachtet hatte, werden gewöhnlich als unzureichend bezeichnet.

1893 stieß der englische Astronom Edward Walter Maunder (1851—1928) beim Studium alter Beobachtungsbücher auf die verblüffende Tatsache, daß bei Berichten über Sonnenbeobachtungen im Zeitraum zwischen 1645 und 1715 kaum Hinweise auf irgendwelche Sonnenflecken zu finden waren. Die Gesamtzahl der Flecken, die in diesem Zeitraum vermeldet wurden, ist kleiner als die, die man derzeit innerhalb eines Jahres registriert. Die »Entdeckung« Maunders wurde seinerzeit wenig beachtet, weil es einsichtig erschien, daß die Beobachtungsberichte aus dem 17. Jahrhundert zu bruchstückhaft und zu wenig exakt waren, als daß man sie hätte ernst nehmen müssen, doch inzwischen hat man die Überlegungen Maunders wieder aufgegriffen und nennt die Zeit zwischen 1645 und 1715 das »Maunderminimum«.

Aus jener Zeit haben wir nämlich nicht nur keine Meldungen über Sonnenflecken, sondern es fehlen auch Berichte über das Auftreten von Polarlichtern (die ja besonders häufig zur Zeit eines Sonnenfleckenmaximums auftreten, wenn sich viele Flares auf der Sonnenoberfläche ereignen). Hinzu kommt, daß die Form der Sonnenkorona bei totalen Sonnenfinsternissen aus jener Zeit stark an das Aussehen einer Sonnenkorona zum Zeitpunkt des Sonnenfleckenminimums erinnert.

Indirekt beeinflussen die Schwankungen des Sonnenmagnetfeldes, die für das Auftreten der Sonnenflecken verantwortlich sind, die Menge des radioaktiven Kohlenstoff-14 in der Erdatmosphäre. Kohlenstoff-14-Atome entstehen, wenn kosmische Strahlen auf die obere Erdatmosphäre treffen. Wenn das Sonnenmagnetfeld während eines Sonnenfleckenmaximums besonders aufgebläht ist, schützt es die Erde stärker vor dieser kosmischen Strahlung als zum Zeitpunkt des Sonnenfleckenminimums. Der Kohlenstoff-14-Gehalt in der Erdatmosphäre ist daher während eines Sonnenfleckenminimums höher als zu Zeiten eines Sonnenfleckenmaximums.

Kohlenstoff (auch der radioaktive Kohlenstoff-14) wird von den Pflanzen durch Aufnahme von Kohlendioxid aus der Atmosphäre absorbiert und in die Moleküle eingebaut, aus denen das Holz der Pflanzen und der Bäume besteht. Der radioaktive Kohlenstoff-14 kann aber nachgewiesen, seine Häufigkeit mit großer Genauigkeit bestimmt werden. Aus den Jahresringen alter Bäume kann man daher mit großer Zuverlässigkeit den wechselnden Gehalt an Kohlenstoff-14 »herauslesen«. Die Jahresringe, die zu Zeiten von Sonnenfleckenminima angelegt wurden, enthalten mehr Kohlenstoff-14 als jene, die während eines Sonnenfleckenmaximums entstanden. Während des Maunder-Minimums blieb der Anteil an Kohlenstoff-14 nahezu konstant hoch.

Mit der gleichen Methode hat man noch weitere Perioden solarer Ruhe aufgespürt, deren Dauer zwischen 50 und einigen hundert Jahren liegt. 12 solcher Phasen sind für den Zeitraum der letzten 5.000 Jahre gefunden worden.

Es scheint also noch einen längerfristigen Sonnenfleckenzyklus zu geben mit ausgedehnten Minima von allgemein sehr schwacher Aktivität und Perioden, in denen die Sonnenaktivität zwischen geringen und hohen Werten schwankt. Seit etwa 1715 befinden wir uns in einer solchen Schwankungsperiode.

Hat dieser längerfristige Sonnenfleckenzyklus einen Einfluß auf die Erde? Die 12 Maunder-Minima, die in geschichtlicher Zeit zu verzeichnen waren, haben offenbar keine katastrophalen Auswirkungen auf die Menschheit gehabt. Demnach sollten wir uns vor weiteren Maunder-Minima nicht fürchten. Auf der anderen Seite müssen wir eingestehen, daß wir nicht so viel über die Sonne wissen, wie wir manchmal glauben. Wir wissen nicht mit Bestimmtheit, was den 10—11jährigen Sonnenfleckenzyklus auslöst und was für das Zustandekommen der Maunder-Minima verantwortlich ist. Können wir, solange wir solche elementaren Details im Verhalten der Sonne nicht verstehen, sicher sein, daß die Sonne nicht eines schönen Tages ohne Vorwarnung außer Kontrolle gerät?

Neutrinos

In diesem Zusammenhang wäre es hilfreich, wenn wir über die Vorgänge im Innern der Sonne nicht nur aufgrund theoretischer Überlegungen Bescheid wüßten, sondern auch direkte Beobachtungen heranziehen könnten. Der Wunsch scheint zunächst unerfüllbar, doch täuscht dieser Eindruck.

In den ersten Jahrzehnten des 20. Jahrhunderts wurde klar, daß beim Zerfall von radioaktiven Kernen sehr oft energiereiche Elektronen freigesetzt wurden. Diese Elektronen trugen zwar sehr viel Energie vom Ort des Zerfalls weg, doch blieb in der Regel immer eine Differenz zu jener Energiemenge, die der Kern bei seinem Zerfall verloren hatte. Dies sah verdächtig nach einer Verletzung des Satzes von der Erhaltung der Energie aus.

1931 schlug der österreichische Physiker Wolfgang Pauli (1900—1958) zur Rettung dieses Energiesatzes und weiterer Erhaltungssätze vor, daß beim Zerfall eines Atomkerns noch ein weiteres Teilchen emittiert würde, welches den Rest der Energie davontrüge. Um den physikalischen Randbedingungen zu gehorchen, durfte dieses Teilchen keine elektrische Ladung und keine oder nur sehr wenig Masse besitzen. Ohne Ladung und Masse aber mußte das Teilchen nur sehr schwer nachweisbar sein. Der italienische Physiker Enrico Fermi (1901—1954) nannte es »Neutrino«, das »kleine neutrale« Teilchen.

Mit den ihnen zugedachten Eigenschaften würden Neutrinos kaum mit normaler Materie reagieren. Sie würden durch die ganze Erde hindurch sausen können, als wäre sie luftleerer Raum. Sie könnten sogar Milliarden Erdkugeln durchdringen, die hintereinander angeordnet sind, ohne irgendwelche Beeinträchtigungen zu erfahren. Trotzdem müßte gelegentlich ein Neutrino so mit einem anderen Materieteilchen zusammentreffen, daß beide miteinander reagieren. Wenn man nur lange genug wartet oder sehr viele Teilchen durch einen entsprechenden Nachweiskörper schickt, müßte man entsprechend ein paar solcher Reaktionen beobachten können.

1953 studierten zwei amerikanische Physiker, Clyde L. Cowan, Jr. (1919—) und Frederick Reines (1918—), das Verhalten von Antineutrinos, die von Urankernspaltungsreaktoren freigesetzt werden. Die Antineutrinos wurden durch große Wassertanks geleitet, und man beobachtete eine Reihe von vorausgesagten Reaktionen. 22 Jahre nach der bloß theoretischen Vorhersage ihrer Existenz wurden die Antineutrinos — und damit auch die Neutrinos — experimentell nachgewiesen. Gemäß den astronomischen Theorien über die Kernfusion im Innern der Sonne, die Verschmelzung von Wasserstoff zu Helium, müssen dort gewaltige Mengen von Neutrinos freigesetzt werden; sie machen etwa 3 Prozent der Gesamtstrahlung aus. Die übrigen 97 Prozent bestehen aus Photonen, den Strahlungsquanten des sichtbaren Lichtes und der Röntgenstrahlung.

Die Photonen brauchen eine ziemlich lange Zeit, um bis zur Oberfläche der Sonne vorzudringen, da sie bereitwillig mit Materie reagieren. Ein Photon, das im Innern der Sonne produziert wird, stößt schon nach kurzer Zeit mit einem Elementarteilchen zusammen, wird absorbiert, wieder ausgesandt, erneut absorbiert usw. So kann ein Photon bis zu einer Million Jahre brauchen, ehe es die Oberfläche der Sonne erreicht, obwohl es sich jeweils mit Lichtgeschwindigkeit fortbewegt hat. Wenn das Photon erst einmal die Oberfläche erreicht hat und an die Umgebung abgestrahlt wird, ist sein »Aussehen« durch die zahllosen Absorptions- und Emissionsvorgänge so stark verändert, daß es keinerlei Informationen mehr über die Zustände im Sonneninnern enthält.

Bei den Neutrinos sieht die Geschichte ganz anders aus. Auch sie bewegen sich mit Lichtgeschwindigkeit, da sie keine Ruhemasse besitzen[*].

Weil aber Wechselwirkungen zwischen Neutrinos und normaler Materie äußerst selten sind, können die Neutrinos, die im Sonneninnern produziert werden, die Sonnenkugel nahezu ungehindert durchdringen; sie erreichen die Sonnenoberfläche nach wenig mehr als 2,3 Sekunden (nur 1 von 100 Milliarden Neutrinos wird auf dieser Strecke einmal absorbiert). Für die Strecke von der Sonnenoberfläche bis zur Erde brauchen sie die gleiche Zeit wie die Photonen: etwa 8 1/3 Minuten.

Wenn wir diese solaren Neutrinos hier auf der Erde nachweisen könnten, hätten wir die Möglichkeit, direkt Informationen über die Vorgänge im Sonneninnern mit einer Zeitverzögerung von nur 8 1/3 Minuten zu erhalten. Die Schwierigkeit liegt aber im Nachweis dieser Neutrinos. Der amerikanische Physiker Raymond Davis Jr. versuchte sich an dieser Aufgabe und nutzte dabei die Tatsache, daß Neutrinos besonders häufig mit Chloratomen reagieren und dabei radioaktives Argon bilden. Dieses radioaktive Argon kann gesammelt und nachgewiesen werden, auch wenn es nur wenige Atome sind.[**]

Für seine Untersuchungen benutzte Davis einen riesigen Tank mit 378.000 Liter Tetrachloräthylen, einer gebräuchlichen Reinigungsflüssigkeit, die reich an Chloratomen ist. Diesen Tank ließ Davis in der Homestake-Goldmine in Lead, South Dakota, in einer Tiefe von 1.500 Metern installieren; die darüber-

---

[*]Seit einigen Jahren wollen einige Physiker eine — wenn auch geringe — Ruhemasse des Neutrinos nicht mehr ausschließen, so daß sie sich nur noch mit annähernd Lichtgeschwindigkeit bewegen können.

[**]Der italienisch-kanadische Physiker Bruno M. Pontecorvo (1913—) wies als erster Ende der vierziger Jahre auf diese Nachweismöglichkeit hin.

liegenden Felsschichten sollten alle Teilchen der kosmischen Strahlung abschirmen und nur die Neutrinos hindurchlassen.

Die längste Zeit des Experimentes bestand aus Warten. Wenn die Theorien über die Vorgänge im Sonneninnern stimmten, dann sollte pro Sekunde eine wohl berechenbare Zahl von Neutrinos produziert werden; ein ebenfalls exakt berechenbarer Anteil dieser Neutrinos würde die Erde treffen, ein — wenn auch sehr kleiner — Teil den Tetrachloräthylen-Tank durchdringen, und ein schließlich ebenso exakt berechenbarer Anteil der Neutrinos sollte mit den Chloratomen reagieren, eine bestimmte Anzahl Argonatome produzieren. Aus irgendwelchen Schwankungen in der Produktionsrate der Argonatome und anderen Besonderheiten der erwarteten Wechselwirkung zwischen Neutrinos und Chloratomen erhoffte man sich Rückschlüsse auf die Vorgänge im Innern der Sonne.

Schon nach kurzer Zeit hatte Davis Anlaß zum Staunen. Er konnte nur sehr wenige Neutrinos nachweisen, viel weniger als erwartet. Nur etwa ein Sechstel der Argonatome, die von der Theorie »gefordert« wurden, entstanden durch den Zusammenstoß von Neutrinos und Chloratomen.

Offensichtlich müssen die Theorien über die Vorgänge im Innern der Sonne überarbeitet werden. Wir wissen anscheinend nicht so viel über das, was in der Sonne abläuft, wie wir gedacht hatten. Heißt das aber, daß wir auf eine Katastrophe zusteuern?

Das können wir so nicht sagen. Soweit wir heute wissen, war die Sonne während der gesamten Entwicklungsphase des Lebens stabil und hat erst dadurch eben diese Entwicklung ermöglicht. Die Astronomen hatten eine Theorie entwickelt, die diese innere Stabilität der Sonne erklärt. Diese Theorie werden wir vielleicht modifizieren müssen, doch muß auch die neue Version die Stabilität der Sonne beinhalten. Die Sonne wird nicht einfach dadurch instabil, daß wir unsere Vorstellungen über ihren Aufbau und die Prozesse in ihrem Innern abwandeln müssen.

So können wir zusammenfassend sagen, daß eine Katastrophe der zweiten Art, die die Sonne als Stern betrifft und dadurch das Leben auf der Erde unmöglich macht, frühestens in 7 Milliarden Jahren* zu erwarten ist, und es wird viele Vorzeichen als Warnung geben.

Katastrophen der zweiten Art können zwar auch schon früher eintreten, auch unerwartet, doch die Wahrscheinlichkeit dafür ist so gering, daß es sich nicht lohnt, sich darüber den Kopf zu zerbrechen.

---

*Die meisten Astronomen nehmen für die Sonne eine Verweilzeit auf der Hauptreihe von 10 Milliarden Jahren an, so daß die Katastrophe der zweiten Art »schon« nach etwas mehr als 5 Milliarden Jahren zu erwarten ist. (Anm. d. Übers.)

Teil 3
Katastrophen der dritten Art

VII. Das Bombardement der Erde

Extraterrestrische Objekte

Als wir die Möglichkeiten für das Eindringen eines Objektes von außen in das Sonnensystem diskutierten, habe ich mich auf Auswirkungen eines solchen Zusammenstoßes oder engen Vorüberganges mit der Sonne konzentriert, weil jede Beeinträchtigung der Stabilität der Sonne fatale Konsequenzen für die Erde hätte.

Die Erde selbst würde natürlich noch sehr viel empfindlicher auf den Zusammenstoß mit einem Objekt aus dem Weltall reagieren. Ein Eindringling aus dem Weltall könnte beispielsweise zu klein sein, um die Sonne wesentlich zu beeinflussen, es sei denn durch einen direkten Zusammenstoß (und manchmal nicht einmal dann), doch kann das gleiche Objekt bei einer Kollision mit der Erde oder auch nur bei einem nahen Vorübergang an unserem Planeten eine Katastrophe auslösen.

Es wird daher Zeit, die Katastrophen der dritten Art zu untersuchen, jene möglichen Ereignisse, die hauptsächlich die Erde betreffen und sie unbewohnbar machen, während der Rest des Universums, ja selbst der Rest des Sonnensystems, davon unbeeinträchtigt bleiben. Stellen wir uns beispielsweise ein Schwarzes Miniloch vor, das von außen in das Sonnensystem eindringt; es soll verhältnismäßig groß sein, beispielsweise die Masse der Erde in sich vereinen. Wenn ein solches Objekt die Sonne verfehlt, wird sie diesen unseren Zentralstern nicht sonderlich beeinflußen, während umgekehrt seine Bahn durch das Schwerefeld der Sonne entscheidend verändert werden kann.*

---

*Das Schwarze Miniloch könnte sogar von der Sonne eingefangen werden und so in eine Umlaufbahn um die Sonne einschwenken, wenngleich dies auch ziemlich unwahrscheinlich ist. Eine solche Umlaufbahn wäre wahrscheinlich zur Ekliptikebene sehr stark geneigt und darüber hinaus ziemlich exzentrisch. Wenn wir Glück haben, würde ein solches eingefangenes Miniloch die Bahnen der anderen Planeten im Sonnensystem wenig verändern; trotzdem bliebe es ein unheimlicher Nachbar. Es ist allerdings ziemlich unwahrscheinlich, daß ein derart massereiches Schwarzes Miniloch zu unserem Planetensystem gehört, weil seine noch so kleinen Gravitationseffekte längst aufgespürt wären, es sei denn, das Objekt bewegte sich weit jenseits der Plutobahn.

Wenn ein solches Objekt in die Nähe der Erde käme, könnte es allerdings folgenschwere Erscheinungen auslösen, selbst dann, wenn es nicht mit der Erde zusammenstieße. Der Einfluß des Gravitationsfeldes bliebe nicht ohne Folgen.

Da die Stärke des Gravitationsfeldes mit dem Abstand zwischen den wechselwirkenden Körpern variiert, wird die dem Schwarzen Loch zugewandte Seite der Erde stärker angezogen als die abgewandte Seite. Das hat zur Folge, daß die Erde etwas verformt wird, zu einem Ellipsoid, dessen lange Achse auf den »Eindringling« gerichtet ist. Dies gilt in besonderem Maße für die Wassermassen der Ozeane. Sie werden sich an zwei Stellen auftürmen, auf der dem Eindringling zugewandten Seite und auf der anderen Seite der Erde, und während sich unser Planet dreht, müssen die Kontinente der Erde durch diese Wassermassen hindurch. Zweimal am Tag wird der Meeresspiegel an den Küsten ansteigen und wieder absinken.

Eine solche Erscheinung, das »ständige Kommen und Gehen« des Meeres, ist uns als Gezeiteneffekt des Mondes und — in geringerem Maße — der Sonne bekannt. Entsprechende Einflüsse eines Schwerefeldes auf einen Himmelskörper werden daher allgemein »Gezeiteneffekte« genannt.

Die Gezeiteneffekte werden um so größer, je größer die Masse des Schwarzen Loches ist und je näher es an die Erde herankommt. Ein Schwarzes Miniloch, das sehr massereich ist und nahe bis an die Erde vordringt, kann möglicherweise die Stabilität des planetaren Aufbaus durcheinander bringen, Spannungen in der Kruste auslösen, usw. Eine direkte Kollision hätte natürlich noch katastrophalere Folgen.

Ein Schwarzes Miniloch dieser Größe dürfte jedoch äußerst selten sein, und wenn es trotz allem derartige Objekte gibt, dürfen wir nicht vergessen, daß die Erde ein sehr viel kleineres Ziel ist als die Sonne. Die »Trefferfläche« der Erde ist um den Faktor 12.000 kleiner als die der Sonne, so daß man die ohnehin schon geringe Wahrscheinlichkeit eines Zusammenstoßes zwischen einem Schwarzen Miniloch und der Sonne noch weiter reduzieren muß, wenn man die Verhältnisse auf die Erde überträgt.

Wenn es solche Schwarzen Minilöcher überhaupt gibt, haben sie viel eher die Masse eines Asteroiden. Ein solches Objekt, dessen Masse vielleicht 1 Millionstel der Erdmasse beträgt, würde selbst bei einem nahen Vorübergang keine Gefahr für die Erde bedeuten. Seine Gezeiteneffekte blieben sehr gering, und es ist durchaus denkbar, daß wir eine solche Passage nicht einmal bemerken.

Anders wäre es jedoch, wenn ein Schwarzes Miniloch mit der Masse eines Kleinplaneten direkt mit der Erde zusammenstieße. Unabhängig von seiner Größe wird ein solches Objekt die Erdkruste durchschlagen. Auf seinem Weg durch unseren Planeten würde es natürlich Materie aufsaugen, und die Energie, die dabei freigesetzt wird, reicht sicher, um das Material auf der Bahn des Schwarzen Loches zu schmelzen und zu verdampfen. So würde ein Schwarzes Miniloch die ganze Erde durchtunneln (ohne dabei notwendigerweise durch das Zentrum der Erde zu laufen) und an der gegenüberliegenden Seite die Erde wieder verlassen — auf einer Bahn, die durch das Schwerefeld der Erde verändert wurde. Das Schwarze Loch besäße nach diesem Durchgang durch die Erde natürlich mehr Masse als vorher, und es wird sich wahrscheinlich auch langsamer bewegen als zuvor, weil das Material im Erdkörper selbst einem Schwarzen Loch einen gewissen Widerstand entgegensetzt.

Der Erdkörper würde wahrscheinlich keine bleibenden Folgen dieses Ereignisses behalten. Das verdampfte Material wird sich wieder abkühlen und verfestigen, und innere Kräfte werden den Tunnel sehr bald schließen. An der Oberfläche dagegen bleiben die Spuren länger erhalten, da hier — am Eintritts- und am Austrittspunkt des Schwarzen Lochtunnels — je eine gewaltige Explosion stattfinden muß, die zwar keine Katastrophe, wohl aber eine Verwüstung dieser Bereiche bedeuten würde.

Je kleiner ein solches Schwarzes Miniloch ist, desto kleiner sind auch seine Auswirkungen, sieht man einmal davon ab, daß ein winziges Schwarzes Miniloch der Erde auf eine andere Weise gefährlich werden kann. Ein solches Objekt besitzt nämlich aufgrund seiner geringen Masse einen vergleichsweise

kleinen Impuls, vor allem, wenn es sich auch noch mit geringer Geschwindigkeit bewegt; dann aber wächst die Gefahr, daß es genügend abgebremst wird,
um vom Schwerefeld der Erde eingefangen werden zu können. Es würde zum
Mittelpunkt der Erde stürzen, über das Ziel hinausschießen, zurückstürzen
und auch dabei wieder zu weit fliegen, usw., immer und immer wieder.
Bedingt durch die Rotation der Erde wird ein solches Hin- und Herschwingen
eines Schwarzen Loches nicht immer entlang der gleichen Spuren verlaufen,
sondern vielmehr zur Entstehung eines Höhlenlabyrinthes führen. Bei jeder
Schwingung wird dieses Schwarze Loch natürlich größer und verschluckt
daher immer mehr Materie, bis es schließlich — seiner Bewegungsenergie
beraubt — im ausgehöhlten Zentrum der Erde einen Ruheplatz findet. Auf-
grund der starken Massenanziehung dieses Schwarzen Loches wird die zentrale
Höhle langsam, aber sicher wachsen. Dies kann ausreichen, um den inneren
Aufbau der Erde zu schwächen, so daß der Planet irgendwann in sich zusam-
menstürzt; auch diese Materie ist dann dem Schwarzen Loch im Zentrum der
Erde ausgeliefert, bis schließlich der gesamte Planet verschluckt ist.
Das so entstandene Schwarze Loch mit Erdmasse würde wahrscheinlich die
Sonne weiter auf der Bahn der Erde umrunden. Da die Masse des Schwarzen
Loches der Masse der Erde entspricht, würde dies das empfindliche Gleichgewicht der Anziehungskräfte im Sonnensystem nicht stören. Selbst der Mond
würde fortfahren, den gemeinsamen Schwerpunkt des Systems Erde-Mond zu
umrunden — er liefe dann um ein winziges Objekt, zwei Zentimeter klein, das
die Masse der gesamten Erde enthielte.
Für das Leben auf der Erde, für die Erde allgemein, wäre ein solches Ereignis
eine echte Katastrophe der dritten Art. Und so etwas kann — zumindest
theoretisch — morgen passieren.
Wir können die gleiche Überlegung für ein Stück Antimaterie anstellen, das zu
klein ist, um die Sonne empfindlich zu treffen, das aber bei der Erde gewaltige
Verwüstung hervorrufen könnte. Im Gegensatz zu einem Schwarzen Loch
würde ein Brocken Antimaterie, dessen Masse etwa der eines Kleinplaneten

entspricht, nicht die Erde durchdringen können. Es würde vielmehr einen Krater schlagen, groß genug, um eine ganze Stadt oder gar einen ganzen Kontinent zu zerstören. Entsprechende Brocken aus normaler Materie, die aus dem interstellaren Raum in das Sonnensystem eindringen und mit der Erde zusammenstoßen, würden ebenfalls eine große Verwüstung anrichten, wenngleich sie auch wesentlich geringer wäre als im Fall eines Antimateriebrockens. Im wesentlichen ist die Erde aus zweierlei Gründen vor solchen Ereignissen sicher:

1. Wir wissen nicht, ob Schwarze Minilöcher oder Brocken aus Antimaterie überhaupt existieren.
2. Sollte es solche Objekte doch geben, so dürfen wir nicht vergessen, daß der Weltraum riesig groß ist und die Erde so klein, wodurch ein Treffer oder selbst ein naher Vorübergang mehr als nur unwahrscheinlich bleiben; dieser zweite Punkt gilt natürlich auch im Hinblick auf Brocken aus normaler Materie.

So können wir also Eindringlinge aus dem interstellaren Raum bei unseren Betrachtungen über die Möglichkeit einer Katastrophe der dritten Art getrost außer acht lassen.*

Kometen

Wenn wir Ausschau halten müßten nach Raketen, die gegen die Erde abgeschossen wurden, so können wir uns nicht auf Eindringlinge aus dem interstellaren Raum beschränken. Entsprechende Objekte gibt es auch in unserem Sonnensystem selbst.

Seit Beginn des 19. Jahrhunderts wissen wir aufgrund der Arbeiten des französischen Astronomen Pierre Simon Laplace (1749—1827), daß das Sonnensy-

---

*Dies trifft nicht zu für interstellare Gas- und Staubpartikel, doch werde ich darauf später noch einmal zurückkommen.

stem eine stabile Struktur ist, vorausgesetzt, man überläßt es sich selbst. (Und es war während der ersten 5 Milliarden Jahre seiner Existenz sich selbst überlassen, so wie es — soweit wir es beurteilen können — auch auf unbestimmte Zukunft sich selbst überlassen bleiben wird.) So kann beispielsweise die Erde nicht in die Sonne stürzen. Damit so etwas möglich würde, müßte sie gewaltige Mengen an Drehimpuls verlieren, der in ihrer Umlaufbewegung um die Sonne steckt. Dieser Drehimpuls kann jedoch nicht vernichtet werden, er kann höchstens übertragen werden. Wir kennen jedoch kein Ereignis mit Ausnahme eines Zusammenstoßes mit einem Eindringling aus dem interstellaren Raum, bei dem die Erde diesen Drehimpuls los würde, um so aus der Bahn geworfen zu werden und in die Sonne fallen zu müssen.

Aus dem gleichen Grund kann auch kein anderer Planet in die Sonne stürzen, kann kein Mond auf seinen Planeten fallen, kann vor allem auch der Erdmond nicht auf die Erdoberfläche stürzen. Nicht einmal die Bahnen der Planeten können so verändert werden, daß sie zu Zusammenstößen führen.[*]

Das Sonnensystem befand sich natürlich nicht immer in einem solchen geordneten Zustand wie heute. Die Planeten entstanden, nachdem sich zunächst die Randbereiche jener Gas- und Staubwolke, aus der sich die Sonne bildete, verdichtet hatten und in Bruchstücke unterschiedlicher Größe auseinandergefallen waren. Die größeren Brocken wuchsen auf Kosten der kleineren weiter und bildeten so die Planeten. Dabei blieben eine Reihe von kleineren Objekten zurück. Aus einigen wurden Planetenmonde, die auf seither stabilen Bahnen laufen, andere dagegen stürzten auf die Planeten und fügten so letzte Reste der Planetenmasse hinzu.

[*]Zwar hat der aus Rußland stammende Psychiater Immanuel Velikovski (1895—) in seinem Buch *Welten im Zusammenstoß*, das 1952 erschien, die wilde Theorie entwickelt, daß der Planet Venus vor rund dreieinhalbtausend Jahren aus dem Jupiter herausgeschleudert wurde, auf seiner elliptischen Bahn dann mehrere enge Begegnungen mit der Erde hatte und schließlich auf seiner heutigen Bahn landete. Velikovski beschreibt eine Reihe von katastrophalen Ereignissen im Zusammenhang mit diesen engen Begegnungen, die jedoch keinerlei Spuren auf der Erde hinterlassen haben, es sei denn in den Mythen und Volksmärchen, die Velikovski auszugsweise zitiert. Velikovskis Ideen können getrost als »Spinnereien« zu den Akten gelegt werden, als Ausgeburten einer lebhaften Phantasie, die von nur geringen astronomischen Kenntnissen geprägt ist.

Schon mit einem guten Fernglas kann man die Spuren jener letzten Kollisionen auf dem Mond erkennen. Über 30.000 Krater mit Durchmessern zwischen 1 und mehr als 200 Kilometern sind das Ergebnis vieler Einschläge von Brocken auf die Mondoberfläche.

Raumsonden haben uns Bilder von den Oberflächen der anderen Planeten zur Erde gefunkt, und so wissen wir heute, daß auch der Mars, die beiden Marsmonde Phobos und Deimos und Merkur von Kratern übersät sind. Ähnliches ist für die Oberfläche von Venus zu erwarten, wie Radaruntersuchungen inzwischen gezeigt haben (die Oberfläche der Venus liegt unter einer dichten Wolkendecke verborgen, so daß sie von außen nicht photographiert werden kann). Selbst auf den beiden Jupitermonden Ganymed und Kallisto konnten die Voyagersonden zahlreiche Krater entdecken, und gleiches gilt für die Saturnmonde. Warum gibt es solche Einschlagkrater nicht auch auf der Erde? Es gibt sie sehr wohl! Und es gab noch sehr viel mehr. Allerdings sind sehr viele von ihnen verschwunden, weil die äußeren Bedingungen auf der Erde sich von denen der genannten Himmelskörper unterscheiden: die Erde besitzt eine Atmosphäre, die auf dem Mond, dem Merkur und den Planetenmonden fehlt und die beim Mars ziemlich dünn ist; die Erde hat einen großen Ozean, und man findet auf ihr Eis, Regen und fließendes Wasser — dies alles fehlt bei den übrigen genannten Himmelskörpern, wenngleich es auch heute noch auf dem Mars Eis gibt und früher einmal fließendes Wasser gegeben haben könnte. Schließlich ist die Erde auch noch belebt und damit wohl einzigartig im Sonnensystem. Wind, Wasser und Aktivitäten der einzelnen Lebensformen tragen dazu bei, daß Oberflächenformationen allmählich eingeebnet werden, und da die meisten Krater vor vielen Milliarden Jahren entstanden, sind sie auf der Erde inzwischen »zugeschüttet« worden.*

Innerhalb der ersten Milliarde Jahre nach der Entstehung der Sonne hatten die

---

*Auch der innere der vier großen Jupitermonde, Io, ist an seiner Oberfläche nahezu frei von Kratern; dies liegt wahrscheinlich an der vulkanischen Aktivität des Io, deren Folgen die Oberfläche des Mondes immer wieder neu gestalten.

Planeten und die Planetenmonde ihre Umlaufbahnen »leergefegt«, hatten sie ihre heutige Form erreicht. Doch selbst heute ist der Raum zwischen den Planeten noch nicht ganz leer. Immer noch schwirren Reste jener Gas- und Staubwolke, aus der sich Sonne und Planeten bildeten, durch den interplanetaren Raum, Objekte, die zu klein sind, als daß man sie zu den Planeten zählen könnte, aber groß genug, daß sie bei einem Zusammenstoß mit einem größeren Mitglied des Planetensystems gewaltigen Schaden anrichten können. Da sind zum Beispiel die Kometen.

Kometen erscheinen als neblige Flecken, sie leuchten schwach und haben unregelmäßige Formen. Seit Menschengedenken sind sie immer und immer wieder beobachtet worden, doch ihre wahre Natur konnte erst vor einigen Jahrhunderten geklärt werden. Die griechischen Astronomen glaubten, Kometen seien atmosphärische Erscheinungen, brennende Dämpfe in der oberen Lufthülle.*

Erst 1577 konnte der dänische Astronom Tycho Brahe (1546—1601) zeigen, daß sich die Kometen wie die Planeten weit außerhalb der irdischen Lufthülle bewegen.

1705 konnte Edmond Halley sogar die Bahn eines Kometen berechnen (der Komet trägt heute seinen Namen). Halley zeigte, daß dieser Komet nicht auf einer Kreisbahn die Sonne umrundet, wie wir das von den Planeten her kennen, sondern vielmehr auf einer Ellipsenbahn mit großer Exzentrizität um die Sonne läuft. Auf der einen Seite kommt der Komet ziemlich nahe an die Sonne heran, während er sich auf der anderen Seite weiter von ihr entfernt als jeder damals bekannte Planet.

Weil die Kometen, die mit bloßem Auge gesehen werden können, mehr als nur Lichtpunkte am Himmel sind, wie etwa die Sterne und Planeten, hielt man sie

*Da die Kometen, anders als die Planeten, keinen berechenbaren Bahnen zu folgen schienen, galten sie bei den meisten Menschen der vorwissenschaftlichen Welt als Unglücksboten, die von zornigen Göttern als Warnung an die Menschheit gedacht waren. Die moderne Naturwissenschaft konnte erst ganz allmählich mit diesem Aberglauben aufräumen, doch selbst heute sind solche Ängste noch nicht völlig bewältigt.

zunächst für sehr große und massereiche Himmelskörper. Der Franzose George L. L. Buffon (1707—1788) dachte auch so, und er hielt es nicht für ausgeschlossen, daß die Kometen beim Durchlaufen ihres sonnennächsten Bahnpunktes gelegentlich mit der Sonne zusammenstoßen könnten; 1745 äußerte er sogar die Vermutung, das Planetensystem könne durch einen solchen Zusammenstoß eines Kometen mit der Sonne entstanden sein.

Heute wissen wir, daß die Kometen in Wirklichkeit sehr kleine Körper mit einem Durchmesser von allenfalls einigen wenigen Kilometern sind. Manche Astronomen, so der Holländer Jan Hendrik Oort (1900—), nehmen an, daß es in den Außenbezirken des Sonnensystems einige hundert Milliarden dieser Kometen gibt, die die Sonne in einem Abstand von vielleicht einem Lichtjahr umrunden. (Da jeder dieser Kometen nur ein sehr kleiner Himmelskörper ist und sie alle sich auf einen sehr großen Raum verteilen, können sie unseren Blick hinaus ins Universum nicht beeinträchtigen.)

Es ist durchaus denkbar, daß die Kometen Überreste jener Gas- und Staubwolke darstellen, aus der vor viereinhalb Milliarden Jahren das Sonnensystem entstand. Wahrscheinlich bestehen sie aus Verbindungen der leichten Elemente, die in Form von Eis vorliegen — Wasser, Ammoniak, Schwefelwasserstoff, Blausäure, Cyan usw. Eingebettet in diese gefrorenen Gase sind Brocken aus Gestein in Form von Staub oder Kiesel. Mitunter mögen diese Gesteinsanteile auch einen festen Kern bilden.

Hin und wieder wird ein Komet in dieser entfernten Region durch die Störwirkung eines benachbarten Sterns in seiner Bahn beeinflußt, so daß er sich in das Innere des Sonnensystems bewegt; dabei kann er der Sonne sehr nahe kommen. Kommt es dann zu einer engen Begegnung mit einem der großen Planeten, so kann die Bahn erneut verändert werden derart, daß der Komet im sonnennahen Bereich des Planetensystems bleibt, bis ihn vielleicht eine weitere Bahnstörung erneut nach draußen wirft.[*]

---

[*]Weil die Kometen so klein sind und entsprechend im Vergleich zu einem Planeten sehr wenig Masse und Drehimpuls besitzen, können sie die Bahnen der Planeten kaum beeinflussen; umgekehrt aber ist die Wirkung oft sehr groß.

Kommt ein Komet aus seiner elliptischen Bahn in das Innere des Sonnensystems, so beginnt das Eis durch die Wärme der Sonne zu schmelzen, und es entsteht eine Gashülle um den Kometenkern. Die intensive Ultraviolettstrahlung der Sonne regt die Atome und Moleküle dieser Gashülle zum Leuchten an. Der Sonnenwind schließlich kann diese Gashülle mitreißen und zu einer langen »Windfahne« verformen — ein Kometenschweif entsteht. Je größer und eisreicher der Komet ist und je näher er an die Sonne kommt, desto größer und heller wird dieser Schweif. Die Gashülle um den Kometenkern und der lange Schweif geben dem Kometen sein großes Aussehen, doch ist die Materie in diesen Bereichen sehr dünn, die Gesamtmasse des Objektes sehr klein.

Während der Passage durch das Innere des Sonnensystems verliert ein Komet natürlich an Masse, und das jedesmal aufs neue. Schließlich verschwindet er ganz von der Bildfläche. Dabei bleibt entweder der felsige Kern zurück oder, falls dieser fehlt, eine Wolke von Staubteilchen, die sich langsam über die gesamte Kometenbahn verteilt.

Da die Kometen die Sonne schalenförmig umgeben, können sie aus jeder beliebigen Richtung in das Innere des Sonnensystems vorstoßen. Ihre Bahnen können jede beliebige Form einer Ellipse annehmen, abhängig von den jeweiligen Störwirkungen. Solche Störwirkungen verändern die Kometenbahnen immer und immer wieder.

Dies alles zeigt, daß ein Komet kein gewöhnliches, »wohlerzogenes« Mitglied des Sonnensystems ist wie etwa die Planeten und die Planetenmonde. Jeder Komet kann früher oder später mit einem Planeten zusammenstoßen. Das gilt auch für die Erde. Einzig die ungeheuren Weiten des Raumes und die vergleichsweise geringe Ausdehnung des Zielkörpers machen einen solchen Zusammenstoß nicht sehr wahrscheinlich. Trotzdem sind die Chancen für eine Kollision der Erde mit einem Kometen größer als die Gefahr eines Zusammenstoßes mit einem Eindringling aus dem interstellaren Raum.

Am 30. Juni 1908 wurde im Bereich der Steinigen Tunguska, einem Fluß in Sibirien, gegen 6.45 Uhr eine gewaltige Explosion registriert. Im Umkreis von vielen Kilometern wurden die Bäume abgeknickt. Eine Herde von Rentieren und zweifellos zahlreiche andere Tiere wurden getötet. Zum Glück waren keine Menschenopfer zu beklagen! Die Explosion ereignete sich inmitten eines undurchdringlichen Waldgebietes, wo weder Menschen noch menschliche Ansiedlungen zu finden waren. Erst Jahre später konnte der Explosionsort erreicht und untersucht werden, doch fand man keine Spuren irgendeines Einschlages, keinen Krater.

Eine ganze Reihe von Erklärungsversuchen dieses heftigen Ereignisses ist inzwischen angeboten worden, und jeder versucht, den fehlenden Krater auf eine andere Weise zu erklären: ein Schwarzes Miniloch, ein Brocken Antimaterie, ja sogar ein außerirdisches Raumschiff mit Kernreaktoren an Bord mußte dazu herhalten. Die Astronomen sind dagegen ziemlich sicher, daß es sich um den Kern eines kleinen Kometen gehandelt hat. Die gefrorenen Gase, aus denen er bestand, sind beim Durchdringen der Atmosphäre so plötzlich verdampft, daß sie eine Explosion auslösten. Wenn sich diese Explosion in einigen Kilometern über dem Erdboden ereignet hat, so war sie in der Lage, all jene Verwüstungen anzurichten, die im Gebiet der Steinigen Tunguska gefunden wurden; der Komet selbst aber hat nie die Oberfläche der Erde erreicht und entsprechend auch keinen Krater schlagen können. Nicht einmal Bruchstücke von ihm blieben übrig.

Zum Glück traf der Komet in einer der wenigen wirklich menschenleeren Gegenden der Erde auf. Wenn er auf genau der gleichen Bahn nur 6 Stunden später mit der Erde zusammengestoßen wäre, hätte er ziemlich exakt St. Petersburg, das heutige Leningrad, getroffen und ausgelöscht. Damals sind wir noch einmal davongekommen, aber es kann sich mit schlimmeren Wirkungen wiederholen, und wir wissen nicht, wann. Unter den gegenwärtigen Bedingungen gibt es keine Möglichkeit irgendeiner Vorwarnung.

Wenn wir den Kometenschweif als Teil eines Kometen ansehen, dann ist die Wahrscheinlichkeit eines Zusammenstoßes noch größer. Kometenschweife können sich über viele Millionen Kilometer erstrecken und dabei ein so großes

Volumen erfüllen, daß die Erde sehr wohl durch einen solchen Kometenschweif hindurchwandern kann. So etwas geschah 1910, als die Erde den
Schweif des Halleyschen Kometen durchdrang.

Im Bereich der Kometenschweife ist allerdings die Materie so dünn verteilt,
daß ihre mittlere Dichte nur wenig über der des interplanetaren Raumes
allgemein liegt. Zwar besteht ein Kometenschweif aus giftigen Gasen, die uns
gefährlich werden könnten, wenn die Dichte des Schweifes vergleichbar wäre
mit der Dichte der Erdatmosphäre, doch in ihrer geringen Dichte sind sie für
uns völlig ungefährlich. Jedenfalls ist die Passage der Erde durch den Schweif
des Halleyschen Kometen spurlos an uns vorübergegangen.

Die Erde kann auch die Bahn der Staubteilchen kreuzen, die von aufgelösten
Kometen stammen. So etwas geschieht sehr oft. Diese Staubkörner treffen
nahezu pausenlos auf die irdische Atmosphäre und sinken allmählich zum
Erdboden; dabei dienen sie als Kondensationskeime für Regentropfen. Die
meisten sind mikroskopisch klein. Brocken, die etwas größer sind, verdampfen
beim Aufprall auf die Erdatmosphäre, erhitzen die umgebenden Gase und
regen sie dadurch zum Leuchten an: wir sehen eine Sternschnuppe, einen
Meteor.

Keines dieser Objekte kann der Erde gefährlich werden — sie alle sinken mehr
oder minder rasch zur Erdoberfläche herab. Zwar sind sie sehr klein, doch ist
ihre Zahl riesig groß, und so schätzt man, daß die Erde alljährlich 100.000
Tonnen dieser »Mikrometeorite« aufsammelt. Diese Zahl klingt sehr groß,
doch selbst wenn man sie über die letzten 4 Milliarden Jahre aufsummiert,
machen sie zusammen weniger als 1 Zehnmillionstel der Erdmasse aus.

Asteroiden

Die Kometen sind nicht die einzigen kleinen Körper im Sonnensystem. Am
1. Januar 1801 entdeckte der italienische Astronom Giuseppe Piazzi

(1746—1826) einen neuen Planeten, den er Ceres taufte. Er bewegt sich auf einer nahezu kreisförmigen Bahn um die Sonne, wie sie typisch für einen Planeten ist. Die Bahn verläuft zwischen der Mars- und der Jupiterbahn.

Ceres wurde erst so spät entdeckt, weil es sich um einen sehr kleinen Himmelskörper handelt, auf den nur wenig Sonnenlicht auftrifft und der deswegen nur wenig Sonnenlicht reflektiert; dadurch ist er zu lichtschwach, als daß man ihn mit bloßem Auge hätte sehen können. Sein Durchmesser ist mit 1.000 Kilometern deutlich kleiner als der des Merkur, dem kleinsten damals bekannten Planeten. Ceres ist sogar kleiner als zehn der damals bekannten Planetenmonde.

Wäre die Sache damit beendet, so hätte man Ceres als einen Zwergplaneten akzeptieren können, doch die Geschichte geht noch weiter. Innerhalb von sechs Jahren nach der Entdeckung der Ceres fanden die Astronomen drei weitere Planeten, jeder noch kleiner als Ceres, mit Umlaufbahnen zwischen denen von Mars und Jupiter.

Weil diese neuen Planeten alle so klein sind, erscheinen sie selbst im Fernrohr als sternähnliche Punkte, zeigen nicht das typische Planetenscheibchen. Wilhelm Herschel schlug daher vor, diese neuen Körper im Sonnensystem »Asteroiden« zu nennen, die »Sternähnlichen«; sein Vorschlag wurde akzeptiert.*

Im Laufe der Zeit fand man immer mehr Asteroiden, die allesamt kleiner waren als die ersten vier, zum Teil auch weiter von der Erde entfernt waren als diese und daher weniger auffielen. Heute sind die Bahnen von rund 2.000 dieser Kleinplaneten bekannt, doch nimmt man an, daß ihre Gesamtzahl zwischen 40.000 und 100.000 liegt, wenn man Objekte mit einem Durchmesser von mehr als einem Kilometer berücksichtigt. (Auch diese vielen einzelnen Himmelskörper sind so klein und verteilen sich über einen so großen Raum, daß sie die Astronomen bei ihrem Blick in die Tiefen des Universums nicht beeinträchtigen.)

*Im deutschen Sprachbereich werden diese Himmelskörper auch Planetoiden genannt, die »Planetenähnlichen«, was ihrer wahren Natur sicher gerechter wird. (Anm. d. Übers.)

Im Gegensatz zu den Kometen bestehen die Asteroiden hauptsächlich aus Metall und Gestein, weniger aus gefrorenen Gasen. Kleinplaneten können auch deutlich größer sein als Kometen. Sie stellen, mit anderen Worten, sehr viel wirkungsvollere Geschosse dar als Kometenkerne.

Die meisten Kleinplaneten bewegen sich allerdings in »sicheren« Bahnen, die fast ausschließlich zwischen Mars und Jupiter verlaufen. Wenn alle Kleinplaneten dort für immer verblieben, würden sie für die Erde natürlich keine Gefahr darstellen.

Vor allem die kleineren Planetoiden sind jedoch starken Störungen und Bahnveränderungen unterworfen. Im Laufe der Zeit führten manche Bahnen bis über die Grenzen des »Asteroidengürtel« hinaus. Mindestens acht dieser Himmelskörper kamen dem Jupiter zu nahe, wurden von ihm eingefangen und bewegen sich nun als Satelliten um den Planeten. Vielleicht gibt es noch weitere Jupitersatelliten, die auf diese Weise entstanden sind, die allerdings zu lichtschwach sind, als daß man sie selbst im Fernrohr beobachten könnte. Darüber hinaus gibt es eine Reihe von »Jupitersatelliten«, die zwar nicht von Jupiter selbst eingefangen wurden, sondern auf der gleichen Bahn wie dieser Riesenplanet in einem Abstand von 60 Grad vor oder hinter Jupiter ihre Bahn ziehen; auch sie sind durch die Schwerkraft an Jupiter gebunden. Es gibt auch Kleinplaneten, deren Bahnen so sehr zu langgestreckten Ellipsen verformt wurden, daß sie im sonnennahen Teil ihrer Bahn zwar im Planetoidengürtel bleiben, sich im sonnenfernen Bahnpunkt dagegen weit jenseits des Jupiter bewegen. Zu ihnen gehört Hidalgo, der 1920 von dem deutschen Astronomen Walter Baade (1893—1960) entdeckt wurde: seine Bahn reicht fast bis an die Saturnbahn heran.

Wenn aber schon die Kleinplaneten, die innerhalb des Asteroidengürtels verweilen, keine Gefahr für die Erde darstellen, werden jene, die sich auf ihren Bahnen weiter nach draußen bewegen, der Erde erst recht nicht gefährlich werden können. Gibt es vielleicht aber auch Kleinplaneten, die in die andere Richtung ausscheren und dabei die Bahnen von Mars und vielleicht auch der Erde kreuzen?

Ein erster Hinweis auf die Möglichkeit kam 1877, als der amerikanische Astronom Asaph Hall (1829—1907) die beiden Marsmonde entdeckte. Es sind winzige Objekte von der Größe eines durchschnittlichen Kleinplaneten, und viele Wissenschaftler glauben heute, daß es wirklich eingefangene Kleinplaneten sind, die dem Mars zu nahe kamen. Am 13. August 1898 stieß der deutsche Astronom Gustav Witt auf einen Asteroiden, den er Eros taufte. Seine Bahn ist so elliptisch, daß Eros sich im sonnenfernen Bereich innerhalb des Planetoidengürtels aufhält, im sonnennahen Bereich seiner Bahn jedoch bis auf 170 Millionen Kilometer an die Sonne herankommt. Dies sind nur etwa 20 Millionen Kilometer mehr als die Strecke Sonne—Erde.

Wenn Eros und Erde gleichzeitig an der Stelle des geringsten Abstandes zwischen beiden Bahnen stehen, schrumpft die gegenseitige Entfernung auf 22,5 Millionen Kilometer. Dies ist natürlich nicht sehr oft der Fall, so daß Eros normalerweise in größerer Entfernung an der Erde vorbeizieht. Dessen ungeachtet kommt Eros der Erde näher als jeder andere Planet. Eros war das erste Objekt von beachtlicher Größe, das (mit Ausnahme des Mondes) der Erde näher kommen kann als der Planet Venus; er gilt daher als der zuerst gefundene Kleinplanet, dessen Bahn die Erdbahn »streift«.

Im Verlaufe des 20. Jahrhunderts fand man mit Hilfe der Astrophotographie und anderer Nachweismethoden mehr als ein Dutzend weiterer Kleinplaneten, die der Erde sehr nahe kommen. Eros ist der größte von ihnen, ein unregelmäßig geformtes Objekt, dessen größter Durchmesser 24 Kilometer beträgt; die meisten übrigen Objekte dieser Klasse haben Durchmesser zwischen 1 und 3 Kilometern.

Wie nahe kann ein solches Objekt der Erde kommen? Im November 1937 zog ein Kleinplanet, der den Namen Hermes erhielt, in einem Abstand von nur etwa 800.000 Kilometern an der Erde vorbei; das ist wenig mehr als die doppelte Mondentfernung. Aus den Beobachtungen errechnete man die Bahn von Hermes, und dabei stellte sich heraus, daß, wenn Hermes und Erde sich gleichzeitig an der »richtigen« Position befinden, der Abstand zwischen beiden auf

310.000 Kilometer schrumpft; Hermes wäre uns dann noch näher als der Mond. Dies ist keine sehr angenehme Vorstellung, denn Hermes dürfte einen Durchmesser von 1 Kilometer haben — ein Zusammenstoß mit diesem Objekt bliebe nicht ohne katastrophale Folgen für die Erde.

Wir sind aber nicht sicher, wie korrekt die Bahnrechnungen waren, denn Hermes ist seither nicht wieder beobachtet worden; entweder waren die Bahnrechnungen nicht zuverlässig genug, oder Hermes ist während seines Vorüberganges an der Erde aus dieser Bahn geworfen worden. Es wäre Zufall, wenn man ihn noch einmal auffindet.

Ohne Zweifel gibt es sehr viel mehr Planetoiden, die die Erdbahn nahezu streifen. Mit unseren Teleskopen können wir gar nicht alle entdecken, da sie sich in Erdnähe meist sehr schnell bewegen. Außerdem dürfte es sich im wesentlichen um kleine Objekte handeln, die sehr lichtschwach sind und daher leicht übersehen werden können.

Der amerikanische Astronom Fred Whipple (1906—) nimmt an, daß es zumindest 100 solcher die Erdbahn streifenden Planetoiden mit einem Durchmesser von mehr als 1,5 Kilometern gibt. Dann müßte man die Zahl der Objekte mit einem Durchmesser zwischen 0,1 und 1,5 Kilometern mit einigen Tausend ansetzen.

Am 10. August 1972 hat ein sehr kleiner Asteroid sogar die obere Atmosphäre der Erde gestreift und dabei die Gase längs seiner Bahn so weit aufgeheizt, daß sie zu leuchten begannen. Er zog in einer Höhe von etwa 50 Kilometern über den Süden des US-Bundesstaates Montana dahin; sein Durchmesser wurde auf 13 Meter geschätzt.

Wir müssen also feststellen, daß die Umgebung der Erde »voll« von Objekten ist, die man erst mit den technischen Möglichkeiten des 20. Jahrhunderts nachweisen konnte, angefangen von einem so großen Objekt wie Eros über vielleicht ein Dutzend Körper von der Größe eines hohen Berges, tausende größerer Felsbrocken bis hin zu Milliarden von kieselsteingroßen. Und wenn wir die Überreste von Kometen noch hinzurechnen, die im vorangegangenen Abschnitt erwähnt wurden, dann müssen wir noch Milliarden und Abermilliarden von stecknadelkopfgroßen Staubkörnern hinzuzählen.

Kann die Erde ohne irgendwelche Zusammenstöße durch einen solchermaßen »gefüllten« Raum hindurchdringen? Natürlich nicht. Zusammenstöße ereignen sich am laufenden Band.

Meteorite

In den meisten Fällen verdampfen jene Materiebrocken, die groß genug sind, um bei ihrem Aufprall auf die Erde eine Leuchterscheinung hervorzurufen (die wir dann »Meteor« nennen), auf ihrem Weg bis zur Erdoberfläche. Dies gilt erst recht für den »Kometenschutt«.

Der vielleicht intensivste Meteorschauer in geschichtlicher Zeit ereignete sich 1833, als für Beobachter im Osten der Vereinigten Staaten die Meteore so zahlreich waren wie Flocken in einem dichten Schneetreiben; viele einfache Leute mögen damals gemeint haben, daß die Sterne vom Himmel fallen und das Ende der Welt bevorstehe. Nach dem Ende des Meteorschauers leuchteten die Sterne jedoch in gleicher Zahl wie vorher. Kein einziger fehlte. Aber auch keiner jener Materiebrocken, die bei ihrem Aufprall auf die Erdatmosphäre die Leuchterscheinungen hervorriefen, hinterließ eine auffällige Spur am Erdboden.

Größere Brocken dagegen verdampfen bei ihrem Durchgang durch die Erdatmosphäre nicht völlig, ein Teil kann bis zur Erdoberfläche vordringen; dieses Bruchstück, das die Erdoberfläche erreicht, wird »Meteorit« genannt. Meteorite stammen wahrscheinlich nicht aus dem Schutt eines Kometen, sondern sind winzige Trümmerstücke aus dem Bereich des Planetoidengürtels.

Rund 5.500 Meteorite sind in geschichtlicher Zeit auf der Erdoberfläche aufgeschlagen; etwa ein Zehntel von ihnen bestand aus Eisen, der Rest war aus steinigem Material zusammengesetzt.

Die Steinmeteoriten können nur schwer als »Eindringlinge« aus dem Sonnensystem erkannt werden, es sei denn, man sieht sie buchstäblich »vom Himmel fallen«. Um sie zu entdecken, bedarf es schon eines Spezialisten. Eisenmeteorite* dagegen sind viel leichter zu erkennen, da metallisches Eisen an der Erdoberfläche normalerweise nicht vorkommt.

In jenen Zeiten, da man noch nicht wußte, wie man Eisen aus Eisenerz gewinnt, waren solche Eisenmeteorite eine begehrte Quelle für extrem hartes Metall, das man als Werkzeug- und Waffenspitze verwenden konnte. Meteoritisches Eisen war damals viel wertvoller als Gold, obwohl es weit weniger ansehnlich ist. Eisenmeteorite wurden so emsig gesucht, daß man in den Gegenden, die bereits im Jahre 1.500 vor unserer Zeitrechnung von Kulturen bevölkert waren, heute keine mehr findet. Sie wurden alle in der Voreisenzeit aufgelesen und verwendet.

Dennoch wurden die Meteoritenfunde nicht mit den Meteorerscheinungen in Verbindung gebracht. Warum hätte dies auch geschehen sollen? Ein Meteorit war schließlich nur ein Stück Eisen, das man am Erdboden fand — ein Meteor dagegen war eine Leuchterscheinung hoch in der Atmosphäre**; warum sollte es einen Zusammenhang zwischen beidem geben?

Unabhängig davon gibt es Legenden und Erzählungen über Objekte, die vom Himmel gefallen sein sollen. Der »Schwarze Stein« in der Kaaba, der den Moslems heilig ist, könnte ein solcher Meteorit sein, dessen Fall beobachtet wurde. Der Stein, dem die Verehrung im Tempel der Artemis in Ephesus galt, war vielleicht ebenfalls ein Meteorit. Die Wissenschaftler am Anfang der Neuzeit standen solchen Berichten jedoch skeptisch gegenüber und betrachteten alle Erzählungen über Steine, die vom Himmel gefallen waren, als Märchen.

*Eigentlich handelt es sich sogar um Stahlmeteorite, da sie neben Eisen auch noch Kobalt und Nickel enthalten.

**Das Wort Meteor stammt aus dem Griechischen und bedeutet so viel wie »obere Atmosphäre«, da die Griechen des klassischen Altertums annahmen, Meteore wie auch Kometen seien reine atmosphärische Erscheinungen. So hat denn auch die Meteorologie nicht das Studium der Meteorite, sondern die Untersuchung der Wettervorgänge in der Atmosphäre zum Ziel.

Als im Jahre 1807 der amerikanische Chemiker Benjamin Silliman (1779—1864), Professor der Yale University, und ein Kollege berichteten, sie hätten einen Meteoriten vom Himmel fallen sehen, sagte der damalige Präsident der Vereinigten Staaten, Thomas Jefferson, man könne eher annehmen, die beiden Professoren würden lügen, als daß man glauben könne, Steine fielen vom Himmel. Die wissenschaftliche Neugierde wurde jedoch durch weitere ähnliche Berichte geweckt, und während Jefferson noch zu den Zweiflern zählte, hatte der französische Physiker Jean Baptiste Biot (1774—1862) schon Jahre zuvor einen Bericht über Meteorite geschrieben, der dazu beitrug, daß man die Möglichkeit der vom Himmel fallenden Steine akzeptierte.

Die meisten Meteorite, die in bewohnten Landstrichen niedergingen, waren klein und hinterließen keinen besonderen Schaden. Nur in einem Fall wurde bekannt, daß ein Mensch von einem Meteorit getroffen wurde: eine Frau in Alabama, die vor einigen Jahren bei einem »Streifschuß« eine Quetschung des Oberschenkels davontrug.

Der größte bekannte Meteorit liegt noch immer am Ort seines Aufpralls in Namibia im Südwesten Afrikas. Man schätzt sein Gewicht auf 60 Tonnen. Der größte bekannte Eisenmeteorit ist im Hayden-Planetarium in New York ausgestellt; er wiegt etwas über 30 Tonnen.

Selbst so »kleine« Meteorite können schon beachtlichen Schaden anrichten und Hunderte, wenn nicht Tausende von Menschen töten, wenn sie in einer dichtbesiedelten Gegend aufprallen. Wie groß ist die Wahrscheinlichkeit, daß ein solches Ereignis eines Tages eintritt? Draußen im Weltall gibt es eine Reihe von ziemlich großen Bergen, die uns gefährlich werden könnten.

Wir könnten argumentieren, daß solch große Objekte (die natürlich seltener sind als die kleinen Stücke, die als Meteore verglühen) sich auf Bahnen befinden, die die Erdbahn nicht kreuzen, und die uns daher auch nicht gefährlich werden können. Dies würde erklären, warum wir bislang nicht von solchen kosmischen »Bomben« getroffen wurden, und es hieße zugleich, daß wir uns vor solchen Zusammenstößen auch nicht zu fürchten brauchten.

Diese Argumentation ist jedoch aus zweierlei Gründen wenig überzeugend. Zum einen können Bahnen, die derzeit für uns nicht gefährlich sind, durch Störungen so verändert werden, daß das dazu gehörige Objekt auf Kollisionskurs mit der Erde geht. Zum anderen *hat* es solche ziemlich großen Einschläge gegeben; Einschläge, die groß genug waren, um eine ganze Stadt zu zerstören. Sie sind zwar nicht in historischer Zeit gefallen, aber sehr lange liegen diese Ereignisse noch nicht zurück — sehr lange im geologischen Maßstab.

Es ist nicht leicht, Hinweise für solche Zusammenstöße mit kosmischen Brocken zu finden. Stellen wir uns einmal vor, ein solcher kosmischer Brocken sei vor einigen hundert oder tausend Jahren mit der Erde zusammengeprallt. Wahrscheinlich hätte sich der Meteorit tief in den Erdboden eingebohrt, wo man ihn nicht so einfach finden und untersuchen kann. Zwar hätte er einen großen Krater hinterlassen, doch die Einflüsse von Wind, Wasser und Vegetation mögen diesen Krater schon nach einigen tausend Jahren zugeschüttet haben.

Trotzdem hat man eine Reihe von runden Formationen gefunden, die oft ganz oder teilweise mit Wasser gefüllt sind; man kann sie vorzugsweise auf Luftaufnahmen entdecken. Die runde Form sowie eine deutliche Abweichung von der umgebenden Landschaft deuten darauf hin, daß es sich bei solchen Objekten vielleicht um »fossile Krater« handelt, ein Verdacht, der jedoch nur durch nähere Untersuchungen bestätigt werden kann. Etwa 20 solcher Meteoritenkrater sind inzwischen auf der Erde nachgewiesen worden, und sie alle sind wahrscheinlich innerhalb der letzten Million Jahre entstanden. Der größte dieser eindeutig auf den Einschlag von Meteoriten zurückgehenden Krater ist der Ungava-Quebec-Krater auf der Ungava-Halbinsel, dem nördlichsten Teil der kanadischen Provinz Quebec. Er wurde 1950 von Fred W. Chubb, einem kanadischen Prospektor (man spricht daher vielfach auch vom Chubb-Krater), auf Luftaufnahmen entdeckt; sie zeigen einen kreisrunden See, der von kleineren, ebenfalls kreisrunden Tümpeln umgeben ist. Der Krater hat einen Durchmesser von 3,34 Kilometern und ist 361 Meter tief. Der Kraterrand hat eine Höhe von 100 Metern relativ zur Umgebung.

Würde sich ein solcher Einschlag heute über der Insel von Manhattan wiederholen, so bliebe von diesem Stadtteil New Yorks wenig übrig, und auch die angrenzenden Bereiche von Long Island und New Jersey würden in Mitleidenschaft gezogen — Millionen von Menschenopfern wären zu beklagen.

Ein kleiner, aber besser erhaltener Krater ist in der Nähe der Ortschaft Winslow im amerikanischen Bundesstaat Arizona zu finden. In dieser Wüstengegend gibt es nur wenig Wasser und kaum Vegetation, die den Krater hätte zerstören können. Er sieht selbst heute noch relativ »neu« aus — ein irdisches Gegenstück zu den zahlreichen Kratern auf dem Mond.

Er wurde 1891 entdeckt, doch erst 1902 behauptete Daniel Moreau Barringer, daß dieser Krater nicht vulkanischen Ursprungs sein könne, sondern auf einen Meteoritenaufprall zurückgehen müsse. Man nennt diesen Krater daher auch den großen Barringer-Meteor-Krater oder bloß den Meteor-Krater.

Er hat einen Durchmesser von 1,2 Kilometern und ist rund 180 Meter tief. Sein Rand erhebt sich etwa 60 Meter über die umgebende Landschaft. Er ist möglicherweise schon vor rund 50.000 Jahren entstanden, doch gibt es auch Altersschätzungen von nur etwa 5.000 Jahren. Das Gewicht des Meteoriten, der den Krater geschlagen hat, wird von den verschiedenen Wissenschaftlern, die die geologische Formation untersucht haben, auf 12.000 bis 1,2 Millionen Tonnen geschätzt. Das heißt, daß der Meteorit einen Durchmesser zwischen 75 und 360 Metern gehabt haben muß.

Doch all dies ereignete sich in der Vergangenheit. Was müssen wir in Zukunft erwarten? Der Astronom Ernst Öpik schätzt, daß ein Objekt, dessen Bahn die Erdbahn streift, rund 100 Millionen Jahre braucht, ehe es wirklich mit der Erde zusammenstößt. Wenn wir annehmen, daß es 2.000 solcher Objekte gibt, die groß genug sind, um eine Stadt oder einen noch größeren Landstrich zu verwüsten, dann liegen im Mittel jeweils nur 50.000 Jahre zwischen zwei solchen Ereignissen.

Wie groß ist die Wahrscheinlichkeit, daß ein bestimmtes Ziel getroffen wird — zum Beispiel New York City? Die Fläche von New York City macht etwa 1 1/2

Millionstel der Erdoberfläche aus. Demzufolge dürfte New York City im Schnitt alle 33 Milliarden Jahre einmal von solchen Meteoriten getroffen werden. Nehmen wir weiter an, daß die Gesamtfläche aller Großstädte auf der Erde 100mal so groß ist wie New York City, dann muß man erwarten, daß alle 330 Millionen Jahre eine solche Großstadt auf der Erde getroffen wird.

Diese Wahrscheinlichkeit braucht uns keine schlaflosen Nächte zu bereiten, und es überrascht daher wenig, daß wir in historischen Überlieferungen der menschlichen Geschichte (die erst 5.000 Jahre alt ist) keinen Hinweis darauf finden, daß irgendwann einmal eine Stadt von einem Meteoriten vernichtet worden wäre.*

Ein großer Meteorit muß nun aber nicht notwendigerweise direkt auf eine Stadt fallen, um gewaltigen Schaden anzurichten. Er kann auch im Ozean aufprallen (was aufgrund der Verteilung von Land- und Wasserflächen ohnehin für 7 von 10 Meteoriten zu erwarten ist) und eine gewaltige Flutwelle auslösen, die weite Küstenstriche verwüsten, viele Menschen ertränken und menschliche Bauwerke vernichten kann. Wenn alle 50.000 Jahre ein solcher Zusammenstoß mit der Erde zu erwarten ist, dann müßte etwa alle 71.000 Jahre eine solche von einem Meteoriten ausgelöste Flutwelle auftreten.

Das Schlimmste in diesem Zusammenhang ist die Tatsache, daß es derzeit zumindest noch keine Möglichkeit einer Vorwarnung gibt. Ein solcher Meteorit wäre klein und schnell genug, um sich unbemerkt der Erde nähern zu können. Wenn er erst mal in der Atmosphäre zu glühen beginnt, ist es nur noch eine Sache von Sekunden bis zum Aufschlag.

Die Wahrscheinlichkeit für den Aufprall eines großen Meteoriten ist zwar etwas größer als die für die Katastrophen, die ich bislang beschrieben habe, doch unterscheidet sich ein solches Ereignis von den anderen Katastrophen in zwei wesentlichen Punkten. Zum einen mag der Aufprall eines Meteoriten

*Es ist natürlich nicht auszuschließen, daß die biblische Erzählung von der Zerstörung Sodoms und Gomorrhas eine schwache und verschwommene Erinnerung an einen solchen zerstörerischen Meteoritenfall über einer Stadt darstellt.

zwar große Verwüstungen anrichten, die nicht einmal lokal begrenzt sind, doch sind die Folgen sicher weniger nachhaltig als etwa die Entwicklung der Sonne zum Roten Riesen. Es ist unwahrscheinlich, daß ein Meteorit die ganze Erde zerstört, die gesamte Menschheit auslöscht oder auch nur die Zivilisation antastet. Zum anderen wird es vielleicht nicht mehr lange dauern, bis wir uns vor einem derartigen Ereignis schützen können; vielleicht gelingt uns dies, noch ehe der nächste Meteoritenaufprall stattfindet.

Die Entwicklungen der Weltraumfahrt werden vielleicht innerhalb des nächsten Jahrhunderts dazu führen, daß auf dem Mond oder auch in der Erdumlaufbahn große astronomische Beobachtungsstationen eingerichtet werden. Hier können die Astronomen von der Atmosphäre ungestört nach Objekten Ausschau halten, die auf Kollisionskurs mit der Erde sind. Sie können diese gefährlichen Himmelskörper besser verfolgen und ihre Bahnen sorgfältiger überwachen. Das gilt vor allem auch für jene Brocken, die zu lichtschwach sind, als daß man sie von der Erdoberfläche aus sehen könnte, deren Größe aber noch ausreicht, um eine ganze Stadt zu vernichten; ihre Zahl ist sicher größer als die der bekannten Planetoiden, und dies macht sie so gefährlich.

Vielleicht dauert es nur noch hundert oder höchstens tausend Jahre, ehe ein solcher »Weltraumastronom« sich von seinem Computerterminal aufrichtet und sagt: »Kollisionskurs!«. Dann könnte ein lange vorbereiteter Abwehrplan in die Wege geleitet werden. Eine Rakete mit einer Sprengladung an Bord wird ihm entgegengeschickt, und schon in sicherer Entfernung zur Erde zerstört dieser Sprengsatz den anfliegenden Himmelskörper. Der gefährliche Riesenbrocken zersplittert in viele tausend kleinere Bruchstücke, und statt des tödlichen Aufpralls gibt es nur einen spektakulären Meteorschauer.

Vielleicht hat man dann eines schönen Tages all jene Himmelskörper »ausgelöscht«, deren Bahn auch nur den geringsten Verdacht eines möglichen Kollisionskurses erlaubte — vorausgesetzt, die Astronomen haben sie mangels weiterer wissenschaftlicher Bedeutung »freigegeben«. Dann wäre diese spezielle Katastrophe der dritten Art ein für allemal beseitigt.

VIII. Die Abbremsung der Erdrotation

Gezeiten

Die Katastrophen der dritten Art (eine Zerstörung des »Lebensraums Erde« ohne Beteiligung der Sonne), die auf Eindringlinge aus dem interstellaren und interplanetaren Raum jenseits der Mondbahn zurückzuführen wären, sind, wie wir gesehen haben, keine ernstzunehmende Gefahr für die Erde. Entweder sind sie äußerst unwahrscheinlich, oder es sind keine wirklichen globalen Katastrophen, oder wir sind auf dem besten Wege, ihnen begegnen zu können. Wir müssen uns daher als nächstes fragen, ob es Katastrophen der dritten Art gibt, die nicht auf äußere Einflüsse von jenseits der Mondbahn zurückzuführen sind. Fangen wir am besten gleich mit den Gefahren an, die vom Mond selbst ausgehen.

Der Abstand des Mondes von der Erde ist kleiner als die Distanz zu jedem anderen astronomischen Objekt halbwegs vernünftiger Größe. Erdmittelpunkt und Mondmittelpunkt sind im Durchschnitt 384.404 Kilometer voneinander entfernt. Würde der Mond die Erde auf einer vollkommenen Kreisbahn umrunden, so bliebe diese Entfernung immer gleich groß. Die Umlaufbahn des Mondes ist jedoch leicht elliptisch, so daß der Mond sich der Erde bis auf 356.394 Kilometer nähern kann und sich bis auf 406.678 Kilometer von ihr entfernt.

Damit ist die Strecke Erde-Mond rund 100mal kleiner als die Strecke Erde-Venus zum Zeitpunkt der größten Annäherung dieses Planeten; der Mond steht uns 140mal näher als der Mars, wenn jener der Erde besonders nahe kommt; bis zur Sonne ist es 390mal weiter als bis zum Mond. Wir wissen nur von dem Asteroiden Hermes, dessen Durchmesser allenfalls 1 Kilometer beträgt, daß er der Erde vergleichbar nahe gekommen ist wie der Mond.

Wir können die geringe Distanz zum Mond auch noch anders ausdrücken: der Mond ist der (bislang) einzige Himmelskörper, den ein Mensch von der Erde aus erreicht hat. Der Mond ist drei Astronautentage von uns entfernt. Die Apollo-Raumschiffe brauchten ebenso lange von der Erde bis zum Mond wie ein Eisenbahnzug von der amerikanischen Ostküste bis zur Westküste.

Bedeutet die große Nähe des Mondes für sich genommen bereits eine Gefahr? Könnte der Mond vom Himmel fallen und auf die Erde prallen? Wenn dies möglich wäre, so wäre diese Katastrophe sicherlich sehr viel schlimmer als der Zusammenstoß mit einem Asteroiden, denn der Mond ist größer als jeder Kleinplanet. Sein Durchmesser beträgt 3.476 Kilometer oder etwas mehr als ein Viertel des Erddurchmessers. Er besitzt immerhin 1/81 der Erdmasse und damit mehr als der größte Planetoid.

Wenn der Mond auf die Erde stürzen würde, so hätte dies zweifellos katastrophale Folgen für das gesamte Leben auf unserem Planeten. Beide Himmelskörper könnten bei diesem Aufprall auseinanderbrechen. Zum Glück kann dies aus sich heraus nicht geschehen, es sei denn, im Rahmen einer Kollision mit einem Himmelskörper von außen, die jedoch — wie ich bereits ausgeführt habe — äußerst unwahrscheinlich ist. Der Drehimpuls des Mondes kann nicht plötzlich vollständig »entfernt« werden, so daß der Mond buchstäblich auf die Erde stürzt; lediglich eine Drehimpulsübertragung ist möglich, wenn ein dritter Himmelskörper mit der richtigen Geschwindigkeit aus der richtigen Richtung zum richtigen Zeitpunkt nahe genug an den Mond herankommt. Dies alles ist so unwahrscheinlich, daß wir keine weiteren Gedanken daran zu verschwenden brauchen: der Mond fällt nicht vom Himmel.

Ebensowenig brauchen wir zu befürchten, daß der Mond aus sich heraus der Erde gefährlich werden kann. Es ist völlig ausgeschlossen, daß der Mond beispielsweise explodiert und seine Trümmerstücke auf die Erde herabregnen. Der Mond ist geologisch nahezu »tot«, seine innere Hitze reicht nicht aus, um irgendwelche nennenswerten Störungen im inneren Aufbau des Mondes oder auch nur an der Oberfläche zu bewirken.

So können wir sicher sein, daß der Mond uns für ewige Zeiten als »stiller Begleiter« umrundet und dabei sein Aussehen nur geringfügig und langsam verändert, bis die Sonne zu einem Roten Riesen wird und Erde und Mond gleichermaßen verwüstet.

Der Mond muß aber nicht erst auf die Erde stürzen, um uns und unser Leben

zu beeinflussen. Er übt auch aus sicherer Distanz einen starken Schwerkraft-
einfluß auf uns aus. Nur die Anziehungskraft der Sonne auf die Erde ist größer
als die des Mondes.

Die Gravitationswirkung eines Himmelskörpers auf die Erde hängt von dessen
Masse ab, und die Masse der Sonne ist 27 Millionen Mal größer als die des
Mondes. Die Gravitationswirkung nimmt aber mit dem Quadrat des Abstandes ab. Da die Sonne 390mal weiter von der Erde entfernt ist als der Mond, und
390 x 390 gleich 152.100 ist, erhalten wir aus der Division von 27 Millionen
durch 152.100 das Verhältnis der Schwerewirkungen von Sonne und Mond auf
die Erde: die Anziehungskraft der Sonne ist 178mal stärker als die des Mondes.

Obwohl die Anziehungskraft des Mondes nur 0,56 Prozent der Anziehungskraft der Sonne auf die Erde ausmacht, ist sie weit stärker als die Anziehungskraft eines jeden anderen Himmelskörpers auf unseren Planeten. Der Mond
zieht uns 106mal stärker an als der Planet Jupiter in seiner geringsten Entfernung, 167mal stärker als die Venus in ihrem geringsten Abstand. Die Anziehungskräfte aller übrigen Planeten auf die Erde sind noch viel geringer als
die von Jupiter und Venus.

Kann die vergleichsweise starke Anziehungskraft des Mondes eine Gefahr für
die Erde mit sich bringen? Auf den ersten Blick scheint die Antwort negativ
sein zu müssen, da doch die Anziehungskraft der Sonne, die ja viel größer ist als
die des Mondes, für die Erde auch ungefährlich ist.

Dies wäre richtig, wenn die Anziehungskräfte auf jeden Punkt eines Himmelskörpers gleich stark wirkten — doch dies ist nicht der Fall. Wollen wir noch
einmal auf den Gezeiteneffekt zurückkommen, den ich im vorangegangenen
Kapitel kurz erwähnte, und ihn im Zusammenhang mit dem Mond genauer
untersuchen.

Die dem Mond zugewandte Seite der Erde ist im Mittel 378.026 Kilometer
vom Mondmittelpunkt entfernt, die dem Mond abgewandte Seite der Erde
dagegen ist um den Durchmesser der Erde weiter vom Mondmittelpunkt
entfernt, nämlich 390.782 Kilometer.

Wir hatten gesehen, daß die Anziehungskraft des Mondes mit dem Quadrat des Abstandes abnimmt. Setzen wir die Distanz zwischen Erdmittelpunkt und Mondmittelpunkt gleich 1, dann ist die Entfernung zwischen Mondmittelpunkt und der dem Mond zugewandten Seite der Erde 0,983, der Abstand zwischen dem Mondmittelpunkt und der dem Mond abgewandten Seite der Erde 1,017.

Setzen wir auch die Anziehungskraft des Mondes auf den Erdmittelpunkt gleich 1, dann ist die Anziehungskraft des Mondes auf die dem Mond zugewandte Seite der Erde gleich 1,034, die Anziehungskraft des Mondes auf die dem Mond abgewandte Seite der Erde 0,966. Das heißt, daß die Anziehungskraft des Mondes auf die »Vorderseite« der Erde um etwa 7 Prozent größer ist als die Anziehungskraft des Mondes auf die »Rückseite« der Erde.

Dies führt dazu, daß die Erde in Richtung auf den Mond gestreckt wird. Die »Vorderseite« wird stärker angezogen als der Erdmittelpunkt und dieser wiederum stärker als die »Rückseite« der Erde.

Das führt zu je einer Ausbuchtung auf der »Vorderseite« und »Rückseite« der Erde. Da die Erde hauptsächlich aus festem Gestein besteht, sind diese Ausbuchtungen für die feste Erdoberfläche nicht sehr groß. Die Wasser der Ozeane dagegen geben den unterschiedlichen Anziehungskräften des Mondes an den verschiedenen Punkten auf der Erdoberfläche bereitwilliger nach.

Bedingt durch die Erdrotation drehen sich die Kontinente immer und immer wieder in die »Wasserberge« hinein, die der Mond auf der Vorderseite und Rückseite der Erde auftürmt. Entsprechend steigt und fällt der Wasserstand — Flut und Ebbe entstehen. Daß die beiden Flutberge nicht im Abstand von 12 Stunden aufeinanderfolgen, sondern im mittleren Abstand von 12 1/2 Stunden, liegt daran, daß der Mond innerhalb eines Monats einmal um die Erde herum läuft, sich seine Position also von Tag zu Tag etwas ändert. So registrieren wir jeden Tag zweimal Flut und zweimal Ebbe.

Der Gezeiteneffekt eines jeden Himmelskörpers auf die Erde ist abhängig von seiner Masse, nimmt aber mit der dritten Potenz seiner Entfernung ab. Die

Sonne, die 27 Millionen mal mehr Masse als der Mond besitzt und 390mal weiter von der Erde entfernt ist als dieser, übt damit eine Gezeitenkraft aus, die nur etwa halb so groß ist wie die des Mondes: 390 x 390 ist ungefähr 59.300.000, und teilt man das Massenverhältnis (27 Millionen) durch das Verhältnis der dritten Potenzen der Abstände (59.300.000), so erhalten wir das Verhältnis der Gezeitenkräfte zu 0,46.

Damit haben wir herausgefunden, daß die Gezeitenwirkung des Mondes auf die Erde größer ist als die der Sonne. Die Gezeiteneffekte aller anderen Himmelskörper auf unseren Planeten sind im Vergleich dazu unmeßbar klein. Können uns die Gezeiten des Mondes gefährlich werden?

Der längere Tag

Aus den Gezeiten eine Katastrophe machen zu wollen, erscheint verrückt. Gezeiten hat es gegeben, schon lange bevor der Mensch die Weltbühne betrat, und sie waren immer absolut regelmäßig und voraussagbar. Man machte sich die Gezeiten sogar zunutze, wenn man die Segelschiffe mit auslaufender Flut losschippern ließ, wenn der hohe Wasserstand die Schiffe vor Hindernissen unter der Wasseroberfläche schützte und die Strömung das Schiff mitzog.

In Zukunft wird man die Gezeiten noch auf eine andere Weise nutzen können. Wenn die Flut naht, kann man das auflaufende Wasser in große Staubecken leiten, wo es bis zur nächsten Ebbe zurückgehalten wird. Die potentielle Energie, die dieses »Flutbecken« gegenüber dem Niedrigwasserstand besitzt, kann man in Elektrizität umwandeln, wenn das Wasser beim Auslaufen Turbinen antreibt, die mit Generatoren verbunden sind. Auf diese Weise ließe sich die Gezeitenenergie als unerschöpfliche Stromquelle nutzen. Wo sollte eine Katastrophe herkommen? Nun, wenn sich die Erde um ihre Achse dreht und das Festland durch die Flutberge getrieben wird, muß das Wasser, das »den Strand hinaufläuft«, Reibungswiderstand überwinden; das gilt nicht nur für das Oberflächenwasser am Strand, sondern auch für die Wassermassen über den Kontinentalschelfen, dort, wo der Meeresboden nicht sehr tief ist. Die Überwindung dieses Reibungswiderstandes kostet Energie, Rotationsenergie der Erde.

Wenn sich die Erde dreht, beult sich auch das Festland in Richtung Mond und in entgegengesetzter Richtung aus; die Flutberge der festen Erde sind ungefähr ein Drittel so hoch wie die der Ozeane. Diese Gezeitenberge auf dem Festland verschlingen auch Energie, Rotationsenergie der Erde, weil hier Gestein an Gestein reibt, auf und nieder, immer wieder. Diese Rotationsenergie der Erde geht natürlich nicht verloren. Sie verschwindet nicht, sondern wird in Wärme umgewandelt. Die Gezeiten führen also zu einer geringfügigen Erwärmung unseres Planeten und zu einer geringen Verlangsamung der Rotationsgeschwindigkeit. Die Tage werden länger.

Die Erde besitzt so viel Masse und dreht sich so rasch um ihre eigene Achse, daß sie einen gewaltigen Energiespeicher darstellt. Sie kann sogar einen — nach menschlichen Maßstäben — großen Energieverlust verkraften, ohne daß die Tageslänge gleich merklich zunähme. Doch selbst eine noch so langsame Abbremsung der Erdrotation wird sich irgendwann einmal zu einem spürbaren Effekt aufsummieren.

Nehmen wir einmal an, wir begännen mit unserer heutigen Tageslänge von 86.400 Sekunden, und jedes Jahr würde diese Tageslänge um eine Sekunde zunehmen. Nach 100 Jahren machte dies bereits 100 Sekunden oder 1 2/3 Minuten aus — das würde man schon deutlich merken.

Stellen wir uns dann noch vor, daß man sich am Beginn dieses »gedachten« Jahrhunderts auf eine Uhr verlassen würde, die genau geht und einen Tag zu 86.400 Sekunden zählt. Am Ende des ersten Jahres geht sie noch richtig. Am Ende des zweiten Jahres, in dem jeder Tag eine Sekunde länger gedauert hat, geht sie bereits 365 1/4 Sekunden vor. Am Ende des dritten Jahres, in dem jeder Tag zwei Sekunden länger gedauert hat als im ersten Jahr, geht sie 2 x 365 1/4 Sekunden vor. Am Ende des vierten Jahres, in dem jeder Tag drei Sekunden länger gedauert hat als im ersten Jahr, geht sie 3 x 365 1/4 Sekunden vor. Am Ende des 100. Jahres, in dem jeder Tag 99 Sekunden länger gedauert hat als im ersten Jahr, geht sie 99 x 365 1/4 Sekunden vor, 36.160 Sekunden oder 10 Stunden — und das, obwohl die Tageslänge pro Jahr nur um 1 Sekunde zunahm.

Natürlich wächst die Tageslänge in Wirklichkeit viel langsamer.

Wir können aus alten Berichten die Zeiten für Sonnenfinsternisse entnehmen und sie mit den Finsterniszeiten vergleichen, die wir aus einer Rückrechnung mit den heutigen Verhältnissen erhalten. Es zeigt sich eine sehr kleine Diskrepanz, die Ausdruck der langsam zunehmenden Tageslänge ist.

Man könnte dagegen einwenden, daß die Menschen im Altertum nur sehr primitive Zeitbestimmungsmethoden hatten, daß ihr System der Zeiteinteilung sich von unserem heutigen sehr unterschied; entsprechend sollten wir ihre Zeitmessungen nur mit Vorbehalt nutzen, wenn es darum geht, die Verlangsamung der Erdrotation zu bestimmen.

Man stützt sich aber nicht nur auf die Zeitangaben aus dem Altertum. Eine totale Sonnenfinsternis kann jeweils nur von einem sehr kleinen Gebiet der Erde aus beobachtet werden. Wenn beispielsweise eine Finsternis eine Stunde früher einträte als berechnet, so hätte sich die Erde noch nicht so weit gedreht wie zu dem berechneten Zeitpunkt eine Stunde später. Die Differenz macht 15 Längengrade aus, im Bereich des Mittelmeeres etwa 1.350 Kilometer. Eine solche Finsternis, die eine Stunde zu früh eintritt, würde also 1.350 weiter östlich zu beobachten sein, als unsere Berechnungen angeben.

Wenn wir uns auch vielleicht nicht zu sehr auf die Zeitangaben verlassen sollten, die uns aus dem Altertum überliefert wurden, so müssen wir ihre Ortsangaben schon akzeptieren. Und wenn wir wissen, *wo* die Finsternis zu beobachten war, dann können wir auch sagen, wann sie zu beobachten war, und daraus die allmähliche Abbremsung der Erdrotation ableiten. Diese Rechnungen haben ergeben, daß die Tageslänge gegenwärtig innerhalb von 62.500 Jahren um jeweils eine Sekunde zunimmt.

Dies hört sich nun ganz und gar nicht katastrophal an. Der Tag ist heute 1/14 Sekunde länger als zu den Zeiten, da die Pyramiden gebaut wurden. Eine solche Abweichung kann man sicher vernachlässigen. Ganz bestimmt! Aber was sind 5.000 Jahre im Vergleich zu geologischen Zeiträumen? Im Laufe von einer Million Jahre verlangsamt sich die Erdrotation schon um 16 Sekunden, und die Erdgeschichte währt schon seit vielen Millionen Jahren.

Stellen wir uns einmal die Situation von vor 400 Millionen Jahren vor, als das Leben, das sich bis dahin für rund 3 Milliarden Jahre im Meer aufgehalten hatte, endgültig das Festland eroberte. Seit jener Zeit hat die Tageslänge um 6.400 Sekunden zugenommen, wenn die gegenwärtige Abbremsungsrate immer so groß gewesen ist.

Ein Tag hätte demnach vor 400 Millionen Jahren 6.400 Sekunden weniger lang gedauert als heute, rund 1,8 Stunden. Mit anderen Worten, das Leben eroberte das Festland, als ein Tag nur 22,2 Stunden dauerte. Es gibt keinen Grund zu der Annahme, daß sich über diese 400 Millionen Jahre auch die Dauer eines Umlaufes der Erde um die Sonne verändert hätte, so daß ein Jahr damals 395 kürzere Tage enthielt.

So weit die Rechnungen, aber gibt es dafür auch Beweise? Wir kennen Korallenüberreste aus jener Zeit. Korallen wachsen tagsüber mit einer anderen Geschwindigkeit als nachts, im Sommer mit einem anderen Tempo als im Winter. Korallenstücke enthalten demnach Markierungen ähnlich den Jahresringen der Bäume, aus denen wir Tages- und Jahreslänge ableiten können.

1963 untersuchte der amerikanische Paläontologe John West Wells solche fossilen Korallen und fand, daß die »Tageswachsraten« eine rund 400tägige Periode aufweisen. Das würde bedeuten, daß ein Jahr damals, vor 400 Millionen Jahren, 400 Tage gedauert hat, ein Tag also 21,9 Stunden.

Die Abweichung von den Berechnungen ist nicht sehr groß. Sie ist sogar überraschend klein, denn es gibt eigentlich keinen Grund zu der Annahme, daß die Abbremsungsrate der Erdrotation über einen so langen Zeitraum konstant geblieben ist. Es gibt genügend Faktoren, die eine Änderung des Rotationsenergieverlustes der Erde bewirken könnten: die Entfernung des Mondes verändert sich — wie wir noch sehen werden — im Laufe der Zeit, und auch die Anordnung der Kontinente sowie die Küstenformen sind stetigen Veränderungen unterworfen.

Wollen wir trotzdem einmal (nur so zum Vergnügen) überlegen, wie schnell sich die Erde vor 4,6 Milliarden Jahren gedreht hat, zum Zeitpunkt ihrer Entstehung, wenn wir von einer konstanten Abbremsungsrate ausgehen. Die Rechnung ist nicht sehr schwer, und als Ergebnis erhalten wir eine Tageslänge von 3,6 Stunden.

Dies muß natürlich keineswegs stimmen. Kompliziertere Rechnungen deuten darauf hin, daß die Tageslänge zu Beginn der Erde bei etwa 5 Stunden gelegen haben dürfte. Es ist auch nicht auszuschließen, daß der Mond nicht von Anfang an die Erde begleitete, sondern irgendwann später von der Erde irgendwie eingefangen wurde; dann war auch die Gezeitenreibung nicht von Anfang an wirksam, und die Tage sind insgesamt weniger viel länger geworden. Dann mag ein Tag auf der Erde vor 4,6 Milliarden Jahren 10 oder gar 15 Stunden gedauert haben.

Vorerst können wir darüber nur spekulieren, da wir keine direkten Hinweise auf die Tageslänge in der Frühgeschichte der Erde haben.

Wie dem auch sei — eine kürzere Tageslänge vor Urzeiten kann das Leben nicht wesentlich beeinträchtigt haben. Zwar war ein bestimmter Punkt auf der Erde weniger lange dem Sonnenlicht ausgesetzt als heute, konnte also nicht so sehr vom Sonnenlicht erwärmt werden wie heute, doch dauerte auch die Nacht damals weniger lange, so daß auch die Abkühlung geringer ausfiel als heute. Die Temperaturen dürften auf der frühen Erde daher ähnlich gewesen sein wie heute, und offensichtlich sind die Lebewesen damals mit den Bedingungen fertig geworden. Vielleicht waren die Verhältnisse damals sogar lebensfreundlicher als heute.

Wie aber sieht es in Zukunft aus, wenn die Tage immer länger werden?

Der »fliehende« Mond

Im Laufe der Jahrmillionen werden die Tage der Erde immer länger werden, weil die Gezeitenwirkung des Mondes nicht mehr aufhört. Wohin wird diese Entwicklung führen, wo wird sie enden? Einen Hinweis darauf bekommen wir, wenn wir den Mond betrachten, der bekanntlich den Erdgezeiten ausgeliefert ist, so wie die Erde den Mondgezeiten.

Die Erdmasse ist 81 mal größer als die Masse des Mondes, so daß (wenn alle anderen Voraussetzungen gleich wären) die Erdgezeiten auf dem Mond 81 mal größer sein müßten als die Mondgezeiten auf der Erde. Die Verhältnisse sind aber nicht völlig gleich. Der Mond ist kleiner als die Erde, der Entfernungsunterschied zwischen Mondvorderseite und Mondrückseite zum Erdmittelpunkt ist nur wenig mehr als ein Viertel so groß wie der Entfernungsunterschied zwischen Erdvorderseite und Erdrückseite zum Mondmittelpunkt. Daher nimmt die Erdanziehungskraft von der Mondvorderseite zur Mondrückseite weniger stark ab als die Mondanziehungskraft von der Erdvorderseite zur Erdrückseite, und das verringert den Gezeiteneffekt. Berücksichtigen wir den verkleinerten Monddurchmesser, so ist der Gezeiteneinfluß der Erde auf den Mond nur noch 32 1/2 mal so groß wie der Gezeiteneinfluß des Mondes auf die Erde.

Trotzdem muß der Mond bei seiner Umdrehung einen sehr viel größeren Reibungswiderstand überwinden als die Erde, und weil die Mondmasse so viel kleiner ist als die Erdmasse, ist auch der Vorrat an Rotationsenergie beim Mond kleiner als bei der Erde. Die Rotationsperiode des Mondes muß daher sehr viel schneller zugenommen haben als die der Erde, und der Mond muß sich inzwischen nur noch sehr langsam drehen.

Genau das beobachten wir. Bezogen auf die Sterne, dreht sich der Mond heute in 27,3 Tagen einmal um seine Achse. Diese Rotationslänge fällt genau zusammen mit der Zeit, die der Mond für einen Umlauf um die Erde benötigt — wiederum bezogen auf die Sterne. So wendet der Mond uns immer die gleiche Seite zu.

Dies kann kein Zufall sein, und dies ist kein Zufall. Die Rotationsperiode des Mondes wurde solange abgebremst, bis der Mond der Erde immer die gleiche Seite zuwendete. Dadurch lagen die Gezeitenberge immer an der gleichen Stelle des Mondes, einer, der ständig auf die Erde ausgerichtet ist, und einer, der ständig in die entgegengesetzte Richtung weist. Relativ zu diesen Gezeitenbergen dreht sich der Mond nicht mehr, und so wird keine Rotationsenergie mehr in Reibungshitze umgewandelt. Der Mond ist von den Gezeitenkräften der Erde gefesselt, wenn man so sagen will, man spricht von einer »gebundenen Rotation«.

Wenn sich auch die Erdrotation in Zukunft weiter verlangsamt, wird sie irgendwann einmal so weit abgebremst sein, daß die Erde dem Mond immer die gleiche Seite zuwendet, und dann wird auch sie durch die Gezeitenkräfte des Mondes gefesselt sein.

Heißt dies, daß die Erde dann 27,3 heutige Tage für eine Umdrehung braucht? Nein, die Situation wird dann sogar noch schlimmer sein, und das aus folgendem Grund: Rotationsenergie kann zwar zu Wärme werden, weil dies eine Umwandlung von einer Energieform in eine andere Energieform ist und damit nicht im Widerspruch zum Satz von der Erhaltung der Energie steht — ein rotierender Körper besitzt aber auch Drehimpuls, und dieser Drehimpuls kann nicht in Wärme umgewandelt werden; er kann nur übertragen werden.

Wenn wir das System Erde-Mond betrachten, so haben Erde und Mond jeweils zwei verschiedene »Arten« von Drehimpuls: beide Himmelskörper drehen sich um ihre Achse, und beide Himmelskörper bewegen sich um den gemeinsamen Schwerpunkt. Dieser Schwerpunkt liegt auf der Verbindungslinie zwischen Erd- und Mondmittelpunkt. Hätten Erde und Mond exakt die gleiche Masse, dann läge der Schwerpunkt genau auf der Mitte zwischen beiden Himmelskörpern, doch weil die Erde massereicher ist als der Mond, liegt der Schwerpunkt näher an der Erde als am Mond. Das Massenverhältnis beträgt 1 : 81, und so ist der Schwerpunkt 81mal weiter vom Mondmittelpunkt als vom Erdmittelpunkt entfernt.

Gehen wir von der mittleren Entfernung des Mondes aus, dann liegt der gemeinsame Schwerpunkt 4.746 Kilometer vom Erdmittelpunkt entfernt und 379.658 Kilometer vom Mondmittelpunkt. Der gemeinsame Schwerpunkt liegt daher noch 1.632 Kilometer unter der Erdoberfläche, auf der dem Mond zugewandten Seite der Erde.

Der Mond bewegt sich auf einer großen Ellipsenbahn um diesen gemeinsamen Schwerpunkt, einmal innerhalb von 27,3 Tagen; die Erde läuft auf einer sehr viel kleineren Ellipsenbahn in ebenfalls 27,3 Tagen einmal um diesen Schwerpunkt. Die Bewegung dieser beiden Himmelskörper ist so aufeinander abgestimmt, daß Erdmittelpunkt und Mondmittelpunkt, bezogen auf den gemeinsamen Schwerpunkt, jeweils exakt einander gegenüberstehen.

Wenn die Erdrotation und die Mondrotation durch die Gezeiteneffekte des jeweils anderen Himmelskörpers abgebremst werden, verlieren beide Rotationsdrehimpuls. Damit der Satz von der Erhaltung des Drehimpulses auch erhalten bleibt, muß dieser freiwerdende Rotationsdrehimpuls dem Bahndrehimpuls zugeschlagen werden, der sich aus der Umlaufbewegung um den gemeinsamen Schwerpunkt ergibt. Was an Rotationsdrehimpuls »verlorengeht«, muß als Bahndrehimpuls »gewonnen« werden. Eine Zunahme des Bahndrehimpulses bedeutet aber, daß Erde und Mond sich weiter vom Schwerezentrum entfernen und entsprechend größere Bahnen beschreiben müssen.

Mit anderen Worten, eine Zunahme der Rotationsperiode von Erde oder Mond oder von beiden wird immer auch zu einer Zunahme des Abstandes zwischen Erde und Mond führen, durch die allein der Gesamtdrehimpuls des Erde-Mond-Systems erhalten bleiben kann.

Weit zurück in der Vergangenheit, als die Erde sich noch sehr viel schneller um ihre Achse drehte und auch der Mond noch nicht gezeitenmäßig an die Erde gefesselt war, müssen Erde und Mond einander sehr viel näher gewesen sein als heute, denn damals hatten sie mehr Rotationsdrehimpuls und mußten entsprechend weniger Bahndrehimpuls als gegenwärtig besitzen. Wenn Erde und Mond einander näher standen als heute, mußten sie sich natürlich auch in kürzerer Zeit umrunden.

Vor 400 Millionen Jahren, als die Erde sich in 21,9 Stunden einmal um ihre Achse drehte, kann der Mond nur 370.000 Kilometer von der Erde entfernt gewesen sein, 96 Prozent des heutigen Wertes. Rechnen wir dies zurück bis zur Entstehung des Sonnensystems vor 4,6 Milliarden Jahren, so kommen wir auf eine Mondentfernung von nur 217.000 Kilometern oder wenig mehr als der Hälfte des heutigen Abstandes.

So einfach können wir die Rechnung allerdings nicht machen, denn mit geringerem Abstand zwischen Erde und Mond nehmen auch die Gezeiteneffekte zu, und damit wächst auch die Abbremsungsrate. Das aber heißt, daß der Mond der Erde noch viel näher gewesen sein kann, vielleicht nur 40.000 Kilometer entfernt oder so.

Die Abbremsung der Erdrotation führt auch in Zukunft dazu, daß der Mond sich langsam weiter von der Erde entfernt. Der Mond bewegt sich auf einer sehr engen Spiralbahn von der Erde weg. Bei jedem Umlauf um die Erde nimmt seine mittlere Entfernung um etwa 2 1/2 Millimeter zu.

Auch die Mondrotation wird sich parallel dazu ganz allmählich verlangsamen, so daß sie immer synchron mit einem Umlauf um die Erde bleibt, daß der Mond der Erde also auch weiterhin die gleiche Seite zuwendet. Wenn die Erdrotation sich so sehr verlangsamt hat, daß auch die Erde dem Mond immer die gleiche Seite zuwendet, wird der Mond sich bereits so weit von der Erde entfernt haben, daß ein Umlauf des Mondes um die Erde, ein Monat, so lange dauert wie 47 Tage heute. Dann wird auch eine Mondrotation 47 heutige Tage dauern — und eine Erdrotation. Die beiden Himmelskörper werden sich wie ein starres Gebilde umeinander bewegen, wie eine Hantel mit einem unsichtbaren Verbindungsstück. Erde und Mond werden dann in einer Entfernung von etwa 480.000 Kilometern zueinander stehen.

Der Mond kommt zurück

Gäbe es dann keine weiteren Gezeiteneffekte mehr auf Erde und Mond, so würde diese »Hantelrotation« für alle Zeiten anhalten. Doch auch dann werden die Sonnengezeitenkräfte wirksam sein. Ihre Einflüsse verändern die Bedingungen im System Erde-Mond auf eine recht komplizierte Weise und führen dazu, daß sowohl die Erdrotation als auch die Mondrotation wieder schneller werden und sich beide Himmelskörper dabei einander annähern, allerdings viel langsamer als während des gegenwärtigen Auseinanderdriftens. Es sieht so aus, als würde diese neuerliche Annäherung der beiden Himmelskörper endlos weitergehen, so daß der Mond am Ende doch auf die Erde stürzt (obwohl ich anfangs gesagt hatte, daß dies unmöglich sei), wenn all sein Bahndrehimpuls in Rotationsdrehimpuls umgewandelt worden ist. Er wird nicht im eigentlichen Sinne auf die Erde stürzen, sondern sich langsam, extrem langsam, der Erde auf einer immer engeren Spirale nähern. Doch nicht einmal auf diese Weise kommt es zu einem Kontakt zwischen beiden Himmelskörpern.

Je mehr sich Mond und Erde einander annähern, desto stärker werden die Gezeiteneffekte werden; sie nehmen mit der dritten Potenz des schrumpfenden Abstandes zu. Wenn sich der Mond bis auf 15.500 Kilometer der Erde genähert hat, wenn also die Oberflächen der beiden Himmelskörper nur noch 7.400 Kilometer auseinander liegen, dann wird der Gezeiteneffekt des Mondes auf die Erde 15.000mal stärker sein als heute. Der Gezeiteneffekt der Ede auf den Mond wird auch denn 32 1/2mal so stark sein, also rund 500.000mal stärker als der Gezeiteneffekt der Erde auf den Mond heute.

Dieser starke Gezeiteneffekt der Erde ist dann so groß, daß der Mond buchstäblich auseinandergerissen wird. Die Bruchstücke werden sich längs seiner Bahn verteilen und durch gegenseitige Zusammenstöße weiter verkleinern, und am Ende hat die Erde einen Ring wie heute der Saturn, aber viel heller und viel dichter.

Und was geschieht mit der Erde in dieser fernen Zukunft? Wenn der Mond sich der Erde nähert, wird natürlich sein Gezeiteneffekt auf die Erde zunehmen. Zwar wird die Erde dadurch nicht auseinanderbrechen, weil die Mondgezeiten deutlich kleiner sind als die Erdgezeiten und weil das Erdschwerefeld stärker ist als das Mondschwerefeld, es die Erde also besser zusammenhalten kann als jenes den Mond; und wenn erst einmal der Mond auseinandergebrochen ist, verteilt sich sein Schwerefeld mit den zahlreichen Bruchstücken gleichmäßig auf die Bahn um die Erde, so daß der Gezeiteneffekt insgesamt viel geringer wird.

Unmittelbar vor dem Auseinanderbrechen des Mondes sind die von ihm ausgelösten Gezeiten auf der Erde so groß, daß sie kilometerhohe Flutberge auslösen. Diese Flutberge werden die Kontinente immer und immer wieder überschwemmen, und da die Erdrotation dann nur noch etwa 10 Stunden dauert, folgen die »Sintfluten« im Abstand von wenig mehr als 5 Stunden aufeinander.

Man kann kaum erwarten, daß auf dem Festland oder im Ozean diese Bedingungen geeignet sind, etwas anderes als hochspezialisierte, nach Möglichkeit einfach gebaute Lebewesen zu ermöglichen. Man könnte zwar einwenden, daß die Menschheit, sollte sie dann noch existieren, eine »Untergrundzivilisation« zu entwickeln vermag, wenn sich der Mond der Erde nähert (und diese Annäherung verläuft ja, wie wir gesehen hatten, ganz langsam, nicht plötzlich), doch brächte auch dies keine wirkliche Überlebenschance, da die starken Gezeitenkräfte des Mondes ja auch auf den festen Erdkörper wirken, dort zu starken Spannungen führen, die sich immer wieder in verheerenden Erdbeben lösen. Wir brauchen uns aber über das Schicksal der Erde in jener fernen Zukunft, wenn der Mond sich unserem Planeten wieder nähert, nicht den Kopf zu zerbrechen, weil die Erde schon viel früher unbewohnbar geworden sein dürfte.

Kehren wir in Gedanken noch einmal zu der Situation zurück, daß sich Erde und Mond wie die Enden einer Hantel gegenseitig umkreisen, einmal in 47

Tagen. Schon zu diesem Zeitpunkt wird die Erde eine tote Welt sein. Man stelle sich vor, ein Punkt auf der Erdoberfläche sei 23 1/2 heutige Tage hindurch ununterbrochen dem Sonnenlicht ausgesetzt. Die Temperatur dürfte dort soweit ansteigen, daß Wasser zu kochen beginnt. Und in der darauf folgenden Nacht, die ebenfalls 23 1/2 Tage dauert, würden die Temperaturen bald arktische Minuswerte erreichen.

Zugegeben, die Polgebiete sind heute schon einem noch langsameren Rhythmus von Tag und Nacht ausgesetzt, doch steht die Sonne hier tief im Horizont. Wenn sich dagegen die Erde einmal in 47 Tagen um ihre Achse dreht, werden die tropischen Regionen entsprechend lange der tropischen Sonne ausgesetzt sein — und das ist etwas ganz anderes.

Diese Temperaturextreme würden die Erde mit Sicherheit für die meisten Lebensformen unbewohnbar machen, zumindest an der Erdoberfläche. Die Nachkommen der Menschen allerdings sind durch ihre Zivilisation in der Lage, sich jene »Unterwelt« zu schaffen, die ich vorhin schon erwähnte.

Doch nicht einmal über die Folgen dieser Hantelrotation von Erde und Mond müssen wir uns ernsthaft Gedanken machen, weil sie — so seltsam dies klingen mag — nie erreicht wird.

Wenn die Erdrotation sich gegenwärtig innerhalb von 62.500 Jahren um eine Sekunde verlangsamt, dann wird in etwa 7 Milliarden Jahren, wenn die Sonne die Hauptreihe verläßt, die Dauer der Erdrotation auf 2,3 gegenwärtige Tage angewachsen sein. Dabei ist noch unberücksichtigt, daß der Mond sich im Laufe dieser Zeit weiter von der Erde entfernt und seine Gezeiteneinflüsse auf unseren Planeten entsprechend geringer werden. Man wird daher vermuten dürfen, daß am Ende des Hauptreihenstadiums der Sonne die Erde für eine Umdrehung um ihre Achse etwa doppelt so lange brauchen wird wie heute.

Für eine weitere Ausdehnung der Tageslänge wird die Zeit nicht mehr reichen, und die »Hantelrotation« wird nicht einmal im entferntesten verwirklicht, ganz zu schweigen von der Wiederannäherung des Mondes an die Erde bis hin zur Entstehung eines Ringsystems. Lange bevor dies alles geschehen kann, wird sich die Sonne zu einem Roten Riesen aufblähen und dabei Erde und Mond zerstören.

Wir können daraus den Schluß ziehen, daß die Erde bis zu diesem Ende bewohnbar bleibt, zumindest im Hinblick auf den Einfluß der Rotationslänge, obwohl auch schon eine doppelte Tageslänge zu größeren Extremwerten bei den Tag- und Nachttemperaturen führen wird, so daß die Lebensbedingungen vielleicht weniger angenehm sein werden als heute.

Ohne Zweifel wird die Menschheit unseren Planeten bis dahin verlassen haben (vorausgesetzt, sie überlebt die nächsten 7 Milliarden Jahre), aber nicht wegen der sich verlangsamenden Erdrotation, sondern wegen der sich ausdehnenden Sonne.

IX. Die Drift der Kontinente

Innere Wärme

Nachdem wir jetzt festgestellt haben, daß uns von außen durch die größeren Himmelskörper keine Gefahr droht — nicht einmal durch den Mond —, solange die Sonne auf der Hauptreihe verweilt, können wir den Rest des Universums für eine Zeitlang »vergessen« und uns auf den Planeten Erde selbst konzentrieren.*

Kann sich eine Katastrophe ereignen, die die Erde betrifft, ohne daß ein anderer Himmelskörper darin verwickelt ist? Kann die Erde plötzlich und ohne Vorwarnung explodieren? Oder in zwei Teile zerbrechen? Oder kann ihr innerer Aufbau auf irgendeine Weise so drastisch verändert werden, daß sich daraus eine Katastrophe der dritten Art ergibt, daß die Erde nicht länger bewohnbar bleibt?

Immerhin ist das Erdinnere ziemlich heiß; lediglich an der Oberfläche ist die Erde kühl.

Anfangs kam die Wärme aus der kinetischen Energie, stammte von der Bewegung der Teilchen, die sich aneinander anlagerten, zusammenstießen und so vor 4,6 Milliarden Jahren die Erde bildeten. Diese Bewegungsenergie der Teilchen wurde in Wärme umgewandelt, die ausreichte, um das Innere der Erde zu schmelzen. Bis heute ist dieses Erdinnere nicht völlig ausgekühlt. Die äußeren Gesteinsschichten sind offensichtlich gute Wärmeisolatoren, die nur wenig innere Hitze nach außen dringen lassen. Es gibt nur wenig »Wärmelecks«, durch die die Erde ihre innere Temperatur an den umgebenden Weltraum abgibt.

Natürlich kann die Wärme der Erde nicht völlig abgeschirmt werden, denn es gibt keine perfekte Wärmedämmung. Trotzdem kühlt die Erde nicht aus. In den äußeren Schichten der Erde finden wir nämlich eine Reihe von radioakti-

---

*Wir werden noch einmal auf das Universum zurückkommen müssen, wenn wir die Einflüsse kleinster Objekte diskutieren.

ven Elementen. Vier von ihnen sind in unserem Zusammenhang von besonderer Bedeutung: Uran-238, Uran-235, Thorium-232 und Kalium-40. Sie zerfallen sehr langsam, und so existieren noch 4 1/2 Milliarden Jahre nach der Entstehung der Erde eine Reihe von bislang unzerfallenen Atomen dieser Sorten. Vom Uran-235 und Kalium-40 ist das meiste zwar bereits zerfallen, doch lediglich die Hälfte des Uran-238 und nur 1/5 des Thorium-232 sind bereits gespalten.

Die Energie, die bei dem radioaktiven Zerfall freigesetzt wird, wird in Wärme umgewandelt, und obwohl die Wärmemenge, die von einem einzigen Zerfall stammt, winzig klein ist, reicht die Gesamtmenge der von den vielen Millionen und Abermillionen zerfallender Atome prodzierten Energie aus, um zumindest den Wärmeverlust des Erdinnern auszugleichen. Die Temperatur im Erdinnern nimmt daher eher zu als ab.

Könnte es daher möglich sein, daß die gewaltige Temperatur im Erdinnern (die von manchen auf mehr als 2.700 Grad Celsius geschätzt wird) eine auseinandertreibende Kraft entwickelt, die selbst die kalte Kruste der Erde zerbricht und unseren Planeten wie eine globale Bombe auseinanderfliegen läßt, so daß am Ende nur ein neuer Planetoidengürtel zurückbleibt?

Immerhin gewinnt diese Überlegung an Bedeutung, wenn man bedenkt, daß es bereits einen Planetoidengürtel zwischen den Bahnen von Mars und Jupiter gibt. Woher stammt dieser »Trümmerhaufen«? Schon 1802 äußerte der deutsche Astronom Heinrich Wilhelm Matthäus Olbers (1758—1840) nach der Entdeckung des zweiten Planetoiden, Pallas, daß Ceres und Pallas kleine Überreste eines größeren Planeten sein könnten, der zwischen Mars und Jupiter die Sonne umrundet hatte und irgendwann explodiert war. Nachdem wir heute wissen, daß es Zehntausende solcher Asteroiden gibt, von denen die meisten kaum größer als ein paar Kilometer sind, erscheint uns diese Vermutung noch plausibler als damals.

Einen weiteren Hinweis für diese Überlegung liefert die Zusammensetzung der Meteorite, die auf die Erde stürzen (und die man als »Eindringlinge« aus dem Planetoidengürtel ansieht): rund 90 Prozent von ihnen sind Steinmeteoriten, 10 Prozent Nickel-Eisen-Meteoriten. Es sieht geradezu so aus, als seien sie die Überreste eines Planeten, der einen Eisen-Nickel-Kern und einen Gesteinsmantel besaß.

Der Erdkern macht ungefähr 17 Prozent des Erdvolumens aus. Da die mittlere Dichte des Mars etwas geringer ist als die der Erde, muß sein Kern kleiner sein als der Erdkern. Wäre der explodierte Planet dem Mars ähnlich gewesen, könnte dies das Verhältnis von Steinmeteoriten zu Nickel-Eisen-Meteoriten erklären.

Ein Teil der Steinmeteoriten gehört zur Klasse der kohlenstoffhaltigen Chondrite, die einen beachtlichen Anteil von leichten Elementen enthalten — sogar Wasser und organische Moleküle. Stammen sie von der äußeren Kruste des explodierten Planeten?

So gut die Theorie von einem explodierten Planeten die beschriebenen Verhältnisse des Asteroidengürtels erklären könnte — von den Astronomen wird sie nicht akzeptiert. Die besten Abschätzungen der Gesamtmasse des Planetoidengürtels liefern einen Wert, der nur 10 Prozent der Mondmasse ausmacht. Wären alle Asteroiden in einem Gesamtkörper vereint, so hätte dieser einen Durchmesser von etwa 1.600 Kilometern. Je kleiner ein Körper aber ist, desto geringer ist auch die Temperatur in seinem Zentrum, und desto unwahrscheinlicher ist es, daß ein solches Objekt auseinanderfliegt. Es ist daher kaum zu erwarten, daß ein Körper von der Größe eines mittleren Planetenmondes explodieren könnte.

Viel wahrscheinlicher ist, daß Jupiter bei seiner Entstehung aufgrund seiner schon vorhandenen großen Masse noch so viel Materie aus der Nachbarschaft aufsaugte, daß einfach nicht mehr genug übrig blieb, um einen Planeten zwischen Mars- und Jupiterbahn zu ermöglichen. Jupiter ließ sogar so wenig Materie zurück, daß nicht einmal Mars mehr so groß wie Erde und Venus werden konnte. Der Materievorrat war einfach aufgebraucht.

So dürfte dann die verbliebene Masse zwischen Mars- und Jupiterbahn nicht mehr groß genug gewesen sein, um ein ausreichend starkes Gravitationsfeld zu erzeugen, wie es für die Entstehung eines einzigen Planeten erforderlich gewesen wäre, zumal die Gezeiteneffekte des Jupiter einer solchen »Sammlung« entgegengewirkt haben mußten. Statt dessen sind wahrscheinlich einige mittelgroße Brocken entstanden, aus denen durch zahlreiche Kollisionen untereinander die vielen kleinen und kleinsten Bröckchen gebildet wurden.

Die Astronomen gehen also heute davon aus, daß der Planetoidengürtel nicht der Überrest eines früheren großen Planeten ist, der das Opfer einer Explosion wurde, sondern aus Material besteht, das sich nie zu einem großen Planeten zusammenfinden konnte. Wenn aber kein Planet zwischen Mars und Jupiter explodiert ist, dann gibt es auch weniger Grund zu der Annahme, daß die Erde oder ein anderer Planet auseinanderfliegen könnte. Wir dürfen auch nicht die Kraft der Gravitation vernachlässigen. Bei einem Objekt von der Größe der Erde ist die Anziehungskraft so groß, daß sie den auseinandertreibenden Einfluß der inneren Hitze »fest im Griff hat«.

Wir können uns fragen, ob der radioaktive Zerfall im Innern der Erde die Temperatur nicht weiter ansteigen läßt bis zu einem Punkt, der für den Zusammenhalt der Erde gefährlich werden könnte. Im Hinblick auf eine Explosion ist unsere Furcht überflüssig. Sollte die Temperatur so weit steigen, daß die gesamte Erde glutflüssig würde, dann gingen zwar die Ozeane und die Atmosphäre verloren, doch der Rest des Planeten würde weiter als gigantischer Tropfen rotieren und von der eigenen Schwerkraft zusammengehalten werden. (Der Riesenplanet Jupiter ist ein solcher überdimensionaler rotierender Tropfen, dessen Temperatur im Zentrum mehr als 50.000 Grad beträgt; allerdings ist das Schwerefeld des Jupiter auch 318mal größer als das Schwerefeld der Erde.)

Wenn aber die Erde so heiß würde, daß sie ganz glutflüssig würde, dann würde sich natürlich auch die feste Kruste auflösen, und das wäre mit Sicherheit eine Katastrophe der dritten Art. Wir brauchen dazu gar keine Explosion.

Allerdings ist auch diese Gefahr ziemlich gering. Die natürliche Radioaktivität im Innern des Erdkörpers nimmt ständig ab. Sie ist heute, insgesamt gesehen, schon weniger als nur noch halb so groß wie am Anfang. Wenn die Erde nicht während der ersten Milliarde Jahre glutflüssig wurde, dann besteht heute erst recht keine Gefahr mehr dazu. Und selbst wenn die Temperatur in den 4,6 Milliarden Jahren seit der Entstehung der Erde in ständig kleiner werdendem Maße zugenommen hat, dabei aber die Erdkruste bislang noch nicht einschmelzen konnte, wird die Temperatursteigerung in Zukunft noch langsamer verlaufen, so daß auf jeden Fall Zeit genug bleibt, um im Ernstfall den Planeten zu verlassen.

Viel wahrscheinlicher ist, daß die innere Hitze der Erde noch eine Zeitlang konstant bleibt, bis die immer schwächer werdende Radioaktivität die Wärmeverluste der Erde nicht mehr ausgleichen kann und die Temperatur ganz langsam sinkt. Weit in der Zukunft wäre die Erde dann ein durch und durch kalter Himmelskörper. Könnte dies das Leben auf der Erde in katastrophaler Weise beeinflußen? Die Temperatur an der Erdoberfläche ist davon sicherlich nicht betroffen, da die Oberflächentemperatur im wesentlichen von der Sonne abhängt. Würde die Sonne plötzlich aufhören zu leuchten, dann sänke die Temperatur an der Erdoberfläche weit unter arktische Werte, und die innere Wärme des Planeten Erde könnte daran kaum etwas ändern. Würde umgekehrt die Temperatur im Innern der Erde auf 0 Kelvin sinken, gleichzeitig aber die Sonne weiterscheinen, so würden wir das an der Oberflächentemperatur zumindest nicht ablesen können. Die innere Wärme der Erde treibt jedoch einige uns wohl vertraute Prozesse an. Würde deren Ende katastrophale Folgen für uns haben, selbst wenn die Sonne weiterschiene?

Darüber brauchen wir uns den Kopf nicht zu zerbrechen, denn dazu wird es nie kommen. Die Abnahme der radioaktiven Wärmeproduktion und die Wärmeverluste der Erde sind so gering, daß die Erde mit Sicherheit auch noch dann innerlich warm ist, wenn die Sonne die Hauptreihe verläßt.

Katastrophentheorie

Wir wollen uns nun jene Katastrophen der dritten Art ansehen, die zwar die Erde als Ganzes »intakt« lassen, sie aber dennoch unbewohnbar machen.

Die Mythen berichten an vielen Stellen von weltweiten Katastrophen, die dem Leben jeweils beinahe ein Ende bereitet hätten. Es ist anzunehmen, daß diese Berichte sich auf kleinere Ereignisse stützen, die jedoch im Gedächtnis überstark verhaftet blieben und in der Überlieferung weiter ausgemalt wurden.

Die frühesten Zivilisationen entstanden in Flußtälern, und dort kommt es gelegentlich zu großen Überschwemmungen. Wenn eine ungewöhnlich starke Überschwemmung beinahe den gesamten Landstrich überflutete, der den damaligen Bewohnern vertraut war (und die Menschen damals hatten sicherlich nur eine sehr begrenzte Vorstellung von der Größe der Erde), muß dies als eine weltweite Katastrophe erschienen sein.

So sind beispielsweise die alten Sumerer, die im Bereich zwischen Euphrat und Tigris siedelten, dem heutigen Irak, um das Jahr 2.800 v. Chr. von einer extremen Flutwelle betroffen gewesen. Sie hinterließ so tiefe Narben, zerstörte ihre Welt so nachhaltig, daß sie später Ereignisse datierten als »vor der Flut« und »nach der Flut«.

Im Laufe der Zeit entwickelte sich daraus eine Legende über die Flut, die in dem ersten bekannten Epos der Welt enthalten ist, der Erzählung des Gilgamesch, des Königs der sumerischen Stadt Uruk. Von ihm wird berichtet, daß er Utnapischti begegnete, dessen Familie als einzige in einem selbstgebauten, großen Boot die Flut überlebte.

Das Gilgamesch-Epos erreichte einen hohen Bekanntheitsgrad und wurde über die Grenzen der sumerischen Kultur hinaus verbreitet; auch die Nachfolger der Sumerer im Euphrat- und Tigrisgebiet überlieferten es weiter. So erhielten auch die Hebräer und wahrscheinlich sogar die Griechen Kunde von dieser Erzählung, und beide Völker bauten die schreckliche Flut in ihre eigenen Mythen über die Entstehung der Erde ein. Am besten bekannt ist bei uns in der westlichen Hemisphäre natürlich die biblische Version, die in den Kapiteln 6 bis 9 des Buches Genesis beschrieben wird. Die Erzählung von Noah und der Arche braucht an dieser Stelle sicher nicht noch einmal wiederholt zu werden. Viele Jahrhunderte hindurch glaubten Juden und Christen, daß die Bibel eine Art »Geschichtsbuch« sei, niedergeschrieben mit der Hilfe Gottes, und so nahmen sie alle Berichte wörtlich. Man war der festen Überzeugung, daß irgendwann im 3. vorchristlichen Jahrtausend eine weltweite Flut nahezu alles Landleben vernichtet hatte.

Mit diesem »Vorwissen« waren jene Wissenschaftler, die sich mit den Veränderungen in der Erdkruste beschäftigten, geneigt, solche Veränderungen als Folge der katastrophalen globalen Flut anzusehen. Und als deutlich wurde, daß die eine Sintflut offenbar nicht ausgereicht haben konnte, um alle jene abrupten Veränderungen zu erklären, nahm man eine periodische Wiederholung solcher weltweiter Katastrophen als Erklärung an. Diese »Lehrmeinung« wird heute als Katastrophentheorie bezeichnet. Die Katastrophentheorie verzögerte eine korrekte Deutung der fossilen Überreste längst vergangener Arten und die sich daraus ergebende Ableitung eines Evolutionsprozesses der Lebewesen. Der Schweizer Naturforscher Charles Bonnet (1720—1793) glaubte beispielsweise, daß die Fossilien Überreste längst ausgestorbener Arten seien, die bei der einen oder anderen planetaren Katastrophe ausgerottet worden waren. Die Sintflut, die zu Lebzeiten Noahs die Erde überschwemmte, war seiner Meinung nach lediglich die vorerst letzte in dieser Kette. Nach einer jeden Katastrophe entwickelte sich das Leben aus Samen und anderen Überresten aus der Zeit vor der Katastrophe zu neuen und höher entwickelten Formen. Es schien, als sei die Erde eine Art »Schiefertafel«, auf die das Leben jeweils wie eine Botschaft niedergeschrieben, ausgewischt und erneut niedergeschrieben worden sei.

Der französische Anatom Baron Georges Cuvier (1769—1832) übernahm die Auffassung Charles Bonnets und kam zu dem Ergebnis, daß vier solcher Katastrophen aufeinander gefolgt sein mußten, um die unterschiedlichen Fossilien zu erklären; die letzte dieser Katastrophen wäre die Sintflut Noahs gewesen. Je mehr Fossilien man jedoch fand, desto mehr Katastrophen waren auch zu ihrer Erklärung notwendig, wenn sie jedesmal die alten Lebensformen auslöschen und Platz für neue schaffen sollten. 1849 kam ein Schüler Cuviers, Alcide d'Orbigny (1802—1857), bereits auf 27 notwendige Katastrophen. Mit d'Orbigny erreichte die Katastrophentheorie im Rahmen der Wissenschaft ihren Höhepunkt. Man fand immer mehr und mehr Fossilien und konnte aus ihnen die Geschichte des Lebens immer besser rekonstruieren, und dabei wurde klar, daß Katastrophen nach dem Muster der Sintflut zur Erklärung nicht notwendig waren.

Sicher hat es in der Erdgeschichte immer wieder solche Katastrophen gegeben, durch die das Leben zum Teil empfindlich »zurückgeworfen« wurde, wie wir noch sehen werden; aber Katastrophen, bei denen alle alten Lebensformen ausgelöscht wurden und ein Neuanfang erforderlich war, gab es nicht. Ganz gleich, wo man auf Spuren irgendeiner Katastrophe stößt, es gibt immer noch eine Vielzahl von Arten, die diese Periode überlebte, ohne irgendwie betroffen worden zu sein.

Das Leben ist zweifellos seit mehr als 3 Milliarden Jahren ohne Unterbrechung auf unserem Planeten aktiv gewesen, und es gibt keine Phase, aus der wir nicht irgendwelche Anzeichen dafür in Händen hielten. Zu allen Zeiten war auch die Formen- und Artenvielfalt des Lebens sehr ausgeprägt.

1859, nur 10 Jahre nach den Äußerungen d'Orbignys, veröffentlichte der englische Naturforscher Charles Robert Darwin (1809—1882) sein Buch über den Ursprung der Arten durch natürliche Selektion. In ihm wird die Evolutionstheorie vorgestellt, werden die langsamen Veränderungen der Arten im Laufe von vielen Millionen Jahren ohne katastrophale Ereignisse und ohne Wiedergeburten erklärt. Die Theorie stieß zunächst auf eine starke Opposition jener, die über den krassen Widerspruch zu den Äußerungen der Genesis empört waren, doch sie konnte sich durchsetzen.

Selbst heute verhalten sich viele Menschen, denen die Bibel eine glaubwürdige

Geschichte des Lebens darstellt und die wissenschaftlicher Argumentation gegenüber verschlossen bleiben, der Evolutionstheorie gegenüber ablehnend oder wissen überhaupt nichts von ihr. Es gibt jedoch keinen wissenschaftlichen Zweifel mehr daran, daß die Evolution die Entwicklung des Lebens geprägt hat, obwohl man noch über viele Einzelheiten, vor allem den exakten Evolutionsmechanismus, im unklaren ist.[*]

Trotz allem halten der Bericht über die Sintflut und der Hunger vieler Menschen nach dramatischen Berichten die Erinnerung an die Katastrophentheorie auf die eine oder andere Weise wach — außerhalb der Grenzen der Wissenschaft.

Die anhaltende Faszination, die von den Theorien Immanuel Velikovskis ausgeht, hängt sicher auch zum Teil mit dieser versteckten »Liebe« zur Katastrophentheorie zusammen. Es ist eben aufregend dramatisch, daß die Venus auf unseren Planeten zugerast sein und die Erdrotation gestoppt haben soll. Die Tatsache, daß so etwas allen Naturgesetzen widerspricht, kann jene, die durch solche Phantasie begeistert und gefesselt werden, in ihrem Glauben daran nicht irre werden lassen.

Velikovski entwickelte seine Vorstellungen eigentlich, um die biblische Legende zu erklären, nach der Josua Sonne und Mond angehalten hat. Velikovski ist bereit zu akzeptieren, daß sich die Erde wirklich um ihre Achse dreht, und daher schlägt er vor, daß die Erdrotation gebremst wurde. Wenn jedoch die Rotation so plötzlich aufgehört haben soll, wie die biblische Erzählung berichtet, wäre alles auf der Erde durcheinandergeraten.

Selbst wenn die Erdrotation langsam abgebremst würde, über eine Periode von einem Tag oder so, wie die Anhänger Velikovskis inzwischen seine Äußerungen »abschwächen« (um zu erkären, warum alles an seinem Platz geblieben ist),

---

[*]Jene, die die Evolutionstheorie ablehnen, argumentieren oft, es sei ja bloß eine Theorie, doch die wissenschaftlichen Belege sprechen eindeutig für diese Theorie. Genauso gut könnten wir sagen, das Newtonsche Gravitationsgesetz sei lediglich eine Theorie.

würde die freiwerdende Rotationsenergie sofort in Wärme umgewandelt, müßten die Ozeane zu kochen beginnen. Wenn aber die Erdmeere um die Zeit des Auszugs aus Ägypten gekocht haben, muß man sich fragen, warum es heute ein so vielfältiges Leben im Wasser gibt.

Doch selbst, wenn wir dieses »Kochen der Ozeane« einmal außer acht lassen — wie groß ist die Chance, daß die Erde, nachdem ihre Drehbewegung zunächst einmal gestoppt wurde, durch die Venus so hätte beeinflußt werden können, daß die Rotationsbewegung im gleichen Sinne und mit der gleichen Periode wieder einsetzte?

Viele Astronomen sind verärgert und enttäuscht darüber, daß solche unsinnigen Ansichten von vielen Menschen für wahr angesehen werden, aber sie unterschätzen das Ansehen der Katastrophentheorie. Sie unterschätzen auch die Unkenntnis der meisten Menschen im Hinblick auf Naturwissenschaften — vor allem bei jenen Menschen, die im wesentlichen im nicht-naturwissenschaftlichen Bereich ausgebildet sind. Vor allem die gebildeten Nichtwissenschaftler lassen sich viel leichter durch solche Pseudowissenschaften gefangennehmen als andere, da die bloße Tatsache einer wissenschaftlichen Ausbildung beispielsweise in Vergleichender Literaturwissenschaft dazu verführt, zu glauben, auch fremde Wissensgebiete voll verstehen zu können.

Es gibt weitere Beispiele für solche »Katastrophenmärchen«, die von wissenschaftlich ungebildeten Menschen gierig verschlungen werden. So wird immer wieder behauptet, die Erde würde gelegentlich umkippen, so daß aus Polarregionen Äquatorzonen werden und umgekehrt. Viele Menschen können sich an dieser Vorstellung ergötzen. Damit, so glaubt man, könne man erklären, warum man in Sibirien einige Mammute gefunden hat, die plötzlich erfroren sein müssen. Die viel naheliegendere Erklärung für derart guterhaltene Mammutüberreste, daß nämlich die Tiere in eine Gletscherspalte oder in gefrierendes Sumpfland gestürzt sind, erscheint ihnen zu banal. Dabei vergessen sie, daß, selbst wenn die Erde gekippt wäre, die heißen Äquatorzonen nicht urplötzlich zu Tiefkühltruhen würden. Der Wärmeverlust braucht seine Zeit.

Wenn im tiefen Winter die Heizung ausfällt, dann friert auch nicht gleich der Kaffee in der Tasse.

Darüber hinaus ist ein Umkippen der Erdachse mehr als nur unwahrscheinlich. Die Drehbewegung der Erde und ihr Äquatorwulst lassen unseren Planeten zu einem gigantischen Kreisel werden. Die mechanischen Gesetze, denen die Kreiselbewegung unterliegt, sind aber voll verstanden, und aus ihnen kann man ableiten, daß für das Umkippen der Erdachse eine gewaltige Energiemenge erforderlich wäre. Wir kennen keine solche Energiequelle, es sei denn, die enge Begegnung mit einem ziemlich großen Objekt, und dafür gibt es für die letzten 4,5 Milliarden Jahre keinerlei Hinweis (mit Ausnahme der Theorien Velikovskis), und auch für die Zukunft steht ein solches Ereignis nicht zu erwarten.

Eine verwässerte Form dieser Überlegungen läßt nicht die gesamte Erde kippen, sondern lediglich die Erdkruste. Die dünne Erdkruste, die nur einige Dutzend Kilometer dick ist und nur 0,3 Prozent der Erdmasse enthält, ruht auf dem Erdmantel, einer dicken Gesteinsschicht, die zwar nicht warm genug ist, um völlig geschmolzen zu sein, sich aber doch in gewisser Weise plastisch verhält. Vielleicht, so die Anhänger dieser Spekulation, rutscht die Erdkruste hin und wieder über den Erdmantel, wobei all jene Effekte ausgelöst werden, die auch ein Kippen der gesamten Erde nach sich ziehen würden; der dazu notwendige Energiebedarf wäre um einiges kleiner (der deutsche Autor Carl Löffelholz von Colberg hat diese Version 1886 in die Welt gesetzt).

Was aber sollte eine solche »Rutschpartie« der Erdkruste auslösen? Eine Möglichkeit, so die Verfechter der Theorie, bietet die nicht exakt zentrierte Lage des antarktischen Kontinents, bezogen auf den Südpol. Dadurch würden der Erdrotation zusätzliche Schwingungen überlagert, bei denen die Erdkruste »gelockert und losgeschüttelt« würde und zu gleiten begänne. Wir können einen solchen Vorgang getrost als unmöglich bezeichnen. Der Erdmantel ist sicherlich nicht plastisch genug, daß die Erdkruste darüber hinweggleiten könnte. Wenn dem so wäre, dann müßte auch der Äquatorwulst nach oben und unten abdriften. Auf jeden Fall aber reicht die »Unwucht« der Antarktis bei weitem nicht aus, um einen solchen Prozeß in Gang zu setzen.

Wir haben auch keinerlei Hinweise dafür, daß so etwas geschehen ist. Die rutschende Erdkruste müßte sich ausdehnen, wenn sie von der Polregion zum Äquator wandert, und zusammenziehen bei einer Wanderung in umgekehrter Richtung. Spuren dieser Krustenveränderungen müßten überall sichtbar sein, und eigentlich dürften einer solchen Wanderung nicht nur einige Mammute zum Opfer gefallen sein, sondern das ganze Leben.

Wir können also getrost sagen, daß während der letzten 4 Milliarden Jahre keine Katastrophe auf der Erde die Entwicklung des Lebens ernsthaft gefährdet hätte; auch in Zukunft sind solche Ereignisse, bei denen die Bewegung der Erde verändert würde, äußerst unwahrscheinlich.

Driftende Kontinente

Können wir aus der Tatsache, daß es in der Vergangenheit der Erde keine »Katastrophe« gegeben hat, schließen, daß die Erde absolut sicher, stabil und unveränderlich ist? Leider nicht. Es gibt in der Tat Veränderungen im Aufbau der Erde, und einige von ihnen fallen sogar unter jene Klasse, die ich gerade ausgeschlossen habe. Wie ist so etwas möglich?

Dazu müssen wir noch einmal den Begriff der Katastrophe untersuchen. Es gibt Prozesse, die nur dann wirklich katastrophal sind, wenn sie schnell und plötzlich ablaufen, dagegen überhaupt keine Gefahr darstellen, wenn sie allmähliche Veränderungen mit sich bringen. Wenn man beispielsweise auf schnellstem Wege vom Dach eines Wolkenkratzers zum Erdboden zurückkehren möchte, also vom Dach springt, so endet dies sicherlich mit einer persönlichen Katastrophe. Benutzt man dagegen den Aufzug, der etwas länger für die Strecke vom Dach bis zum Erdboden braucht, so ist das völlig unproblematisch. Dabei ist in beiden Fällen das Gleiche geschehen: ein Ortswechsel vom Dach des Wolkenkratzers zum Erdboden. Ob so etwas katastrophal endet, hängt einzig vom Tempo der Veränderung ab.

Ähnlich ist die Sachlage bei einer Gewehrkugel, die jemanden an den Kopf trifft. Normalerweise wird sie mit einem Gewehr abgeschossen, erhält dabei eine sehr große Geschwindigkeit und kann tödliche Folgen nach sich ziehen; ist die Geschwindigkeit der Gewehrkugel dagegen klein, wird sie etwa vom Schützen lediglich an den Kopf geworfen, so bereitet sie allenfalls Kopfschmerzen.

Als unmögliche Katastrophen habe ich nur solche Veränderungen bezeichnet, die rasch und plötzlich ablaufen. Die gleichen Veränderungen können natürlich auch sehr langsam vonstatten gehen, doch das ist dann etwas ganz anderes. Sehr langsame Veränderungen können sehr wohl passieren, wir beobachten sie auch, aber sie müssen nicht gefährlich sein und sind es auch nicht. So haben wir zwar das abrupte Gleiten der Erdkruste auf dem Erdmantel als unmöglich erkannt, wissen aber, daß die Kontinente sehr langsam auf dem Erdmantel driften. So können wir beispielsweise aus Kratz- und Schleifspuren in Felsen, deren Alter bestimmbar ist, entnehmen, daß vor etwa 600 Millionen Jahren im Zuge einer Eiszeit Brasilien, Südafrika, Indien sowie West- und Südostaustralien von einer dicken Eisschicht bedeckt waren. Diese Gebiete dürften damals so ausgesehen haben wie heute Grönland und die Antarktis.

Aber wie ist so etwas möglich? Wäre die Verteilung von Land und Wasser auf der Erdoberfläche damals exakt die gleiche gewesen wie heute, wären die Pole an genau der gleichen Stelle gewesen wie heute, dann hätte die gesamte Erde vereist sein müssen, damit tropische Gebiete in der Nähe des Erdäquators von Eismassen hätten bedeckt sein können. Doch das ist ziemlich unwahrscheinlich, zumal es keinerlei Hinweise auf eine gleichzeitige Vereisung in anderen Gebieten gibt.

Wenn wir annehmen, daß die Pole der Erde ihre Positionen seither langsam verändert haben, so daß heute Äquatorzone ist, was damals Polgebiet war, und umgekehrt, dann ist es unmöglich, eine solche Position für die beiden Erdpole zu finden, daß die genannten Gegenden gleichzeitig von einer Eismasse hätten bedeckt sein können. Genauso sieht es aus, wenn zwar die Pole an den gleichen

Stellen gewesen wären wie heute, dafür aber die Erdoberfläche als Ganzes seither auf dem Erdmantel verrutscht ist. Es gibt keine Stellung der Erdoberfläche relativ zu den Polen, die eine gleichzeitige Vereisung aller genannten Regionen erklären würde.

Die einzig mögliche Lösung ergibt sich aus der Überlegung, daß seit jener weit zurückliegenden Eiszeit die Landmassen ihre Positionen relativ zueinander verändert haben, daß die einstmals gleichzeitig von Eismassen bedeckten Gebiete damals zusammenlagen und eine Polregion bildeten (oder ein Teil von ihnen um einen Pol, der Rest um den anderen Pol gruppiert war). Ist das möglich?

Wenn wir uns eine Weltkarte ansehen, fällt auf, daß die Ostküste Südamerikas und die Westküste Afrikas eine verblüffende Ähnlichkeit besitzen. Wenn man beide Kontinente aus der Karte herausschneidet (vorausgesetzt, ihre Formen sind durch die Darstellung auf einer ebenen Karte nicht zu sehr verzerrt), passen die beiden Küstenstreifen fast wie Puzzlestücke zueinander. Dies ist schon ziemlich früh aufgefallen, sobald man den Küstenverlauf der beiden Kontinente näher kannte. Schon 1620 wies der englische Gelehrte Francis Bacon (1561—1626) darauf hin. Ist es denkbar, daß Afrika und Südamerika irgendwann einmal eine zusammenhängende Landmasse bildeten, die dann entlang der heutigen Küstenlinie auseinanderbrach, und die Teile seither auseinanderdriften? Der deutsche Geologe Alfred Lothar Wegener (1880—1930) verfolgte diese Theorie der Kontinentaldrift als erster mit wissenschaftlicher Akribie. Er veröffentlichte im Jahre 1912 zu diesem Themenkreis ein Buch mit dem Titel *Der Ursprung der Kontinente und Ozeane.*

Kontinente bestehen aus weniger dichtem Gestein als die Ozeanböden. Während die Kontinente hauptsächlich aus Granit aufgebaut sind, findet man auf dem Ozeanboden im wesentlichen Basalt. Könnten diese kontinentalen Granitblöcke vielleicht ganz langsam auf der »Unterlage« Basalt driften? Im ersten Moment erinnert es an die Driftbewegung der gesamten Kruste, doch handelt es sich diesmal nur um die Bewegung von Kontinentalblöcken, eine Bewegung, die extrem langsam verläuft.

Wenn jeder Kontinentalblock sich unabhängig von den übrigen bewegt, dann kann auch der Äquatorwulst kein ernsthaftes Problem sein, und wenn die Bewegung extrem langsam abläuft, benötigt sie nicht sehr viel Energie, hat aber auch kaum katastrophale Folgen. Eine eigenständige Bewegung der verschiedenen Kontinentalblöcke könnte auch erklären, daß wir die Spuren einer frühen Vereisung der Erde heute in den unterschiedlichsten Regionen auf unserem Planeten wiederfinden, einige davon sogar nahe dem Äquator. All diese Gebiete waren früher tatsächlich vereint und befanden sich an den beiden Polen der Erde.

Diese Kontinentaldrift könnte auch die Antwort auf manches biologische Rätsel sein. So findet man ähnliche Pflanzen- und Tierarten in ganz unterschiedlichen Regionen der Erde, in Gebieten, die durch weite Ozeane voneinander getrennt sind; diese Ozeane waren sicher ein unüberwindbares Hindernis für diese Pflanzen und Tierarten. 1880 hatte der österreichische Geologe Eduard Suess (1831—1914) versucht, solche Zusammenhänge durch Zuhilfenahme von Landbrücken zu erklären, die in grauer Vorzeit die Kontinente untereinander verbanden. Er nahm an, daß ein großer Superkontinent die Südhalbkugel der Erde bedeckte, auf dem sich Pflanzen und Tiere gleichmäßig ausbreiten konnten, daß dieser Superkontinent dann aber auseinanderbrach und die einzelnen Bruchstücke heute weit voneinander getrennt sind. Wollte man Suess folgen, so mußte man annehmen, daß im Laufe der Erdgeschichte die Erdoberfläche mehrfach aufgestiegen und abgesunken ist, daß ein und dieselbe Gegend mal Festland, mal Meeresboden war.

Die Theorie fand viel Anklang, doch je mehr die Geologen über den Meeresboden in Erfahrung brachten, desto unwahrscheinlicher wurde es, daß der Meeresboden einmal Teil eines Kontinents gewesen sein könnte. Sinnvoller erschien eine Bewegung in seitlicher Richtung, ausgehend von einem Superkontinent, dessen Bruchstücke sich auseinanderbewegten. Jedes dieser Bruchstücke hätte »seine« Vegetation und Fauna mitgenommen, so daß heute in weit voneinander entfernten Gebieten ähnliche Arten zu beobachten sind.

Wegener ging von der Überlegung aus, daß irgendwann einmal alle Kontinente der Erde zu einem großen Block verbunden waren, der wie eine Insel aus dem Ozean emporragte. Er nannte diesen Superkontinent Pangaea (nach dem griechischen Wort für »alle Erde«). Pangaea brach schließlich in mehrere Teile auseinander, die sich voneinander fortbewegten und in dieser langsamen Bewegung heute die bekannte Konfiguration der Kontinente bilden.

Wegeners Buch fand zwar starke Beachtung, doch die Geologen hatten große Schwierigkeiten, seine Theorie ernstzunehmen. Die Schichten unterhalb der Kontinente waren ihrer Meinung nach zu steif, um eine Kontinentaldrift zu ermöglichen. Südamerika und Afrika waren fest in ihrer heutigen Position verankert, konnten nicht durch den darunter liegenden Basalt »schwimmen«. Wegeners Theorie wurde mehr als 40 Jahre lang abgelehnt.

Je mehr man jedoch über die Kontinente in Erfahrung brachte, desto deutlicher wurde, daß sie irgendwann einmal alle zusammengehört haben mußten, vor allem, wenn man die Ränder der Kontinentalschelfe als eigentliche Begrenzung der Kontinente ansah. Die Übereinstimmungen waren zu groß, um sie als bloßen Zufall abtun zu können.

Nehmen wir einmal an, daß Pangaea wirklich existierte und auseinanderbrach und daß die Bruchstücke irgendwie auseinandergetrieben sind. Dann müßte der Ozeanboden zwischen den Bruchstücken ziemlich jung sein. In kontinentalem Gestein fand man Fossilien, deren Alter auf etwa 600 Millionen Jahre bestimmt werden konnte. Fossilien, die im Meeresboden des Atlantischen Ozeans eingelagert sind, dürften dann nicht so alt sein, weil der Ozean ja erst entstand, nachdem Pangaea auseinandergebrochen war. In der Tat fand man am Grunde des Atlantiks keine Fossilien, die älter als 135 Millionen Jahre sind.

Man fand immer mehr und mehr Hinweise zugunsten einer Kontinentaldrift. Was noch fehlte, war jedoch die Erklärung des Mechanismus, der die Kontinentaldrift antrieb. Es mußte etwas anderes sein als die Überlegung Wegeners, daß die Kontinente buchstäblich auf dem Basalt schwammen — dies war mit Sicherheit unmöglich.

Des Rätsels Lösung fand man am Boden des Atlantiks. Natürlich liegt dieser Ozeanboden unter einer kilometerdicken Wasserschicht, doch konnte man seine Form sehr wohl studieren. Erste Hinweise auf vielleicht Interessantes dort unten erhielt man 1853, als man die Tiefe des Atlantischen Ozeans mit Sonden zu erkunden suchte — man wollte ein Kabel quer durch den Atlantik verlegen, um Europa und Nordamerika durch eine Telegraphenleitung miteinander zu verbinden. Damals fand man mitten im Ozean ein Plateau, das man das Telegraphen-Plateau nannte; der Ozean war also in der Mitte flacher als im Bereich zwischen diesem Plateau und den beiden Küstenstreifen.

Damals bestimmte man die Tiefe des Meeresbodens noch mit einem Gewicht, das an einen langen Faden gebunden war und über Bord geworfen wurde. Das Verfahren war ziemlich langwierig und noch dazu ungenau, da Strömungen das Gewicht und die Schnur mitreißen konnten. So wurden nur einige wenige Meßwerte aufgenommen, um wenigstens eine grobe Vorstellung über die Meerestiefen zu bekommen.

Während des Ersten Weltkrieges entwickelte der französische Physiker Paul Languevin (1872—1946) eine Methode, die mit Hilfe eines Ultraschallechos die Entfernung zu festen Objekten unter Wasser bestimmen konnte; das Verfahren wird heute Sonar genannt. In den Zwanziger Jahren untersuchte ein deutsches Forschungsschiff den Boden des Atlantiks mit diesem Sonar, und 1925 war sicher, daß sich inmitten des Atlantiks ein großes unterseeisches Gebirge von Nord nach Süd erstreckte. Ähnliche Erhebungen fand man auch in den übrigen Ozeanen, und so spricht man heute allgemein von den Mittelozeanischen Rücken.

Nach dem Zweiten Weltkrieg machten sich die amerikanischen Geologen William Morris Ewing (1906—1974) und Bruce Charles Heezen (1924—1977) daran, diese Mittelozeanischen Rücken genauer zu untersuchen. 1953 konnten sie zeigen, daß die unterseeischen Gebirge dort, wo normalerweise die Kammlinie ist, einen tiefen Canyon aufwiesen. Auch diese »Spalte« fand man über die gesamte Länge der Mittelozeanischen Rücken, und so nennt man sie gelegentlich den »Großen Globalen Grabenbruch«.

Dieser Große Globale Grabenbruch scheint die Erdkruste in riesige Platten zu unterteilen, die bis zu viele tausend Kilometer Ausdehnung haben können und 70—150 Kilometer dick sein dürften. Man nennt sie heute die tektonischen Platten nach dem griechischen Wort für »Zimmermann«, weil die verschiedenen Platten so fein säuberlich zusammenpassen. Die Wissenschaft, die sich mit der Entwicklung der Erdkruste und der Bewegung dieser Platten beschäftigt, wird Plattentektonik genannt.

Die Entdeckung der tektonischen Platten bestätigte die Theorie der Kontinentaldrift, aber anders, als Wegener sie vermutet hatte. Die Kontinente schwimmen nicht auf dem Basalt, sondern die Kontinente gehören zusammen mit jeweils einem Stück Meeresboden zu einzelnen Platten. Die Kontinente können sich daher nur bewegen, wenn die gesamte Platte ihre Position verändert, und es war klar, daß diese Platten sich bewegten. Wie aber sollten sie sich untereinander verschieben, wenn sie fest miteinander verbunden schienen?

Sie können auseinandergedrückt werden. 1960 legte der amerikanische Geologe Harry Hammond Hess (1906—1969) Beweise für das sogenannte Seafloor-Spreading vor, die ständige Verbreiterung des Meeresbodens. Aus dem Großen Globalen Grabenbruch steigt ständig geschmolzenes Gestein auf und erstarrt zu neuem Meeresbodenmaterial. Dieses andauernde Nachrücken des Meeresbodens treibt die Platten auf beiden Seiten des Globalen Grabenbruches auseinander, an manchen Stellen um bis zu 18 Zentimeter pro Jahr. Dieser ständig sich vergrößernde Meeresboden trieb auch Südamerika und Afrika auseinander. Die Kontinente driften also nicht im wörtlichen Sinne über den Meeresboden, sie werden von ihm getrieben.

Und woher stammt die Energie für diesen Prozeß? Die Wissenschaftler sind sich noch nicht ganz sicher, doch scheinen sehr langsame Strömungen im Erdmantel unterhalb der Erdkruste die vernünftigste Erklärung zu sein. Dieser Erdmantel ist warm genug, um unter dem Druck der darüberliegenden Schichten plastisch zu werden. Wenn ein solcher Wirbel aufsteigt, sich westwärts bewegt und wieder absteigt, ein benachbarter Wirbel dagegen nach dem Aufsteigen ostwärts weiter läuft und wieder absteigt, führt die entgegengesetzte Richtung unterhalb der Kruste dazu, daß die beiden benachbarten Platten auseinandergezogen werden und heißes Material die Lücken auffüllt.

Wenn irgendwo zwei Platten auseinandergetrieben werden, müssen die »vorderen Enden« mit anderen Platten zusammenstoßen. Wenn zwei Platten langsam gegeneinandergedrückt werden, wird ihre Oberfläche gefaltet, und es entstehen Gebirgszüge. Läuft dieser Zusammenstoß mit größerer Geschwindigkeit ab, so kann eine Platte unter die andere geschoben werden, sie dringt in größere Tiefen vor, wird aufgeheizt und schmilzt. Auf dem Ozeanboden finden wir dann tiefe Gräben.

Die ganze Geschichte der Erde kann im Rahmen dieser Plattentektonik rekonstruiert werden, und so ist die Plattentektonik plötzlich zur grundlegenden Idee der Geologie geworden, so wie die Evolution die grundlegende Idee der Biologie und die Atomlehre die grundlegende Theorie der Chemie ist. Die Bewegung der Platten führt zur Entstehung von Gebirgen, zur Entstehung von Tiefseegräben, zur Vergrößerung der Ozeane, zur Trennung von Kontinenten und zur Bildung neuer Kontinente.

Die Bewegung der tektonischen Platten führt immer mal wieder dazu, daß die Kontinente zu einer gewaltigen Landmasse zusammenfinden und sich dann erneut trennen, immer und immer wieder. Zuletzt ist Pangaea vor etwa 225 Millionen Jahren entstanden, als die Entwicklung der Dinosaurier begann. Vor 180 Millionen Jahren brach dieser Urkontinent wieder auseinander.

Vulkane

Wir haben gesehen, daß die Bewegung der tektonischen Platten für sich genommen keine Katastrophe darstellt, weil sie langsam abläuft. Die Veränderungen in den Positionen der Kontinente sind in historischer Zeit so gering, daß sie ohne äußerst empfindliche Meßgeräte nicht hätten nachgewiesen werden können. Dennoch hat die Bewegung der Platten hin und wieder »Nebenwirkungen«, die nicht zu einer allmählichen Veränderung der Landkarte führen, sondern plötzlich auftreten und lokale Verwüstungen anrichten. Die Grenzen zwischen den einzelnen Platten sind Ausdruck der Bruchzonen in der Erdkruste; man nennt sie »Verwerfung«. Diese Verwerfungen sind keine einfachen, geraden Linien, sondern weisen zahlreiche Abzweigungen und Verästelungen auf. Es sind Schwachstellen, durch die an vielen Stellen Wärme und geschmolzenes Gestein aus Bereichen tief unterhalb der Erdkruste aufsteigen können. Die Wärme kann dabei durchaus noch nutzbringend sein: Sie kann das Grundwasser aufheizen, sie kann heiße Dampfquellen oder auch heiße Wasserquellen speisen. Manchmal wird das Wasser auch unter Druck bis zu einer kritischen Temperatur aufgeheizt und dann teilweise in die Luft geschleudert; anschließend wird das unterirdische Becken erneut gefüllt und aufgeheizt, und der ganze Prozeß beginnt von vorne. So etwas nennen wir einen Geysir.

In anderen Gegenden ist die Wirkung der aufsteigenden Wärme heftiger. Geschmolzenes Gestein dringt nach oben und erstarrt. Weiteres geschmolzenes Gestein dringt nach, überschwemmt das schon erstarrte Gestein und türmt so immer mehr Masse auf. Schließlich ist ein Berg mit einem zentralen Kanal entstanden, durch den das geschmolzene Gestein, die Lava, aufsteigen und wieder versinken kann. Die Erstarrungsperioden, die Ruhezeiten, können unterschiedlich lange dauern, ehe das Gestein erneut schmilzt.

Dies ist ein Vulkan, der aktiv sein kann oder in Ruhe verharrt. Mitunter ist ein Vulkan über längere Zeit mehr oder minder aktiv und — wie bei chronischen Leiden üblich — nicht sonderlich gefährlich. Hin und wieder nimmt die Aktivität im Untergrund zu, steigt die Lava an und läuft über. Dann wälzen sich Ströme glühend heißer Lava die Abhänge hinunter und können dabei menschliche Ansiedlungen bedrohen, die dann evakuiert werden müssen.

Viel gefährlicher sind jene Vulkane, die für lange Zeit hindurch völlig inaktiv gewesen sind. Dann kann die Lava, die bei der letzten aktiven Phase aufgestiegen ist, im Schlot erstarren und ihn verstopfen. Wenn im Untergrund keine

weitere Aktivität mehr auftritt, ist dies nicht weiter gefährlich. Doch gelegentlich können die Verhältnisse unter der Erde zu einem Wiederaufleben vulkanischer Aktivität führen, einen neuerlichen Hitzeschub bereitstellen. Dann
versperrt der Pfropfen aus erstarrter Lava der neuen Lava den Weg nach oben.
Es entsteht ein Überdruck, der schließlich dazu führen kann, daß sich die
Lavamassen gewaltsam einen Weg bahnen. Damit verbunden ist ein sehr
heftiger und vor allem unerwarteter Auswurf von Gas, Dampf, Felsbrocken
und glühender Lava. Und wenn Wasser unter der Oberfläche in der Nähe der
Lava eingeschlossen war, konnte durch die »Verstopfung« Wasserdampf mit
sehr hohem Druck produziert werden, der nun zu einer Explosion der gesamten Vulkanspitze führt, einer Explosion, die heftiger ist als alles, was Menschen
künstlich herbeiführen können — selbst im Vergleich zu einer Wasserstoffbombe.
Dabei kann ein »schlafender« Vulkan so harmlos aussehen. Sein letzter Ausbruch kann so weit zurückliegen, daß Menschen sich nicht mehr daran erinnern. Der Boden, der damals an die Oberfläche gebracht wurde, ist noch sehr
fruchtbar und daher für die menschliche Besiedlung bzw. Nutzung sehr verlockend. Entsprechend mörderisch wird eine unerwartete Explosion.
Wir kennen 455 aktive Vulkane auf dem Festland und auf Inseln, und die Zahl
der Unterwasservulkane wird auf 80 geschätzt. Rund 62 Prozent aller aktiven
Vulkane sind um den Pazifischen Ozean herum gruppiert, Drei Viertel von
ihnen an seiner Westküste auf den Inselketten, die der asiatischen Küste vor-
gelagert sind.
Dieser Vulkanring um den Pazifischen Ozean wird manchmal der »Feuerring«
genannt, und eine Zeitlang glaubte man, er würde das Loch umranden, das der
Mond bei seiner Abtrennung von der Erde zurückgelassen habe. Heute wird
diese Theorie nicht mehr akzeptiert, weil man weiß, daß der Feuerring lediglich die Grenze der Pazifischen Platte markiert. Weitere 17 Prozent der
Vulkane finden wir entlang der Indonesischen Inselkette, der Grenze zwischen
der Eurasischen und der Australischen Platte. 7 Prozent der Vulkane sind

entlang einer Ost-West-Linie quer durch das Mittelmeer angeordnet, an der Grenze zwischen der Eurasischen und der Afrikanischen Platte.

Der bekannteste Vulkanausbruch in der Geschichte der westlichen Welt ist die Explosion des Vesuvs im Jahre 79. Der Vulkan ist ungefähr 1.280 Meter hoch und befindet sich 15 Kilometer östlich von Neapel. Vor 79 wußte man nicht, daß es sich bei ihm um einen Vulkan handelt, weil niemand sich an einen Ausbruch erinnerte.

Am 24. August 79 aber brach der Vesuv aus. Lavaströme, Aschenregen, Rauchwolken, Dampf und giftige Gase zerstörten die Städte Pompeji und Herculaneum am südlichen Abhang. Der Ausbruch des Vesuvs gilt als »Musterbeispiel« für einen Vulkanausbruch, nicht zuletzt deshalb, weil wir soviel von ihm wissen. Er ereignete sich in der Blütezeit des Römischen Reiches, wurde von Plinius dem Jüngeren (dessen Onkel, Plinius der Ältere, bei diesem Ereignis ums Leben kam, weil er es aus nächster Nähe beobachten wollte) in dramatischen Worten geschildert, und er hinterließ zwei verschüttete Ortschaften, die unter dem Ascheregen konserviert wurden. Die Ausgrabungen dieser beiden Städte, die im Jahre 1709 begannen, legten zahlreiche Szenen aus dem römischen Alltagsleben frei, so daß wir aus ihrem Studium eine Menge über die Lebensgewohnheiten der Römer mit eigenen Augen lernen konnten, uns nicht nur auf die schriftlichen Überlieferungen stützen mußten. Doch obgleich der Ausbruch des Vesuvs aus all diesen Gründen das wohl bekannteste vulkanische Ereignis in der Geschichte der Menschheit ist — gemessen an seiner Zerstörungskraft war es ein vergleichsweise kleiner Zwischenfall.

Auf Island gibt es ausgesprochen viel Vulkanismus, denn diese Insel liegt auf dem Mittelozeanischen Rücken an der Grenze zwischen der Eurasischen und der Nordamerikanischen Platte. Island wird durch die auseinanderstrebende Bewegung dieser beiden Platten buchstäblich in die Länge gezogen.

1783 begann ein Ausbruch des Vulkans Laki, der 190 Kilometer östlich von Reykjavik, der isländischen Hauptstadt, im Inland liegt. Innerhalb von zwei

Jahren bedeckte die ausgeworfene Lava eine Fläche von 580 Quadratkilometern. Doch der direkte Schaden durch diese Lavaströme war klein im Vergleich zu den Schäden, die die vulkanische Asche anrichtete: Sie wurde vom Winde verweht und bis nach Schottland getragen, über eine Entfernung von 800 Kilometern hinweg, wo sie weite Landstriche bedeckte und die Ernte vernichtete.

In Island selbst fielen drei Viertel aller Haustiere dem Rauch- und Ascheregen zum Opfer, und zumindest vorübergehend wurde die nur sehr kleine wirtschaftlich nutzbare Anbaufläche des Landes unbrauchbar. In der Folge starben rund 10.000 Menschen, etwa ein Fünftel der Bevölkerung Islands, an Krankheit und Hunger. Die Folgen eines Vulkanausbruches können noch schlimmer sein, wenn dichter bevölkerte Gebiete betroffen sind. Ein Beispiel dafür ist der Vulkan Tambora auf der indonesischen Insel Sumbawa, östlich von Java. 1815 war dieser Vulkan vier Kilometer hoch. Am 7. April schuf sich dann plötzlich die eingepferchte Lava einen Weg nach außen und schleuderte dabei den oberen Kilometer des Vulkans einfach weg. Rund 150 Kubikkilometer Gesteinsmaterial wurden damals »abgetragen«, die größte Masse, die je bei einem Vulkanausbruch in die Atmosphäre geschleudert wurde.*

Der Gesteins- und Ascheregen tötete 12.000 Menschen, und durch die Vernichtung des Farmlandes und der Haustiere starben auf Sumbawa und der Nachbarinsel Lombok mehr als 80.000. Die gewaltigste und folgenschwerste Vulkanexplosion in der westlichen Welt ereignete sich am 8. Mai 1902. An diesem Tag explodierte der Vulkan Mount Pelée im Nordwesten der karibischen Insel Martinique, von dem man wußte, daß er hin und wieder kleinere Ausbrüche gehabt hatte. Riesige Mengen an Lava und eine heiße Gaswolke strömten mit großer Geschwindigkeit den Abhang herunter und begruben die Stadt Saint Pierre unter sich. Die gesamte Bevölkerung fiel diesem Ausbruch

---

*Dieser Wert ist möglicherweise zu hoch geschätzt, denn ein Teil der Bergspitze kann auch in den entstandenen Vulkankrater gestürzt sein, den Hohlraum, der nach dem Ausbrechen der Lava entstanden war.

zum Opfer, rund 38.000 Menschen — bis auf einen Gefängnisinsassen, der in einem unterirdischen Raum gefangengehalten wurde.

Die heftigste Vulkanexplosion der Neuzeit traf jedoch die Insel Krakatau. Mit 47 Quadratkilometern war es keine sehr große Insel, ein bißchen kleiner noch als die Halbinsel Manhattan; sie liegt in der Sundastraße zwischen Sumatra und Java 840 Kilometer westlich des Vulkans Tambora.

Krakatau schien kein gefährlicher Vulkan zu sein. Man wußte von einem Ausbruch im Jahre 1680, der jedoch wenig Schaden angerichtet hatte. Am 20. Mai 1883 beobachtete man eine deutliche Aktivitätszunahme, die jedoch wieder abebbte, ohne viel Unheil angerichtet zu haben; eine Periode gelegentlichen Rumorens schloß sich an. Dann, am 27. August 1883, gegen 10 Uhr vormittags, schien mit einer gewaltigen Explosion die ganze Insel in die Luft zu fliegen. Doch nur 21 Kubikkilometer wurden emporgeschleudert, viel weniger als die wahrscheinlich übertriebene Schätzung für den Vulkanausbruch des Tambora 68 Jahre zuvor; dafür war die Explosion sehr viel heftiger als damals. Vulkanasche ging in einem Bereich von 800.000 Quadratkilometern nieder, nachdem sie zuvor rund 2 1/2 Tage lang den Himmel verfinstert hatte. Vulkanstaub drang bis in die Stratosphäre vor, verteilte sich über die ganze Erde und sorgte während der nächsten Jahre für phantastische Sonnenuntergänge. Das Explosionsgeräusch konnte noch über eine Entfernung von mehr als 3.000 Kilometern vernommen werden, und die Gewalt der Explosion wird auf mehr als das 25fache der stärksten bislang gezündeten Wasserstoffbombe geschätzt.

Die Explosion des Krakatau löste auch einen Tsunami aus, eine gewaltige Flutwelle, die die benachbarten Inseln überschwemmte und auch an entfernten Küstenstreifen große Verwüstungen anrichtete. Das Leben auf Krakatau wurde völlig ausgelöscht, und der Tsunami, der in engen Buchten und Hafenbecken Höhen von bis zu 36 Metern erreichte, zerstörte 163 Dörfer und tötete etwa 40.000 Menschen.

Der Ausbruch des Krakatau wurde als der lauteste Knall bezeichnet, der je in geschichtlicher Zeit auf der Erde zu vernehmen gewesen sei, doch stellte sich dies als Irrtum heraus. Es muß einen noch lauteren gegeben haben.

In der südlichen Ägäis, etwa 230 Kilometer südöstlich von Athen, liegt die Insel Thera. Sie hat die Form einer gewaltigen Sichel und ist nach Westen geöffnet. Zwischen den beiden Sichelenden liegen zwei kleinere Inseln. Das Ganze sieht aus wie ein zerfallener Vulkankraterrand, und genau das ist richtig. Die Insel Thera ist vulkanischen Ursprungs und wird auch heute noch von manchen Eruptionen erschüttert. Ausgrabungen haben aber in jüngster Zeit gezeigt, daß die Insel um das Jahr 1470 v. Chr. viel größer gewesen sein muß als heute und eine blühende Siedlung der minoischen Kultur beherbergte, einer Kultur, die rund 100 Kilometer weiter südlich auf der Insel Kreta ihren Ausgang genommen hatte.

Damals jedoch muß Thera buchstäblich »in die Luft« geflogen sein, so wie Krakatau 33 Jahrhunderte später; die Wucht der Explosion dürfte rund fünfmal größer gewesen sein als die des Krakataus. Auf Thera wurde alles zerstört, und der Tsunami, dessen Höhe 50 Meter erreicht haben dürfte, traf die minoische Kultur auf Kreta so nachhaltig, daß sie binnen weniger Jahrzehnte verschwand.[*]

Es dauerte rund 1.000 Jahre, ehe die Griechen in dieser Region wieder eine Kultur zustande brachten, die das Niveau jener vor der Explosion erreichte. Zweifellos sind der Thera-Explosion nicht so viele Menschen zum Opfer gefallen wie etwa dem Krakatau-Ereignis oder dem Tambora-Ausbruch, denn die Erde war damals noch sehr viel dünner besiedelt. Die Thera-Explosion war jedoch insofern folgenschwerer als die beiden anderen, als sie nicht nur einige Städte vernichtete, sondern gleich eine gesamte Kultur.

Die Thera-Explosion ist noch in einem anderen Zusammenhang interessant. Die Ägypter behielten sie und ihre Folgen im Gedächtnis und überlieferten sie

---

[*]Die Historiker wußten schon länger, daß die minoische Zivilisation in jener Zeit ein plötzliches Ende fand, doch hatten sie dafür vor den Ausgrabungen auf Thera keine Erklärung gehabt.

in vielleicht etwas modifizierter Form*, und 1.000 Jahre später erfuhren die Griechen durch sie von dieser Katastrophe.

Die ägyptischen Überlieferungen tauchen in zwei der Dialoge Platos auf. Plato (427—347 v. Chr.) wollte mit seinen Erzählungen keine Geschichtsschreibung betreiben, sondern moralische Appelle an seine Mitmenschen richten. Vielleicht konnte er auch nicht glauben, daß die große Stadt, von der die Ägypter berichteten, in der Ägäis gelegen haben könne, wo es zu seiner Zeit nur einige kleine Inseln ohne Bedeutung gab. Er verlegte die große Stadt daher in den fernen Westen, in den Atlantischen Ozean, und nannte sie Atlantis. Seine Berichte handeln von der Zerstörung dieser Stadt.

So kommt es, daß immer wieder Menschen geglaubt haben, im Atlantik sei ein versunkener Kontinent zu finden. Die Entdeckung des Telegraphen-Plateaus schien diese Hypothese zunächst zu bestärken, doch führte die Auffindung der Mittelozeanischen Rücken zu einer Ernüchterung.

Aber auch die Vorstellung von Suess, nach der Kontinente immer wieder durch Landbrücken verbunden gewesen wären, durch riesige Festlandflächen, die aus dem Wasser auftauchten und wieder im Meer verschwanden, regte die Phantasie der Atlantis-Anhänger an. Es blieb nicht bei dieser einen Stadt, sondern weitere Kontinente wie Lemuria im Pazifik und Mu im Indischen Ozean kamen hinzu. Wir wissen heute, daß Suess sich geirrt hat; darüber hinaus sprach er von Veränderungen, die vor vielen Hundert Millionen Jahren stattgefunden haben sollten, nicht aber, wie Atlantisfanatiker meinten, von Ereignissen, die nur einige tausend oder zehntausend Jahre zurückliegen.

Das Verständnis der Krustenbewegung als Folge einer Plattenbewegung hat all diesem Spuk ein Ende bereitet. Es gibt nirgendwo in einem Ozean einen versunkenen Kontinent — doch dies wird die Fanatiker nicht daran hindern, weiter an ihre versunkenen Städte und Kontinente zu glauben.

*Die Erzählungen, die Velikovski über Katastrophen aus jener Zeit zusammengetragen hat (und die er zeitlich mit dem Exodus zusammenwirft), lassen sich — wenn sie überhaupt einen realen Hintergrund haben — viel leichter mit den Folgen der Thera-Explosion erklären als mit einer unmöglichen engen Begegnung zwischen Venus und Erde.

Bis vor nicht allzu langer Zeit glaubten die meisten Wissenschaftler (ich auch), daß Platos Erzählungen reine Erfindungen gewesen seien, gedacht als moralischer Fingerzeig für seine Mitmenschen. In diesem Fall haben wir uns geirrt. Einige der Details aus Platos Erzählungen stimmen mit dem überein, was die Ausgrabungen auf Thera zutage gefördert haben, und so müssen wir heute davon ausgehen, daß seinen Berichten die Zerstörung von Thera zugrunde liegt. Die Zerstörung einer Stadt über Nacht — aber nur einer Stadt auf einer kleinen Insel, keineswegs eines ganzen Kontinents.

Doch ganz gleich, wie gefährlich Vulkane im Extremfall werden können, die Plattentektonik ist auch Auslöser einer weiteren Erscheinung, die noch viel gefährlicher sein kann.

Erdbeben

Wenn die tektonischen Platten auseinandergetrieben werden oder zusammenstoßen, muß dies nicht notwendigerweise reibungslos ablaufen. Im Gegenteil, man wird einen gewissen Widerstand erwarten können.

Wir können uns zwei Platten vorstellen, die durch gewaltige Drücke fest aneinandergepreßt werden. Die Bruchzone ist nicht glatt, sondern zackig, viele Kilometer tief, und die Ränder bestehen aus rauhem Gestein. Eine der beiden Platten kann in nördlicher Richtung getrieben werden, die andere stationär sein oder gar in südlicher Richtung driften; wir können uns aber auch vorstellen, daß eine Platte angehoben wird, während die andere stationär ist oder nach unten sinkt.

Die gewaltigen Reibungswiderstände an den Plattenrändern verhindern zunächst eine wirkliche Bewegung der Platten, doch die wirksame Kraft nimmt zu, je weiter die langsame Bewegung im Erdmantel die Platten auseinandertreiben will. An anderen Stellen kann die aufsteigende Lava, kann die Ausweitung der Meeresböden, das »Seafloor-Spreading«, einen ständigen Druck ausüben und so eine Platte gegen die andere schieben. Es können Jahre vergehen, aber früher oder später müssen sich die aufgestauten Spannungen lösen, schrammen die Platten aneinander vorbei; vielleicht nur um einige Zentimeter, vielleicht aber auch um mehrere Meter. Damit ist der Druck abgeführt, und die Platten verharren zunächst eine unbestimmte Zeit in Ruhe, ehe die Spannungen neuerlich die Belastungsgrenze überschreiten.

Solche abrupten Bewegungen der tektonischen Platten versetzen die Erde in Schwingungen, und ein Erdbeben entsteht. Zwei solcher Platten können sich im Laufe eines Jahrhunderts immer wieder um kleine Beträge gegeneinander verschieben, ohne daß die Erdbeben besonders gefährlich würden. Die Platten können aber auch für lange Zeit so fest gegeneinander gepreßt werden, daß über ein Jahrhundert hinweg nichts geschieht, dann aber alles auf einmal »nachgeholt« wird und ein schweres Erdbeben auftritt. Auch hier hängt die Zerstörungskraft von der Geschwindigkeit der Veränderung ab. Verteilt sich die Energiefreisetzung gleichmäßig über ein Jahrhundert, dann ist sie relativ ungefährlich, wird sie dagegen auf einen kurzen Zeitraum innerhalb dieses Jahrhunderts konzentriert, kann sie katastrophale Folgen haben.

Da die Erdbeben wie die Vulkane entlang den Bruchzonen auftreten (jenen Regionen, an denen zwei Platten aneinanderstoßen), werden die Vulkangegenden der Erde auch von vielen Erdbeben erschüttert. Von beiden Naturkatastrophen sind die Erdbeben die gefährlicheren: Lavaausbrüche sind auf kleine Regionen begrenzt — auf die Umgebung von großen und leicht erkennbaren Vulkanen, und so ist normalerweise auch die zerstörerische Wirkung eines Vulkanausbruches räumlich eingegrenzt, da Tsunamis und große Asche-Auswürfe nur sehr selten sind. Erdbeben dagegen können an jeder beliebigen Stelle entlang der oft viele hundert Kilometer langen Bruchzone auftreten.

Vulkane geben normalerweise eine Vorwarnung. Selbst wenn ein Vulkan seine Spitze in die Luft jagt, kann man vorher ein »Rumoren« vernehmen oder Rauch- und Asche-Auswürfe beobachten. Beim Krakatau beispielsweise verzeichnete man eine wachsende Aktivität 3 Monate vor der eigentlichen Explosion. Erdbeben dagegen haben meist nur sehr schwer erkennbare Vorboten. Während die Vulkanausbrüche also örtlich begrenzt sind und zumeist den Menschen in der Umgebung genügend Zeit zur Flucht lassen, ist ein Erdbeben oft schon nach 5 Minuten vorüber, und während dieser 5 Minuten werden weite Landstriche erschüttert. Die Schwingungen der Erdoberfläche selbst sind nicht gefährlich (obwohl sie einem einen fürchterlichen Schrecken einjagen können), doch als Folge davon stürzen Häuser ein, und die Menschen sterben in den Ruinen. Heutzutage können die Bodenschwingungen auch Dämme bersten lassen und Fluten auslösen, Überlandleitungen zerstören und damit Feuer entzünden, kurz gesagt, eine riesige Zerstörung anrichten.

Das wohl bekannteste Erdbeben in der neuzeitlichen Geschichte des Abendlandes ereignete sich am 1. November 1755. Der Erdbebenherd lag unmittelbar vor der Küste von Portugal, und es war sicherlich eines der 3 oder 4 stärksten Beben, die je registriert wurden. Die portugiesische Hauptstadt Lissabon bekam die Wirkung dieses Erdbebens voll zu spüren. Jedes Haus in der Unterstadt wurde zerstört. Dann kam der Tsunami, der durch die Erschütterungen des Meeresbodens ausgelöst worden war, und vollendete die Katastrophe. 60.000 Menschen starben, und die Stadt sah aus wie nach einer Atombombenexplosion.

Die Erschütterungen dieses Erdbebens wurden in einem Gebiet von 3,5 Millionen Quadratkilometern verspürt; auch in Marokko wurden große Schäden angerichtet. Weil das Erdbeben an Allerheiligen stattfand, waren viele Menschen in den Kirchen, und in ganz Südeuropa sahen jene in den Gotteshäusern die Kerzenleuchter tanzen und schwingen.

Das bekannteste Erdbeben in der amerikanischen Geschichte ereignete sich in San Francisco. Die Stadt liegt auf der Grenze zwischen der Pazifischen Platte und der Nordamerikanischen Platte. Die Grenze verläuft fast durch das gesamte Westkalifornien und wird die San-Andreas-Verwerfung genannt. Im ganzen Verlauf dieser Bruchzone und ihren Verzweigungen treten immer wieder kleinere Erschütterungen auf, doch hin und wieder bleiben Teilbereiche der Reibungszone hängen, bauen sich über Jahrzehnte hinweg Spannungen auf, und dann gibt es eine größere Katastrophe.

Am Morgen des 18. April 1906, um 5.13 Uhr, löste sich unter San Francisco eine solche Spannung in der San-Andreas-Verwerfung, und die Gebäude stürzten ein. Ein Feuer entzündete sich und wütete drei Tage lang, ehe es vom Regen gelöscht wurde. Ein Gebiet von zehn Quadratkilometern im Bereich der Stadt wurden buchstäblich dem Erdboden gleichgemacht. Rund 700 Menschen starben, und eine Viertel Million wurde obdachlos. Der Sachschaden wurde auf eine halbe Milliarde Dollar geschätzt. Untersuchungen des amerikanischen Geologen Harry Fielding Reid (1859—1944) ergaben, daß dieses Erdbeben durch eine Verschiebung der beiden Platten gegeneinander ausgelöst worden war. Eine der beiden Platten hatte sich relativ zur anderen um bis zu sechs Meter bewegt. Daraus entwickelte sich die moderne Theorie zur Erklärung der Erdbeben, doch dauerte es noch rund 50 Jahre, ehe mit der Entdeckung der Plattentektonik auch die treibende Kraft für diese Erdbeben gefunden war.

Zu jener Zeit war San Francisco zum Glück noch eine relativ kleine Stadt, so daß die Zahl der Toten verhältnismäßig klein blieb. Mißt man die Schwere eines Erdbebens an den Toten, so hat es sehr viel heftigere Beben in der westlichen Welt gegeben.

1970 zerstörte ein Beben in Yungai (Peru), 320 Kilometer nördlich der Hauptstadt Lima, einen Erdwall, hinter dem ein großes Wasserreservoir aufgestaut worden war. Die freigesetzten Wassermassen türmten sich zu einer hohen Flut auf, die 70.000 Menschen ertränkte.

Größere Zerstörungen richten Erdbeben am anderen Ende der Pazifischen Platte an, im Fernen Osten, wo die Bevölkerungsdichte sehr groß ist und die Häuser so wenig stabil gebaut sind, daß sie schon bei den ersten Schwingungen eines größeren Bebens einstürzen. Am 1. September 1923 wurde die Region Tokio-Yokohama von einem heftigen Erdstoß erschüttert. Tokio war 1923 viel größer als San Francisco 1906 — in der Tokio-Yokohama-Region lebten rund 2 Millionen Menschen.

Das Erdbeben ereignete sich kurz vor Mittag, und 575.000 Gebäude stürzten mit einem Male ein. In den Ruinen und durch das anschließende Feuer sind mehr als 140.000 Menschen ums Leben gekommen, die Sachschäden mögen 3 Milliarden Dollar erreicht haben (nach dem, was ein Dollar damals wert war). Es war wahrscheinlich das »teuerste« Erdbeben, das je registriert wurde.

Doch nicht einmal dieses Erdbeben war im Hinblick auf die Zahl der Toten das schwerste. Am 23. Januar 1556 wurden in der Provinz Shensi in Zentral-China einem Bericht zufolge 830.000 Menschen getötet. Natürlich können wir so einem alten Bericht nicht unbedingt vertrauen, aber am 28. Juli 1976 ereignete sich ein etwa ähnlich folgenschweres Erdbeben südlich von Peking. Die Städte Tientsin und Tangshan wurden dem Erdboden gleichgemacht, und obwohl keine offiziellen Zahlen bekannt wurden, geht man von 655.000 Toten und 780.000 Verletzten aus.

Was also können wir allgemein über Erdbeben und Vulkane sagen? Sie haben sicherlich folgenschwere Auswirkungen, doch sind sie in ihrer Wirkung räumlich eng begrenzt. In all den Milliarden Jahren, die seit der Entstehung des Lebens auf der Erde vergangen sind, waren weder Vulkane noch Erdbeben so heftig, daß sie eine ernsthafte Gefahr für den Fortbestand des Lebens dargestellt hätten. Sie können nicht einmal einer Zivilisation wirklich gefährlich werden. Wenn die Thera-Explosion auch ein wesentlicher Faktor bei der Zerstörung der minoischen Kultur gewesen sein mag, so lag das daran, daß die damaligen Kulturkreise ziemlich klein waren. Die minoische Kultur beispielsweise konzentrierte sich auf die Insel Kreta sowie einige weitere ägäische Inseln und hatte einigen Einfluß auf das griechische Festland.

Können wir aber sicher sein, daß dies alles so bleibt; können wir sicher sein, daß die tektonischen Störungen in der Erdkruste nicht so stark werden, daß sie in Zukunft großräumige Katastrophen auslösen, auch wenn das in der Vergangenheit nicht der Fall war? 1976 beispielsweise gab es mehr als 50 Erdbeben mit tödlichen Folgen, von denen einige (in Guatemala und in China) wahre »Monsterbeben« waren. Werden die Verhältnisse also schlimmer?

Sicher nicht! Die Dinge sehen nur schlimmer aus, und das Jahr 1906 (das Jahr des San-Francisco-Erdbebens) brachte mehr schwere Beben als das Jahr 1976, doch die Menschen 70 Jahre vorher waren davon nicht so sehr betroffen. Warum ängstigen sie sich heute mehr? Zum einen sind die Nachrichtenverbindungen seit dem Zweiten Weltkrieg entscheidend verbessert worden. Es ist noch gar nicht so lange her, daß wir keinerlei Verbindung zu weiten Bereichen Afrikas, Asiens und selbst Südamerikas hatten. Wenn sich in einer solchen entlegenen Region ein Erdbeben ereignete, so erfuhren wir in der Regel kaum davon. Heute dagegen berichten die Titelseiten aller Zeitungen schon am nächsten Tag über jedes größere Erdbeben, und die Verwüstungen werden im Fernsehen deutlich gezeigt.

Aber auch unser Interesse ist gestiegen. Wir sehen uns nicht länger als losgelöst vom Rest der Welt. Früher legten wir Nachrichten über Erdbeben in anderen Kontinenten achtlos beiseite, denn was ging uns schon an, was in fernen Ländern geschah. Nachdem wir aber gelernt haben, daß Unfälle auch in entlegenen Regionen der Erde oft sehr direkte Auswirkungen auf uns selbst haben, beachten wir solche Ereignisse mit mehr Aufmerksamkeit.

Schließlich ist auch noch die Bevölkerung der Erde gewachsen. Innerhalb der letzten 50 Jahre hat sie sich verdoppelt und inzwischen die 4-Milliarden-Grenze überschritten. Ein Erdbeben, das im Jahre 1923 in Tokio 140.000 Menschen tötete, würde heute unter gleichen Voraussetzungen vielleicht 1 Million Menschen das Leben kosten. In Los Angeles leben heute 3 Millionen Menschen gegenüber 100.000 im Jahre 1900. Ein Erdbeben, das Los Angeles zerstört, würde heute 30mal mehr Menschen töten als zu Beginn des Jahrhunderts. Nicht die Stärke des Erdbebens hat sich verdreißigfacht, sondern die Zahl der potentiellen Opfer.

Das heftigste Erdbeben in den Vereinigten Staaten, das bekannt geworden ist, ereignete sich nicht in Kalifornien, sondern im US-Bundesstaat Missouri. Das Epizentrum, der Erdbebenherd, lag unweit der Ortschaft New Madrid am Mississippi-River nahe der Süd-Ost-Ecke des Bundesstaates. Das Erdbeben war so heftig, daß der Lauf des Mississippi dabei verändert wurde. Es ereignete sich aber bereits am 15. Dezember 1811, zu einer Zeit, da die ganze Region noch äußerst dünn besiedelt war. So ist denn auch kein Todesfall im Zusammenhang mit diesem Erdbeben bekannt geworden. Dasselbe Erdbeben am selben Ort würde heute einige hundert Menschen töten, und ein paar hundert Kilometer stromaufwärts fielen ihm Zehntausende zum Opfer.

Zu guter Letzt dürfen wir auch nicht vergessen, daß die Todesursachen bei einem Erdbeben zumeist auf von Menschenhand geschaffene Objekte zurückgehen. Einstürzende Gebäude begraben die Menschen unter sich, berstende Staudämme ertränken sie; Feuer, das durch herabstürzende Hochspannungsleitungen entsteht, tötet weitere Menschen. Die Zahl dieser von Menschenhand geschaffenen »Mordwerkzeuge« hat sich im Laufe der Zeit immer weiter vergrößert, die Objekte sind immer ausgereifter und teuerer geworden. Das führt nicht nur zu einer Steigerung der Zahl der Toten, sondern auch zu einem immer größeren Sachschaden.

Die Zukunft der Tektonik

Wir können also erwarten, daß mit jedem Jahrzehnt die Zahl der Toten und die Ausmaße der Zerstörung, die durch Erdbeben (und in kleinerem Maße durch Vulkane) hervorgerufen werden, größer werden, obwohl die tektonischen Platten nichts anderes tun als seit Jahrmilliarden: sich gegeneinander bewegen. Wir können auch erwarten, daß die Menschen, denen diese stetig zunehmenden Schäden nicht verborgen bleiben, vermuten werden, daß die Erdaktivität zunimmt, daß die Erde eines Tages auseinanderfliegt.

Doch das ist falsch! Selbst wenn die Folgen der Erdbeben immer schlimmer werden, liegt dies nicht an einer Veränderung der Erdbebenaktivität, sondern an einer Veränderung der menschlichen Umwelt. Natürlich wird es immer Menschen geben, die das unmittelbar bevorstehende Ende der Welt prophezeien. Früher stützten sich solche Voraussagen auf die eine oder andere Stelle der Bibel, galt der bevorstehende Weltuntergang immer als Strafe für die Sünden. Heutzutage sind es oft kosmische Auswirkungen, die als Ursache für eine Katastrophe herangezogen werden.

So erschien 1974 zum Beispiel ein Buch mit dem Titel *Der Jupiter-Effekt*, geschrieben von John Gribbin und Stephen Plagemann — und ich schrieb das Vorwort zu diesem Buch, weil ich glaubte, daß es ein interessantes Buch sei. Gribbin und Plagemann berechneten den Gezeiteneffekt einiger Planeten auf die Sonne, spekulierten dann über die Auswirkungen dieses Gezeiteneffektes auf solare Flares und damit den Sonnenwind; sie spekulierten weiter über die Einflüsse des Sonnenwindes auf die Erde. Insbesondere wollten sie wissen, ob es irgendwelche Wechselwirkungen gäbe, die die Spannungen an Bruchzonen verstärken würden. Wenn beispielsweise die San-Andreas-Spalte bereits soviel Spannung aufgebaut haben sollte, daß ein Erdbeben nicht mehr lange auf sich warten lassen würde, dann könnte vielleicht der Einfluß des Sonnenwindes den letzten Anstoß geben, das Faß zum Überlaufen bringen, das Erdbeben auslösen. Gribbin und Plagemann wiesen darauf hin, daß 1982 die Planeten so zueinander angeordnet sein würden, daß ihre gemeinsamen Gezeiteneffekte größer wären als normalerweise. Sie meinten daher, *wenn* die San-Andreas-Spalte unmittelbar vor einem Erdbeben stünde, daß das Jahr 1982 aufgrund dieser Planetenposition ein wahrscheinlicher Zeitpunkt für die Katastrophe sein könnte.

Nun, dieses Buch ist sehr spekulativ geschrieben. Aber selbst wenn die Wirkungskette so ablaufen sollte wie beschrieben — wenn die Position der Planeten in diesem Jahr einen verstärkten Gezeiteneffekt auf die Sonne ausüben sollte, durch den eine erhöhte Flare-Aktivität ausgelöst würde, die ihrerseits den Sonnenwind verstärken würde, der schließlich die Spannung in der San-Andreas-Spalte übersteigert — dann gäbe es ein Erdbeben, das ein paar Jahre später ohnehin »an der Reihe« gewesen wäre, vielleicht sogar noch im gleichen Jahr. Das Erdbeben kann eine sehr große Stärke besitzen, doch wird es nicht stärker sein als ohne den »Kick« durch den Sonnenwind. Es kann großen Schaden anrichten, doch nicht aufgrund seiner Stärke, sondern nur, weil die Menschen Kalifornien seit 1906 dichter besiedelt haben und zahlreiche Bauten und andere »gefährliche Dinge« errichtet haben.

Dennoch ist das Buch mißverstanden worden, und viele Leute fürchten, daß das Jahr 1982 weltweite Katastrophen bringt, weil angeblich alle Planeten nebeneinander aufgereiht sind und dies, zusammen mit astrologischen Einflüssen, die Katastrophe heraufbeschwört. Zumindest Kalifornien sollte ihrer Meinung nach im Ozean versinken.

Unsinn! Die Vorstellung, Kalifornien könnte in den Pazifik abrutschen, kann von den Anhängern dieser Apokalypse sogar mit — wenn auch mißverstandenen — Argumenten untermauert werden. Sie haben eine schwache Ahnung davon, daß sich durch Kalifornien eine Bruchzone zieht, und daß es entlang dieser Bruchzone zu Verschiebungen kommen kann. Die Bewegungen machen jedoch allenfalls ein paar Meter aus, und die Ränder der Bruchzone bleiben natürlich zusammen. Auch nach der plötzlichen Spannungslösung entlang der Bruchzone bleibt Kalifornien *ein* Landstück.

Es ist natürlich nicht auszuschließen, daß irgendwann in der Zukunft entlang dieser Bruchzone eine Art »Sea-Floor-Spreading« beginnt, daß der westliche Teil von Kalifornien sich langsam vom restlichen nordamerikanischen Kontinent trennt. Dann würde zwischen beiden Platten eine Vertiefung entstehen, die vom Wasser des Pazifischen Ozeans gefüllt würde. Auf diese Weise könnte der westliche Teil Kaliforniens zu einer langen Halbinsel werden wie jetzt schon Niederkalifornien; vielleicht entsteht sogar eine vorgelagerte Insel. Allerdings dauert dieser Prozeß mit Sicherheit viele Millionen Jahre, und er wird lediglich von Erdbeben und Vulkanausbrüchen begleitet, die wir heute schon in dieser Region beobachten.

Trotzdem ist die Vorstellung, Kalifornien könnte in den Ozean abrutschen, nicht auszurotten. Da gibt es zum Beispiel den Asteroiden Ikarus, der 1948 von Walter Baade entdeckt wurde und der eine sehr exzentrische Bahn besitzt. Im sonnenfernen Teil seiner Bahn bewegt er sich innerhalb des Planetoidengürtels, im sonnennahen Teil kommt er näher an die Sonne heran als der Planet Merkur. Dazwischen kreuzt er die Erdbahn in nicht allzu großer Entfernung. Wenn Ikarus und Erde gleichzeitig an den Punkten stehen, an denen ihre Bahnen den geringsten Abstand zueinander haben, sind sie nur noch 6,4 Millionen Kilometer voneinander getrennt. Selbst in dieser geringen Distanz, die fast immer noch 17mal so groß ist wie die Entfernung Erde-Mond, ist der Einfluß von Ikarus auf die Erde gleich Null. Trotzdem konnte man anläßlich der jüngsten Annäherung von Ikarus auch wieder die Prophezeiungen vernehmen, Kalifornien würde durch seinen Einfluß im Ozean versinken.

Nach alldem, was wir bislang vernommen haben, kann die Erdbeben- und Vulkantätigkeit der Erde gar nicht zunehmen, sondern müßte im Gegenteil abnehmen. Wenn nämlich die Erde allmählich auskühlt und damit die treibende Kraft der Plattentektonik zum Erliegen kommt, werden die Vulkane für immer verlöschen, wird die Erdbebentätigkeit für immer einschlafen. Allerdings wird dies kaum eintreten, bevor die Sonne ihre Rote-Riese-Phase erreicht.

Viel wichtiger ist die Tatsache, daß die Menschen bereits Versuche anstellen, um die Gefahren, die mit Erdbeben und Vulkanausbrüchen verbunden sind, zu reduzieren. Eine möglichst genaue Vorwarnung wäre schon sehr hilfreich. Bei den Vulkanen mag dies noch ziemlich einfach sein, man braucht nur die gefährdeten Landstriche zu meiden und darüber hinaus das Verhalten eines Vulkans sorgfältig zu studieren, die Vorzeichen einer Explosion richtig zu deuten, um Tod und Sachschaden möglichst auszuschließen. Erdbeben zeigen sich weniger kooperativ, doch auch bei ihnen gibt es Vorzeichen. Wenn sich die Spannungen soweit aufgestaut haben, daß eine abrupte Lösung unmittelbar bevorsteht, laufen im Erdboden geringfügige Veränderungen ab, deren Folgen eigentlich meßbar sein sollten. Zu solchen Veränderungen im Gestein unmittelbar vor einem Erdbeben gehört die Abnahme des elektrischen Widerstandes, eine Aufwölbung des Erdbodens und ein Aufsteigen von Tiefenwasser

246

in die Zwischenräume, die durch die Dehnung des Gesteins entstehen. Dieser vermehrte Zufluß von Wasser aus größeren Tiefen verrät sich durch einen zunehmenden Austritt radioaktiver Gase wie beispielsweise Radon, Gase, die bis dahin im Felsmaterial eingeschlossen waren. Auch der Wasserstand in Brunnen steigt an, ebenso wie die Trübung dieses Wassers zunimmt.

Es scheint so, als wäre eines der untrüglichsten Zeichen für das Bevorstehen eines Erdbebens ein verändertes Tierverhalten. Pferde, die normalerweise friedlich sind, werden unruhig und wild, Hunde beginnen zu heulen, Fische springen aus dem Wasser. Tiere, die normalerweise in Erdlöchern stecken, wie zum Beispiel Ratten und Schlangen, drängen plötzlich ins Freie. Schimpansen steigen von ihren Bäumen herab und halten sich am Erdboden auf. Wir brauchen deshalb nicht gleich anzunehmen, daß solche Tiere die Zukunft voraussagen können oder fremdartige Sinnesorgane besitzen, die uns fehlen. Sie leben in einer intensiveren Beziehung zu ihrer Umwelt, und ihre ständig bedrohte Existenz zwingt sie dazu, auch winzige Veränderungen zu registrieren, die uns entgehen. Schwache Erschütterungen des Erdbodens, die dem wirklichen Beben vorangehen, bleiben ihnen nicht verborgen, und das gilt auch für fremde Geräusche, die aus dem Bereich der Bruchzone aufsteigen, wenn das Gestein beginnt, aneinander vorbeizugleiten.

In China, wo die Beben häufiger sind und ihre Schadenswirkungen größer als in Amerika, unternimmt man große Anstrengungen, sie voraussagen zu können. Die Menschen sind aufgefordert, winzige Veränderungen zu beobachten. So werden seltsame Verhaltensweisen der Tiere erfaßt und Veränderungen im Wasserstand von Brunnen, das Auftreten ungewohnter Geräusche aus dem Erdboden ebenso wie ein unerklärliches Abblättern von Farbe. Damit, so behaupten die Chinesen, haben sie gefährliche Erdbeben ein oder zwei Tage im voraus erkennen können und so viele Menschenleben gerettet — dies gilt vor allem für das Erdbeben, das am 4. Februar 1975 den Nordosten Chinas erschütterte. Auf der anderen Seite sind selbst die Chinesen offenbar von dem folgenschweren Erdbeben am 28. Juni 1976 völlig überrascht worden.

Auch in Amerika verstärkt man die Versuche, Erdbeben voraussagen zu können. Unsere Stärke ist die hochentwickelte Technologie, mit der wir winzige Veränderungen in lokalen magnetischen, elektrischen und Gravitationsfeldern feststellen können, aber auch zeitliche Änderungen in den Wasserständen von Brunnen und in der chemischen Zusammensetzung des Brunnenwassers, selbst in der Luft über uns.

Es wird aber notwendig sein, den Ort, die Zeit und die Stärke eines Erdbebens ziemlich genau vorhersagen zu können, weil ein falscher Alarm sehr kostspielig wäre. Eine schnelle Evakuierung könnte die Wirtschaft und das persönliche Wohlbefinden der Menschen stärker durcheinanderbringen als ein kleines Erdbeben, und die Bevölkerung würde wahrscheinlich mit großem Unmut reagieren, wenn sich der ganze Aufwand als unnötig herausstellen sollte. Beim nächsten Alarm würden die Menschen sich möglicherweise weigern, das gefährdete Gebiet zu verlassen — und dann kommt das Erdbeben wirklich.

Wenn man die Chancen für eine zuverlässige Erdbebenvoraussage verbessern möchte, ist wahrscheinlich eine Vielzahl von Messungen erforderlich, muß die Bedeutung der sich verändernden Meßwerte gegeneinander abgewogen werden. Man könnte sich vorstellen, daß die Meßdaten von vielleicht einem Dutzend unterschiedlicher Instrumente, die durch zitternde Nadeln auf einem Vielkanalschreiber dargestellt werden können, von einem Computer ausgewertet werden, der ständig alle Werte miteinander vergleicht und gegeneinander abwägt, um aus ihnen eine einzige Meßgröße zu erhalten; übersteigt diese Größe einen kritischen Wert, würde die Evakuierung eingeleitet.

Eine Evakuierung würde den Schaden reduzieren, aber können wir damit zufrieden sein? Lassen sich Erdbeben vielleicht ganz verhindern? Es scheint keine Möglichkeit zu geben, die Beschaffenheit des unterirdischen Gesteins zu verändern, doch beim unterirdischen Wasser sieht das anders aus. Wenn man beispielsweise tiefe Brunnen im Abstand von einigen Kilometern entlang der Bruchzone niederbringt und Wasser durch sie in das Gestein preßt, ließen sich möglicherweise Spannungen im Gestein lösen und ein Erdbeben verhindern.

Das Wasser würde vielleicht noch mehr bewirken als nur eine »Entspannung«. Es könnte wie ein Schmiermittel wirken, das das Aneinandervorbeigleiten des Gesteins erleichtert und so den Aufbau von Spannungen verhindert. Eine Serie von kleineren Erdbeben, die keinen Schaden anrichten, ist entschieden erträglicher als ein einziges großes Erdbeben.

Obwohl es leichter ist, mit einer Genauigkeit von einigen Tagen einen Vulkanausbruch vorauszusagen als ein Erdbeben, ist es schwieriger und gefährlicher, einen solchen Vulkanausbruch durch Entspannung zu verhindern als ein Erdbeben.

Man kann sich jedoch vorstellen, daß man bei »schlafenden« Vulkanen vielleicht ein Loch durch den Pfropfen im Auswurfkanal bohrt, durch das dann aufsteigende heiße Lava nach außen dringen kann, ohne einen Explosionsdruck aufzubauen — oder daß man weiter unten neue Ausflußkanäle anlegt in Richtungen, in denen die ausströmende Lava möglichst wenig Schaden anrichten kann.

Zusammenfassend können wir feststellen, daß die Erde im weiteren Verlauf der Zukunft bis hin zu jenem Zeitpunkt, da die Sonne die Hauptreihe verläßt, stabil genug bleibt und das Leben nicht durch irgendwelche unerwarteten Krustenbewegungen ernsthaft gefährdet. Und selbst die lokalen Katastrophen, die Vulkanausbrüche und Erdbeben, kann man vielleicht einmal entschärfen.

X. Klima-
veränderungen

Die Jahreszeiten

Selbst wenn wir von einer absolut »verläßlichen« Sonne ausgehen und von einer innerlich stabilen Erde, so gibt es doch periodische Veränderungen in unserer Umwelt, die unsere Überlebensfähigkeit und die Überlebensfähigkeit allgemein belasten. Die Erdoberfläche wird aus verschiedenen Gründen unterschiedlich erwärmt: Eine Ursache ist die Kugelgestalt der Erde, eine zweite die elliptische Bahn der Erde um die Sonne und der sich daraus ergebende Wechsel im Sonnenabstand, ein dritter Grund ist die Neigung der Erdachse — all dies führt dazu, daß die Durchschnittstemperatur für jeden Punkt auf der Erdoberfläche im Laufe eines Jahres steigt und fällt: Wir beobachten die Jahreszeiten. In den gemäßigten Breiten sind die Sommer warm und die Winter kalt, gibt es Hitzewellen im Sommer und Schneestürme im Winter; und dazwischen die Übergänge, Frühling und Herbst. Näher zum Äquator verschwinden die deutlichen jahreszeitlichen Unterschiede, zumindest im Hinblick auf die Temperatur. Doch selbst im Bereich der Tropen, wo die Temperaturdifferenzen im Laufe eines Jahres nicht so groß sind und daher ein »ewiger Sommer« herrscht, unterscheidet man zwischen regenreichen und trockenen Perioden. Noch krasser werden die Unterschiede zwischen den Jahreszeiten, wenn wir näher an die Pole herankommen. Dort steht die Sonne im Winter nur sehr tief am Horizont, und entsprechend niedrig bleiben die Temperaturen, werden die Sommer kürzer und kühler. An den Polen selbst finden wir schließlich die vielzitierten Polarnächte und Polartage, die jeweils ein halbes Jahr dauern. Dort steigt die Sonne selbst im Sommer nicht mehr als 23 1/2 Grad über den Horizont.
Wir wissen aus eigener Erfahrung, daß sich die Temperaturen während der Jahreszeiten keineswegs gleichmäßig verändern müssen. Oft genug beobachten wir extreme Situationen, die schwerwiegende Folgen nach sich ziehen. So gibt es immer wieder längere Zeiten ohne ausreichenden Regen; eine große Dürre und Mißernten sind die Folge. Da die Bevölkerungsdichte in den reinen

Agrarländern oft jenen oberen Grenzwert erreicht hat, der gerade noch bei guten Ernten versorgt werden kann, folgt auf eine solche Trockenperiode zwangsläufig eine Hungersnot.

In der vorindustrialisierten Zeit, als der Transport von Lebensmitteln über größere Entfernungen Schwierigkeiten bereitete, konnte eine solche Hungersnot zahlreiche Opfer fordern, selbst wenn in benachbarten Regionen Ernteüberschüsse erzielt wurden. Aber selbst in neuerer Zeit hat es des öfteren viele Millionen Hungertote gegeben. 1877 und 1878 beispielsweise starben 9,5 Millionen Chinesen an Unterernährung, nach dem Ersten Weltkrieg verhungerten 5 Millionen Sowjetbürger.

Hungersnöte sollten heute eigentlich kein Problem mehr sein, denn es ist möglich, im Ernstfall genügend Weizen beispielsweise von Amerika nach Indien zu verschiffen. Trotzdem gibt es auch heute noch Schwierigkeiten. Zwischen 1968 und 1973 wurde die Sahelzone von einer andauernden Dürreperiode heimgesucht, jener Bereich Afrikas, der südlich der Sahara liegt, und eine Viertel Million Menschen verhungerte, während weitere Millionen vom Hungertod bedroht waren.

Umgekehrt gibt es auch Perioden mit überdurchschnittlich viel Niederschlägen, die sehr rasch zu Überschwemmungen weiter Gebiete führen können. Besonders gefährdet sind in diesem Zusammenhang die weiten, dichtbevölkerten Ebenen entlang der chinesischen Flüsse. Der Huang Ho, der Gelbe Fluß (auch das »Unglück Chinas« genannt), hat in der Vergangenheit immer wieder Hochwasser gehabt, das Hunderttausende ertränkt hat. Allein ein Hochwasser des Huang Ho im August 1931 soll 3,7 Millionen Menschenleben gefordert haben.

Manchmal sind es nicht die Fluten, die große Verwüstungen anrichten, sondern die heftigen Stürme, die solche sintflutartigen Regenfälle begleiten. Hurricanes, Zyklone und Taifune (in unterschiedlichen Gebieten der Erde hat man verschiedene Namen für diese Wirbelstürme geprägt) können durch die Kombination von Sturm und Niederschlag besonders große Schäden anrichten. So wurden beispielsweise im tiefliegenden Gebiet des Ganges-Delta auf dem Territorium von Bangladesch am 13. November 1970 wahrscheinlich 1 Million Menschen getötet, als ein Zyklon den Ozean landeinwärts trieb. 400.000 Menschen waren bereits bei vier ähnlichen Ereignissen im vorangegangenen Jahrzehnt ums Leben gekommen.

Wenn im Bereich tieferer Temperaturen Wind und Schnee zusammentreffen und Blizzards entstehen lassen, so ist die tödliche Wirkung dieser Naturerscheinung meist kleiner, aber nur, weil sie in der Regel in den polaren und halbpolaren Regionen auftritt, wo die Bevölkerungsdichte sehr gering ist. Trotzdem fielen im März 1888 rund 4.000 Menschen im Nordosten der Vereinigten Staaten einem drei Tage andauernden Schneesturm zum Opfer, und im April desselben Jahres starben in Moradabat (Indien) 246 Menschen durch einen Hagelsturm.

Der gefährlichste Sturm ist der Tornado, ein eng begrenzter Wirbelsturm mit Geschwindigkeiten bis hin zu 500 Kilometern pro Stunde. Ein Tornado kann buchstäblich alles auf seinem Weg zerstören, doch ist er in der Regel eng begrenzt und kurzlebig. Bis zu 1.000 Tornados werden pro Jahr allein im Gebiet der Vereinigten Staaten gezählt, die meisten im Landesinnern, und die Zahl der Todesopfer ist keineswegs unbedeutend. So starben 1925 689 Menschen in den USA durch Tornados.

Diese und alle übrigen Wetterextreme können jedoch lediglich als Unglück angesehen werden, nicht aber als Katastrophe. Sie reichen nicht im entferntesten aus, um das Leben oder auch nur die Zivilisation zu gefährden. Das Leben hat sich an die Jahreszeiten gewöhnt. Wir kennen genügend Organismen, die sich an die unterschiedlichen Verhältnisse in den Tropen, der Wüste, in der Tundra, im Regenwald angepaßt haben, und das Leben überlebt alle extremen Wettersituationen, wenngleich es manches Mal auch einen bestimmten Tribut zollen muß.

Ist es trotzdem vorstellbar, daß die Jahreszeiten ihren heutigen Rhythmus ändern und das Leben weitgehend oder gar völlig ausrotten, etwa durch überlange Winter oder anhaltende Dürreperioden? Kann die Erde planetenweit zu einer Sahara werden oder zu einem globalen Grönland? Wenn wir nur die geschichtliche Vergangenheit betrachten, sind wir geneigt, diese Frage mit einem Nein zu beantworten.

Sicher gab es geringfügige Ausschläge des Klimapendels. So war z. B. während des Maunder-Minimums im 17. Jahrhundert die Durchschnittstemperatur niedriger als normal — aber nicht so niedrig, daß das Leben gefährdet gewesen wäre. Es können mehrere trockene Sommer aufeinanderfolgen oder warme Winter, stürmische Frühjahrszeiten oder durchnäßte Herbstperioden, aber immer wieder schlägt das Wetterpendel zurück, niemals wird eine extreme Wettersituation unerträglich.

Die einzige wirkliche »Entgleisung« des Klimas wurde nur 1816 beobachtet, im Jahr nach dem Tamboro-Ausbruch. Damals war soviel vulkanischer Staub in die obere Atmosphäre getragen worden, daß ein ungewöhnlich hoher Anteil der Sonnenstrahlung in den Weltraum zurückgeworfen wurde, nicht bis zur Oberfläche der Erde vordringen konnte. Dies hatte die gleiche Folge, als wäre die Sonne leuchtschwächer und kühler geworden, und so wurde das Jahr 1816 bekannt als das »Jahr ohne Sommer«. In Neu-England beispielsweise hat es in jedem Monat mindestens einmal geschneit, auch im Juli und im August.

Wenn dies Jahr für Jahr so weiter gegangen wäre, hätte es am Ende katastrophale Folgen haben können, doch der Staub legte sich allmählich wieder, und das Klima kehrte in die gewohnten Bahnen zurück.

Wir wollen aber auch einmal in vorgeschichtliche Zeiten zurückblicken. Gab es jemals eine extreme Klimaperiode, die katastrophale Folgen hatte? Natürlich kann eine solche Periode nicht tödlich für das Leben gewesen sein, weil das Leben die Erde auch heute noch bevölkert — doch hätte sie so lebensbedrohend sein können, daß eine Wiederkehr unter geringfügig schlimmeren Vorzeichen lebensgefährlich würde?

Erste Hinweise darauf gab es im späten 18. Jahrhundert, als die moderne geologische Wissenschaft entwickelt wurde. Einige Einzelheiten der Erdoberfläche erschienen in ihrem Licht paradox und rätselhaft. Hier und dort gab es Felsbrocken, die nicht zum Untergrundgestein des Fundortes paßten, und an anderen Stellen fand man Sand- und Geröllablagerungen, deren Ursprung man sich ebenfalls nicht erklären konnte — es sei denn, man führte sie auf die Sintflut zurück.

An vielen Stellen stieß man auf Schleifspuren im Gestein, parallele Schrammen, alt und verwittert, die durch das Aufeinandergleiten von Gestein auf Gestein entstanden sein mochten. Dann aber mußte es etwas gegeben haben, das zwei Felsbrocken mit großer Kraft aufeinanderpreßte, sie aber zusätzlich gegeneinander bewegen konnte. Wasser war dazu allein nicht in der Lage, aber wenn nicht Wasser, was dann?

In den Zwanziger Jahren des vorigen Jahrhunderts untersuchten zwei Schweizer Geologen, Johann H. Charpentier (1786—1855) und J. Venetz, dieses Phänomen. Sie waren mit der Bergwelt der Alpen vertraut und hatten beobachtet, daß Gletscher Sand- und Geröllablagerungen zurückließen, wenn sie im Sommer etwas abtauten und sich zurückzogen. Sollten die Sand- und Geröllablagerungen im Flachland am Ende durch die Gletscher von den Bergen heruntergetragen und zurückgelassen worden sein, von den Gletschern, die sich wie sehr, sehr langsam fließende Flüsse verhalten? Können Gletscher neben Sand und Geröll auch größere Felsbrocken mitschleifen? Und könnten Gletscher, die größer waren als die heutigen, auch Geröll so über den felsigen Untergrund geschleift haben, daß die beobachteten Schrammen entstanden? Und wenn Gletscher Sand, Geröll, Kieselstein und Felsbrocken weit über die Grenzen ihrer heutigen Ausbreitung geschleppt haben sollten, mögen sie sich dann wieder zurückgezogen und all ihre Ablagerungen in Regionen zurückgelassen haben, wo sie nicht hingehören?

Charpentier und Venetz gingen davon aus, daß genau dies geschehen war. Sie nahmen an, daß die Alpengletscher in der Vergangenheit viel größer und ausgedehnter waren, daß die »verirrten« Felsbrocken im Norden der Schweiz von diesen riesigen Gletschern aus den Bergen im Süden des Landes so weit vorgeschoben worden waren und zurückblieben, als sich die Gletscher wieder zurückzogen.

Die Theorie von Charpentier und Venetz wurde anfangs nicht ernst genommen, weil die Wissenschaftler zweifelten, daß die Gletscher wie Flüsse fließen könnten. Einer der Zweifler war ein junger Freund Charpentiers, der Schweizer Naturforscher Jean L. R. Agassiz (1807—1873). Agassiz wollte mit einem Experiment herausfinden, ob Gletscher wirklich fließen. 1839 schlug er mehrere Meßlatten sechs Meter tief in das Eis, und zwei Jahre später mußte er erkennen, daß sie eine beachtliche Strecke zurückgelegt hatten. Es zeigte sich ferner, daß die Stöcke in der Mitte des Gletschers schneller »gewandert« waren als am Rand, wo das Eis durch die Reibung am felsigen Untergrund gebremst wurde. Was am Anfang eine gerade Linie von Meßpunkten war, wurde zu einem flachen »U« mit der Öffnung bergaufwärts. Damit wurde klar, daß das Eis nicht als ganzer Block voranglitt. Statt dessen verhält es sich wie plastisches Material, das durch das Gewicht des nachdrückenden Eises vorangetrieben wird, wie Zahnpaste, die aus einer Tube gedrückt wird.

Agassiz reiste durch ganz Europa und Amerika, um nach Spuren der Gletscher im Felsboden zu suchen. Er fand Felsblöcke und Geröll an Stellen, wo sie »nicht hingehörten«; sie markierten das Voranrücken und Zurückweichen der Gletscher. Er fand zahlreiche Bodenvertiefungen, sogenannte Kesselfelder, wie sie nur durch die Einwirkung von Gletschern entstanden sein konnten. Einige waren mit Wasser gefüllt, und die großen Seen im Norden der USA sind Beispiele von besonderem Ausmaß.

Agassiz folgerte daraus, daß zu jener Zeit, da die Alpengletscher ihre größte Ausdehnung erreicht hatten, die Erdoberfläche auch noch an vielen anderen Stellen vereist gewesen sein mußte. In dieser »Eiszeit« waren weite Bereiche Nordamerikas und Eurasiens von Eispanzern bedeckt, so wie heute Grönland. Sorgfältige geologische Untersuchungen haben seither gezeigt, daß sich das Klima heute sehr von dem Klima jener Eiszeiten in der Vergangenheit unterscheidet. Die Gletscher haben sich in dem letzten Jahrmillion mehrfach von der Arktis nach Süden ausgebreitet und wieder zurückgezogen, aber nur, um erneut vorrücken zu können. Zwischen den Zeiten stärkster Vereisung gab es »Zwischeneiszeiten«, und wir leben in einer solchen Zwischeneiszeit. Doch selbst jetzt haben sich die Gletscher nicht völlig zurückgezogen, ist die Eisdecke Grönlands noch ein eindrucksvolles Relikt der jüngsten Eiszeit.

Die Steuerung der Gletscher

Die Eiszeiten innerhalb der letzten Jahrmillion haben das Leben auf unserem Planeten offensichtlich nicht ausgerottet. Sie haben nicht einmal das menschliche Leben vernichtet. Der Homo sapiens und seine menschenähnlichen Vorfahren haben die Eiszeiten der letzten Jahrmillion ohne auffällige Unterbrechung ihrer raschen Entwicklung überlebt.
Dennoch ist es interessant, zu wissen, ob uns eine neue Eiszeit bevorsteht oder ob all dieses der Vergangenheit angehört.
Selbst wenn eine solche Eiszeit das Leben, nicht einmal das menschliche Leben, nicht ernsthaft gefährdet und daher keine Katastrophe im eigentlichen Sinne ist, erscheint die Vorstellung nicht gerade sehr verlockend, daß Kanada und der Norden der Vereinigten Staaten unter einem kilometerdicken Eispanzer begraben sein könnten (von den entsprechenden Regionen Europas und Asiens ganz zu schweigen).
Wenn man wissen will, ob die Gletscher zurückkehren, kann es hilfreich sein, zunächst einmal herauszufinden, wodurch solche Eiszeiten ausgelöst werden. Doch zuvor werden wir sehen, daß die Gletscher gar nicht besonders angetrieben werden müssen; wir brauchen keineswegs große und unmöglich erscheinende Veränderungen vorauszusetzen.
Auch heute noch fällt in jedem Winter in weiten Bereichen Nordamerikas und Eurasiens Schnee, liegen diese Landstriche unter einer Schicht gefrorenen Wassers, gerade so, als wäre die Eiszeit bereits angebrochen. Die Schneedecke

ist allerdings nur einige wenige Zentimeter bis Meter dick, und im Sommer schmilzt sie weitgehend wieder weg. Normalerweise besteht zwischen Schnee- fall und -schmelze ein Gleichgewicht, schmilzt so viel Schnee im Sommer weg, wie im Winter gefallen ist. Es gibt keine absolute Veränderung.

Was aber geschieht, wenn die Sommer etwas kälter werden, vielleicht nur zwei oder drei Grad? Man würde dies kaum merken, zumal es keine ständige Veränderung sein müßte. Es gäbe auch dann noch wärmere Sommer und kältere Sommer in unregelmäßiger Folge, doch würde die Zahl der wärmeren Sommer abnehmen, die der kühleren Sommer zunehmen. Als Folge davon würde nicht mehr all der Schnee schmelzen, der in einem Winter gefallen ist, würde die Schneedecke von Jahr zu Jahr etwas wachsen. Diese Zunahme wäre sehr geringfügig und zunächst nur in den arktischen und subarktischen Gebie- ten sowie im Hochgebirge nachzuweisen. Der liegengebliebene Schnee würde zu Eis, und die Gletscher in den Polarregionen und den hochliegenden Berg- ländern könnten sich im Winter weiter ausbreiten als zuvor, würden sich im Sommer weniger weit zurückziehen als bislang. Die Gletscher würden von Jahr zu Jahr wachsen.

Dieser Prozeß würde sich selbst beschleunigen: Eis reflektiert das auftreffende Sonnenlicht besser als blanker Fels oder der dunkle Erdboden: Eis wirft rund 90 Prozent des auftreffenden Lichtes zurück, der dunkle Erdboden weniger als 10 Prozent. Je weiter sich also die Eisdecke ausbreitet, desto mehr Sonnenlicht wird zurückgeworfen, desto weniger Sonnenlicht wird absorbiert. Die Durch- schnittstemperatur der Erde müßte weiter abnehmen, die Sommer würden noch kühler, und die Eisdecke könnte sich immer schneller ausbreiten. So können die Gletscher infolge einer anfangs nur geringen Abkühlung immer weiter wachsen und zu Eisfeldern werden, die Jahr für Jahr größer werden und schließlich weite Landstriche der Erde bedecken.

Wenn eine solche Eiszeit die Erde erst einmal richtig im Griff hat und sich die Gletscher bis weit in den Süden ausgedehnt haben, kann eine kleine Verände- rung diesen Prozeß ebenso wieder rückgängig machen. Wenn die durchschnittliche Sommertemperatur im Laufe einer längeren Periode um zwei bis drei Grad anstiege, dann würde im Sommer mehr Schnee schmelzen, als im Winter gefallen ist, müßte sich die Eisdecke von Jahr zu Jahr langsam zurückziehen. Je kleiner die Eisdecke aber wird, desto weniger Sonnenlicht kann die Erde zurückwerfen, desto mehr Sonnenlicht kann sie absorbieren. Dadurch würden die Sommer noch mehr erwärmt, würde das Zurückweichen der Gletscher beschleunigt.

Wir müssen also herausfinden, was solche Veränderungen auslösen könnte, was Gletscher sich ausdehnen und wieder schrumpfen läßt. Die Suche fällt nicht schwer. Das Problem ist eher, daß es zu viele mögliche Steuerungsmechanismen gibt, daß man zwischen zu vielen Möglichkeiten auswählen muß. Zum Beispiel könnte das auslösende Moment in der Sonne selbst liegen. Weiter vorne im Buch habe ich darauf hingewiesen, daß parallel zum Maunder-Minimum die Temperatur auf der Erde etwas niedriger war als heute. Man nennt diese Zeit auch die »kleine Eiszeit«. Sollte es einen ursächlichen Zusammenhang zwischen beiden Ereignissen geben, sollten Maunder-Minima die Temperatur der Erde absenken, dann könnte es sein, daß vielleicht alle hunderttausend Jahre die Sonne ein ausgedehnteres Maunder-Minimum erlebt, eines, das nicht einige Jahrzehnte, sondern einige Jahrhunderte oder Jahrtausende dauert. Dadurch könnte die Temperatur an der Erdoberfläche so weit abgesenkt werden, daß eine Eiszeit beginnt und über längere Zeit bestehen bleibt. Wenn dann die Sonne schließlich wieder Flecken zeigt und die Maunder-Minima wieder kürzer werden, würde sich die Erde wieder erwärmen, würde die Eiszeit wieder zu Ende gehen.

So könnte es sein, doch haben wir keine Beweise dafür. Vielleicht hilft uns das Studium der Sonnenneutrinos weiter, hilft eine Antwort auf die Frage, warum wir weniger Sonnenneutrinos beobachten als erwartet: Vielleicht verstehen wir dann, was im Innern der Sonne vorgeht, was die Unregelmäßigkeiten im Sonnenfleckenzyklus hervorruft. Vielleicht können wir dann die Perioden veränderter Sonnenaktivität mit den Eiszeiten in Übereinstimmung bringen, vielleicht können wir dann voraussagen, ob und wann eine neue Eiszeit bevorsteht.

Vielleicht aber ist die Sonne am Entstehen der Eiszeiten völlig unbeteiligt, scheint sie mit unveränderter Helligkeit weiter. Es könnte sich ja auch der Raum zwischen Erde und Sonne »verändern«.

Ich habe schon darauf hingewiesen, daß die Chancen für eine enge Begegnung mit einem Stern oder einem kleineren Objekt aus dem interstellaren Raum extrem klein sind, mögen sie nun die Erde oder die Sonne betreffen. Es gibt aber in den Außenbezirken der Galaxis (und den anderen Spiralgalaxien) eine Vielzahl von Gas- und Staubwolken zwischen den Sternen, und die Sonne kann auf ihrer Bahn um das galaktische Zentrum sehr leicht eine solche Gaswolke durchqueren.

Die Dichte der Teilchen in diesen Wolken ist sehr gering. Die Wolken würden weder die Atmosphäre noch uns vergiften. Ein normaler Beobachter würde sie gar nicht registrieren, und so sind sie für sich genommen keine Katastrophe. Der NASA-Wissenschaftler Dickson M. Butler äußerte 1978 die Vermutung, daß unser Sonnensystem seit seiner Entstehung wenigstens ein Dutzend solcher ausgedehnten Gaswolken durchquert hat, und dies ist eher noch zu niedrig gegriffen.

Diese Gaswolken bestehen zum überwiegenden Teil aus Wasserstoff und Helium, die ohne Wirkung auf die Erde bleiben. Rund ein Prozent der Materie in solchen Wolken besteht jedoch aus Staubteilchen; aus Eiskristallen oder Gesteinsbröckchen. Jedes dieser Körner würde Sonnenlicht reflektieren, so daß weniger Sonnenlicht als normal die Erde erreicht, wenn das Sonnensystem durch eine solche Gas- und Staubwolke hindurchdringt.

Die Staubmaterie braucht das Licht der Sonne nicht einmal merklich abzuschwächen. Die Sonne wäre annähernd so hell wie eh und je, und selbst bei den Sternen würde man kaum einen Unterschied bemerken. Trotzdem könnte eine Wolke mit der richtigen Dichte so viel Sonnenlicht verschlucken, daß die Sommer auf der Erde um genau den Betrag kühler werden, der ausreicht, um eine Eiszeit einzuleiten. Und wenn das Sonnensystem diese Gas- und Staubwolke wieder verläßt, würde die Eiszeit ihr Ende finden.

Es ist denkbar, daß die Sonne während der letzten Jahrmillion durch eine »wolkenreiche« Gegend der Galaxis gezogen ist. Immer dann, wenn wir in eine genügend dichte Gas- und Staubwolke eindrangen, wurde gerade die richtige Menge an Sonnenlicht verschluckt, eine neue Eiszeit begann; sie endete, wenn wir diese Gas- und Staubwolke wieder verließen. Vor dieser Periode von einer Million Jahre gab es über 250 Millionen Jahre keine Eiszeiten — vielleicht zog die Sonne damals durch eine relative »saubere« Gegend der Milchstraße. Davor lag jene Eiszeit, die ich schon im Zusammenhang mit Pangaea erwähnt habe. Vielleicht gibt es alle 200 bis 250 Millionen Jahre eine Serie von Eiszeiten. Da dieser Zeitraum nicht allzu sehr von der Dauer eines Umlaufs der Sonne um das galaktische Zentrum abweicht, könnte es sein, daß wir jedesmal durch die gleichen »staubigen« Regionen der Milchstraße hindurchtreiben. Wenn wir diese Regionen gerade hinter uns gelassen haben, könnte es für eine Viertel Milliarde Jahre keine weiteren Eiszeiten mehr geben. Andernfalls steht uns noch eine weitere Eiszeit oder eine ganze Reihe von Eiszeiten »in naher Zukunft« bevor.

1978 beispielsweise legten französische Astronomen Meßergebnisse vor, die darauf hindeuten, daß sich die Sonne mit einer Geschwindigkeit von 20 Kilometern pro Sekunde auf eine weitere Gas- und Staubwolke zubewegt, deren Rand sie vielleicht in 50.000 Jahren erreichen wird.

Eine Eiszeit kann aber auch noch auf andere Weise entstehen; die Sonne muß nicht unmittelbarer Auslöser sein, und es geht auch ohne interstellare Staubwolken. Auch auf der Erde selbst, besonders in der Erdatmosphäre, können Prozesse ablaufen, die eine Eiszeit anregen. Die Sonnenstrahlung muß durch diese Erdatmosphäre hindurch und kann von ihr geschwächt werden.

Der Löwenanteil der Sonnenstrahlung liegt im Bereich des sichtbaren Lichtes. Dieser Bereich wird von der Erdatmosphäre durchgelassen. Andere Strahlungsformen wie etwa ultraviolettes Licht und Röntgenstrahlen, die von der

Sonne in geringerem Ausmaße produziert werden, werden in der Erdatmosphäre absorbiert. Fehlt die Sonnenstrahlung — beispielsweise nachts —, dann verliert die Erdoberfläche Wärme in Form von Strahlung, die an den Weltraum abgegeben wird. Diese Strahlung liegt im langwelligen Infrarotbereich, und auch sie kann die Erdatmosphäre durchdringen. Normalerweise gleichen sich beide Prozesse aus, und die Erde verliert nachts gerade so viel Wärme wie sie tagsüber von der Sonne erhalten hat. Stickstoff und Sauerstoff, die beiden Hauptbestandteile der Atmosphäre, lassen sichtbares Licht und Infrarotstrahlung nahezu ungehindert hindurch. Kohlendioxyd und Wasserdampf dagegen lassen nur das sichtbare Licht passieren, während sie die Infrarotstrahlung zurückhalten. Der irische Physiker John Tyndall (1820—1893) wies 1861 als erster darauf hin. Kohlendioxyd macht nur ungefähr 0,03 Prozent der Erdatmosphäre aus, und der Gehalt an Wasserdampf ist veränderlich, aber ebenfalls sehr gering. Daher können sie nicht viel Infrarotstrahlung zurückhalten.

Trotzdem stellen sie eine — wenn auch geringe — Wärmedämmung dar. Gäbe es in der Erdatmosphäre kein Kohlendioxyd und keinen Wasserdampf, dann würde nachtsüber mehr Infrarotstrahlung an den Weltraum abgegeben als heute. Es würde nachts mehr abkühlen als heute, und auch die Tage blieben kälter, weil die Erwärmung bei niedrigen Temperaturen begänne. Die Durchschnittstemperatur an der Erdoberfläche würde gegenüber heute deutlich absinken.

Kohlendioxyd und Wasserdampf können also trotz ihrer geringen Menge in der Erdatmosphäre als Wärmepuffer dienen. Und ihre Gegenwart erhöht die Durchschnittstemperatur der Erdoberfläche spürbar. Man spricht in diesem Zusammenhang auch vom »Treibhaus-Effekt«, weil das Glas eines Treibhauses die gleiche Funktion besitzt: Es läßt die Lichtstrahlung von außen hindurch und hält die Infrarotstrahlung aus dem Innern zurück.

Nehmen wir einmal an, der Kohlendioxydgehalt der Atmosphäre würde langsam ansteigen, würde sich auf 0,06 Prozent verdoppeln. Dies würde die Qualität der Atemluft nicht beeinträchtigen, und so würden wir diese Steigerung selbst kaum registrieren — nur ihre Folgen. Wenn der Kohlendioxydgehalt der Atmosphäre langsam zunimmt, wird die Lufthülle für Infrarotstrahlung noch undurchlässiger. Wird Infrarotstrahlung zurückgehalten, steigt aber die Temperatur der Erdoberfläche langsam an. Dies hätte zur Folge, daß mehr Wasser aus den Ozeanen verdampft, wodurch der Wasserdampfgehalt in der Atmosphäre zunimmt, und dies würde den Treibhauseffekt noch weiter verstärken. Nehmen wir umgekehrt einmal an, der Kohlendioxydgehalt der Erdatmosphäre würde sich langsam verringern, auf die Hälfte des heutigen Wertes. Dann kann die Infrarotstrahlung besser entweichen, so daß die Temperatur an der Erdoberfläche langsam absinkt. Damit nimmt auch der Gehalt an Wasserdampf ab, was zu einer weiteren Abnahme des Treibhauseffektes führt. Der Anstieg beziehungsweise Abfall des Kohlendioxydgehaltes in der Erdatmosphäre könnte also genügen, um Eiszeiten einzuleiten oder zu beenden.

Wodurch aber könnten solche Veränderungen des Kohlendioxydgehaltes in der Atmosphäre ausgelöst werden? Die tierischen Lebensformen produzieren viel Kohlendioxyd, doch die Pflanzen verbrauchen es in gleichem Maße, so daß das Leben insgesamt den Kohlendioxydgehalt der Erdatmosphäre nicht beeinflußt.[*]

Es gibt jedoch Prozesse auf der Erde, unabhängig vom Leben, die Kohlendioxyd verbrauchen oder aber produzieren, und die könnten vielleicht den Kohlendioxydgehalt der Erdatmosphäre so weit aus dem Gleichgewicht bringen, daß die oben beschriebenen Auswirkungen die Folge sind.

So kann zum Beispiel eine große Menge atmosphärischen Kohlendioxyds im Ozean gelöst werden, aber Kohlendioxyd kann auch leicht wieder vom Ozean an die Atmosphäre abgegeben werden. Kohlendioxyd kann aber auch mit den Oxyden der Erdkruste reagieren und Karbonatverbindungen formen, in denen das Kohlendioxyd eher auf Dauer gebunden bleibt.

---

[*]Dies ist nur solange richtig, wie man die menschlichen Aktivitäten außer acht läßt.

Natürlich haben jene Gesteine, die schon lange an der Erdoberfläche liegen, die mögliche Höchstmenge an Kohlendioxyd aufgenommen. Wenn neue Gebirge entstehen, dringt jedoch auch neues Gestein an die Erdoberfläche, das zuvor nicht mit Kohlendioxyd in Berührung gekommen war; es kann nun neues Kohlendioxyd absorbieren und damit den Kohlendioxydgehalt in der Atmosphäre reduzieren.

Auf der andere Seite dringt durch Vulkane eine gewaltige Menge an Kohlendioxyd in die Erdatmosphäre, da die gewaltige Hitze, die das Gestein zum Schmelzen bringt, auch die Karbonatverbindungen aufbricht und damit das Kohlendioxyd wieder freisetzt. In Zeiten mit ungewöhnlich starker vulkanischer Aktivität kann daher der Kohlendioxydgehalt der Erdatmosphäre zunehmen. Vulkanismus und Gebirgsbildung hängen beide mit der Bewegung der tektonischen Platten zusammen, wie ich schon erwähnt habe, doch es gibt Zeiten, in denen der Vulkanismus überwiegt, und Zeiten, in denen die Gebirgsbildung im Vordergrund steht.

Vielleicht nimmt der Kohlendioxydgehalt der Atmosphäre ab, wenn sich neue Gebirge auf der Erdoberfläche heranbilden, so daß dann die Erdoberflächentemperatur sinkt und die Gletscher voranrücken können. Dominiert dagegen der Vulkanismus, nimmt der Kohlendioxydgehalt zu, steigt die Oberflächentemperatur der Erde, und die Gletscher müssen sich wieder zurückziehen.

Doch so einfach, wie die Dinge klingen mögen, sind sie nicht. Denn bei einem zu heftigen Vulkanausbruch werden auch gewaltige Staubmengen in die Atmosphäre geblasen, die ihrerseits viele »Jahre ohne Sommer« bewirken können, wie das Jahr 1816, und dies kann vielleicht auch zu einer Eiszeit führen.

Aus der Konzentration vulkanischer Asche in den Sedimenten des Ozeanbodens kann man ableiten, daß der Vulkanismus auf der Erde in den vergangenen zwei Millionen Jahren rund viermal so intensiv war wie in den vorangegangenen 18 Millionen Jahren. Vielleicht ist es also wirklich eine staubige Stratosphäre, die eine Eiszeit entstehen läßt.

Veränderungen der Erdbahn

Die bislang beschriebenen möglichen Auslösemechanismen für eine Vereisung oder den Rückzug der Gletscher eignen sich nicht für eine sehr zuverlässige Voraussage der zukünftigen Entwicklung. Wir wissen bis heute noch nicht genau, welche Gesetzmäßigkeiten die geringfügigen Änderungen in der Energieabgabe der Sonne steuern. Wir wissen nicht genau, was im Hinblick auf die Begegnung mit interstellaren Gas- und Staubwolken auf uns zukommt. Mit Sicherheit können wir die zukünftige Entwicklung des Vulkanismus und der Gebirgsbildung nicht voraussagen. Es scheint so, als seien wir Menschen dazu verdammt, Jahr für Jahr und Jahrhundert für Jahrhundert die Wetterereignisse festzuhalten, um aus ihnen mögliche Veränderungen abzuleiten.

Es gibt jedoch eine Hypothese, nach der es wahrscheinlich wäre, daß Eiszeiten so regelmäßig kommen und gehen wie die Jahreszeiten, aber auch so unvermeidbar sind wie jene.

1920 äußerte der jugoslawische Physiker Milutin Milankovitch die Vermutung, es gäbe einen langzeitlichen Klimazyklus, der auf kleine periodische Veränderungen der Erdbahn und der Achsneigung der Erde zurückzuführen sei. Er sprach von einem »großen Winter«, den Perioden starker Vereisung, und einem »großen Sommer«, den Zwischeneiszeiten. Natürlich gäbe es dazwischen auch einen »großen Frühling« und einen »großen Herbst«.

Die Theorie von Milankovitch erfuhr zunächst nicht mehr Beachtung als die Wegenersche Theorie der Kontinentaldrift, obwohl auch die kleinen Veränderungen der Erdbahn wirklich existieren. So ist zum Beispiel die Erdbahn nicht völlig kreisförmig, sondern ein wenig elliptisch, und die Sonne steht in einem Brennpunkt der Ellipse. Dadurch verändert sich der Abstand Sonne-Erde im Laufe eines Jahres von Tag zu Tag geringfügig. Es gibt einen sonnennahen Bahnteil mit dem sonnennächsten Punkt, dem Perihel, und sechs Monate später bewegt sich die Erde durch den sonnenfernen Bahnteil und den sonnenfernsten Punkt, das Aphel.

Der Unterschied ist nicht sehr groß. Die Bahn ist so wenig elliptisch (die Bahnellipse hat so geringe Exzentrizität), daß man sie auf einer maßstäblichen Zeichnung nicht von einer Kreisbahn unterscheiden kann. Die kleine Bahnexzentrizität von 0,01675 führt die Erde dennoch im Perihel bis auf 147 Millionen Kilometer an die Sonne heran und trägt sie im Aphel bis auf 152 Millionen Kilometer von der Sonne weg. Der Unterschied beträgt also 5 Millionen Kilometer.

Im irdischen Maßstab ist dies eine sehr große Strecke, aber sie macht nur 3,3 Prozent der mittleren Sonnenentfernung aus. Im Perihel erscheint die Sonne geringfügig größer als im Aphel, doch ist der Unterschied so klein, daß er nur von den Astronomen registriert werden kann. Darüber hinaus ist die Sonnenanziehungskraft im Perihel etwas stärker als im Aphel, so daß die Erde im sonnennahen Teil ihrer Bahn sich schneller bewegt als im sonnenfernen Teil; die Jahreszeiten werden unterschiedlich lang — und auch dies fällt den meisten Menschen gar nicht auf.

Schließlich empfangen wir aufgrund des unterschiedlichen Sonnenabstandes im Perihel mehr Sonnenstrahlung als im Aphel. Da die Strahlung, die uns von der Sonne erreicht, mit dem Quadrat des Abstandes variiert, empfängt die Erde im Perihel rund 7 Prozent mehr Sonnenstrahlung als im Aphel. Jedes Jahr um den 2. Januar steht die Sonne im Perihel, um den 2. Juli im Aphel. Der 2. Januar aber folgt weniger als 2 Wochen auf die Wintersonnenwende, der 2. Juli weniger als 2 Wochen auf die Sommersonnenwende.

So empfängt die Erde im Perihel mehr Sonnenstrahlung zu einem Zeitpunkt, da auf der Nordhalbkugel der Erde Winter herrscht und auf der Südhalbkugel Sommer. Die zusätzliche Wärme macht die Nordwinter milder als bei einer kreisförmigen Erdbahn, während die Südsommer heißer sind. Umgekehrt befindet sich die Nordhalbkugel der Erde zum Zeitpunkt des Aphels mitten im Sommer, während auf der Südhalbkugel der Winter regiert. Die geringere Einstrahlung zu diesem Zeitpunkt (im Vergleich zu einer kreisförmigen Erdbahn) läßt die Nordsommer kühler werden und die Südwinter kälter.

Wir sehen also, daß außerhalb der Tropen auf der Nordhalbkugel der Erde die Elliptizität der Erdbahn zu einer geringeren Temperaturschwankung zwischen den Jahreszeiten führt, während auf der Südhalbkugel die Extremwerte weiter auseinanderliegen.

Man könnte daher meinen, daß auf der Nordhalbkugel Eiszeiten unwahrscheinlicher sind als auf der Südhalbkugel, doch dieser Eindruck täuscht. In Wirklichkeit bereiten gerade die milden Winter und kühlen Sommer — die geringen Temperaturschwankungen also — eine Halbkugel auf eine neue Eiszeit vor. Im Winter schneit es immer dann, wenn die Temperaturen unter Null liegen und genügend Feuchte in der Luft ist. Tiefere Temperaturen führen keineswegs zu größeren Schneemengen. Im Gegenteil, je niedriger die Temperatur ist, desto weniger Feuchte kann die Atmosphäre aufnehmen. Der meiste Schnee fällt in einem Winter, der so mild ist, daß die Temperaturen eben unter dem Gefrierpunkt bleiben.

Die Schneeschmelze im Sommer dagegen hängt von der Temperatur ab. Je heißer der Sommer ist, desto mehr Schnee schmilzt, je kühler der Sommer bleibt, desto weniger Schnee schmilzt. Wenn also milde Winter und kühle Sommer aufeinanderfolgen, dann gibt es viel Schnee und wenig Schneeschmelze, und genau das — so haben wir gesehen — kann zum Auslöser einer Eiszeit werden.

Dennoch gibt es auf der Nordhalbkugel gegenwärtig keine Eiszeit, obwohl wir milde Winter und kühle Sommer haben. Vielleicht ist der Temperaturwechsel zwischen beiden Jahreszeiten noch zu groß. Vielleicht gibt es andere Faktoren, die die Winter noch milder und die Sommer noch kühler werden lassen. Gegenwärtig ist die Erdachse um einen Winkel von 23 1/2 Grad gegen die Senkrechte zur Erdbahn geneigt. Zur Sommersonnenwende am 21. Juni zeigt die Nordpolgegend in Richtung Sonne, und zur Wintersonnenwende, am 21. Dezember, ist die Nordpolgegend von der Sonne weggerichtet.

Die Erdachse bleibt aber nicht immer in der gleichen Richtung fixiert. Bedingt durch die Anziehungskraft des Mondes auf den Äquatorwulst der Erde vollführt die Erdachse eine leicht tänzelnde Bewegung. Sie bleibt zwar geneigt, doch die Richtung dieser Achsneigung verändert sich im Laufe von 25.780 Jahren entlang einer kleinen Kreisbahn am Himmel. Man nennt diese Bewegung die »Wanderung der Tag- und Nachtgleichen« oder auch die »Präzession«.

In 12.890 Jahren wird die Erdachse also genau umgekehrt ausgerichtet sein wie heute, so daß (falls dies die einzige Veränderung ist) die Sommersonnenwende dann am 21. Dezember, die Wintersonnenwende am 21. Juni eintritt.* Dann fällt die Sommersonnenwende mit dem Perihel zusammen, werden die Nordsommer wärmer als heute. Die Wintersonnenwende trifft mit dem Aphel zusammen, und die Nordwinter werden kälter sein als heute. Mit anderen Worten, die Verhältnisse werden sich auf der Erde gegenüber der Gegenwart gerade umkehren: Auf der Nordhalbkugel folgen kalte Winter und heiße Sommer aufeinander, während auf der Südhalbkugel milde Winter und kühle Sommer einander ablösen.

Doch es gibt auch noch andere Einflüsse. Das Perihel der Erdbahn wandert langsam um die Sonne herum. Bei jedem Umlauf um die Sonne wandert die Erde an einem etwas anderen Bahnpunkt und zu einer anderen Zeit durch das Perihel. Perihel und Aphel laufen innerhalb von 21.310 Jahren einmal um die Sonne herum. So verschiebt sich der Zeitpunkt des Periheldurchganges alle 58 Jahre um einen Tag.

Doch auch das ist noch nicht alles. Die unterschiedliche Einwirkung der Gezeitenkräfte auf die Erde lassen auch die Achsneigung schwanken. Gegenwärtig ist die Achse um 23,44229 Grad geneigt, während sie 1900 noch um 23,45229 Grad geneigt war und im Jahre 2000 einen Winkel von 23,43928 Grad erreichen wird. Die Achsneigung nimmt gegenwärtig also ab, aber nicht endlos, sondern nur bis zu einer unteren Grenze, ehe sie wieder zunimmt. Die

---

*Asimov meint damit die Positionen der Erde auf ihrer Bahn. Die sich aus der Präzession ergebende Verschiebung der Jahreszeiten wird vom Kalender mit seinen komplexen Schaltregelungen ausgeglichen (Anm. d. Ü.).

Achsneigung sinkt nie unter 22 Grad und überschreitet niemals 24 1/2 Grad. Ein solcher Zyklus dauert 41.000 Jahre.

Eine kleinere Achsneigung läßt auf der Nordhalbkugel und der Südhalbkugel im Sommer weniger und im Winter mehr Sonnenstrahlung auftreffen. Das führt zu milderen Wintern und kühleren Sommern auf beiden Hemisphären. Umgekehrt sorgt eine stärkere Achsneigung auf beiden Erdhalbkugeln für heißere Sommer und kältere Winter.

Schließlich verändert sich auch noch die Form der Erdbahn, ist ihre Exzentrizität veränderlich. Gegenwärtig liegt sie bei 0,01675 und nimmt ab, bis sie irgendwann einen Minimal-Wert von 0,0033 erreicht (ein Fünftel des heutigen Wertes). Zu jenem Zeitpunkt wird die Erde der Sonne im Perihel nur 990.000 Kilometer näher sein als im Aphel. Danach nimmt die Exzentrizität der Erdbahn wieder zu bis zu einem Maximalwert von 0,0211 oder dem 1,26fachen des heutigen Werts. Dann liegt der Unterschied zwischen Perihel und Aphel bei 6.310.000 Kilometer. Je kleiner die Bahnexzentrizität ist, je mehr die Erdbahn einem Kreis angepaßt ist, desto kleiner ist der Unterschied der Strahlungsmengen, die im Winter beziehungsweise Sommer auf die Erdoberfläche treffen. Dadurch wird der Trend zu kühlen Sommern und milden Wintern noch verstärkt.

Wenn man alle Veränderungen der Erdbahnelemente und der Achsneigung zusammen berücksichtigt, kommt man für die Schwankungen zwischen extremen und weniger extremen Jahreszeiten auf eine Periode von ungefähr 100.000 Jahren.

Mit anderen Worten, jede der großen Jahreszeiten, von denen Milankovitch gesprochen hat, dauert etwa 25.000 Jahre. Wahrscheinlich haben wir gerade den »großen Frühling« hinter uns, in dem sich die großen Gletscher zurückgezogen haben, und werden jetzt den »großen Sommer« und den »großen Herbst« durchleben, ehe in 50.000 Jahren der nächste »große Winter« bevorsteht.

Doch sind alle diese theoretischen Überlegungen richtig? Die Veränderungen der Bahnelemente und der Achsneigung der Erde sind gering, der Unterschied zwischen den Zeiten mit kalten Wintern und heißen Sommern und milden Wintern und kühlen Sommern ist nicht sehr groß. Reicht dieser Unterschied? Das Problem wurde von drei Wissenschaftlern, J. D. Hays, John Imbrie und N. J. Shackleton, untersucht; sie veröffentlichten ihre Ergebnisse im Dezember 1976. Als Grundlage für ihre Arbeiten dienten den Wissenschaftlern zwei Bohrkerne durch Sedimentgestein am Boden des Indischen Ozeans. Die Meßpunkte waren weit von jeglichem Land entfernt, so daß die Meßwerte nicht durch irgendwelche »Auswaschungen«, durch Gestein und Geröll, das von Flüssen ins Meer getragen wurde, verfälscht wurden. Die Meßpunkte lagen darüber hinaus in relativ flachen Meeresgegenden, um zu verhindern, daß sich dort Material von höherliegenden, umgebenden Regionen abgelagert hätte.

Man konnte also annehmen, daß die Sedimente eine unverfälschte Aufzeichnung jener Ablagerungen darstellten, die im Laufe der Zeit dort niedergegangen sind, vermutlich über eine Periode von 450.000 Jahren. Man hoffte, in diesem Sedimentgestein Veränderungen zu finden, Veränderungen nach Art der Jahresringe, mit denen man trockene Sommer von feuchten Sommern unterscheiden wollte.

Eine solche Veränderung sollte man anhand der Radiolarien erkennen können, winziger einzelliger Lebewesen, die während der ganzen 500.000 Jahre im Ozean lebten. Die Überreste der toten Tiere sinken wie Schlamm zum Meeresboden ab. Es gibt verschiedene Arten der Radiolarien, von denen einige wärmere Umweltbedingungen bevorzugen als andere. Sie können anhand ihrer Überreste leicht voneinander unterschieden werden, und so kann man sich Millimeter für Millimeter durch die Bohrkerne hindurcharbeiten und anhand der Radiolarienreste erkennen, ob das Ozeanwasser warm oder kalt war. Auf diese Weise läßt sich eine richtige Temperaturkurve für das Ozeanwasser zusammenstellen.

Es gibt noch eine zweite Möglichkeit, um Veränderungen in der Wassertemperatur der Ozeane zu rekonstruieren. Dazu muß man das jeweilige Verhältnis zweier Sauerstoffarten zueinander bestimmen: Sauerstoff-16 und Sauerstoff-18. Wasser, das Sauerstoff-16 in seinen Molekülen enthält, verdampft leichter als Wasser mit Sauerstoff-18-Atomen.

Das aber heißt, das Regen oder Schnee im Vergleich zum Ozeanwasser reicher an Sauerstoff-16- und ärmer an Sauerstoff-18-Atomen ist. Wenn daher eine große Menge von Schnee über dem Land niedergeht und in Form von Eis und Gletschern zurückgehalten wird, wächst im Ozeanwasser der relative Gehalt an Sauerstoff-18-Atomen.

Mit beiden Untersuchungsmethoden kam man auf gleiche Temperaturkurven für das Ozeanwasser, obwohl völlig andere Prozesse zur Auswertung herangezogen wurden. Und in beiden Temperaturkurven kann man Zyklen erkennen, die sehr eng mit den Ergebnissen der theoretischen Berechnungen anhand der Veränderungen der Erdbahn und der Achsneigung übereinstimmen.

Wir müssen daher gegenwärtig davon ausgehen, daß die Vorstellung Milankovitchs von den »Großen Jahreszeiten« sehr vernünftig ist, wenngleich wir noch mehr Beweise für eine endgültige Schlußfolgerung benötigen.

Das Arktische Meer

Wenn die Eiszeiten wirklich mit den großen Jahreszeiten zusammenfallen, dann sollten wir sehr genau voraussagen können, wann die nächste Eiszeit beginnt. Es blieben uns noch etwa 50.000 Jahre.

Wir müssen aber nicht notwendigerweise davon ausgehen, daß es nur einen natürlichen Steuerungsmechanismus für das Auftreten der Eiszeiten gibt. So könnten beispielsweise die Veränderungen der Bahnelemente und der Achsneigung der Erde lediglich die Grundvoraussetzungen schaffen, während andere, unregelmäßige Einflüsse für die jeweiligen Ausmaße der Veränderung mitverantwortlich sind. Veränderungen in der Sonneneinstrahlung, die »Durchsichtigkeit« des Raumes zwischen Sonne und Erde in Abhängigkeit von der Staubdichte, des Kohlendioxydgehalts in der Erdatmosphäre, all dies mag einzeln oder zusammen die Grundperiode überlagern, die Veränderung hin zu einer Eiszeit beschleunigen oder abbremsen.

Wenn zwei oder mehr solcher Einflüsse gleichzeitig wirksam sind, kann eine Eiszeit schlimmer werden als normal. Wenn andererseits die Einflüsse der veränderten Bahnelemente durch einen ungewöhnlich geringen Staubanteil im Bereich zwischen Sonne und Erde oder durch einen ungewöhnlich hohen Kohlendioxydanteil in der Erdatmosphäre oder durch eine ungewöhnlich fleckige Sonne »wettgemacht werden«, dann kann eine Eiszeit ungewöhnlich mild ausfallen oder ganz ausbleiben.

Gegenwärtig müssen wir für die Zukunft das Schlimmste befürchten, weil in 50.000 Jahren nicht nur der nächste große Winter bevorsteht, sondern wir auch, wie ich im vorangegangenen Kapitel gesagt habe, zur gleichen Zeit in eine kosmische Gas- und Staubwolke eindringen werden, die das auf der Erde ankommende Sonnenlicht reflektieren wird.

Dennoch können wir mit unseren Überlegungen völlig falsch liegen. Schließlich sollten die Veränderungen der Bahn und der Achslage der Erde mit konstanter Regelmäßigkeit ablaufen, seit das Sonnensystem in seiner heutigen Form existiert. Und dann sollte es ungefähr alle 100.000 Jahre Eiszeiten geben, während der ganzen Erdgeschichte.

Statt dessen können wir nur während der letzten Million Jahre Eiszeiten nachweisen. Vorher gab es eine Periode von rund 250 Millionen Jahren ohne Eiszeiten, und es ist nicht auszuschließen, daß solche Vereisungsphasen von jeweils einigen Millionen Jahren Dauer im Rhythmus von 250 Millionen Jahren aufeinanderfolgen.

Wie aber ist diese lange Periode zu erklären? Warum hat es über so lange Pausen keine Eiszeiten gegeben, wenn doch die Veränderungen der Erdbahn und die Schwankungen der Achsneigung der Erde auch in diesen eiszeitfreien Zeiträumen weitergingen? Vielleicht liefert die Verteilung von Land- und Wassermassen auf der Erde eine Antwort.

Wenn eine Polarzone von einem riesigen Ozean bedeckt wird, dann wird es dort einige Millionen Quadratkilometer Eisflächen geben, Eis, das nicht sehr dick ist. Im Winter wird diese Eisdecke größer sein als im Sommer und etwas dicker als zur warmen Jahreszeit.

Wenn dann die Veränderungen der Bahnelemente und der Achsneigung der Erde eigentlich eine Eiszeit auslösen sollten, wäre die Eisdecke zwar im Sommer und im Winter dicker als normal und auch weiter ausgedehnt als während der Warmzeit, doch kann dieser Unterschied nicht sehr groß sein, da die Meeresströmungen immer wieder warmes Wasser aus den tropischen Bereichen der Erde herantransportieren und so die polaren Meeresgebiete erwärmen. So kann eine Eiszeit »unterdrückt« werden.

Ähnlich liegen die Dinge, wenn wir uns statt des eisbedeckten Ozeans einen Kontinent in der Polregion vorstellen, einen Kontinent, der von einem großen Ozean umgeben ist. Dieser Kontinent wäre von einer dicken Eisschicht bedeckt, die während der kalten Sommer nicht schmilzt, im Winter aber weiter wächst.

Die Eisdecke wird natürlich nicht beliebig dick, da Eis unter seinem eigenen Druck plastisch wird, wie Agassiz schon vor mehr als 1 1/2 Jahrhunderten zeigen konnte. Das Eis »fließt« langsam in den Ozean, bricht ab, und große Eisberge entstehen. Diese Eisberge werden von den Meeresströmungen davongetragen, und sie schmelzen, wenn sie in wärmere Gegenden gelangen. Während einer Eiszeit würde sich die Zahl der Eisberge vervielfachen, in einer Zwischeneiszeit dagegen gäbe es weniger Eisberge, doch auch hier ist der Unterschied nicht sehr groß: Wieder sind es die Meeresströmungen, die warmes Wasser aus den tropischen Bereichen heranführen und so die Temperatur des polnahen Ozeans nicht so sehr absinken lassen — auch nicht während einer Eiszeit. Eine solche Situation finden wir auf der Erde wieder, denn die Antarktis ist ein von Eis bedeckter Kontinent an einem der beiden Erdpole. Die Antarktis ist aber schon seit rund 20 Millionen Jahren von diesem Eispanzer überzogen, und die Eiszeiten sind nahezu spurlos an ihr vorübergegangen.

Nehmen wir aber einmal an, es gäbe einen nicht zu großen polaren Ozean, der von gewaltigen Landmassen umgeben ist — genau wie im Fall des Arktischen Meeres. Das Arktische Meer, das nicht größer ist als der antarktische Kontinent, wird nahezu vollständig von den gewaltigen Landmassen Eurasiens und Nordamerikas eingeschlossen. Die einzig bedeutende Verbindung zwischen dem Arktischen Meer und den übrigen Ozeanen der Erde ist die 1.600 Kilometer breite Straße zwischen Grönland und Skandinavien, und selbst die ist noch durch Island unterbrochen.

Dieses das Arktische Meer umgebende Festland macht den entscheidenen Unterschied aus. Wenn die Veränderungen der Bahnelemente und der Achsneigung der Erde eine Eiszeit begünstigen, dann fällt der zusätzliche Schnee während der milden Winter auf das Festland und nicht auf den offenen Ozean. Im Ozean würde der Schnee einfach schmelzen, weil das Wasser eine hohe Wärmekapazität besitzt und außerdem warme Meeresströmungen aus den Tropen immer wieder für neuen Wärmenachschub sorgt. Selbst wenn der Schnee das Meerwasser abkühlen würde, dieser Wärmenachschub würde ein Gefrieren des Meerwassers erschweren.

Auf dem Festland dagegen haben die Schneeflocken eine bessere »Überlebenschance«. Die Wärmekapazität des Erdbodens ist geringer als die des Wassers, so daß der Erdboden bei gleicher Schneemenge schneller auskühlt als das Wasser. Außerdem gibt es keinen Wärmenachschub aus den Tropen, mit dem die Abkühlung ausgeglichen werden könnte, so daß der Boden rasch gefriert. Wenn dann die Sommer nicht mehr genügend warm werden, um den ganzen neuen Schnee zu schmelzen, wandelt sich der Schnee in Eis um, und die Gletscher beginnen mit ihrem Vormarsch. Die großen Landmassen um das Arktische Meer sind also gewaltige Auffangflächen für Eis und Schnee, und das Arktische Meer stellt die Feuchtigkeit für den Schnee zur Verfügung (besonders solange die herannahende Eiszeit das Arktische Meer noch nicht völlig mit Eis bedeckt hat). Die Verteilung von Land und Wasser auf der Nordhalbkugel der Erde ist also geradezu ideal für das Entstehen einer neuen Eiszeit.

Doch die Verteilung von Wasser- und Landflächen auf der Nordhalbkugel ist nicht festgeschrieben. Die Plattentektonik sorgt für eine ständige Veränderung.

So können wir vermuten, daß immer dann, wenn die Erde an den Polgebieten offene Meere oder von Meer umgebene Kontinente besitzt, keine »richtigen« Eiszeiten möglich sind. Nur wenn die durch die Plattentektonik stimulierte Bewegung der Kontinente eine Verteilung der Land- und Wassermassen herbeiführt, wie wir sie heute im Bereich des Nordpolarmeeres beobachten, können die Veränderungen der Bahnelemente und der Achsneigung der Erde jene Eiszeiten hervorbringen, die wir in unserer jüngeren Geschichte mehrfach durchlebt haben. Dies scheint nur ungefähr alle 250 Millionen Jahre der Fall zu sein.

Im Augenblick befinden wir uns aber gerade in einer solchen Phase, und die Anordnung der Kontinente wird sich innerhalb der nächsten Million Jahre kaum drastisch verändern. Daher müssen wir damit rechnen, daß wir nicht nur eine Eiszeit vor uns haben, sondern eine ganze Serie.

Die Auswirkungen der Vereisung

Nehmen wir einmal an, eine Eiszeit stünde unmittelbar bevor. Was würde sie bringen, welche Katastrophen wären damit verbunden? Immerhin liegt bereits eine Million Jahre mit wachsenden und schrumpfenden Gletschern hinter uns, und trotzdem leben wir alle hier auf dem Planeten. Wir dürfen auch nicht vergessen, daß die Gletscher langsam voranrücken. Sie brauchen viele Jahrtausende, um weit voranzurücken, und selbst zum Zeitpunkt ihrer größten Ausdehnung hat sich in wichtigen Teilen der Erde kaum etwas wesentlich verändert.

Gegenwärtig finden wir rund 25 Millionen Kubikkilometer Eis auf dem Festland unseres Planeten, den Löwenanteil in der Antarktis und auf Grönland.

Während der stärksten Vereisung gab es zusätzlich einen gewaltigen Eispanzer, der den nördlichen Teil von Nordamerika bedeckte, und kleinere Eispanzer in Skandinavien und dem nördlichen Sibirien. Insgesamt mag es damals rund 75 Millionen Kubikkilometer Eis auf den Landflächen gegeben haben. Das aber bedeutet, daß zum Zeitpunkt der stärksten Vereisung rund 50 Millionen Kubikkilometer Wasser, die gegenwärtig in den Ozeanen »schwimmen«, auf dem Land in Form von Eis gebunden waren.

Diese gewaltigen Wassermengen, die zum Zeitpunkt der größten Vereisung dem Ozean entzogen waren, machen aber nicht mehr als vier Prozent der Gesamtwassermenge der Erde aus. 96 Prozent der Wassermenge sind also auch damals in den Ozeanen verblieben.

Der Lebensraum der Wasserlebewesen war also kaum durch diesen Entzug des Meereswassers beeinträchtigt. Sicher, das Meereswasser war damals etwas kälter als heute, doch wie hat sich das ausgewirkt? Kaltes Wasser kann mehr Sauerstoff lösen als warmes Wasser, und die Lebewesen im Ozean hängen ebenso vom Sauerstoff ab wie wir. Deshalb sind die Ozeane in den Polargegenden viel reicher an Lebensformen als die tropischen Gewässer, deshalb kann es in den Polargegenden so viele große Meeressäugetiere geben, die genügend Nahrung finden: Wale, Eisbären, See-Elephanten und so weiter.

Wenn während einer Eiszeit das Ozeanwasser kühler ist als heute, muß dies also die Lebensbedingungen verbessern. Die Wasserlebewesen verspüren also eher heute eine Einschränkung ihrer Umweltbedingungen als damals.

Auf dem Festland sieht die Situation anders aus, und hier könnten die Folgen einer Eiszeit verhängnisvoll sein. Gegenwärtig sind ungefähr 10 Prozent des Festlandes mit Eis bedeckt. Zum Zeitpunkt der stärksten Vereisung waren es 30 Prozent. Mit anderen Worten, die verfügbare Landfläche, die zumindest während des Sommers eisfrei ist, wurde während der Eiszeit von 117 Millionen Quadratkilometern auf rund 90 Millionen Quadratkilometer eingeengt. Doch diese Rechnung stimmt so nicht.

Zum Zeitpunkt der stärksten Vereisung, als vier Prozent des Ozeanwassers fehlten, lag der Meeresspiegel rund 150 Meter tiefer als heute. Für den Ozean macht diese Veränderung nicht viel aus, aber vor jedem Kontinent liegen weite Bereiche des Meeresbodens nur geringfügig unterhalb des Wasserspiegels. Diese Bereiche mit Wassertiefen von weniger als 180 Metern werden die »Kontinentalschelfe« genannt. Wenn der Meeresspiegel sinkt, wird ein immer größerer Teil dieser Kontinentalschelfflächen freigelegt, wird neuer Lebensraum für das Landleben bereitgestellt.

Wenn also die Gletscher wachsen und Landflächen bedecken, sinkt gleichzeitig der Meeresspiegel und eröffnet neue Landflächen. Beide Effekte dürften sich ungefähr ausgleichen. Weil aber die Gletscher langsam voranschreiten, hat die Vegetation genügend Zeit, sich an die veränderten Umweltbedingungen anzupassen, in Richtung Äquator »zu wandern« und die neuen Lebensräume der freigelegten Kontinentalschelfe zu erobern. Die Fauna wird sich dieser Wanderung natürlich anschließen.

Mit dem Voranrücken der Gletscher werden sich auch die Sturmgürtel der Erde südwärts verlagern, so daß auch jene Zonen Regen abbekommen, die heute als Wüste brachliegen. Der Wüstengürtel der Erde dürfte während der Eiszeit fruchtbares Land gewesen sein.

So dürfen wir annehmen, daß mit der Freilegung der Kontinentalschelfe und der »natürlichen Bewässerung« der Wüstengebiete der Anteil fruchtbaren und nutzbaren Landes während der stärksten Vereisung größer war als heute, so paradox dies klingen mag. Und während der letzten Eiszeit sind auch Menschen — nicht unsere menschlichen Vorfahren, sondern der Homo sapiens — mit dem Vorrücken der Gletscher nach Süden gewandert, mit ihrem Zurückweichen nach Norden gezogen — und die Eiszeit hat ihnen nicht geschadet. Wäre dies bei einer zukünftigen Eiszeit anders? Was würde geschehen, wenn die Gletscher wieder mit einem neuerlichen Vormarsch begännen?

Wir dürfen nicht vergessen, daß die Menschheit nicht mehr so beweglich ist wie früher. Während der letzten Eiszeit mag es vielleicht 20 Millionen Menschen auf der Erde gegeben haben, heute sind es 4 Milliarden, 200mal mehr. 4 Milliarden Menschen sind nicht so beweglich wie 20 Millionen.

Auch unser Lebensstil hat sich verändert. Während der letzten Eiszeit waren die Menschen an keinen festen Wohnsitz gebunden. Sie sammelten und jagten ihre Nahrung. Sie folgten den Zügen der Tiere, folgten der veränderten Vegetation, und alle Lagerplätze waren ihnen gleich lieb, solange sie Früchte, Nüsse, Beeren und vor allem genügend Wild fanden.

Nach der letzten Eiszeit haben die Menschen gelernt, Ackerbau zu betreiben und Bodenschätze zu nutzen. Felder und Minen können aber nicht einfach mitgenommen werden, und das gilt auch für die zahllosen Bauwerke, die inzwischen entstanden sind, die großen Städte, Tunnels, Brücken, Überlandleitungen und so weiter. Nichts von alldem ist beweglich — es kann nur zurückgelassen und an anderer Stelle durch Neubauten ersetzt werden.

Aber vergessen wir nicht, wie langsam die Gletscher sich ausweiten und wieder schrumpfen, wie langsam als Folge davon der Meeresspiegel sinkt und steigt. Es wird genügend Zeit bleiben, um diese »Völkerwanderung« ohne Panik in die Wege zu leiten. Wir können uns sehr gut vorstellen, daß die Menschheit langsam nach Süden wandert und in die Kontinentalschelfe eindringt, dann wieder ins »Kontinentinnere« und nach Norden zurückweicht — immer und immer wieder, solange die gegenwärtige Anordnung von Land und Wasser im Nordpolarbereich bestehen bleibt. Es wäre eine 50.000 Jahre dauernde »Auswanderung«, gefolgt von einer 50.000 Jahre dauernden »Einwanderung«, immer und immer wieder.

Die Bewegung muß nicht kontinuierlich verlaufen, denn die Gletscher weiten sich auch nicht gleichmäßig aus, weichen nicht gleichmäßig zurück. Die Anpassung der Menschen an diese Unregelmäßigkeiten im Wachstum bzw. Rückzug der Gletscher wird nicht ganz leicht sein, aber unmöglich ist sie nicht — vorausgesetzt, daß all diese Veränderungen langsam genug ablaufen.

Die Umweltveränderungen beschränken sich aber nicht nur auf das Voranrücken der Gletscher. Der Rückzug der Gletscher seit der letzten Eiszeit ist keineswegs vollständig. Die Eisdecke Grönlands ist ein bislang noch nicht geschmolzenes Relikt der letzten Eiszeit. Was wäre, wenn in dem bevorstehenden großen Sommer das Erdklima noch wärmer wird und das Nordpoleis einschließlich des Grönlandeises schmilzt?

Auf Grönland lagern ungefähr 2,6 Millionen Kubikkilometer Eis. Würde dieses Eis und einige kleinere Eisfelder auf den übrigen polaren Inseln schmelzen und sich das Wasser in den Ozean ergieße, dann würde der Meeresspiegel um etwa 5 1/2 Meter ansteigen. Für weite Küstenstreifen wäre dies eine verhängnisvolle Veränderung, und viele niedrig liegende Städte wie etwa Hamburg würden überflutet. Aber auch hier können wir annehmen, daß, wenn dieser Schmelzprozeß langsam genug abläuft und der Meeresspiegel entsprechend langsam ansteigt, wir diese küstennahen Regionen und Städte »in aller Ruhe« verlassen können, um in höher gelegenen Regionen neu zu beginnen.

Nehmen wir weiter einmal an, daß auch das antarktische Eis schmölze. Dies ist zwar sehr unwahrscheinlich, zumal das antarktische Eis alle Zwischeneiszeiten der Vergangenheit überdauert hat — aber in Gedanken können wir uns die Folgen ausmalen. Da rund 90 Prozent des Festlandeises auf dem antarktischen Kontinent ruhen, bedeutete ein Schmelzen des antarktischen Eises einen 10mal höheren Anstieg des Meeresspiegels als das Schmelzen der Grönlandeiskappe. Der Meeresspiegel würde um 55 Meter ansteigen, und das Wasser würde bis in das 18. Stockwerk der New Yorker Wolkenkratzer reichen. Die tiefliegenden Küstenzonen der Kontinente würden überschwemmt. Städte wie Düsseldorf, Köln und Bonn, aber auch das ganze Ruhrgebiet, lägen unter Wasser, Koblenz wäre eine Stadt mit Meereshafen.

Das Klima der Erde würde jedoch ausgeglichener werden als gegenwärtig, und es gäbe keine Polarzonen mehr und keine Wüsten. Auch dadurch würde der für die Menschheit verfügbare Lebensraum größer als gegenwärtig, und wenn die Veränderungen nur langsam genug abläufen, müßte selbst das Abschmelzen der antarktische Eiskappe keine Katastrophe bedeuten.

Wenn dagegen die nächste Eiszeit oder die Schmelze des antarktischen Eises noch einige 10.000 Jahre auf sich warten läßt, können beide Ereignisse vielleicht ganz verhindert werden. Der technologische Fortschritt mag der

Menschheit die Möglichkeit an die Hand geben, den Auslösemechanismus für eine neue Eiszeit zu sperren, die mittlere Durchschnittstemperatur der Erde auf den gegenwärtigen Stand »einzufrieren«, sofern dies wünschenswert ist.

Große Spiegel könnten beispielsweise in eine Erdumlaufbahn gebracht werden, die das Sonnenlicht, das normalerweise an der Erde vorbeiströmt, auf die Nachtseite der Erdoberfläche lenken können; mit diesen Spiegeln könnte aber auch Sonnenlicht, das normalerweise die Erdoberfläche erreicht, so umgelenkt werden, daß es an der Erde vorbeiströmt. Damit ließe sich die Erde geringfügig erwärmen, falls die Gletscher zu weit voranrücken, oder abkühlen, falls die Eisschmelze bedrohliche Ausmaße annimmt.*

Ebenso könnten wir Methoden entwickeln, um den Kohlendioxydgehalt der Erdatmosphäre in kontrollierter Weise zu verändern, damit wir den Wärmeverlust beschleunigen können, falls das Eis zu schnell schmilzt, oder die Wärme speichern können, falls die Gletscher uns bedrohen.

Wenn schließlich immer mehr Menschen von der Erde in den Weltraum auswandern, wird das Kommen und Gehen von Eiszeiten für die Menschheit als ganzes immer mehr an Bedeutung verlieren.

Eiszeiten, wie sie in der Vergangenheit aufgetreten sind, stellen auch in Zukunft keine Katastrophe dar, haben vielleicht nicht einmal verheerende Folgen. Vielleicht bleiben sie sogar ganz aus, können wir sie mit Hilfe unserer Technik »in den Griff bekommen«.

Was aber wäre, wenn die Gletscher plötzlich und mit unerwartet hoher Geschwindigkeit voranrücken oder das Eis plötzlich und mit unerwartetem Tempo schmilzt — und das, noch bevor wir mit Hilfe unserer Technologie etwas dagegen unternehmen können? *Dann* steht uns möglicherweise wirklich eine Beinahekatastrophe bevor, und es ist nicht völlig auszuschließen, daß so etwas geschehen kann — ich werde noch darauf zurückkommen.

*Auf die gleiche Weise könnte man auch die Erde noch für einige 10.000 Jahre bewohnbar halten, wenn die sich aufblähende Sonne unseren Planeten eigentlich schon ausdörren würde — vorausgesetzt, die Menschen nehmen diese Anstrengungen in Kauf.

XI. Die Umkehr des Erdmagnetfeldes

Kosmische Strahlung

Obwohl die verschiedenen Verwüstungen, denen die Erde im Laufe ihrer Geschichte immer wieder ausgesetzt gewesen ist — von den Eiszeiten bis hin zu den Erdbeben — niemals ausgereicht haben, um das Leben auf der Planetenoberfläche zu vernichten (wie Cuvier und die übrigen Anhänger der Katastrophentheorie vor anderthalb Jahrhunderten angenommen hatten), so hat es doch hin und wieder Beinahekatastrophen gegeben — Phasen, während derer das Leben auf der Erde ernsthafte Rückschläge hinnehmen mußte. Am Ende der Permzeit beispielsweise, vor 225 Millionen Jahren, starben rund 75 Prozent aller Amphibien und 80 Prozent der Reptilien, die während dieses langen Erdzeitalters den Planeten bevölkert hatten, innerhalb relativ kurzer Zeit völlig aus. Dies ist ein Beispiel für das, was einige Menschen das »Große Sterben« nennen.

Sechsmal scheint es seither weitere Große Sterben gegeben zu haben. Am bekanntesten ist das Ereignis vor rund 70 Millionen Jahren, das mit dem Übergang von der Kreidezeit zum Tertiär zusammenfällt. Damals starben die Dinosaurier, die 150 Millionen Jahre lang die Erde bevölkert hatten, völlig aus. Auch die großen Seereptilien, wie die Ichtosaurier und Plesiosaurier, aber auch die fliegenden Pterosaurier, fielen diesem Großen Sterben zum Opfer. Unter den Wirbellosen verschwanden die Ammoniten von der Erdoberfläche, eine große und sehr »vielseitige« Gruppe dieser Klasse. Rund 75 Prozent aller damals auf der Erde lebenden Tiergattungen waren von dem Großen Sterben in einer relativ kurzen Periode betroffen.

Es hat den Anschein, als wäre ein solches Großes Sterben die Folge einer plötzlichen einschneidenden Umweltveränderung, einer Umweltveränderung, die aber viele andere Lebewesen nahezu unberührt läßt.

Eine ziemlich einleuchtende Erklärung baut auf dem Kommen und Gehen von flachen Inlandmeeren auf, die immer wieder einmal tiefliegende Landflächen überschwemmten und dann wieder austrockneten. Solche Inlandmeere mögen

entstanden sein, wenn das Eis der Polarzonen abgetaut war und der Meeresspiegel einen entsprechend hohen Stand erreicht hatte; zu Zeiten der Gebirgsbildung, wenn die Landflächen sich anhoben, mochten die flachen Meere dann
wieder austrocknen. Auf jeden Fall bieten flache Inlandgewässer einen idealen
Lebensraum für viele Seelebewesen, die ihrerseits eine ausreichende Futterver-
sorgung der Tiere am Strand sicherstellen. Mit dem Austrocknen der Gewässer starben die Wasserlebewesen, und mit ihnen gingen auch die Landlebewesen aufgrund des chronischen Futtermangels zugrunde.

Fünf der Großen Sterben während der letzten 250 Millionen Jahren fallen mit
einer »Trockenperiode« zusammen. Die Erklärung paßt auch zu der Erkenntnis, daß die Meeresfauna von dem Großen Sterben immer stärker betroffen war
als die Landfauna, während die Vegetation so gut wie gar keine Schäden nahm.
Obwohl dieses Austrocknen von Inlandgewässern die einfachste und vernünftigste Erklärung für das Problem zu sein scheint (noch dazu eine, die Menschen
unberührt läßt, da wir weder in Inlandgewässern leben noch zu einer Zeit
großer Inlandgewässer existieren), sind viele andere Erklärungen für das Große
Sterben »angeboten« worden. Eine von ihnen — sie mag gar nicht einmal sehr
wahrscheinlich sein — ist ungewöhnlich dramatisch. Sie bringt eine völlig neue
Art von Katastrophe in die Diskussion ein, die wir bislang nicht betrachtet
haben, die aber die Menschheit betreffen könnte. Gemeint ist die Strahlung aus
dem Weltall, die nicht von der Sonne stammt.

Zu Beginn des 20. Jahrhunderts stieß man auf eine Strahlung, die noch durch-
dringender und energiereicher war als die neuentdeckte Strahlung von radioaktiven Atomkernen. 1911 wollte der österreichische Physiker Viktor Francis
Hess (1883—1964) nachweisen, daß diese durchdringende Strahlung aus dem
Erdboden stammt. Zu diesem Zweck ließ er einen Ballon mit einem Strah-
lungsnachweisgerät in eine Höhe von 9 Kilometern aufsteigen. Er erwartete,
daß die Strahlung mit zunehmender Höhe abnehmen würde, weil sie von der
immer dicker werdenden Luftschicht absorbiert werden müßte.
Statt dessen nahm die Intensität der Strahlung mit steigender Höhe zu, und

daraus konnte man ableiten, daß die Strahlung von außen kommen mußte, aus dem Weltall, dem Kosmos. Der amerikanische Physiker Robert Andrews Millican (1868—1953) prägte daher 1925 den Begriff »kosmische Strahlung«. Fünf Jahre später konnte der amerikanische Physiker Arthur Holly Compton (1892—1962) zeigen, daß die kosmische Strahlung aus sehr energiereichen, elektrisch positiv geladenen Teilchen bestand. Heute wissen wir, woher die kosmische Strahlung stammt.

Auf der Sonne und wahrscheinlich jedem anderen Stern laufen Prozesse ab, die energiereich genug sind, um Teilchen in den Weltraum zu schleudern. Diese Teilchen sind zum überwiegenden Teil Atomkerne. Da die Sonne hauptsächlich aus Wasserstoff besteht, stellen Wasserstoffkerne, einfache Protonen, den Löwenanteil der kosmischen Strahlung. Schwerere Atomkerne dagegen tauchen nur in kleinerem Umfang auf.

Diese energiereichen Protonen und anderen Atomkerne strömen von der Sonne in alle Richtungen weg und bilden den Sonnenwind, den ich früher schon einmal erwähnt habe.

Bei besonders heftigen Ereignissen an der Sonnenoberfläche werden die Teilchen mit größerer Energie weggeschleudert. Bei Sonnenflares können die Teilchen sogar auf Energien beschleunigt werden, die bis an die untere Grenze der Energie der kosmischen Strahlung heranreichen (man spricht in diesem Zusammenhang von »weicher kosmischer Strahlung«).

Eine solche Partikelströmung gibt es auch bei anderen Sternen — man nennt sie Sternwinde —, und massereiche Sterne, die heißer als die Sonne sind, senden mit ihrem Sternwind mehr Teilchen aus, deren hohe Energie sie in die Gruppe der kosmischen Strahlung einreiht. Vor allem bei Supernova-Explosionen entstehen gewaltige Mengen an kosmischer Strahlung.

Weil die Teilchen der kosmischen Strahlung elektrisch geladen sind, bewegen sie sich längs vorhandener Magnetfelder. Jeder Stern besitzt ein solches Magnetfeld, und die Galaxis als Ganzes ebenfalls. Jedes Teilchen der kosmischen Strahlung bewegt sich daher auf komplizierten Bahnen und wird durch die jeweiligen Konfigurationen der einzelnen Magnetfelder noch beschleunigt, gewinnt noch zusätzliche Energie.

Dies führt dazu, daß am Ende der interstellare Raum innerhalb unserer Galaxis »voll« von Teilchen der kosmischen Strahlung ist, die in alle Richtungen durcheinanderfliegen, je nachdem, wie ihre Bahn durch die einzelnen Magnetfelder verändert worden ist. Ein geringer Anteil dieser kosmischen Strahlung trifft auf die Erde, und zwar aus allen Himmelsrichtungen. Damit haben wir eine völlig neue Art von »Invasoren«, die bislang noch nicht betrachtet wurden. Ich habe weiter vorne im Buch darauf hingewiesen, wie unwahrscheinlich ein »Zusammenstoß« des Sonnensystems mit einem Stern oder einem kleineren Materiebrocken von außerhalb ist. Ich habe auch die Folgen des Zusammenstoßes mit Staubteilchen und Atomen interstellarer Wolken beschrieben. Nun müssen wir sehen, was die kleinsten aller materiellen Objekte, die Elementarteilchen, anrichten können, wenn sie aus dem Weltall in das Sonnensystem eindringen. Es gibt ihrer so viele, ihre Dichte ist so hoch, und sie bewegen sich mit so großer Geschwindigkeit nahe der Lichtgeschwindigkeit, daß die Erde von ihnen ständig bombardiert wird.

Die kosmische Strahlung hinterläßt auf der Erde keine sichtbaren Spuren, und wir merken ihr Eindringen nicht. Nur die Wissenschaftler mit ihren empfindlichen Nachweisgeräten können die kosmische Strahlung registrieren, und auch das erst seit ungefähr 60 Jahren.

Die Erde wird bereits seit ihrer Entstehung von dieser kosmischen Strahlung bombardiert, und das Leben auf diesem Planeten scheint bislang keinen Schaden dadurch genommen zu haben. Auch die Menschen bleiben von dem kosmischen Bombardement offenbar unbetroffen. Können wir also die kosmische Strahlung als möglichen Auslöser einer Katastrophe ausschließen? Nein, das dürfen wir nicht.

Um zu sehen, warum nicht, müssen wir in das Innere der Zellen eindringen.

Desoxyribonucleinsäure und Mutationen

Jede lebende Zelle ist eine kleine chemische Fabrik. Die Eigenschaften einer einzelnen Zelle, ihre Form, ihr Aufbau, ihre Fähigkeiten, hängen von den chemischen Prozessen ab, die in ihr ablaufen, von der Geschwindigkeit, mit der diese Prozesse ablaufen, und von der Art und Weise, wie sie miteinander kooperieren. Diese chemischen Reaktionen würden normalerweise sehr langsam ablaufen, wenn die Bausteine der Zelle einfach zusammengemixt wären. Damit die Reaktionen ohne Unterbrechung mit dem für das Leben erforderlichen Tempo ablaufen können (so wie wir es beobachten), ist die Anwesenheit und Hilfe besonderer komplexer Moleküle notwendig, der sogenannten »Enzyme«.

Enzyme gehören zur Gruppe der »Proteine«. Proteine sind Riesenmoleküle, die ihrerseits aus Ketten kleinerer Bausteine, den sogenannten »Aminosäuren«, zusammengesetzt sind. Es gibt 20 verschiedene Aminosäuren, die für das Leben in Frage kommen, und aus ihnen lassen sich die unterschiedlichsten Proteine zusammensetzen. Nehmen wir einmal an, wir hätten von jeder dieser 20 lebenswichtigen Aminosäuren je ein Molekül zur Verfügung und wollten diese in allen möglichen verschiedenen Anordnungen zueinander koppeln. Man kann rechnen, daß es ungefähr 50 Trillionen verschiedener Kombinationsmöglichkeiten gibt, von denen jede ein ganz anderes Molekül darstellt. Enzyme bestehen aber aus hundert oder mehr Aminosäurebausteinen, und die Zahl der möglichen Kombinationen ist unermeßlich groß. Dennoch gibt es in jeder einzelnen Zelle nur eine begrenzte Anzahl von Enzymen, von denen jedes aus einer ganz bestimmten Anordnung von Aminosäureketten besteht.

Jedes einzelne Enzym ist so gebaut, daß bestimmte Moleküle sich an seiner Oberfläche niederlassen und dann bereitwillig miteinander reagieren können, bis hin zum Austausch von Atomen. Nach dieser Reaktion können die veränderten Moleküle sich nicht länger an der Enzymoberfläche halten. Sie »fallen ab«, und andere Moleküle treten an ihre Stelle, um wieder miteinander zu reagieren. Durch die Anwesenheit einiger weniger Enzymmoleküle kann daher eine Vielzahl von Molekülen miteinander reagieren, die sonst »achtlos« nebeneinander existiert hätten.*

Die Reaktionen im Innern einer Zelle hängen also ganz entscheidend von der Natur der einzelnen Enzyme in dieser Zelle ab, ihrer relativen Häufigkeit und der Art und Weise, mit der sie ihre Arbeit verrichten. Die Eigenschaften eines vielzelligen Organismus hängen von den Eigenschaften der einzelnen Zellen ab und der Art und Weise, wie sie zusammenarbeiten. Mit anderen Worten, alle Organismen, auch die Menschen, sind das Produkt ihrer Enzyme (wiewohl dieser Zusammenhang keineswegs sehr einfach ist).

Doch diese Abhängigkeit scheint sehr kritisch zu sein. Wenn ein Enzym nicht genau nach seinem Bauplan aus den einzelnen Aminosäuren zusammengesetzt ist, kann es seine ihm zugedachte Arbeit nicht verrichten. Tauscht man eine Aminosäure gegen eine andere aus, so wird das Enzym vielleicht nicht mehr als Katalysator jener Reaktion dienen, die es kontrollieren soll.

Wie also entstehen die Enzyme so getreu nach ihrem Soll-Bauplan? Wer weiß in der Zelle, daß eine bestimmte Aminosäure-Anordnung für ein bestimmtes Enzym erforderlich ist, diese eine und keine andere? Gibt es eine Schlüsselsubstanz in der Zelle, die eine Art »Durchschlagpapier« für alle Enzyme dieser Zelle besitzt, eine Kontrollsubstanz, die für den Aufbau der Enzyme verantwortlich ist?

Wenn es eine solche Substanz gibt, muß sie in den Chromosomen enthalten sein. Diese Chromosomen sind Teil des Zellkerns, und sie verhalten sich gerade so, als besäßen sie eine Blaupause.

---

*Die Situation ist vergleichbar mit folgendem Beispiel: Es gibt zwei verschiedene Möglichkeiten, einen Faden durch ein Nadelöhr zu ziehen — man kann entweder Nadel und Faden in die Luft werfen und hoffen, daß sich der Faden unterwegs selbst einfädelt, oder man kann die Nadel in die eine Hand nehmen und den Faden mit der anderen Hand durch das Nadelöhr führen. Die erste Situation entspricht der Reaktion der Moleküle in einer Zelle ohne Enzyme, die zweite entspricht der Reaktion in der Zelle mit der Hilfe von Enzymen.

Die Zahl der Chromosomen in einer Zelle hängt von der Spezies ab, zu der der Organismus gehört. Beim Menschen beispielsweise enthält jede Zelle 23 Chromosomenpaare.

Jedesmal, wenn eine Zelle sich teilt, verdoppeln sich zunächst die Chromosomen, entsteht eine exakte Kopie der Chromosomen. Bei der Zellteilung wandert ein Chromosomensatz in die eine Zelle, der zweite in die andere. So hat auch jede Tochterzelle 23 Chromosomenpaare, die in beiden Zellen identisch sind. Genau das würde man erwarten, wenn die Chromosomen die Blaupause für den Aufbau der Enzyme enthalten.

Alle höher entwickelten Organismen vermehren sich nicht durch bloße Zellteilung, sie entwickeln Geschlechtszellen mit der Aufgabe, neue Organismen zu bilden. Männer (und die männlichen Vertreter der meisten übrigen Tiere) produzieren Spermien, Frauen liefern die Eizellen. Wenn eine Spermie sich mit einer Eizelle vereint, sie befruchtet, kann die Kombination von beiden durch wiederholte Teilungsprozesse zu einem neuen, selbständigen Organismus heranwachsen.

Sowohl die Eizelle als auch die männliche Samenzelle besitzen nur einen halben Chromosomensatz. Jede Eizelle und jede Samenzelle bekommt jeweils nur eine Hälfte der 23 Chromosomenpaare. Wenn sie sich miteinander verbinden, treffen diese 23 Einzelchromosomen zusammen, und die befruchtete Eizelle enthält wieder 23 Chromosomenpaare. Sie sind aber nicht mehr identisch, denn die eine Hälfte stammt von der männlichen Samenzelle, die andere von der weiblichen Eizelle. Der neue Organismus erbt also in gleichem Maße Eigenschaften von beiden Eltern, und die Chromosomen verhalten sich auch in diesem Fall gerade so, wie man es erwarten würde, wenn sie die Blaupausen für die Enzymproduktion tragen.

Doch wie sieht die chemische Struktur dieser vermuteten Blaupause aus?

Seit der Entdeckung der Chromosomen durch den deutschen Anatom Walther Flemming (1843—1905) im Jahre 1879 nahm man allgemein an, daß die Blaupause, wenn sie denn wirklich existierte, ein sehr komplexes Molekül sein müßte, also beispielsweise ein Protein. Die Proteine galten damals als die kompliziertesten Substanzen im Gewebe, und diese Annahme wurde noch verstärkt, als im Jahre 1926 der amerikanische Biochemiker James Bachelor Sumner (1877—1955) nachweisen konnte, daß die Enzyme auch zu den Proteinen zählen. Es mußte also sicherlich ein Protein sein, das die Blaupausen für die Konstruktion der anderen Proteine trägt.

1944 konnte der kanadische Arzt Oswald Theodor Avery (1877—1955) jedoch zeigen, daß das Blaupausenmolekül keineswegs ein Protein ist, sondern eine andere Molekülsorte, die sogenannte »Desoxyribonucleinsäure«, kurz DNS. Diese Entdeckung kam sehr überraschend, denn die DNS war zuvor für ein einfaches Molekül gehalten worden, ein Molekül, das keinesfalls in der Lage sein sollte, als Blaupause für die Konstruktion der komplexen Enzyme zu dienen. Eine genauere Untersuchung ergab jedoch, daß die DNS ein sehr komplexes Molekül sein mußte, viel komplexer jedenfalls als jedes Protein.

Auch die DNS-Moleküle bestehen aus langen Ketten einfacherer Bausteine. Sie werden »Nucleotide« genannt, und jedes DNS-Molekül kann aus vielen Tausend Nucleotiden zusammengesetzt sein. Von diesen Nucleotiden gibt es vier verschiedene Variationen (nicht zwanzig wie bei den Proteinen), und diese vier Bausteine können sich in beliebiger Reihenfolge miteinander verknüpfen. Nehmen wir einmal an, wir setzen drei Nukleotide zusammen. Dann gibt es 64 verschiedene »Trinukleotide«. Wenn man die einzelnen Nukleotide mit den Ziffern 1, 2, 3 und 4 kennzeichnet, bekommt man folgende Kombinationen: 1-1-1, 1-1-2, 1-1-3, 1-1-4, 1-2-1, usw., 64 verschiedene Möglichkeiten. Die eine oder andere Kombination dieser Trinukleotide könnte einer bestimmten Aminosäure entsprechen, andere mögen eine Art Interpunktion darstellen, mit der Beginn und Ende einer Aminosäurekette gekennzeichnet werden. Die Übersetzung der Trinukleotide der DNS-Moleküle in die Aminosäuren der Enzyme wird »Genetischer Code« genannt.

Doch damit scheint die Schwierigkeit nur eine Stufe weiter zurückgedrängt. Wie kann die Zelle ein bestimmtes DNS-Molekül bauen, das dann die Bildung der einzelnen Enzyme kontrolliert? Schließlich gibt es unzählige mögliche Kombinationen für ein einzelnes DNS-Molekül!

1953 konnten der amerikanische Biochemiker James Devy Watson (1928—) und der englische Biochemiker Francis H. C. Crick (1916—) die Struktur des DNS-Moleküls entschlüsseln. Sie besteht aus zwei Strängen, die zu einer Doppelspirale verwoben sind (jeder Strang hat die Form einer Wendeltreppe, und beide Stränge sind untereinander verbunden). Jeder Strang ist eine Art »Komplementärstück« des anderen, so daß sie exakt zusammenpassen. Bei der Zellteilung wird jedes DNS-Molekül in zwei Einzelstränge zerlegt, und jeder Einzelstrang konstruiert sich dann nach seinem Muster den Ergänzungsteil, den Komplementärteil. Jeder Strang ist also gewissermaßen die Blaupause für seinen Partner, und am Ende ist aus einer Doppelhelix ein Doppelhelixpaar entstanden, jede das genaue Abbild der anderen. Dieser »Kopierprozeß« wurde »Replikation« genannt. Wenn also erst einmal ein bestimmtes DNS-Molekül aufgebaut war, konnte es sich unter Beibehaltung seiner exakten Struktur selbst vermehren, von der Zelle zur Tochterzelle, von den Eltern auf die Nachkommen.

Das hat zur Folge, daß jede Zelle und jeder Organismus bis hin zu den Menschen in seiner Gestalt, in seinem Aufbau, seiner Chemie (und in gewisser Weise auch in seinem Verhalten) von dem Aufbau seiner DNS bestimmt wird. Ein befruchtetes Ei einer Spezies unterscheidet sich nicht sehr von dem einer anderen Spezies, doch die DNS-Moleküle in beiden sind natürlich voneinander verschieden. Aus diesem Grunde wird aus einer befruchteten menschlichen Eizelle immer ein Mensch, aus einer befruchteten Giraffenzelle immer eine Giraffe — eine Verwechslung zwischen beiden ist ausgeschlossen.

Allerdings ist die Kopie der DNS-Moleküle bei einer Zellteilung oder auch der Befruchtung eines Eies nicht so vollkommen, wie es bislang erscheinen mag. Hirten und Bauern wissen seit langem, daß hin und wieder junge Tiere oder Pflanzen ganz andere Eigenschaften aufweisen als ihre Eltern. Normalerweise sind diese Unterschiede nicht sehr groß, manchmal nicht einmal sonderlich auffällig. Doch hin und wieder entsteht dabei ein Organismus, den wir »Monster« oder »Mißgeburt« nennen. Der wissenschaftliche Ausdruck für einen solchen Nachkommen mit veränderten Eigenschaften, seien sie nun extrem oder unmerklich, lautet Mutation, nach einem lateinischen Wort für Veränderung. Früher wurden auffällige Mutationen getötet. 1791 jedoch kam ein Farmer aus Massachussetts mit Namen Seth Wright auf den Gedanken, eine solche Mißgeburt, die in seiner Herde aufgetaucht war, weiterzuzüchten: In seiner Herde war ein Lamm mit ungewöhnlich kurzen Beinen geboren worden, und der »verschrobene Yankee« hatte plötzlich die Idee, daß kurzbeinige Schafe die niedrige Steinmauer um den Weideplatz weniger leicht überwinden konnten. Er züchtete daher aus diesem gar nicht so unglücklichen »Unfall« eine kurzbeinige Schafart und brachte auf diese Weise die Möglichkeiten, die Mutationen boten, in das Bewußtsein weiter Bevölkerungskreise. Dennoch dauerte es bis zum Jahre 1900, ehe der holländische Botaniker Hugo Marie de Vries (1848—1935) mit einer wissenschaftlichen Untersuchung der Mutationen begann.

Natürlich waren solche Mutationen, sofern sie nicht allzu auffällig waren und damit zu schreckenerregenden oder abstoßend wirkenden Wesen führten, von den Hirten und Farmern immer »genutzt« worden. Man sortierte aus jeder Generation jene Tiere aus, die für die menschliche Nutzung erfolgversprechend erschienen — Kühe, die besonders viel Milch produzierten, Hennen, die viele Eier legten, Schafe, die viel Wolle produzierten usw. — und züchtete mit ihnen Entwicklungslinien, die sich untereinander immer stärker unterschieden und mit den ursprünglichen Wildtieren, die man anfangs gezähmt hatte, nicht mehr viel gemein hatten.

Solche Züchtungen waren das Ergebnis einer Auswahl jener Lebewesen, die kleine und in sich unbedeutende Mutationen aufwiesen, sie aber (wie Wrights kurzbeiniges Schaf) an ihre Nachkommen weitergaben. Durch die Auswahl von Mutation nach Mutation — alle in die gleiche Richtung— wurde das Zuchtergebnis ständig »verbessert«, zumindest nach menschlichen Gesichtspunkten. Wir brauchen nur an die zahllosen Hunderassen zu denken oder die vielen Taubenrassen, um zu erkennen, wie sehr wir die Entwicklung einer Spezies »maßschneidern« können, wenn wir die richtigen Eltern aussuchen und die richtigen Nachkommen, die falschen dagegen unberücksichtigt lassen.

Mit Pflanzen läßt sich diese Züchtung noch viel leichter durchführen. Der amerikanische Gärtner Luther Burbank (1849—1926) war ein sehr erfolgreicher Züchter, der Hunderte von neuen Pflanzenarten schuf, aber nicht nur durch Mutationen, sondern auch durch zielstrebiges Kreuzen und Veredeln.

Was die Menschen mit Absicht durchführen, erreichen die blinden Zufallskräfte natürlicher Selektion nur sehr langsam, im Verlaufe vieler Generationen. In jeder Generation unterscheiden sich die Nachkommen einer bestimmten Spezies untereinander durch geringfügige Mutationen. Jene Nachkommen, deren Mutationen ihnen einen Vorteil im Kampf um das Dasein bescheren, haben eine größere Überlebenschance und können ihre Mutationen an ihre Nachfahren weitergeben. So entstehen Schritt für Schritt im Laufe von Millionen Jahren neue Arten, ersetzt eine Spezies die andere, usw.

Dies war der Kern der Theorie der Evolution durch natürliche Auswahl, die 1858 von den englischen Naturforschern Charles Robert Darwin und Alfred Russel Wallace aufgestellt wurde.

Auf molekularer Ebene sind Mutationen das Ergebnis einer unvollständigen DNS-Replikation. Sie kann sich während des Prozesses der Zellteilung ereignen. Dadurch entsteht in einem Organismus eine Zelle, die sich von den anderen, umgebenden Zellen im Gewebe unterscheidet. Man nennt dies eine »somatische Mutation«.

Normalerweise bedeutet eine Mutation eine Veränderung zum Schlechten. Wenn bei einer DNS-Replikation in das komplizierte Molekül an einer bestimmten Stelle ein falscher Baustein eingesetzt wird, ist es unwahrscheinlich, daß dieses veränderte DNS-Molekül seine Aufgabe besser erfüllt als das Original-Vorbild. So führt eine Mutation meistens dazu, daß die mutierte Zelle in der Haut oder in der Leber oder in einem Knochen nicht richtig funktioniert, daß sie sich meist auch nicht vermehren kann. Da sich die übrigen, »gesunden« Zellen aber weiter teilen, wird die eine »falsche« Zelle allmählich überwuchert und verliert so an Bedeutung. Das Gewebe als Ganzes bleibt bis auf wenige Ausnahmen normal.

Die einzige große Ausnahme wird dann beobachtet, wenn die Mutation gerade den Wachstumsprozeß betrifft. Normale Gewebezellen wachsen und teilen sich immer nur dann, wenn andere Zellen beschädigt werden oder verloren gehen; eine mutierte Zelle, bei der diese Wachstumshemmung ausgeschaltet ist, kann sich dagegen ununterbrochen vermehren, ungeachtet einer entsprechenden »Bedarfsmeldung« oder »Sättigungsmeldung« des umgebenden Gewebes. Krebszellen sind solche unkontrollierten Wildwüchse, und Krebs ist das gefährlichste Ergebnis einer somatischen Mutation.

Hin und wieder kann ein DNS-Molekül auch so mutieren, daß es seine Aufgabe unter bestimmten Voraussetzungen besser erfüllen kann. Dies passiert nicht sehr oft, doch solche Zellen werden sich rasch vermehren und überleben, so daß die natürliche Selektion nicht nur auf der Ebene der Organismen funktioniert, sondern auch im Bereich der DNS-Moleküle. Auf diese Weise dürfte auch das erste DNS-Molekül entstanden sein — aus einer zufälligen Verknüpfung einfacher Bausteine, die so lange verändert wurde, bis ein »Muster« entstand, das zur Replikation fähig war; den Rest besorgte die Evolution.

Hin und wieder entstehen auch Samenzellen oder Eizellen mit unvollständig replizierten DNS-Molekülen. Aus ihnen erwachsen mutierte Nachkommen. Auch hier führen die meisten Mutationen zu einer Verschlechterung, so daß die Mutanten sich entweder gar nicht erst vollständig entwickeln oder jung sterben; doch selbst, wenn sie wieder selbst zeugungsfähig werden und Nachwuchs bekommen, werden sie allmählich durch die überlegeneren Individuen zahlenmäßig »überrollt«. Nur äußerst selten führt eine Mutation zu einer Verbesserung der Lebensfähigkeit unter besonderen Voraussetzungen, und diese Mutanten können sich dann gegenüber ihren »Konkurrenten« besser durchsetzen, sie schließlich ablösen.

Obwohl die »positiven« Mutationen weitaus seltener sind als die »negativen«, obsiegen am Ende die positiven. So kann man, wenn man den Lauf der Evolution verfolgt, den Eindruck gewinnen, als würden die Organismen versuchen, sich selbst zu verbessern — als gäbe es einen »zielstrebigen Plan«.

Man kann sich nur sehr schwer vorstellen, daß an sich zufällige Prozesse, Treffer und Nieten, all das erzeugten, was wir heute um uns herum vorfinden — aber mit ausreichend viel Zeit und einem System der natürlichen Auslese, die es zulassen, daß Millionen von Individuen vergehen und nur einige wenige Verbesserungen sich durchsetzen, kann auch der Zufall etwas »Sinnvolles« zustande bringen.

Der genetische Ballast

Warum aber replizieren sich DNS-Moleküle nicht ganz fehlerfrei? Die Replikation ist ein Zufallsprozeß. Wenn die Nukleotid-Bausteine mit einem freien DNS-Strang in Berührung kommen, sollte eigentlich immer nur jener Baustein angelagert werden, der genau zu seinem Gegenstück vom freien DNS-Strang paßt. Die drei übrigen Nukleotide passen nicht an diese Stelle.

Die zufällige Bewegung der Moleküle jedoch macht es möglich, daß ein falsches Nukleotid auf ein bestimmtes Nukleotid des freien DNS-Stranges trifft und von benachbarten Molekülen festgehalten wird, ehe sein eigentliches Gegenüber es als »unpassend« erkennt. Damit ist ein neuer DNS-Strang entstanden, der nicht genau seinem Vorbild entspricht, sondern in einem Nukleotid von ihm abweicht. Entsprechend wird er ein anderes Enzym produzieren, das in einer Aminosäure von dem Soll-Enzym abweicht. Doch ist dieser DNS-Strang voll replikationsfähig und dient daher bei weiteren Zellteilungen nunmehr selbst als Vorbild — er hat das ursprüngliche Original abgelöst. Unter normalen Bedingungen wird eine solche fehlerhafte Replikation eines bestimmten DNS-Stranges in 50.000 bis 100.000 Fällen einmal auftreten, doch es gibt so viele Gene in den lebenden Organismen und so viele Replikationen, daß die Wahrscheinlichkeit einer gelegentlichen Mutation zur Gewißheit wird: Mutationen sind an der Tagesordnung.

Im Bereich der menschlichen Lebewesen enthält wahrscheinlich in zwei von fünf Fällen ein befruchtetes Ei ein mutiertes Gen. Rund 40 Prozent Menschen sind also, bezogen auf ihre Eltern, Mutanten im einen oder anderen Sinne. Da die mutierten Gene eine Zeitlang weitergegeben werden, ehe sie absterben, wird die Zahl der Mutationen, die jeder Mensch in sich trägt, auf acht geschätzt — acht mutierte Gene, die meistens zum Negativen hin verändert sind. (Daß dies weitgehend ohne Folgen für uns bleibt, ist auf das paarweise Auftreten der Gene zurückzuführen, von denen normalerweise immer nur eines mutiert, während das »Original-Gen« uns »über Wasser hält«.)

Die Mutationen bleiben aber nicht einzig dem blinden Zufall überlassen. Es gibt Einflüsse, die die Wahrscheinlichkeit einer unvollständigen Replikation erhöhen. Zum Beispiel können zahlreiche Chemikalien die reibungslose Funktion der DNS-Moleküle stören, können das Erkennungsvermögen für die richtigen Nukleotidbausteine beeinträchtigen. Dann steigt die Wahrscheinlichkeit für Mutationen spürbar an. Das DNS-Molekül besitzt eine sehr komplexe und empfindliche Struktur, die vielen Chemikalien Angriffsflächen bietet. Man nennt solche Chemikalien »Mutagene«.

Mutationen können aber auch durch den Einfluß von Elementarteilchen ausgelöst werden. DNS-Moleküle sind in den Chromosomen enthalten, die ihrerseits im Zellkern vor den Angriffen von Chemikalien weitgehend geschützt sind. Elementarteilchen dagegen können Zelle und Zellkern durchdringen und beim Zusammenprall mit DNS-Molekülen das eine oder andere Atom aus seiner Position herausschlagen und so die Struktur des Moleküls verändern.

DNS-Moleküle können dabei derartig »mißhandelt« werden, daß sie ihre Fähigkeit zur Replikation nun ganz verlieren und die Zelle abstirbt. Wird eine Vielzahl lebenswichtiger Zellen auf diese Weise zerstört, kann das Lebewesen an den Folgen einer Strahlungskrankheit sterben.

Die Zelle muß aber nicht notwendigerweise zugrunde gehen, denn die Einwirkung des Elementarteilchens kann auch zu bloßen Mutationen führen. (Die Mutation kann ihrerseits eine Krebsgeschwulst auslösen, und es ist bekannt, daß energiereiche Strahlung sowohl »karzinogen« — krebserregend — sein kann als auch mutagen. Das eine kann das andere nach sich ziehen.) Wenn eine Eizelle oder eine Samenzelle von einem Elementarteilchen getroffen wird, können Nachkommen mit Mutationen heranwachsen, die so schwerwiegend sind, daß Mißgeburten die Folge sind. Dies ist natürlich auch bei chemischen Mutagenen möglich.

Die mutagene Wirkung von Strahlung wurde zuerst 1926 von dem amerikanischen Biologen Hermann Joseph Muller (1890—1967) nachgewiesen, der das Auftreten von Mutationen bei der Fruchtfliege studierte. Er konnte die Zahl der Mutationen drastisch erhöhen, indem er die Tiere einer Bestrahlung mit Röntgenstrahlen aussetzte.

Röntgenstrahlen und radioaktive Strahlung wurden erst kurz vor Beginn des 20. Jahrhunderts entdeckt, konnten vorher also nicht »künstlich« produziert werden. Doch auch schon vorher gab es mutagene Strahlungsformen. Solange das Leben auf der Erde existiert, ist es dem Sonnenlicht ausgesetzt gewesen, und Sonnenlicht ist aufgrund seines Ultraviolettgehaltes schwach mutagen: Setzt man sich zu lange der UV-Strahlung der Sonne aus, wächst die Chance für das Auftreten von Hautkrebs.

Das Leben ist aber auch zeit seines Lebens der kosmischen Strahlung ausgesetzt gewesen. Einige Wissenschaftler behaupten sogar, daß die kosmische Strahlung durch ihre mutagenen Kräfte die Evolution auf der Erde überhaupt erst vorangetrieben hat — eine Theorie, die von anderen Wissenschaftlern bestritten wird. Die erwähnten acht — in den meisten Fällen negativ — mutierten Gene pro Individuum sind gewissermaßen der Preis, den wir bezahlen müssen, damit einige wenige »positive« Mutationen möglich werden, von denen die Zukunft abhängt.

Wenn aber eine geringe Mutationsrate auch Positives enthalten kann, muß das nicht heißen, daß eine größere Mutationsrate besser wäre. Die wirklich verheerenden Mutationen können, unabhängig von ihrer Ursache, die Überlebenskraft einer Spezies schwächen, weil sie eine Reihe von geschwächten Lebewesen hervorbringen. Dies ist der »genetische Ballast« jeder Spezies (ein Ausdruck, der erstmals von H. J. Muller eingeführt wurde). Dennoch gibt es einen beachtlichen Prozentsatz von Individuen, die keine ernstlich negativen Mutationen in sich tragen, und einige wenige mit positiven Mutationen. Sie können den »Ballast« der Schwachen ausgleichen, sie können sich durchsetzen und so trotz des genetischen Ballasts das Überleben der Spezies sicherstellen. Was aber wäre, wenn der genetische Ballast aufgrund einer wachsenden Mutationsrate zunähme? Es entstünden mehr geschwächte Lebewesen, weniger normale und noch weniger »Überflieger«. Dies kann dazu führen, daß einfach nicht mehr genug intaktes genetisches Material vorhanden ist, um die Einflüsse des beschädigten genetischen Materials zurückzudrängen. Eine Zunahme des genetischen Ballasts würde also keineswegs die Evolution beschleunigen, wie man zunächst denken möchte — sie wird die Spezies schwächen und ihr Aussterben einleiten. Ein kleiner genetischer Ballast kann von Nutzen sein — ein großer ist auf jeden Fall tödlich.

Wodurch aber kann die Mutationsrate anwachsen? Zufällige Einflüsse bleiben zufällig, und die meisten mutagenen Faktoren der Vergangenheit — Sonnenlicht, Chemikalien, natürliche Radioaktivität — haben ihren Einfluß kaum verändert. Wie aber sieht es mit der kosmischen Strahlung aus? Was wäre, wenn — aus welchem Grund auch immer — die Intensität der kosmischen Strahlung zunähme, die auf die Erdoberfläche trifft? Könnte dies viele Spezies schwächen und zu einem »Großen Sterben« führen, weil der genetische Ballast fürs Überleben zu groß würde?

Selbst wenn wir dabei bleiben, daß die Großen Sterben in der Erdgeschichte mit dem Austrocknen von Inlandgewässern zusammenhingen — ist es denkbar, daß eine plötzliche Zunahme der Intensität der kosmischen Strahlung *auch* ein Großes Sterben auslösen könnte? Vielleicht, aber wodurch sollte die Intensität der kosmischen Strahlung anwachsen?

Eine Möglichkeit böte die Zunahme von Supernova-Explosionen, die nach allem, was wir heute wissen, die Hauptquelle für die kosmische Strahlung darstellen. Dies ist allerdings wenig wahrscheinlich. Die Gesamtzahl der Supernova-Explosionen unter den Hunderten von Milliarden Sternen innerhalb unserer Galaxis scheint von Jahr zu Jahr und von Jahrhundert zu Jahrhundert konstant zu bleiben. Aber vielleicht verändert sich die Verteilung der Supernova-Explosionen im Raum, gibt es Zeiten mit ungewöhnlich viel Supernova-Explosionen am anderen Ende der Galaxis und dann wieder Perioden, in denen in unserer Nachbarschaft besonders viele Supernova-Explosionen auftreten.

Dies würde die Intensität der kosmischen Strahlung allerdings weniger beeinflußen, als man denken möchte. Da die Teilchen der kosmischen Strahlung längs der Magnetfeldlinien in der Galaxis fliegen und die Zahl dieser Magnetfelder ziemlich groß ist, wird die Dichte der Teilchen mehr oder minder gleichmäßig über die Galaxis verteilt, ist die Intensität der kosmischen Strahlung überall annähernd gleich hoch, unabhängig vom jeweiligen Herkunftsort der einzelnen Teilchen.

Die Supernova-Explosionen sorgen ständig für einen gewaltigen Nachschub an kosmischen Strahlungsteilchen, in geringerem Ausmaß auch die großen Riesensterne. Diese Strahlungsteilchen werden durch die Magnetfelder ständig beschleunigt und gewinnen so an Energie. Dies kann sogar dazu führen, daß sie die Galaxis verlassen. Ein anderer Teil trifft auf die Sterne und die übrigen Objekte innerhalb der Galaxis und geht ebenfalls verloren. So wird man erwarten können, daß sich seit dem Bestehen der Galaxis ein Gleichgewicht ausgebildet hat, daß ebenso viele kosmische Strahlungsteilchen produziert werden wie verloren gehen. Das aber führt dazu, daß die Intensität der kosmischen Strahlung an der Erdoberfläche über Äonen hinweg mehr oder weniger konstant bleiben müßte.

Es gibt allerdings eine Ausnahme, die diese Konstanz empfindlich stören würde. Eine Supernova-Explosion in geringer Entfernung könnte nicht ohne direkte Auswirkungen bleiben. Ich habe schon weiter vorne die Möglichkeiten einer solchen Supernova-Explosion in unmittelbarer kosmischer Nachbarschaft erörtert und darauf hingewiesen, daß wir in absehbarer Zukunft nicht mit einem solchen Ereignis zu rechnen brauchen. Allerdings habe ich dort nur die Licht- und Hitzeeinflüsse einer solchen Supernova-Explosion beschrieben, nicht aber die Einwirkung der kosmischen Strahlung. Wie würde sich die kosmische Strahlung verändern, wenn sich die Supernova-Explosion in einer Distanz ereignet, die nicht ausreicht, daß die Magnetfelder die Teilchen der kosmischen Strahlung noch gleichmäßig verteilen können?

1968 wiesen die beiden amerikanischen Wissenschaftler K. D. Terry und W. H. Tucker darauf hin, daß eine große Supernova millionenmal mehr kosmische Strahlung produzieren würde als die Sonne — und dies über einen Zeitraum von wenigstens einer Woche. Wenn eine solche Supernova nur 16 Lichtjahre entfernt stattfände, erhielten wir von ihr genauso viel kosmische Strahlung wie von der Sonne, und das sollte ausreichen, um jeden von uns zum Opfer einer Strahlungskrankheit zu machen (und die meisten anderen Lebensformen wahrscheinlich ebenfalls). Unter diesem Gesichtspunkt wäre die zusätzliche Wärme, die uns von einer solchen Supernova beschert wird, mit all ihren Folgen vergleichsweise bedeutungslos.

Natürlich kennen wir derzeit keine Sterne in dieser Entfernung, die in der Lage wären, zu einer großen Supernova-Explosion zu kommen. Soweit wir wissen, hat es auch in der Vergangenheit keine solche Supernova-Explosion in unserer Nachbarschaft gegeben, und es wird auch in absehbarer Zukunft keine geben. Doch selbst eine Supernova in größerer Entfernung kann nicht ohne Folgen bleiben.

Gegenwärtig beträgt die Intensität der kosmischen Strahlung an der Obergrenze der Erdatmosphäre ungefähr 0,03 rad pro Jahr, und erst der 500fache Wert, 15 rad pro Jahr, bringt nachhaltige Schäden. Dennoch, so haben Terry und Tucker aus der abgeschätzten Häufigkeit von Supernova-Explosionen und ihrer mittleren räumlichen Verteilung berechnet, kann die Erde etwa alle

10 Millionen Jahre eine konzentrierte Dosis von 200 rad bekommen, und über größere Zeitintervalle wächst die Gefahr noch stärkerer Strahlungskonzentrationen. Innerhalb der letzten 600 Millionen Jahre, innerhalb jener Zeit also, aus der wir fossile Überreste von Lebewesen auf der Erde kennen, hat zumindest ein Strahlungsblitz mit 25.000 rad die Erde erreicht. Natürlich muß dies Probleme gebracht haben, doch es gibt auch natürliche Mechanismen, die die Wirkung der kosmischen Strahlung abschwächen.

So habe ich beispielsweise eben die Intensität der kosmischen Strahlung an der Oberseite der Erdatmosphäre genannt. Dies geschah mit Absicht, denn die Atmosphäre ist für die kosmische Strahlung keineswegs vollkommen durchlässig. Die Teilchen der kosmischen Strahlung können mit den Atomen und Molekülen der Atmosphäre zusammenstoßen. Dabei werden diese Atome oder Moleküle zerschmettert, und es entsteht die sogenannte »Sekundärkomponente« der kosmischen Strahlung.

Die Teilchen der Sekundärkomponente sind weniger energiereich als die Teilchen der Primärkomponente im freien Weltraum, doch auch ihre Energie reicht noch aus, um Schaden anzurichten. Aber auch sie stoßen auf ihrem Weg nach unten mit weiteren Atomen und Molekülen zusammen, so daß schließlich die Erdatmosphäre einen beachtlichen Anteil der ursprünglichen Energie absorbiert.

Die Erdatmosphäre wirkt also wie eine schützende Decke. Sie kann die kosmische Strahlung zwar nicht völlig zurückhalten, aber sie ist besser als gar kein Schutz. Astronauten, die sich in einer Erdumlaufbahn befinden oder zum Mond fliegen, sind einer stärkeren kosmischen Strahlung ausgesetzt als die Menschen an der Erdoberfläche, und dies muß bei den bemannten Weltraumflügen berücksichtigt werden.

Astronauten, die sich nur für kurze Zeit oberhalb der Erdatmosphäre aufhalten, können die zusätzliche Strahlung vielleicht ohne Gefahr verkraften. Dies gilt jedoch nicht für ausgedehnte Aufenthalte in Raumsiedlungen. Entsprechend müssen diese Siedlungen genügend dicke Wände besitzen, um zumindest die gleiche Abschirmung gegen die kosmische Strahlung zu besitzen, die durch die Erdatmosphäre garantiert wird.

Wenn daher einmal die Zeit kommt, zu der der größte Teil der Menschheit in Raumsiedlungen lebt und sich selbst als von der Sonne unabhängig ansieht, unabhängig von den Gefahren, die die zukünftige Entwicklung der Sonne mit sich bringt (die Entwicklung zum Roten Riesen und dann zu einem Weißen Zwerg), mag das Anschwellen und Abebben der kosmischen Strahlung zum Hauptproblem werden, zum Hauptauslöser einer möglichen Katastrophe.

Solange wir an der Erdoberfläche bleiben, gibt es jedoch keinen Grund zu der Annahme, daß die Erdatmosphäre einmal ihre Schutzwirkung verlieren und uns einer intensiveren kosmischen Bestrahlung ausliefern könnte. Dies gilt zumindest so lange, wie die Erdatmosphäre ihre gegenwärtige Zusammensetzung und Struktur behält. Es gibt jedoch noch einen weiteren Schutz, den die Erde uns vor der kosmischen Strahlung bietet, einen Schutz, der wirkungsvoller ist als die Erdatmosphäre, der aber auch weniger beständig zu sein scheint. Zur Erklärung muß ich etwas weiter ausholen.

Das Magnetfeld der Erde

Etwa um 600 v. Chr. hat der griechische Philosoph Thales (624—546 v. Chr.) als erster mit natürlichen magnetischen Gesteinen experimentiert und entdeckt, daß sie Eisen anziehen können. Im Laufe der Zeit lernte man, daß man mit Magneteisenstein (eine Eisenoxydverbindung) kleine Stahlstückchen magnetisieren konnte, die dann ihrerseits eine stärkere magnetische Wirkung besaßen als der Magneteisenstein.

Im Mittelalter erkannte man, daß eine magnetisierte Nadel, die auf einem leichten, schwimmenden Gegenstand plaziert wurde, sich immer in Nord-Süd-Richtung einstellte. Man nannte daher die eine Spitze der Nadel den magnetischen Nordpol, die andere den magnetischen Südpol. Erstmals wurde dies noch vor dem Jahre 1.100 in China beobachtet, und rund 100 Jahre später war die Erscheinung auch in Europa bekannt.

Die Verwendung einer solchen magnetischen Nadel als Schiffskompaß machte die europäischen Seefahrer unabhängig von der Küste, eröffnete ihnen die Weiten der Meere und ermöglichte so die großen Entdeckungsreisen, die bald nach dem Jahre 1.400 begannen — Reisen, die Europa für rund 500 Jahre die Oberhoheit über weite Teile der Erde einbrachten. (Die Phönizier, Wikinger und Polynesier hatten ihre weiten Überseefahrten ohne Kompaß machen müssen, und entsprechend groß war ihr Risiko gewesen.)

Anfangs war die Ausrichtung der Kompaßnadel nach Norden ein Phänomen, das auf mancherlei geheimnisvolle Weise zu erklären versucht wurde. Die am wenigsten abwegige Deutung mag die Annahme gewesen sein, daß weit im Norden ein Berg aus reinem magnetischen Erz stünde, der die Nadeln anzieht. Natürlich gab es sehr bald Geschichten, die von gefährlichen Annäherungen irgendwelcher Schiffe an diesen Berg berichteten. In einem solchen Fall mußte der Magnet natürlich die Nägel aus den Schiffsplanken zerren, so daß das Schiff auseinanderfiel und versank. Eine solche Geschichte finden wir in den Erzählungen von 1001 Nacht.

Im Jahre 1600 entwickelte der englische Physiker William Gilbert (1544—1603) eine viel interessantere Erklärung. Er hatte ein Stück Magneteisenstein zu einer Kugel geformt und dann untersucht, wie sich eine Kompaßnadel in der Umgebung dieser magnetischen Kugel verhält. Dabei fand er, daß die Kompaßnadel auch in der Umgebung dieser magnetischen Kugel immer in eine Richtung zeigte, genauso wie an jedem Punkt der Erdoberfläche auch. Er nahm daher an, daß die Erde selbst ein gewaltiger Magnet sei, mit einem magnetischen Nordpol in der Arktis und einem magnetischen Südpol in der Antarktis. Der schottische Entdecker James Clark Ross (1800—1862) fand 1831 den magnetischen Nordpol an der Westküste der Halbinsel Boothia, dem nördlichsten Zipfel von Nordamerika. An dieser Stelle zeigte die Kompaßnadel senkrecht nach unten. 1909 konnten der australische Geologe Edgeworth

David (1858—1934) und der britische Entdecker Douglas Mawson (1882—1958) den magnetischen Südpol am Rand der Antarktis lokalisieren.

Was aber macht die Erde zu einem Magneten? Schon seit der englische Wissenschaftler Henry Cavendish (1731—1810) im Jahre 1798 die Masse der Erde bestimmt hatte, wußte man, daß die mittlere Dichte der Erde zu hoch war, als daß man sie durch einen Aufbau von Gestein allein hätte erklären können. So entstand die Vorstellung, daß der Kern der Erde aus Metall besteht. Und weil viele Meteoriten Eisen und Nickel im Verhältnis von 10 : 1 enthalten, nahm man an, daß auch der Erdkern eine ähnliche Zusammensetzung besäße. Dies zumindest schlug der französische Geologe Gabriel Auguste Daubré (1814—1896) im Jahre 1866 vor.

Gegen Ende des vergangenen Jahrhunderts begann man, die Ausbreitung von Erdbebenwellen durch die Erdkugel zu untersuchen. Aus diesen Messungen konnte man ableiten, daß Bebenwellen, die bis in eine Tiefe von 2.900 Kilometern vordrangen, an dieser Stelle ihre Ausbreitungsrichtung veränderten.

1906 entwickelte sich daraus die Vorstellung, daß sich die chemische Zusammensetzung des Erdkörpers in dieser Tiefe abrupt ändert, daß die Erdbebenwellen aus dem Gesteinsmantel der Erde in den metallischen Kern überwechseln. Diese Theorie wird heute allgemein anerkannt. Die Erde hat einen Eisen-Nickel-Kern mit einem Durchmesser von rund 6.900 Kilometern. Der Kern enthält rund ein Sechstel des Erdvolumens und aufgrund seiner großen Dichte ein Drittel der Erdmasse.

Es liegt nahe, diesen Eisenkern als einen Magneten anzusehen, der für das Verhalten der Kompaßnadeln verantwortlich ist. So einfach liegen die Dinge jedoch nicht. 1896 konnte der französische Physiker Pierre Curie (1859—1906) nämlich zeigen, daß eine Substanz ihre magnetische Wirkung verliert, wenn sie über eine bestimmte Temperatur hinaus erwärmt wird. Für Eisen liegt dieser sogenannte »Curiepunkt« bei 760 °C, für Nickel bei 356 °C.

Die Temperatur im Eisen-Nickel-Kern der Erde liegt aber höher als der Curie-Punkt von Eisen oder gar Nickel. Bestimmte Erdbebenwellen können nämlich nicht in den Erdkern eindringen. Es sind genau jene Wellen, die sich in Flüssigkeiten nicht ausbreiten können. Daraus leitet man ab, daß der Erdkern heiß genug ist, um das Eisen-Nickel-Gemisch zu verflüssigen. Weil aber der Schmelzpunkt von Eisen schon unter normalen Bedingungen bei $1.535\,^\circ C$ liegt und unter dem hohen Druck, der im Erdinnern herrscht, dort eher noch höher anzusiedeln ist, kann man allein daraus ableiten, daß der Erdkern kein normaler Magnet sein kann wie gewöhnliches metallisches Eisen.

Die Existenz eines flüssigen Erdkerns eröffnet allerdings neue Erklärungsmöglichkeiten. Bereits 1820 konnte der dänische Physiker Hans Christian Oersted (1777—1851) zeigen, daß mit Hilfe eines elektrischen Stroms magnetische Effekte erzeugt werden können (Elektromagnetismus). Wenn ein Strom durch eine Drahtspule läuft, entsteht ein Magnetfeld, dessen Form mit der Form eines Stabmagneten vergleichbar ist, den man in der Längsachse der Spule positioniert.

Der deutsch-amerikanische Geophysiker Walter Maurice Elsasser (1904—) schlug daher 1939 vor, daß die Erdrotation im flüssigen Erdkern Wirbelströmungen auslösen könnte: riesige, langsame Heißströme geschmolzenen Nickel-Eisens. Atome aber bestehen aus elektrisch geladenen Elementarteilchen, die aufgrund der besonderen Struktur des Eisenatoms bei solchen Wirbelströmungen im flüssigen Erdkern die Wirkung eines elektrischen Kreisstromes simulieren könnten.

Weil die Erde sich von West nach Ost dreht, würden sich auch diese Kreisströme von West nach Ost bewegen, so daß sich der Nickel-Eisen-Kern wie ein riesiger Stabmagnet verhalten würde, der in Nord-Süd-Richtung ausgerichtet ist.

Das Erdmagnetfeld ist jedoch offenbar nicht völlig stabil. Die Magnetpole verändern ihre Position im Laufe der Zeit und liegen gegenwärtig aus Gründen, die wir nicht verstehen, rund 1.600 Kilometer von den geographischen Polen entfernt. Hinzu kommt, daß die magnetischen Pole nicht genau einander gegenüberliegen, so daß die Verbindungslinie zwischen magnetischem

Nordpol und magnetischem Südpol etwa 1.100 Kilometer am Erdmittelpunkt vorbeiläuft. Schließlich verändert das Magnetfeld seine Intensität von Jahr zu Jahr.

All diese »Unregelmäßigkeiten« lassen die Frage auftauchen nach der Vergangenheit des Erdmagnetfeldes und nach seiner zukünftigen Entwicklung. Zum Glück gibt es Aufzeichnungen selbst über die ferne Vergangenheit des Erdmagnetfeldes.

Die Lava, die bei vulkanischen Eruptionen ausgeworfen wird, enthält auch schwach magnetische Minerale. Die Moleküle dieser Stoffe haben die Neigung, sich selbst entlang der magnetischen Feldlinien auszurichten. Solange die Minerale in flüssiger Form existieren, wird diese Neigung durch die zufällige Bewegung der Moleküle in der heißen Flüssigkeit überlagert. Mit zunehmender Abkühlung des vulkanischen Gesteins nimmt jedoch auch die zufällige Bewegung der Moleküle ab, so daß sich diese Materiebausteine entlang der Magnetfeldlinien orientieren können. Wenn schließlich das Gestein erstarrt ist, verändert sich diese Orientierung nicht mehr. So können ganze Kristallstrukturen entstehen, in denen ein Molekül neben dem anderen magnetisch parallel ausgerichtet ist, genau wie die Nadel eines Magnetkompasses.

Im Jahre 1906 fand der französische Physiker Bernard Bruenhes, daß bei einigen Vulkangesteinen die magnetische Richtung umgekehrt zum gegenwärtigen Magnetfeld verlief. Ihre magnetischen Nordpole zeigten nach Süden. Seither sind viele Vulkangesteine aus verschiedenen Gegenden der Erde untersucht worden, und dabei stellte sich heraus, daß die Entdeckung von Bruenhes kein Einzelfall war: Zwar fand man bei vielen Vulkangesteinen die normale magnetische Ausrichtung, stieß aber auch auf genügend Beispiele für die umgekehrte Orientierung. Offensichtlich mußte sich die Ausrichtung des Erdmagnetfeldes selbst periodisch verändert haben.

Man bestimmte das Alter der einzelnen Gesteine auf verschiedene Weisen und konnte dann festlegen, daß während der letzten 700.000 Jahre das Erdmagnetfeld in seiner gegenwärtigen Weise »gepolt« war, die wir einmal »normal«

nennen wollen. Während der davorliegenden einen Million Jahre war es nahezu fortwährend in der entgegengesetzten Richtung gepolt, bis auf zwei Perioden von jeweils 100.000 Jahren.

Insgesamt fand man für den Zeitraum der letzten 76 Millionen Jahre 171 Umkehrungen des erdmagnetischen Feldes. Der durchschnittliche Zeitraum zwischen zwei Umpolungen beträgt demnach 450.000 Jahre. Auf diese lange Zeit verteilt, kommen beide möglichen Ausrichtungen des Magnetfeldes, die normale und die umgekehrte, gleich lang vor. Die einzelnen Abschnitte zwischen den Umpolungen sind jedoch sehr unterschiedlich lang: sie liegen zwischen 3 Millionen Jahren und 50.000 Jahren.

Wie läuft eine solche Umpolung des Erdmagnetfeldes ab? Wandern die Magnetpole, von denen wir ja bereits wissen, daß sie nicht an einen bestimmten Punkt auf der Erdoberfläche gebunden sind, den ganzen Weg rund um den Globus — einer von der Arktis in die Antarktis und der andere in umgekehrter Richtung? Dies ist ziemlich unwahrscheinlich. In einem solchen Fall nämlich müßten die Pole auch eine Zeitlang in den Äquatorregionen angesiedelt gewesen sein, so daß es einige Kristalle geben müßte, die in Ost-West-Richtung orientiert sind. Eine derartige magnetische Ausrichtung hat man noch nirgendwo gefunden.

Viel wahrscheinlicher ist, daß die Intensität des Erdmagnetfeldes sich verändert, abnimmt und wieder zunimmt. Dabei kann die Abnahme bis zum völligen Verschwinden des Erdmagnetfeldes führen, und der Aufbau beginnt dann in umgekehrter Richtung. Irgendwann bricht auch dieses umgekehrte Magnetfeld wieder zusammen, und es beginnt ein neuerlicher Aufbau in der ursprünglichen Richtung, usw. Dies ist ähnlich wie im Fall des Sonnenfleckenzyklus. Die Zahl der Sonnenflecken nimmt während eines Zyklus zu, wieder ab, und dann wächst die Häufigkeit erneut, allerdings mit umgekehrter Magnetfeldrichtung der Flecken. Auch diese Fleckenperiode hört wieder auf, und es schließt sich eine Aktivitätsphase mit Flecken der ursprünglichen magnetischen Ausrichtung an. So wie sich die Magnetfeldrichtung der Sonnenflecken von Zyklus zu Zyklus umpolt, polt sich auch das Magnetfeld der Erde von Zyklus zu Zyklus um. Allerdings ist die Veränderung der Intensität des Erdmagnetfeldes weit weniger regelmäßig als der Sonnenfleckenzyklus.

Wahrscheinlich sind Geschwindigkeits- und Richtungsänderungen der Strömungen im Erdinnern für die Veränderungen des Erdmagnetfeldes, die Schwankungen der Intensität und die Umkehrung der Richtung verantwortlich. Man muß annehmen, daß der flüssige Kern in einer Richtung immer schneller und schneller wirbelt, dann wieder langsamer wird, relativ zur Erde kurz innehält und schließlich in der Gegenrichtung immer schneller und schneller wird; die Bewegung wird erneut abgebremst, kommt zum Stillstand, wird in der ursprünglichen Richtung wieder einsetzen, und so weiter. Warum die Drehrichtung des Erdkerns sich ändert, warum sich die Geschwindigkeit verändert und warum beides so unregelmäßig abläuft, können wir derzeit noch nicht sagen; wir wissen allerdings, daß das Magnetfeld der Erde ein Schutzschirm gegen das Bombardement der kosmischen Strahlung ist.

In den 20er Jahren des 19. Jahrhunderts entwickelte der englische Wissenschaftler Michael Faraday (1791—1867) die Vorstellung der »Kraftlinien«. Dies sind gedachte Linien, die den magnetischen Nordpol eines jeden Objektes mit seinem magnetischen Südpol verbinden und dabei jene Stellen im Raum markieren, an denen das Magnetfeld die jeweils gleiche Stärke besitzt.

Längs dieser Magnetfeldlinien kann sich ein magnetisiertes Teilchen frei bewegen; will es dagegen solche Magnetfeldlinien überqueren, braucht es dazu Energie.

Magnetfeldlinien kann man sich auch für das Magnetfeld der Erde vorstellen. Jedes elektrisch geladene Teilchen, das von außen die Erdoberfläche erreichen will, muß diese Magnetfeldlinien überqueren und verliert dabei Energie. Ist sein Energievorrat zu Beginn nur sehr begrenzt, kann es ihn aufgezehrt haben, ehe die Erdoberfläche erreicht ist, und bleibt dann hängen. Ein solches Teilchen kann sich dann nur noch entlang der eben erreichten Magnetfeldlinie bewegen, und zwar auf engen Spiralen vom magnetischen Nordpol der Erde zum magnetischen Südpol und zurück, hin und her, immer wieder.

Dieses Schicksal widerfährt vielen Teilchen des Sonnenwindes, so daß ständig eine große Zahl von elektrisch geladenen Teilchen entlang der Feldlinien des Erdmagnetfeldes hin und her läuft. Diese Teilchen bilden die sogenannte »Magnetosphäre« weit oberhalb der irdischen Lufthülle. Im Bereich der beiden Magnetpole laufen die Magnetfeldlinien zusammen, und die Teilchen, die diesen Linien in Richtung Erdoberfläche folgen, können auf die obersten Ausläufer der Erdatmosphäre treffen. Dort stoßen sie mit Atomen und Molekülen zusammen, verlieren Energie und erzeugen die Polarlichter, eindrucksvolle Naturschauspiele, die man vornehmlich in polarnahen Regionen beobachten kann.

Teilchen mit ausreichender Energie können alle Feldlinien des Erdmagnetfeldes überqueren und die Erdoberfläche erreichen, doch ist ihre Endenergie stets geringer als die Anfangsenergie. Hinzu kommt, daß sie in nördlicher bzw. südlicher Richtung abgelenkt werden, und zwar um so mehr, je geringer ihre Energie ist.

Die Teilchen der kosmischen Strahlung besitzen genügend Energie, um nahezu ungehindert die Erdoberfläche zu erreichen. Auch sie verlieren allerdings etwas Energie und werden geringfügig abgelenkt, so daß ihre Intensität von der geographischen Breite abhängt. In der Nähe des Erdäquators kommen die wenigsten kosmischen Strahlungsteilchen an, weiter zum Nord- oder Südpol nimmt ihre Zahl zu.

Da auch die »Bevölkerungsdichte« des Landlebens mit zunehmender geographischer Breite abnimmt (die Meereslebewesen sind durch die zusätzliche Wasserschicht ohnehin vor der kosmischen Strahlung besser geschützt als die Landlebewesen), übt das Erdmagnetfeld in doppelter Weise seine Schutzfunktion aus: Zum einen werden die Teilchen der kosmischen Strahlung durch das Erdmagnetfeld etwas geschwächt, zum anderen werden sie in jene Zonen der Erde abgedrängt, in denen die Besiedlungsdichte nur gering ist.

Da die Energie der kosmischen Strahlung selbst im Bereich der Magnetpole, wo die meisten Strahlungsteilchen ankommen, das Leben offenbar nicht ernsthaft gefährdet, kann man annehmen, daß die Existenz des Magnetfeldes die durch die kosmische Strahlung bedingte Mutationsrate eher vermindert.

Wenn jedoch die Stärke des irdischen Magnetfeldes abnimmt, verringert sich auch der Schutz gegen die kosmische Strahlung. Zu den Zeiten der Magnetfeldumpolung ist die Erde vorübergehend magnetisch »nackt«, kann die kosmische Strahlung die Erdoberfläche ungehindert erreichen. Auf die tropischen und gemäßigten Zonen der Erde, in denen der überwiegende Anteil des Landlebens zu finden ist (auch die Menschen), prasseln mehr kosmische Strahlungsteilchen als zu jeder anderen Zeit.

Was wäre, wenn in diesem Augenblick der Umpolung des irdischen Magnetfeldes in der Nähe eine Supernova explodiert? Ihre Einflüsse müßten dann beträchtlich stärker sein als zu einer Zeit, da das Erdmagnetfeld einen ausreichenden Schutz bietet. Sollte vielleicht das eine oder andere Große Sterben auf ein solches zeitliches Zusammenfallen der Umkehr des Erdmagnetfeldes und des Ausbruches einer Supernova zurückzuführen sein?

Dies ist sehr unwahrscheinlich, weil Supernovae in der Nähe der Sonne nur sehr selten sind und auch die Magnetfeldumpolungen nicht allzu oft eintreten. Die Wahrscheinlichkeit, daß zwei für sich genommen schon sehr seltene Ereignisse gleichzeitig eintreten, ist noch sehr viel geringer. Trotzdem ist ein solches Zusammentreffen nicht ausgeschlossen. Und was bringt die Zukunft? Seit den ersten zuverlässigen Magnetfeldmessungen im Jahre 1670 hat die Intensität des irdischen Magnetfeldes anscheinend um 15 Prozent abgenommen. Geht die Abnahme der Magnetfeldintensität mit gleicher Geschwindigkeit weiter, dann wird das Magnetfeld um das Jahr 4000 völlig verschwunden sein. Selbst wenn dann nicht gleichzeitig eine drastische Zunahme der Teilchen der kosmischen Strahlung aufgrund einer nahen Supernova zu verzeichnen sein sollte, wird die Intensität der kosmischen Strahlung in 2.000 Jahren ungefähr doppelt so hoch sein wie heute, wird der genetische Ballast der Menschen sich deutlich vergrößern.

Ernsthafte Folgen werden sich daraus wahrscheinlich nicht ergeben, es sei denn, in der Nachbarschaft der Sonne explodiert eine Supernova. Dies ist allerdings ausgeschlossen, da Beteigeuze, der Stern, der voraussichtlich als nächste Supernova »ansteht«, so weit von uns entfernt ist, daß die von ihm produzierte kosmische Strahlung uns auch ohne Magnetfeld nicht gefährlich werden kann. Für die ferne Zukunft kann man ein solches Zusammentreffen von Magnetfeldumpolung und naher Supernova-Explosion natürlich nicht völlig ausschließen, doch weder eine Supernova noch die Umkehr des Erdmagnetfeldes können uns unvorbereitet treffen. Beide Ereignisse kündigen sich rechtzeitig an, so daß man sich um einen wirkungsvollen Schutz gegen die vorübergehende Zunahme der kosmischen Strahlung bemühen kann. Für Bewohner von Raumsiedlungen wäre ein solches Ereignis allerdings eine größere Gefahr als für die Menschen auf der Erde, wie ich schon betont habe.

Teil IV
Katastrophen der vierten Art

XII. Der Wettstreit des Lebens

Große Tiere

Wir wollen noch einmal zusammenfassen.

Von den diskutierten Katastrophen der dritten Art, den Katastrophen, durch die die Bewohnbarkeit der Erde eingeschränkt wird, ist die einzige wahrscheinlich bevorstehende Katastrophe eine neue Eiszeit bzw. ein Abschmelzen der gegenwärtigen Eiskappen. Wenn eines dieser beiden Ereignisse auf natürliche Weise eintritt, werden bis dahin aber noch einige tausend Jahre vergehen, weil die Veränderungen nur zögernd ablaufen, und man wird es überstehen — vielleicht sogar kontrollieren können.

Die Menschheit wird dann vielleicht lange genug fortbestehen können, um eine Katastrophe der zweiten Art zu erleben, eine, bei der sich die Sonne so verändert, daß das Leben auf der Erde unmöglich wird. Die einzig wahrscheinliche Katastrophe dieser Art ist die Entwicklung der Sonne zu einem Roten Riesen in vielleicht sieben Milliarden Jahren. Dieser Prozeß läßt sich zwar nicht kontrollieren, aber man kann ihm ausweichen.

Die Menschheit ist dann vielleicht sogar in der Lage, solange fortzubestehen, bis eine Katastrophe der ersten Art über sie hereinbricht, eine Katastrophe, bei der das Universum als Ganzes unbewohnbar wird. Meiner Meinung nach ist das wahrscheinlichste Ereignis dieser Größenordnung die Entstehung eines neuen Kosmischen Eis. Hier — so sollte man meinen — hilft keine Kontrolle mehr, hier hilft keine Flucht mehr: Eine solche Katastrophe brächte das absolute Aus für das Leben. Allerdings können bis dahin noch eine Billion Jahre vergehen, und wer weiß, wozu eine weiterentwickelte Technologie dann in der Lage ist.

Und doch dürfen wir uns nicht sicher fühlen, nicht einmal bis zur nächsten Eiszeit, denn es gibt viel naheliegendere Gefahren, die uns bedrängen, obwohl das Weltall, die Sonne und die Erde sich alle auch weiterhin so lebensfreundlich geben können wie heute.

Wir müssen jetzt also die Katastrophen der vierten Art untersuchen, jene

Katastrophen, die die Existenz der Menschheit auf der Erde bedrohen, ohne dabei das Leben allgemein auszurotten.

Was aber könnte die Menschheit vernichten, während die übrigen Lebensformen weiter existieren?

Nun, zunächst einmal ist der Homo sapiens eine Spezies von vielen, und alle Spezies sind offenbar vergänglich. Mindestens 90 Prozent aller Arten, die je auf unserem Planeten gelebt haben, sind inzwischen verschwunden. Ein Großteil der Spezies, die heute noch mit uns existieren, ist nicht mehr so zahlreich oder vielfältig vorhanden wie früher. Ein nicht unwesentlicher Teil ist gegenwärtig vom Aussterben bedroht.

Ein solches Aussterben kann durch Veränderungen der Umwelt ausgelöst werden, die jene Arten ausrotten, die sich aus dem einen oder anderen Grund nicht an die veränderten Bedingungen anpassen können. Einige solcher Umweltveränderungen haben wir auch schon besprochen, weitere müssen wir diskutieren. Eine Spezies kann aber auch von der Bildfläche verschwinden, wenn sie im direkten Wettstreit mit anderen Arten unterliegt. So konnten sich auf der ganzen Erde die lebendgebärenden Säugetiere durchsetzen und die weniger entwickelen Beuteltiere und Monotrematen verdrängen, mit denen sie sich ursprünglich den Lebensraum teilen mußten. Nur in Australien ist eine große Vielzahl von Beuteltieren, sind selbst einige Kloakentiere erhalten geblieben, weil Australien sich von Asien gelöst hat, bevor die Säugetiere auftauchten.

Steht daher zu erwarten, daß wir selbst eines Tages von einer anderen Lebensform verdrängt werden? Wir sind nicht die einzigen auf der Welt. Wir kennen rund 350.000 unterschiedliche Pflanzenarten und vielleicht 900.000 verschiedene Tierarten, und es mag noch ein- bis zweimal so viele Spezies geben, die uns noch unbekannt sind. Kann uns eine dieser Arten ernsthaft gefährlich werden?

In der frühen Geschichte der Menschenähnlichen gab es Gefahren zuhauf. Unsere menschenähnlichen Vorfahren, die nur ihr Fell als Wärmeschutz hatten und noch keine Waffen kannten, waren den großen Raubtieren, ja selbst den großen Pflanzenfressern noch unterlegen.

Die ersten Menschenähnlichen mußten ihre Nahrung noch sammeln, mußten um die eßbaren Pflanzen kämpfen und verzehrten manchmal vor lauter Hunger auch kleinere Tiere, sofern sie das Glück hatten, eines zu erwischen — gerade so wie heute die Schimpansen. Vor gleich großen oder größeren Tieren mußten sich die Menschenähnlichen dagegen verstecken oder weglaufen.

Doch selbst in den frühen Entwicklungsphasen konnten die Hominiden bereits den Gebrauch von Werkzeug lernen. Eine Hominidenhand ist sehr wohl in der Lage, einen festen Knochen oder einen Baumast zu halten, und damit waren die Hominiden nicht mehr waffenlos, konnten sie Hufen, Krallen und Zähnen eher begegnen. Mit fortschreitender Entwicklung des Gehirns lernten sie, Steinäxte und Speere mit Steinspitzen herzustellen, und damit begann die Überlegenheit der Hominiden: Die Steinaxt war besser als ein Huf, der Speer mit Steinspitze besser als eine Klaue oder ein Zahn.

Nachdem erst einmal der Homo Sapiens auf der Bildfläche erschienen war und begann, in großen Gruppen zu jagen, konnten — natürlich nicht ohne Risiko — auch große Tiere erlegt werden. Während der letzten Eiszeit vermochten die Menschen bereits Mammute zu jagen. Wahrscheinlich sind diese Mammute (und andere große Tiere jener Zeit) erst durch die Jagd der Menschen ausgerottet worden.

Hinzu kam das Feuer, das den Menschen Angriffs- und Verteidigungswaffe zugleich war, die keine andere Spezies einzusetzen vermochte, gegen die sich aber auch niemand schützen konnte. Damit waren die Menschen selbst vor Raubtieren ziemlich sicher, da alle Tiere, unabhängig von ihrer Größe oder Stärke, das Feuer nach Möglichkeit meiden. Mit dem Beginn der ersten Kulturen waren die großen Raubtiere im wesentlichen besiegt.

Sicher, einzelne Menschen waren immer noch verloren, wenn sie von einem Löwen, einem Bären oder einem anderen großen Fleischfresser angefallen wurden oder wenn ihnen ein wildgewordener Pflanzenfresser wie zum Beispiel ein Wasserbüffel oder ein wilder Stier begegnete. Dies waren aber lediglich Nadelstiche für die Menschheit als Ganzes, wenngleich die Begegnung für das einzelne Individuum meist tödlich verlief.

Ohne Zweifel waren die Menschen schon zu Beginn der Hochkulturen in der Lage, gefährliche Tiere aus einem bestimmten Landstrich zu vertreiben, auch wenn sie dabei Verluste hinnehmen mußten.

Darüber hinaus konnten die Menschen, sofern sie entsprechend bewaffnet waren, jederzeit Tiere nur zum Vergnügen töten oder sie fangen, um sie auszustellen — wiewohl auch dies nicht ganz ohne Risiko war.

Selbst heute kommt es noch hin und wieder vor, daß ein Mensch einem Tier zum Opfer fällt, doch wird keiner ernsthaft daraus ableiten wollen, daß die Spezies Mensch durch irgendwelche großen Tiere gefährdet ist, die gegenwärtig noch auf unserem Globus leben — nicht einmal, wenn sie alle zum Angriff ansetzten.

Im Gegenteil, die Situation ist genau umgekehrt. Die Menschen können ohne allzu große Anstrengung alle verbliebenen großen Tiere dieser Erde ausrotten, und vielfach muß man besondere (und manchmal beinahe vergebliche) Anstrengungen unternehmen, diese Ausrottung zu verhindern. Nachdem die Schlacht geschlagen ist, sieht es aus, als würden die Menschen den Verlust eines ebenbürtigen Feindes bedauern.

Im Altertum, als der Sieg schon weitgehend sicher war, mag man sich vielleicht noch schwach daran erinnert haben, daß es Zeiten gab, in denen die Tiere eine größere Gefahr darstellten, in der sie bedrohlicher waren, lebensbedrohlicher — Zeiten, in denen das Leben gefährlicher und aufregender war. Natürlich konnte keines der damals bekannten Tiere so gefährlich und bedrohlich für die gesamte Menschheit dargestellt werden, und so wurden Phantasietiere an ihre Stelle gesetzt. Einige von ihnen jagten schon durch ihre Größe Todesängste ein. In der Bibel liest man von »Behemoth«, hinter dem sich möglicherweise ein Elephant oder ein Flußpferd verbirgt, doch läßt der Geschichtenerzähler es zu gewaltigen Dimensionen heranwachsen, die kein wirkliches Tier besitzen konnte. Wir lesen auch vom »Leviatan«, der möglicherweise die Übertreibung eines Krokodils oder Wals darstellt, aber eine Übertreibung, die ebenfalls unmögliche Ausmaße erreicht.

Selbst Menschen mit riesenhaftem Wuchs werden in der Bibel und anderen Erzählungen erwähnt. Da gibt es beispielsweise den Polyphem, den einäugigen Zyklopen in der Odyssee, oder die Riesen der englischen Märchen, die junge Burschen mit ihrem »Fee-fi-fo-fum« erschrecken.

Dort, wo die Größe nicht ausreicht, wird den Tieren eine Kraft angedichtet, die sie in Wirklichkeit nicht besitzen. Dem Krokodil wachsen Flügel, es speit Feuer und wird zum gefährlichen Drachen. Schlangen mit tödlichem Biß werden zu Basilisken »befördert«, die durch ihren Atem oder sogar ihren Blick töten können. Der Octopus oder Tintenfisch mag bei den Erzählungen über die neunköpfige Hydra Pate gestanden haben, die von Herkules getötet wurde, oder bei der vielköpfigen Skylla, an die Odysseus sechs Männer verlor, vielleicht auch bei Medusa, deren Haar aus lebenden Schlangen bestand und die mit ihrem Blick Menschen versteinern konnte (sie unterlag schließlich Perseus).

Dann gab es unrealistische Kreuzungen zwischen Lebewesen, zum Beispiel die Zentauren, die Pferdmenschen, die möglicherweise der Phantasie einfacher Bauern entsprangen, als ihnen zum ersten Mal Reiter auf einem Pferd begegneten: Zentauren besaßen einen pferdeähnlichen Rumpf mit vier Beinen und den Oberkörper samt Kopf und Armen eines Mannes. Da gab es Sphinxe, Frauenoberkörper in Verbindung mit Löwenrümpfen, es gab den Vogel Greif als Kombination zwischen Löwe und Adler, und es gab die Chimären, eine Kreuzung aus Löwe, Ziege und Schlange. Aber auch das geflügelte Roß und das Einhorn zählen zu den Fabelwesen.

Sie alle haben gemeinsam, daß sie nie existierten. Doch selbst wenn es sie gegeben haben sollte, standen sie nie über dem Homo Sapiens. Nicht einmal in den Legenden, denn am Ende tötete der Ritter den Drachen. Selbst wenn es menschliche Riesenwesen gegeben haben sollte — wenn sie so einfältig und dumm gewesen sein sollten, wie sie immer beschrieben werden, können sie keine Gefahr für uns dargestellt haben.

Kleine Tiere

Demgegenüber können kleine Säugetiere eine viel größere Gefahr bedeuten als große. Sicher, ein einzelnes kleines Säugetier ist weniger gefährlich als ein einzelnes großes Tier. Die Gründe liegen auf der Hand: Das kleinere Tier hat weniger Energiereserven, ist einfacher zu töten, kann weniger erfolgversprechend zurückschlagen.

Kleine Säugetiere neigen aber gar nicht zur Verteidigung, sie fliehen. Und weil sie klein sind, können sie sich viel leichter verstecken, können sie sich in Winkeln und Spalten verbergen, in denen man sie übersieht und aus denen man sie nicht gut herausholen kann. Solange man sie nicht jagt, um sie zu verspeisen, läßt ihre geringe Größe sie für uns unbedeutend erscheinen, wird die Verfolgung eher eingestellt.

Kleinen Säugetieren spricht man im allgemeinen keine Individualität zu. Sie sind in der Regel kurzlebiger als große Lebewesen, doch steckt darin auch ihre Gefahr. Je kürzer die durchschnittliche Lebensdauer ist, desto eher kommen die Mitglieder einer solchen Art in die fortpflanzungsfähige Phase, desto eher können sie Junge gebären. Für das Heranwachsen eines kleinen Säuglings wird auch weniger Energie benötigt als für das Heranwachsen eines großen. So ist die Tragezeit bei kleinen Säugetieren viel kürzer als bei großen, können kleine Säugetiere viel mehr Junge auf einmal zur Welt bringen als große.

Die Geschlechtsreife bei den Menschen wird erst ungefähr im Alter von 13 Jahren erreicht. Die Dauer einer Schwangerschaft beträgt neun Monate, und eine Frau muß sich schon »anstrengen«, wenn sie im Laufe ihres Lebens 10 Kinder zur Welt bringen will. Wenn ein Ehepaar 10 Kinder hat, die alle heiraten und ihrerseits 10 Kinder haben, die wiederum alle heiraten und 10

Kinder bekommen, dann haben die Eltern bis zur dritten Generation 1.110 Nachkommen gehabt.

Eine norwegische Ratte dagegen erreicht ihre Geschlechtsreife bereits nach 8—12 Wochen. Sie kann drei- bis fünfmal pro Jahr zwischen vier und zwölf Junge bekommen. Eine solche Ratte lebt nur ungefähr drei Jahre, doch in dieser kurzen Zeit kann sie allein 60 Ratten das Leben schenken. Wenn jede dieser 60 Ratten ihrerseits 60 Junge bekommt und jede davon noch einmal 60 Junge, dann sind nach drei Generationen innerhalb von neun Jahren 219.660 Ratten geboren worden.

Würde die Vermehrung der Ratten ungehindert über die Lebensdauer eines Menschen weiter laufen, dann gäbe es allein in der letzten Generation fünf Septillionen Ratten (das ist eine Fünf mit 42 Nullen), und sie würden fast trillionenmal mehr als die Erde wiegen.

Natürlich könnten sie nicht alle leben, und die Tatsache, daß nur wenige Ratten lang genug leben, um ihr Fruchtbarkeitspotential auszuschöpfen, ist im größeren Rahmen gesehen kein Fehler, denn Ratten gehören zur Nahrung der größeren Tiere.

Diese Fruchtbarkeit der Ratten, ihre Fähigkeit, in relativ kurzer Zeit so viel Nachwuchs zu produzieren, läßt die einzelne Ratte bedeutungslos werden, ein Gemetzel unter ihnen aber auch. Obwohl nahezu jede Ratte Opfer eines organisierten Kampfes gegen diese Tiere wird, können jene, die überleben, die gelichteten Reihen mit entmutigendem Tempo wieder auffüllen. Es scheint ein Naturgesetz zu sein, daß kleine Organismen, bei denen die Individuen bedeutungslos und wirkungslos bleiben, gerade dadurch nahezu unsterblich sind und eine potentielle Gefahr darstellen.

Hinzu kommt, daß eine hohe Fruchtbarkeit das Tempo der Evolution beschleunigt. Wenn in irgendeiner Generation die meisten Ratten durch ein bestimmtes Gift ausgerottet werden oder einer bestimmten »automatischen« Verhaltensweise zum Opfer fallen, gibt es immer einige, die aufgrund einer zufälligen und »geeigneten« Mutation dem Gift gegenüber resistent sind oder sich so verhalten, daß sie nicht ins Verderben laufen. Diese resistenten, weniger verletzlichen Ratten überleben und produzieren Nachwuchs, und dieser Nachwuchs erbt die Resistenz und das veränderte Verhalten. Innerhalb kurzer Zeit verliert daher eine Strategie zur Vernichtung der Ratten an Wirksamkeit. Dadurch wird der Eindruck erweckt, als besäßen die Ratten eine bösartige Intelligenz. Obwohl sie zwar für ihre Größe durchaus eine überdurchschnittliche Intelligenz besitzen mögen, *so* intelligent sind sie nun auch wieder nicht. Wir kämpfen schließlich nicht gegen individuelle Ratten, sondern gegen die fruchtbare, sich rasch weiterentwickelnde Spezies.

Wenn es eine Eigenschaft bei allen Lebewesen gibt, die eine Überlebensfähigkeit der Spezies am meisten fördert, die eine Spezies am erfolgreichsten werden läßt, dann ist es die Fruchtbarkeit. Wir haben uns an den Gedanken gewöhnt, daß die Intelligenz das Ende einer Evolution ist, doch beurteilen wir die Situation nur von unserem Standpunkt aus. Dabei ist es fraglich, ob die Intelligenz auf Kosten der Fruchtbarkeit auf lange Sicht wirklich der Sieger ist. Die Menschen haben eine Vielzahl der großen Tiere ausgerottet, weil auch sie nicht sonderlich fruchtbar waren; die Zahl der Ratten haben wir aber bis heute nicht merklich einschränken können.

Eine weitere, für das Überleben sehr wertvolle Eigenschaft ist die Fähigkeit, die unterschiedlichsten Nahrungsmittel verwerten zu können. Wer auf eine einzige Speise spezialisiert ist, kann seinen Verdauungsapparat und Stoffwechsel optimal auf diese Nahrung einstellen; solange die Nahrung in ausreichendem Maße vorhanden ist, gibt es keine Ernährungsprobleme. Daher fühlt sich der australische Koalabär, der nur die Blätter des Eukalyptusbaumes verzehrt, wie im Paradies, solange er sich in einem Eukalyptusbaum befindet. Eine solche eingeengte Speisekarte macht aber von den Umweltbedingungen abhängig. Dort, wo keine Eukalyptusbäume wachsen, gibt es auch keine Koalabären (es sei denn in Zoologischen Gärten). Würden alle Eukalyptusbäume verschwinden, so müßten auch alle Koalabären verschwinden — selbst in den Zoologischen Gärten. Demgegenüber kann ein Tier mit einer vielseitigen Speisekarte solchem Mißgeschick beruhigt entgegensehen. Der Verlust einer gutschmek-kenden Nahrung bedeutet lediglich, daß es weniger gutschmeckende Nahrung gibt, aber damit kann man überleben.

Ein Grund, warum die Menschen sich weiter entwickelt haben als die anderen Primaten, ist die Tatsache, daß der Homo sapiens ein Allesesser ist, während die meisten Primaten hauptsächlich Pflanzenfresser sind (Gorillas sogar aus-schließlich). Unglücklicherweise zählen die Ratten ebenfalls zu den Allesfres-sern, so daß alles, was an Nahrung für die Menschen interessant ist, auch Ratten zufriedenstellt. So werden die Ratten dem Menschen überallhin folgen. Wenn wir gefragt würden, welche Säugetiere uns am stärksten bedrängen, so dürften wir nicht antworten »der Löwe oder der Elephant«, denn die könnten wir bei Bedarf bis zum letzten Exemplar ausrotten. Wir müßten vielmehr sagen »die norwegische Ratte«.

Wenn aber Ratten gefährlicher sind als Löwen und wenn aus dem gleichen Grund Stare gefährlicher als Adler sind, dann ist das Eingeständnis, daß der Kampf gegen die kleinen Säugetiere und Vögel gegenwärtig auf einem toten Punkt angekommen ist, das Schlimmste, was man der Menschheit sagen kann. Ratten, Stare und anderes ähnliches Getier sind lästig, der Kampf gegen sie ist frustrierend, da sie nur mit größten Anstrengungen in Schach gehalten werden können. Trotzdem stellen sie keine wirkliche Gefahr für die Menschheit dar, solange wir nicht zuvor auf andere Weise angeschlagen sind.

Es gibt aber auch noch Tiere, die gefährlicher als Ratten oder Wirbeltiere allgemein sind. Wenn Ratten aufgrund ihrer Kleinheit und ihrer Fruchtbarkeit schon so schwierig zu bekämpfen sind, muß die Situation bei noch kleineren und fruchtbareren Tieren noch schlimmer sein. Wie steht es beispielsweise um die Insekten?

Von allen mehrzelligen Organismen sind die Insekten im Hinblick auf die Vielzahl der entwickelten Spezies die erfolgreichsten. Insekten sind so kurzle-big und so fruchtbar, daß ihre Evolution geradezu explosiv verläuft, und so ist es nicht verwunderlich, daß den ingesamt rund 200.000 Tierspezies ohne Insekten 700.000 Insektenarten gegenüberstehen.

Dabei können wir sicher sein, daß wir nicht einmal alle Insektenspezies kennen. Jedes Jahr werden etwa 6 bis 7.000 neue Insektenarten entdeckt, und es ist nicht auszuschließen, daß es insgesamt mehr als 3 Millionen verschiedene Insektenarten gibt.

Aber auch die Zahl der Mitglieder einer Spezies ist unvorstellbar groß. Auf einer Fläche von 4.000 Quadratmetern Ackerboden findet man bis zu 4 Millionen Insekten aus mehreren hundert Spezies. Die Zahl der Insekten, die gegenwärtig auf der Erde leben, dürfte bei einer Trillion liegen, rund 250 Millionen pro Kopf der Erdbevölkerung.

Die Masse aller Insekten zusammengenommen ist größer als die Gesamtmasse aller anderen Tiere auf diesem Planeten.

Die meisten Insektenarten sind für den Menschen harmlos. Allenfalls 3.000 der vermuteten drei Millionen Spezies werden zur Plage. Dazu gehören auch die Insekten, die von uns leben, von unserer Nahrung oder von anderen Dingen, die wir schätzen — Fliegen, Flöhe, Läuse, Wespen, Hornissen, Getreidekäfer, Schaben, Teppichkäfer, Termiten usw.

Einige von ihnen sind mehr als nur Plagen. In Indien gibt es beispielsweise ein Insekt, den Roten Baumwollkäfer, der die Baumwollpflanzen befällt. Jedes Jahr vernichtet er ungefähr die Hälfte aller Baumwollerträge in Indien. In den Vereinigten Staaten ist es der Baumwollkapselkäfer, der die gleiche Rolle übernimmt. Allerdings können wir den Baumwollkapselkäfer besser bekämpfen als die Inder ihren Roten Baumwollkäfer. Dennoch ist die Sache nicht ganz einfach. Die Kosten für die Bekämpfung erhöhen den Baumwollpreis um 10 Cent pro Pfund. Die Schäden, die die Insekten an der amerikanischen Getreideernte verursachen, belaufen sich pro Jahr auf rund 8 Milliarden Dollar.

Die herkömmlichen Waffen, die die Menschen der Frühgeschichte entwickelt haben, waren im wesentlichen gegen die großen Tiere gerichtet, die für die damaligen Menschen die größte Gefahr darstellten. Diese traditionellen Waffen verlieren mehr und mehr ihre Wirksamkeit, weil die »Ziele« immer kleiner werden. Man kann zwar mit Pfeil und Bogen oder auch mit Speeren hervorragend Hirsche oder Rehe jagen, doch für Kaninchen oder gar Ratten muß man sich etwas anderes einfallen lassen. Und mit einem Pfeil oder einem Speer auf eine Heuschrecke oder einen Moskito zu zielen, ist so lächerlich, daß vermutlich noch kein vernünftiger Mensch etwas derartiges versucht hat.

Auch die Entwicklung von Kanonen und Handfeuerwaffen hat die Situation nicht verbessert. Selbst Kernwaffen können die kleinen Tiere nicht so wirkungsvoll ausrotten wie die Menschheit selbst. Im Kampf gegen die kleinen Tiere setzte man schließlich zunächst biologische Feinde ein. Hunde, Katzen und Wiesel sollten Ratten und Mäuse fangen und vernichten. Diese kleinen Fleischfresser können den Nagetieren besser folgen, und weil diese kleinen Fleischfresser im wesentlichen ihre Nahrung im Kopf haben, nicht so sehr dagegen die Beseitigung einer Plage, sind sie in ihrer Jagd verbissener als Menschen.

So wurden im alten Ägypten die Katzen nicht so sehr als Gefährten gezähmt, wie wir sie heute so sehr lieben, sondern aufgrund ihrer außerordentlichen Fähigkeit, kleine Nagetiere zu töten. So ist es kein Wunder, daß die Katzen im alte Ägypten vergöttert wurden, daß die Tötung einer Katze ein Schwerverbrechen war, denn es gab nur die Wahl zwischen Katzen und Hunger.

Auch die Insekten haben ihre biologischen Feinde. Vögel und kleinere Säugetiere sowie Reptilien fressen sie gern. Es gibt sogar Insekten, die andere Insekten vertilgen. Mit dem richtigen »Raubtier«, der richtigen Zeit und den richtigen Voraussetzungen kann man im Kampf gegen eine bestimmte Insektenplage ziemlich erfolgreich operieren.

In den frühen Zivilisationen kannte man solche biologischen Waffen gegen die Insekten noch nicht, das Gegenstück zur Katze im Kampf gegen die Insekten war noch nicht gefunden. Man mußte sogar bis ins vergangene Jahrhundert warten, ehe man ein Mittel gegen die Insekten entwickelt hatte — Gift.

1877 wurde ein Gemisch aus Kupfer, Blei und Arsen im Kampf gegen die Insekten verwendet. Ein anderes vielbenutztes Insektengift war das »Pariser Grün«, ein Kupferacetatarsenid. Es war sehr wirkungsvoll. Pariser Grün zerstörte die Pflanzen nicht. Pflanzen leben nämlich von nichtorganischen Substanzen aus der Luft und dem Boden und schöpfen ihre Energie aus dem Sonnenlicht. Spuren mineralischer Kristalle auf ihren Blättern beeinträchtigen sie nicht. Jedes Insekt jedoch, das ein solches Blatt fressen möchte, wird sofort vergiftet.

Solche mineralischen »Insektizide« haben auch ihre Nachteile. So sind sie nicht nur giftig für Insekten, sondern auch für anderes tierisches Leben — also auch für den Menschen. Hinzu kommt, daß solche mineralischen Gifte sehr beständig sind. Regen schwemmt einen Teil der Mineralstoffe von den Blättern und bringt ihn so auf den Boden. Allmählich sammeln sich dort Kupferarsen und andere Elemente, die schließlich die Pflanzenwurzeln erreichen. So wirken sie schließlich doch noch schädlich auf die Pflanzen und vergiften nach und nach den ganzen Boden. Solche mineralischen Gifte können aber auch nicht gegen jene Insekten eingesetzt werden, die auf den Menschen selbst leben.

Natürlich versuchte man, Chemikalien zu finden, die lediglich die Insekten vernichten, sich jedoch nicht im Erdboden ansammeln. 1935 begann der Schweizer Chemiker Paul Müller (1889—1965) mit der Suche nach einer solchen Chemikalie. Sein Ziel war es, eine billige, geruchlose Substanz zu produzieren, die anderen Lebensformen als den Insekten nicht gefährlich werden konnte. Er untersuchte zunächst organische Verbindungen — Kohlenstoffverbindungen, die Ähnlichkeiten zu denen im lebenden Gewebe haben —, weil er hoffte, unter ihnen eine zu finden, die im Boden nicht so beständig war wie die mineralischen Verbindungen. Im September 1939 stieß er auf »Dichlordiphenyltrichloräthan« oder abgekürzt DDT. Zum ersten Mal war DDT 1874 hergestellt und beschrieben worden, doch seine insektenvertilgende Wirkung wurde erst 74 Jahre später entdeckt.

Man fand weitere organische Pestizide, und so nahm der Kampf der Menschen gegen die Insekten zunächst eine vielversprechende Wende.

Der endgültige Sieg blieb jedoch aus. Die gewaltige Evolutionskraft der Insekten erwies sich als ebenbürtiger Gegner. Die zufällige Resistenz einiger Insekten gegenüber DDT oder ähnlichen Chemikalien führte dazu, daß — obwohl die meisten »besprühten« Exemplare eingingen — eine neue Art resistenter Insekten entstand. Wenn durch den Einsatz der Insektizide zusätzlich die natürlichen Gegner dieser resistenten Insektenart mitausgerottet wurden, konnten sie sich sehr rasch zu noch größeren Populationen vermehren als vor dem Einsatz des Giftes. Wollte man sie wieder »unter Kontrolle bringen«, hätte die Konzentration des Giftes verstärkt, hätten neue Insektizide eingesetzt werden müssen.

Mit der zunehmenden Verwendung von Insektiziden, mit ihrem oftmals gedankenlosen Einsatz, mit wachsender Konzentration der Gifte tauchten neue Probleme auf. Insektizide mögen für andere Lebewesen verhältnismäßig harmlos sein, sind aber nicht völlig unschädlich. Oft werden die Verbindungen, die mit der Nahrung aufgenommen werden, im Körper nicht völlig abgebaut, so daß die Tiere, die »besprühte« Pflanzen fraßen, die Gifte in ihrem Körper ablagerten. Wurden sie selbst gefressen, gaben sie ihre Gifte gewissermaßen als »gefährliche Mitgift« weiter. So staute sich in der Nahrungskette eine gefährliche Giftkonzentration auf, konnten die Insektizide schließlich auch Lebewesen außerhalb der Insektenwelt gefährden. Bei manchen Vögeln wurde die Fähigkeit der Eierschalenbildung blockiert, so daß die Nachwuchsrate dieser Arten stark absank.

Die amerikanische Biologin Rachel Louise Carson (1907—1964) veröffentlichte im Jahre 1962 das Buch *Der Stumme Frühling*, in dem sie die Gefahren eines rücksichtslosen Einsatzes organischer Pestizide drastisch ausmalte. Seither sind neue Methoden entwickelt worden: Pestizide mit geringerem Giftgehalt, der Einsatz biologischer Feinde, die Sterilisation männlicher Insekten durch radioaktive Strahlung, die Anwendung von Insektenhormonen zur Eindämmung der Befruchtung oder des Wachstums der Nachkommen der Insekten.

Insgesamt gesehen verläuft die Schlacht gegen die Insekten noch recht zufriedenstellend. Es gibt zwar keine Anzeichen dafür, daß die Menschen siegen werden und die Insektenplage für ewig ausrotten können, aber es bahnt sich auch keine Niederlage an. Wie im Fall der Ratten ist eine Art Pattsituation entstanden, aus der nach menschlichem Ermessen keine vernichtende Niederlage mehr für uns werden kann: Solange die Menschen nicht aus anderen Gründen geschwächt werden, besteht keine Gefahr, daß die Insekten uns ausrotten könnten.

Infektionskrankheiten

Viel gefährlicher als die Bedrohung der Menschen, ihrer Nahrung und ihres Besitzes durch die Insekten selbst ist die Tatsache, daß solche kleinen fruchtbaren Lebenwese oft genug Infektionskrankheiten übertragen.*
Jedes Lebewesen ist ständig von Krankheiten oder sonstigen Störungen des Organismus, der Biochemie oder der Physiologie bedroht. Die Anhäufung all dieser Fehlfunktionen und Ausfälle — auch jener, die teilweise repariert oder »übertüncht« werden — führt zu irreparablem Schaden (wir nennen das Altern), der selbst bei größter Vorsicht und mit der besten medizinischen Versorgung irgendwann zum Tode führen muß.
Es gibt einige Bäume, die 5.000 Jahre alt werden, einige Kaltblütler, die vielleicht 200 Jahre erreichen, einige warmblütige Tiere, deren Lebenserwartung bei 100 Jahren liegt, doch auf jedes vielzellige Lebewesen wartet am Ende der Tod.
Dies ist ein wesentlicher Grundzug der erfolgreichen Technik des Lebens. Es kommen immer wieder neue Lebewesen mit neuen Chromosomen- und Genkombinationen, ja mit mutierten Genen hinzu. Mit ihnen versucht das Leben immer wieder aufs neue, sich den Umweltbedingungen am besten anzupassen. Ohne diesen ständigen Nachschub an neuen Versuchen, die nicht bloße Kopie

*Wir werden bald sehen, daß solche Krankheiten von noch viel kleineren, fruchtbareren und gefährlicheren Organismen als den Insekten ausgelöst werden.

ihrer Vorfahren sind, würde die Evolution zum Stillstand kommen. Natürlich können die neuen Lebewesen ihre Rolle nur dann wirklich voll übernehmen, wenn die alten den Platz geräumt haben, nachdem ihre Rolle — die Produktion von neuem Leben — erfüllt ist. Der Tod des Einzelnen ist also eine Voraussetzung für das Überleben der Spezies.

Dabei ist wichtig, daß die einzelnen Lebewesen nicht sterben, bevor sie neues Leben »geschaffen« haben — andernfalls ist die Spezies vom Aussterben bedroht. Das Überleben der Menschheit ist durch den frühzeitigen Tod vieler Individuen viel stärker gefährdet als das Fortbestehen etwa der kleinen, fruchtbareren Tiere. Menschen sind vergleichsweise groß und langlebig, und sie vermehren sich verhältnismäßig langsam. Ein zu früher Tod der Individuen würde eine Katastrophe bedeuten. Wenn viele Menschen auf einmal durch epidemische Krankheiten dahingerafft werden, kann dies die Populationsdichte der Menschen auf unserem Planeten empfindlich beeinträchtigen. Im Extremfall ließe sich so die Menschheit ausrotten.

Am gefährlichsten in diesem Zusammenhang sind die sogenannten Infektionskrankheiten. Es gibt viele Fehlfunktionen, die einen bestimmten Menschen treffen und ihn töten können, die für sich genommen jedoch keine Gefahr für die Menschheit als Ganzes darstellen, weil sie eben auf das Individuum beschränkt sind. Wenn jedoch eine solche Krankheit von einem Menschen zum andern übertragen werden kann, wenn der Tod eines Einzelnen den Tod von Millionen »einläutet«, dann kann dies zu einer Katastrophe führen.

In der Tat haben die Infektionskrankheiten die Menschheit im Laufe ihrer Geschichte viel näher an eine Katastrophe gebracht als die Verfolgungen durch andere Tiere. Wenn sie auch die Menschen offensichtlich bislang noch nicht gänzlich ausgerottet haben, können Infektionskrankheiten eine Kultur doch empfindlich treffen, können sie den Lauf der Geschichte verändern. Dies ist nicht nur einmal, sondern bereits vielfach geschehen.

Wahrscheinlich hat sich die Situation mit dem Beginn der Seßhaftigkeit der Menschen noch verschlimmert. Die Entwicklung einer Zivilisation führte zur

Entstehung und zum stetigen Wachstum von Städten, und immer mehr Menschen wurden auf immer kleinerem Raum eingepfercht. Wie aber Feuer sich von Baum zu Baum in einem dichten Wald besser ausbreiten kann als auf freiem Feld, wo nur hier und da ein Baum steht, können sich Infektionskrankheiten in dichtbesiedelten Städten entsprechend rascher ausbreiten als in dünnbesiedelten Regionen.

Einige Beispiele aus der Geschichte:

Im Jahre 431 v. Chr. zogen die Athener mit ihren Verbündeten in den Krieg gegen Sparta und seine Verbündeten. Der Krieg dauerte 27 Jahre und zerstörte Athen und weite Teile Griechenlands. Weil die Spartaner die Kontrolle über das Land gewonnen hatten, floh die gesamte Bevölkerung aus dem Athener Raum in die befestigte Stadt. Hier waren sie sicher und konnten vom Meer aus versorgt werden, denn das Meer wurde von den Athenern kontrolliert. Die Athener hätten den Belagerungskrieg vermutlich über kurz oder lang gewonnen, und Griechenland wäre gerettet worden, wenn nicht die Epidemie aufgetreten wäre. Im Jahre 430 v. Chr. wurde Athen von einer ansteckenden Krankheit heimgesucht, die ein Fünftel aller Bewohner der Stadt tötete, darunter auch den charismatischen Führer der Athener, Perikles. Die Athener kämpften zwar weiter, doch erreichten sie nie mehr ihre ursprüngliche Stärke noch ihre ursprüngliche Bevölkerungszahl. Am Ende verloren sie.

Solche Epidemien gingen häufig von Ost- und Südostasien aus, wo die Bevölkerungsdichte besonders hoch ist. Von dort breiteten sie sich westwärts aus. 166 n. Chr., als das Römische Reich in der Blütezeit stand und der hart arbeitende Philosoph auf dem Kaiserthron, Marc Aurel, die römischen Armeen an den Ostgrenzen Kleinasiens anführte, brach plötzlich eine epidemische Krankheit (vermutlich die Pocken) aus. Die Soldaten brachten die Krankheit mit zurück, trugen sie in die römischen Provinzen und in die Hauptstadt selbst. Auf dem Höhepunkt der Epidemie starben allein in Rom pro Tag 2.000 Menschen. Die Zahl der Bewohner der »Ewigen Stadt« ging drastisch zurück und erreichte erst wieder im 20. Jahrhundert den Wert von vor der Epidemie.

Viele Gründe wurden für den allmählichen Untergang des Römischen Reiches nach der Regierungszeit des Marc Aurel angeführt, doch die verheerende Wirkung der Plage aus dem Jahre 166 hat sicher eine wesentliche Rolle gespielt. Nachdem während der Völkerwanderung germanische Stämme in die Westprovinzen des Römischen Reiches eindrangen und selbst die Hauptstadt eroberten, blieb nur der oströmische Herrschaftsbereich mit der Hauptstadt Konstantinopel erhalten. Unter der Regierung des fähigen Justinian I., der 527 den Thron bestieg, wurden Afrika, Italien und Teile Spaniens zurückerobert, und eine Zeitlang sah es so aus, als könnte das gesamte Römische Reich neu erstehen. Dann brach 541 die Beulenpest aus. Normalerweise ist dies eine Rattenkrankheit, doch kann sie auch auf den Menschen übertragen werden. Wenn Flöhe zuerst eine infizierte Ratte beißen und dann einen gesunden Menschen, geben sie an ihn die Krankheit weiter. Die Beulenpest »arbeitete« schnell und vielfach tödlich. Vielleicht wurde sie von einer noch gefährlicheren Krankheit unterstützt, der infektiösen Lungenentzündung, die direkt von Mensch zu Mensch übertragen werden kann.

Die Epidemie wütete zwei Jahre lang und tötete ein Drittel bis die Hälfte der Bevölkerung Konstantinopels; hinzu kamen viele Tote im Umland der Stadt. Die Hoffnungen auf eine Wiedervereinigung des Römischen Reiches mußten aufgegeben werden, und auch der östliche Teil, das sogenannte Byzantinische Reich, ging allmählich unter.

Die schlimmste Epidemie in der Geschichte der Menschheit kam im 13. Jahrhundert. Irgendwann in den dreißiger Jahren tauchte in Zentralasien eine neue Art der Beulenpest auf, eine, die besonders häufig zum Tode führte. Die Menschen starben »wie die Fliegen«, und die Infektion breitete sich rasch aus. Sie erreichte auf ihrem Weg nach Westen das Schwarze Meer. Auf der Halbinsel Krim existierte damals ein Hafen namens Kaffa, in dem die italienische Stadt Genua einen Handelsposten eingerichtet hatte. Im Oktober 1347 erreichte ein Schiff auf der Rückfahrt von Kaffa nur mit Mühe und Not den heimatlichen Hafen Genua. Die wenigen Männer an Bord, die die Überfahrt überlebt hatten, die der Krankheit noch nicht zum Opfer gefallen waren, lagen in den letzten Zügen. Sie wurden an Land geschleppt, und damit erreichte die Krankheit Europa, wo sie sich schnell ausbreitete.

Einige Menschen wurden von einer leichten Erkrankung gepackt, doch bei den meisten schlug das Schicksal gnadenlos zu. Die Erkrankten starben meist innerhalb von ein bis drei Tagen nach dem Auftreten der ersten Symptome. Besonderes Merkmal der Krankheit waren blutunterlaufene Flecken, die sich schließlich schwarz färbten. Man sprach vom »Schwarzen Tod«.

Der Schwarze Tod fand eine reiche Ernte. Man nimmt an, daß in Europa 25 Millionen Menschen der Epidemie zum Opfer fielen, ehe die Gefahr vorüber war. In Afrika und Asien wird die Zahl der Opfer noch höher geschätzt. Insgesamt mögen rund 60 Millionen Menschen an dieser Epidemie gestorben sein, rund ein Drittel der damaligen Erdbevölkerung. Weder vorher noch nachher ist jemals ein so hoher Prozentsatz der Gesamtbevölkerung vernichtet worden wie durch den Schwarzen Tod.

Es ist nicht verwunderlich, daß unter den Menschen eine Panik ausbrach. Jeder lebte in ständiger Angst. Ein plötzlicher Kälteschauer, ein Schwindelanfall, ein bloßer Kopfschmerz konnte bedeuten, daß man vom Tode gezeichnet war, daß nur noch wenige Tage des Lebens blieben. Ganze Städte wurden zurückgelassen, wenn die ersten Krankenfälle auftauchten, die ersten Menschen starben. Die Menschen blieben unbestattet, und die Fliehenden verteilten die Erreger weiter. Ackerland blieb unbestellt, Haustiere rissen aus und begannen zu wildern. Ganze Völker — zum Beispiel Aragon im Nordosten Spaniens — wurden so vernichtend getroffen, daß sie sich nicht wieder erholten.

Destillierte Schnäpse wurden erstmals um das Jahr 1100 in Italien produziert. Jetzt, 200 Jahre später, fanden sie plötzlich weite Verbreitung. Man nahm an, daß ein starkes Getränk einen gewissen Schutz gegen Ansteckung vermittelte. Dies stimmte natürlich nicht, doch die Trinker fühlten in ihrem Rausch weniger Schmerzen, erlebten ihre Krankheit weniger intensiv — was auch eine Art Linderung bedeutete. Trunkenheit war in Europa an der Tagesordnung, blieb es, auch nachdem die Pest vorüber war. Die Epidemie brachte auch das damals herrschende Feudalsystem durcheinander, denn die Zahl der möglichen Arbeitskräfte wurde stark reduziert. Die Entdeckung des Schießpulvers konnte für den Feudalismus nicht gefährlicher sein.*

Es hat seither weitere große Epidemien gegeben, aber keine reichte an die Zerstörungsgewalt der Pest aus dem 14. Jahrhundert heran. 1664 und '65 wurde London von der Pest heimgesucht, damals starben 75.000 Menschen. Die Cholera, die in Indien immer etwas »unter der Oberfläche« wütete, flackerte manchmal auf und verbreitete sich dann epidemisch. 1831, 1848 und 1853 wurde Europa von solchen Cholera-Epidemien heimgesucht. Das Gelbe Fieber, eine tropische Krankheit, wurde von Seeleuten in nördliche Häfen getragen, und die Bevölkerung amerikanischer Hafenstädte wurde regelmäßig durch das Gelbe Fieber dezimiert. Noch 1905 trat in New Orleans eine Gelbfieberepidemie auf.

Die gefährlichste Krankheit seit der Schwarzen Pest war die Spanische Grippe, die 1918 innerhalb eines Jahres 30 Millionen Menschen auf der Erde tötete, davon allein 600.000 in den Vereinigten Staaten. In den vier Jahren des Ersten Weltkriegs, zwischen 1914 und 1918, waren acht Millionen Menschen umgekommen. Trotzdem — zu jener Zeit lebten bereits mehr als 600 Millionen Menschen auf der Erde, so daß die Spanische Grippe weniger als zwei Prozent der Erdbevölkerung vernichtete. Die Schwarze Pest blieb unübertroffen.

Infektionskrankheiten können nicht nur den Homo sapiens treffen, sondern auch andere Spezies, und dabei manchmal noch größere Verwüstungen anrichten. Im Jahre 1904 wurden die Kastanienbäume des Zoologischen Gartens in New York vom »Kastanienbrand« erfaßt, und innerhalb weniger Jahrzehnte

*Ein besonders schlimmes Beispiel für die Unfähigkeit der Menschen, angesichts solcher Katastrophen zusammenzustehen, liefert das Verhältnis zwischen England und Frankreich zu jener Zeit. Beide Länder befanden sich in der Frühphase des Hundertjährigen Krieges, als die Bevölkerung von der Schwarzen Pest dahingerafft und nahezu vollständig ausgerottet wurde. Trotzdem ging der Krieg weiter, gab es keinen Gedanken an einen Frieden angesichts dieser gemeinsamen Bedrohung.

verschwanden nahezu alle Kastanien vom nordamerikanischen Kontinent. 1930 gelangte der Erreger des holländischen Ulmensterbens nach New York und breitete sich rasch aus. Die Pflanzenkrankheit wird mit allen Mitteln moderner botanischer Wissenschaft bekämpft, doch die Ulmen sterben weiter, und es ist unsicher, ob irgendwelche Ulmen gerettet werden können.

Manchmal haben die Menschen Tierkrankheiten als eine Art von Pestizid einsetzen können. 1859 wurden in Australien die ersten Kaninchen ausgesetzt. Da es dort keine natürlichen Feinde für diese Spezies gab, konnten sie sich rasch vermehren und wurden zu einer Landplage. Innerhalb von 50 Jahren hatten sie sich im gesamten Kontinent ausgebreitet und es schien nichts zu geben, mit dem die Menschen dem Wildwuchs auch nur annähernd hätten Einhalt gebieten können. Dann wurde in den fünfziger Jahren dieses Jahrhunderts zufällig eine Kaninchenkrankheit aus Südamerika, die sogenannte infektiöse Myxomatose, nach Australien eingeschleppt. Da die australischen Kaninchen bislang mit dieser Krankheit nicht in Berührung gekommen waren und keine Antikörper besaßen, konnte die Myxomatose schnell um sich greifen und viele australische Kaninchen vernichten. Innerhalb von kurzer Zeit starben Millionen von ihnen. Sie wurden allerdings nicht völlig ausgerottet, und die Überlebenden entwickelten nach und nach eine zunehmende Resistenz gegen die Krankheit, doch selbst heute ist die Bevölkerungsdichte der Kaninchen noch weiter unter dem Stand gegenüber der Zeit vor der Epidemie.

Pflanzen- und Tierkrankheiten können direkten und verheerenden Einfluß auf die wirtschaftlichen Verhältnisse der Menschen haben. 1872 fielen die Pferde der Vereinigten Staaten einer Epidemie zum Opfer. Ein Gegenmittel gab es nicht. Zu jener Zeit wußte niemand, daß die Krankheit durch Moskitos übertragen wurde, und so war ein Viertel aller amerikanischen Pferde vernichtet, ehe die Epidemie abebbte. Dies war nicht nur ein großer finanzieller Verlust für die Pferdebesitzer, Pferde stellten damals auch eine wichtige Arbeitskraft dar. Landwirtschaft und Industrie wurden vorübergehend gelähmt, eine schwere wirtschaftliche Depression war die Folge.

Infektionskrankheiten haben mehr als einmal ganze Ernten vernichtet und großes Unglück angerichtet. 1845 wurde in Irland die Kartoffelernte vernichtet, und ein Drittel der Inselbevölkerung verhungerte oder wanderte aus. Dadurch wurde die Krankheit in die USA eingeschleppt, wo 1846 die halbe Tomatenernte im Osten der Vereinigten Staaten vernichtet wurde.

Infektionskrankheiten können die menschliche Existenz sehr viel stärker bedrohen als jedes Tier, und so müssen wir uns fragen, ob Infektionskrankheiten nicht der Menschheit ein Ende bereiten können, lange bevor die Gletscher sich wieder ausbreiten oder gar die Sonne sich zu einem roten Riesenstern entwickelt. Einen Schutz vor einer solchen Katastrophe bieten allenfalls die Kenntnisse, die wir in den letzten anderthalb Jahrhunderten über die Ursachen von Infektionskrankheiten und ihre Bekämpfungsmethoden erworben haben.

Mikroorganismen

Nahezu während der gesamten Geschichte hatten die Menschen keine Verteidigungswaffe gegen Infektionskrankheiten. Dies lag im wesentlichen daran, daß die eigentliche Ursache für solche Krankheiten im Altertum und im Mittelalter unbekannt war. Wenn Menschen in großen Massen starben, nahm man allgemein an, daß eine wütende Gottheit aus irgendeinem Grund Vergeltung suchte. Apollos Pfeile flogen, und so konnte es keinen Zusammenhang zwischen den Todesfällen der Menschen geben. Apollo war gleichermaßen für alle Toten verantwortlich.

Auch in der Bibel wird von vielen Epidemien berichtet, die jedesmal als Folge des Gotteszornes gegen die Sünder auftraten, wie beispielsweise in 2 Samuel 24. Um die Zeitenwende war der Aberglaube weit verbreitet, Krankheiten entstünden, weil ein Dämon in die Menschen gefahren sei, und so finden wir im Neuen Testament viele Berichte über Teufelsaustreibungen. Die Autorität der Bibel hat diesen Aberglauben bis heute unterstützt, wie nicht zuletzt auch die Popularität des Filmes *Der Exorzist* gezeigt hat.

Solange man eine Krankheit einem göttlichen oder dämonischen Einfluß zuschrieb, wurde eine so weltliche Erklärung wie Ansteckung völlig übersehen. Zum Glück enthält die Bibel auch genaue Anweisungen darüber, wie Leprakranke zu isolieren seien (wobei unter dem Begriff Lepra damals auch weniger gefährliche Ausschläge verstanden wurden). Die biblische Praxis, Leprakranke zu isolieren, war allerdings eher religiös als hygienisch bedingt, denn die Ansteckungsgefahr ist sehr gering. Aufgrund des biblischen Vorbildes wurden Leprakranke auch noch im Mittelalter ausgestoßen, während die wirklich infektiösen Krankheiten nicht auf diese Weise isoliert wurden. Dennoch kamen einige Ärzte auf den Gedanken, daß es einen Zusammenhang zwischen Isolierung und Krankheiten allgemein geben könnte. Besonders das Auftreten des Schwarzen Todes förderte den Gedanken einer Quarantäne.

Da durch die Isolierung die Ausbreitung einer Krankheit verlangsamt werden konnte, wurde deutlich, daß Ansteckung ein Faktor sein könnte. Der italienische Arzt Girolamo Fracastoro (1478—1553) untersuchte diese Möglichkeit als erster. 1546 äußerte er die Vermutung, daß Krankheiten durch den direkten Kontakt zwischen gesunden und kranken Menschen übertragen werden konnten, aber auch durch indirekten Kontakt, wenn ein Gesunder infizierte Gegenstände berührte; selbst eine kontaktlose Übertragung wurde nicht mehr ausgeschlossen. Fracastoro nahm an, daß winzige Körper, zu klein, um sichtbar zu sein, von einer kranken Person auf einen Gesunden überwechselten, und daß diese kleinen Körper die Fähigkeit besaßen, sich zu vermehren.

Fracastoros Vermutung kam der Wirklichkeit bereits sehr nahe, doch hatte er keine Möglichkeit, seine Theorien zu beweisen. Wenn man kleine unsichtbare Körper akzeptierte, die von einem Menschen zu einem anderen überwechselten, und diese Vermutung nicht beweisen konnte, dann konnte man ebensogut unsichtbare Dämonen als Krankheitsursache annehmen.

Die winzigen Körper blieben allerdings nicht auf Dauer unsichtbar. Schon zu Fracastoros Zeiten wurden Glaslinsen als Sehhilfen verwendet. 1608 entdeckte man das Fernrohr, eine Linsenkombination, mit deren Hilfe man entfernte

1

332

Gegenstände vergrößern konnte. Von da war der Schritt zu einem Gerät, das winzige Objekte vergrößerte, nicht weit.*

Der italienische Physiologe Marcello Malpighi (1628—1694) benutzte das Mikroskop als einer der ersten für medizinische Untersuchungen; seine Veröffentlichungen stammen aus der Mitte des 17. Jahrhunderts.

Der Holländer Anton van Leeuwenhoek (1632—1721) konnte hervorragende Linsen schleifen, mit denen er die besten damals verfügbaren Mikroskope baute. 1677 betrachtete er einen Tropfen Wasser aus einer Pfütze und fand lebende Organismen, die zu klein sind, um für das bloße Auge sichtbar zu sein, von denen aber jeder zweifellos so lebendig war wie ein Wal oder ein Elephant — oder ein Mensch. Wir nennen heute diese einzelligen Lebewesen, die Leeuwenhoek damals entdeckte, »Protozoen«. Sechs Jahre später, 1683, entdeckte Leeuwenhoek noch kleinere Strukturen. Sie lagen selbst für seine vergleichsweise guten Instrumente an der unteren Grenze der Sichtbarkeit. Doch aus seinen Zeichnungen können wir heute entnehmen, daß er die Bakterien entdeckt hatte, die kleinsten Zellebewesen, die wir kennen.

Wer van Leeuwenhoeks Leistungen übertreffen wollte, brauchte ein entschieden besseres Mikroskop, und das wurde erst im Laufe der Zeit entwickelt. Der dänische Biologe Otto Friedrich Müller (1730—1784) beschrieb als nächster die Bakterien in einem Buch, das 1786 posthum veröffentlicht wurde.

Zurückblickend könnte man annehmen, daß die Bakterien als die von Fracastoro angenommenen Krankheitserreger hätten angesehen werden müssen, doch wurde diese Verbindung nicht hergestellt. Auch Müllers Beobachtungen kamen so nahe an die Leistungsgrenze der Mikroskope heran, daß seine Berichte über die Existenz von Bakterien weitgehend abgelehnt wurden; doch selbst wenn es Bakterien geben sollte, wollte man nicht glauben, daß sie lebten.

*Hier irrt Asimov, denn das Mikroskop wurde bereits 1590, also 18 Jahre vor dem Fernrohr, von holländischen Brillenmachern erfunden (Anm. d. Übers.)

1830 entwickelte der englische Optiker Joseph Jackson Lister (1786—1869) ein achromatisches Mikroskop. Bis zu diesem Zeitpunkt hatte man nur einfache Linsensysteme verwendet, die das Licht in die Regenbogenfarben aufspalteten, so daß die winzigen Objekte von störenden Farbsäumen umgeben waren und nicht klar genug gesehen werden konnten. Lister kombinierte Linsen verschiedener Glassorten und konnte so die Farbfehler korrigieren.

Jetzt konnte man auch kleine Objekte deutlich erkennen. In den sechziger Jahren des vergangenen Jahrhunderts sah der deutsche Botaniker Ferdinand Julius Cohn (1828—1891) die Bakterien und beschrieb sie so überzeugend, daß die Existenz dieser Kleinstlebewesen nicht länger angezweifelt werden konnte. Cohns Arbeiten begründeten die wissenschaftliche Bakteriologie.

Inzwischen hatten aber einige Ärzte auch ohne eindeutigen Beweis für die Existenz der von Fracastoro vermuteten Krankheitserreger Methoden zur Reduzierung der Ansteckungsgefahr entwickelt.

Der ungarische Arzt Ignaz Philipp Semmelweis (1818—1865) führte das Kindbettfieber, an dem so viele Mütter nach der Geburt starben, auf eine Ansteckung der Mütter durch die Ärzte selbst zurück, weil diese geradewegs von Autopsien in den Kreißsaal wanderten. Er setzte durch, daß Ärzte sich die Hände waschen mußten, bevor sie Frauen bei der Niederkunft behilflich waren, und sofort ging die Zahl der Kindbettfieberfälle drastisch zurück. Die beschuldigten Ärzte jedoch, die sich in ihrem Stolz gekränkt fühlten, lehnten sich gegen diese Vorschrift auf und gingen schließlich wieder mit schmutzigen Händen an die Arbeit. Sogleich stieg die Zahl der Kindbettfieberfälle wieder so rapide an, wie sie vorher zurückgegangen war — doch das störte die Ärzte nicht.

Die entscheidende Einsicht kam mit den Arbeiten des französischen Chemikers Louis Pasteur (1822—1895). Obwohl er Chemiker war, beschäftigte er sich immer mehr mit Mikroskopen und Mikroorganismen, und im Jahre 1865 begann er eine Untersuchung der Seidenraupenkrankheit, die die französische Seidenindustrie gefährdete. Mit seinem Mikroskop entdeckte er auf den Sei-

denspinnerraupen- und Maulbeerbaumblättern, mit denen sie gefüttert wurden, kleine Parasiten. Pasteurs Lösungsvorschlag war drastisch, aber vernünftig. Alle infizierten Seidenspinnerraupen, alles infizierte Futter mußte vernichtet werden. Mit gesunden Seidenspinnerraupen sollte ein neuer Anfang gemacht werden, und die Krankheit würde besiegt sein. Pasteurs Rat wurde befolgt und erwies sich als richtig. Die Seidenindustrie war gerettet.
Aufgrund dieses Erfolges wandte Pasteur sich dem Studium der ansteckenden Krankheiten zu. Wenn die Krankheit der Seidenspinnerraupen auf solche mikroskopischen Parasiten zurückgeführt werden konnte, warum dann nicht auch andere Krankheiten? So wurde die Bazillus-Theorie der Infektionskrankheiten entwickelt. Fracastoros unsichtbare Krankheitserreger waren Mikroorganismen, jene Bakterien, die Cohn mit seinem Mikroskop so klar ans Tageslicht gezerrt hatte.
Nun wurde es möglich, Infektionskrankheiten bewußt zu bekämpfen. Dabei bediente man sich einer Technik, die schon ein halbes Jahrhundert zuvor in die Medizin eingeführt worden war. 1798 hatte der englische Arzt Edward Jenner (1749—1823) zeigen können, daß Menschen, denen die Erreger der Kuhpocken eingeimpft worden waren, nicht nur gegen Kuhpocken, sondern auch gegen die sehr viel gefährlichere Pockenkrankheit immun wurden. Weil die Kuhpocken die lateinische Bezeichnung vaccinia tragen, nannte man die Technik »Vaccination«. Die Impfung mit Kuhpockenerregern konnte die Pockenkrankheit in kurzer Zeit weitgehend eindämmen.
Leider fand man keine weiteren Infektionskrankheiten, bei denen es zwei verwandte, unterschiedlich schwere Formen gab, so daß eine Ansteckung mit den Erregern der leichten Variante auch eine Immunität gegen die Erreger der zumeist tödlich verlaufenden schweren Form bewirkte. Trotzdem konnte aufgrund der Bazillustheorie die »Waffentechnik« gegen die Infektionskrankheiten verbessert werden.
Pasteur fand heraus, daß bestimmte Erreger für bestimmte Krankheiten verantwortlich waren. Er schwächte sie durch Erhitzen oder andere Methoden

und impfte diese geschwächten Bakterien ein. Auch dadurch entstand nur eine schwache Ansteckung, doch reichte sie aus, um den Betroffenen auch gegen die schwere Form zu immunisieren. Erstmals erfolgreich eingesetzt wurde dieses Verfahren gegen den Milzbrand, eine infektiöse Tierkrankheit.

Der deutsche Bakteriologe Robert Koch (1843—1910) beschäftigte sich mit den gleichen Problemen und war noch erfolgreicher als Pasteur. Darüber hinaus wurden Gegengifte entwickelt, mit denen man die Wirkung der Bakterien neutralisieren konnte.

Mittlerweile hatte der englische Chirurg Joseph Lister (1827—1912), der Sohn des Erfinders des achromatischen Mikroskopes, die Arbeiten von Semmelweiss wieder aufgegriffen. Er hatte von Pasteurs Forschungsarbeiten gehört und besaß damit ein überzeugendes Argument, mit dem er durchsetzen konnte, daß die Chirurgen vor Operationen ihre Hände in Lösungsmitteln waschen mußten, deren bakterientötende Wirkung bekannt war. Seit 1867 wird die »Antiseptische Chirurgie« erfolgreich betrieben.

Die Bazillustheorie beschleunigte auch die Einführung vernünftiger Schutzmaßnahmen — persönliche Hygiene wie zum Beispiel Waschen und Baden; sorgfältige Isolierung der Abfälle; das Achten auf peinliche Sauberkeit bei Nahrungsmitteln und Wasser. Unterstützt wurde dieses Bestreben vor allem durch die deutschen Wissenschaftler Max Josef von Pettenkofer (1818—1901) und Rudolf Virchow (1821—1902). Sie akzeptierten zwar nicht die Bazillustheorie der Infektionskrankheiten, doch wurden ihre Empfehlungen stärker befolgt, als wenn sie von anderen gekommen wären.

Man fand weiter heraus, daß Krankheiten wie Gelbfieber und Malaria durch Moskitos übertragen wurden, Typhus von Läusen, das Rocky-Mountain-Fleckfieber durch Zecken, die Beulenpest durch Flöhe usw.

Maßnahmen gegen diese kleinen Bazillusüberträger reduzierten auch das Auftreten der Krankheiten. Männer wie die Amerikaner Walter Reed (1851—1902) und Howard Taylor Ricketts (1871—1910) sowie der Franzose Charles J. Nicolle (1866—1936) waren an solchen Entdeckungen beteiligt.

Der deutsche Bakteriologe Paul Ehrlich (1854—1915) ebnete den Weg für den Einsatz spezieller Chemikalien, die lediglich bestimmte Bakterien abtöteten, nicht aber die Menschen, die sie befallen hatten. Seine bedeutungsvollste Entdeckung gelang ihm 1910 mit einem Mittel gegen das Bakterium, das die Syphillis auslöst. Solcherlei Forschungsarbeiten fanden ihren Höhepunkt in der Entdeckung der antibakteriellen Wirkung der Sulfonamide und ähnlicher Verbindungen durch den deutschen Biochemiker Gerhard Domagk (1895—1965) im Jahre 1935 und die Entdeckung der Antibiotika durch den französisch-amerikanischen Mikrobiologen René Jules Dubos (1901—) im Jahre 1939. 1955 schließlich fand der amerikanische Biologe Jonas Edward Falk (1914—) einen Impfstoff gegen die Kinderlähmung.

Doch noch immer ist der Sieg nicht total. Erst jetzt scheinen die Pocken, die einmal die Menschheit bedroht haben, ausgerottet. Soweit wir wissen, gibt es auf der ganzen Erde keinen Fall von Pockenerkrankung mehr. Dennoch existieren in Afrika einige sehr ansteckende Krankheiten, die nahezu in allen Fällen tödlich verlaufen und gegen die es noch kein Gegenmittel gibt. Sorgfältige Hygiene hat es ermöglicht, solche Krankheiten zu studieren, ohne daß sie sich dabei ausbreiten müssen, und zweifellos scheinen wirkungsvolle Gegenmaßnahmen gefunden werden zu können.

Neue Krankheiten

Nach alldem sollte man meinen, daß Infektionskrankheiten ihre Gefährlichkeit verloren haben, daß so verheerende Epidemien wie die der Pest und der Spanischen Grippe sich nicht wiederholen können, solange unsere Zivilisation überlebt und ihre medizinische Technik erhalten bleibt. Doch vertraute, »kontrollierbare« Krankheiten tragen in sich die Gefahr einer Wiederkehr in veränderter Form.

Der menschliche Körper (und alle lebenden Organismen) verfügen über natürliche Schutzmaßnahmen gegen das Eindringen fremder Organismen. Antikörper werden im Blut entwickelt, die die Gifte oder die Mikroorganismen selbst neutralisieren können. Weiße Blutkörperchen greifen eingedrungene Bakterien richtiggehend an.

Evolutive Prozesse lassen diesen Kampf meist ausgeglichen ablaufen. Jene Lebewesen, die ein wirkungsvolles Verteidigungssystem gegen Mikroorganismen entwickelt haben, überleben eher und geben ihre Abwehrkräfte an den Nachwuchs weiter. Aber Mikroorganismen sind viel kleiner als Insekten und sehr viel fruchtbarer. Sie entwickeln sich sehr viel rascher, und ein einzelnes Kleinstlebewesen ist angesichts ihrer großen Zahl völlig unbedeutend.

Angesichts der ungezählten Mengen an Mikroorganismen jeder Spezies, die sich ständig durch Zellteilung vermehren, müssen kontinuierlich zahllose Mutationen aufeinanderfolgen. Hin und wieder kann eine solche Mutation eine bestimmte Krankheit gefährlicher werden lassen, ansteckender und tödlicher. Darüber hinaus kann sich die chemische Struktur der Mikroorganismen verändern, so daß die Antikörper, die der Wirtsorganismus produzieren kann, ihre Wirkung verlieren. Das Ergebnis ist ein plötzliches Auftreten einer neuen Epidemie. Die Pest war zweifellos durch eine Mutation der Bakterien hervorgerufen worden, die die Beulenpest übertragen.

Schließlich werden jene Menschen sterben, die am anfälligsten gegen diese neuen Krankheiten sind, und die vergleichsweise widerstandsfähigen überleben, so daß die Epidemie allmählich abebbt. Ist damit der Sieg der Menschen über die mutierten Mikroorganismen endgültig? Könnten nicht auch neue Mutationen auftreten? Natürlich. Alle paar Jahre breitet sich eine neue Grippewelle aus. Doch kann man schon bald nach ihrem Auftreten Gegenmittel entwickeln. Als daher im Jahre 1976 nur ein einziger Fall von Schweinegrippe registriert wurde, begann sofort eine Massenimpfaktion. Sie stellte sich zwar als überflüssig heraus, aber es wurde deutlich, daß so etwas machbar ist.

Natürlich arbeitet die Evolution auch in der anderen Richtung. Der unkontrollierte Gebrauch von Antibiotika tötet zwar viele Mikroorganismen, doch die resistenten Exemplare überleben, sie vermehren sich, und schon heute gibt es eine ganze Armee von Bakterien, die gegen Antibiotika unempfindlich sind. Wir produzieren also in gewissem Sinne neue Krankheiten, indem wir uns gegen alte wehren. Nur mit dem Einsatz verstärkter Konzentrationen oder völlig neuer Antibiotika kann man dieser Entwicklung noch Herr werden.

Es scheint so, als könnten wir zumindest die Pattsituation halten, und das allein bedeutet schon einen großen Fortschritt im Vergleich zur Situation von vor 200 Jahren. Ist es aber dennoch möglich, daß eine Krankheit plötzlich die Menschheit bedroht, die so fremdartig und so tödlich ist, daß wir keinerlei Schutzmaßnahmen entwickeln können und alle dahingerafft werden? Ist es möglich, daß eine Infektion aus dem Weltraum Wahrheit wird, wie sie in Michael Crichtons Bestsellernovelle *Andromedastaub* beschrieben wird?

Die vorsichtige NASA schließt auch diese Möglichkeit nicht aus. Sie sterilisiert alle Raumsonden, die sie zu anderen Planeten entsendet, um die Gefahr einer Ausbreitung irdischer Mikroorganismen auf fremden Planeten möglichst gering zu halten. Andernfalls wäre ein Studium möglicher »ortsansässiger« Mikroorganismen auf diesen Planeten nicht mehr möglich. Die NASA steckte auch die Astronauten, die vom Mond zurückkehrten, in Quarantäne, bis sie sicher war, daß sie keine Infektion aus dem Weltraum zurückgebracht hatten. Doch diese Vorsicht erscheint überflüssig. Die Wahrscheinlichkeit, daß irgendwo anders im Sonnensystem auch nur Mikroorganismen existieren, ist verschwindend gering, und sie wird mit jeder weiteren Erforschung der Planeten kleiner. Doch wie sieht es mit Lebensformen außerhalb des Sonnensystems aus? Bislang haben wir die Möglichkeit einer Invasion von Lebensformen von außerhalb des Sonnensystems noch nicht diskutiert — das Eindringen fremdartiger mikroskopischer Lebewesen.

Der schwedische Chemiker Svante August Arrhenius (1859—1927) untersuchte diese Frage als erster vom wissenschaftlichen Standpunkt aus. Er wollte die Entstehung des Lebens erklären. Dabei nahm er an, daß das Leben im Universum weit verbreitet sein könnte, daß es sich gewissermaßen durch eine »Infektion« ausbreiten würde.

1908 äußerte er die Vermutung, daß bei heftigen Stürmen Bakterienkeime in die obere Atmosphäre gewirbelt werden könnten, von wo aus einige in den Weltraum entweichen könnten. Dann würde die Erde (und wahrscheinlich mit ihr alle anderen belebten Planeten) in ihrem Schlepptau eine Vielzahl lebentragender Keime mit sich führen. Man nannte diese Theorie die »Panspermie«. Sporen, so betonte Arrhenius, könnten die Kälte und die Luftleere des Weltraums lange Zeit überleben. Der Strahlungsdruck der Sonne sollte sie aus dem Sonnensystem heraustreiben (heute würden wir sagen, der Sonnenwind), bis sie schließlich einen anderen Planeten erreichten. Arrhenius nahm an, daß solche Sporen auch auf die Erde niedergegangen seien, als es noch kein Leben auf unserem Planeten gab — daß das irdische Leben von außen »eingeimpft« wurde, daß wir alle von diesen ursprünglichen Keimen abstammen.*

Wenn die Überlegungen von Arrhenius richtig sind, sollte dann die Panspermie nicht auch heute noch wirkungsvoll sein? Könnten nicht auch jetzt, in diesem Augenblick, Sporen aus dem Weltall auf die Erde fallen? Sporen, die vielleicht Infektionskrankheiten auslösen können. Sollte vielleicht der Schwarze Tod durch solche fremden Sporen über uns gekommen sein und könnte eine neuerliche Epidemie aus dem Weltall uns morgen gänzlich ausrotten?

Einen Gesichtspunkt hat Arrhenius bei seinen Überlegungen nicht beachtet, allerdings konnte er ihn auch nicht kennen: Sporen sind zwar unempfindlich gegen Kälte und Vakuum, doch sind sie gegen energiereiche Strahlung wie etwa ultraviolettes Licht wenig geschützt. Wahrscheinlich hätte die Ultraviolettstrahlung des Sterns, von dessen Planeten sie ausgingen, die Sporen schon frühzeitig abgetötet; doch selbst wenn sie irgendwie hätten überleben können, hätte ihnen die UV-Strahlung der Sonne den Garaus machen müssen, lange bevor sie in die Erdatmosphäre hätten eindringen können.

*Vor einigen Jahren hat Francis Crick darauf hingewiesen, daß die Erde möglicherweise auch durch andere intelligente Lebewesen »befruchtet« worden sein könnte — eine Art »gezielter Panspermie«.

Könnte es aber nicht auch einige Keime geben, die gegen ultraviolettes Licht vergleichsweise unempfindlich sind, oder Keime, die keiner starken UV-Strahlung ausgesetzt sind? Vielleicht braucht man gar nicht einmal weit entfernte lebenstragende Planeten als Quelle solcher Sporen vorauszusetzen (zumal es für die Existenz belebter Planeten keine direkten Hinweise gibt, sondern nur eine »erdrückende« Wahrscheinlichkeit, wie ich in meinem Buch *Außerirdische Zivilisationen* beschrieben habe). Wie ist es um die Gas- und Staubwolken bestellt, die im Bereich zwischen den Sternen existieren und die wir jetzt mit zunehmender Akribie untersuchen können?

In den dreißiger Jahren hatte man erkannt, daß der Raum zwischen den Sternen nicht völlig leer ist, sondern extrem dünn gestreute Atome enthält, überwiegend Wasserstoffatome. Im Bereich der interstellaren Gas- und Staubwolken stehen diese Atome etwas dichter gedrängt. Die Astronomen gingen jedoch davon aus, daß selbst in den dichtesten »Wolken« nur einzelne Atome vorkämen, keine Atomverbindungen. Damit solche Atomverbindungen entstehen könnten, hätten jeweils mindestens zwei Atome zusammenstoßen müssen, und das schien ein sehr unwahrscheinliches Ereignis zu sein.

Gäbe es dennoch solche Atomverbindungen, dann müßten sie in großen Mengen vorhanden sein, damit wir sie überhaupt nachweisen können: Interstellare Materie verrät sich dadurch, daß sie das Licht bestimmter Wellenlängen verschluckt und so dem Spektrum heller Sterne bestimmte, nicht stellare Spektrallinien hinzufügt. Daß solche Atomverbindungen in ausreichendem Maße existierten, um durch ihre Absorption einen unübersehbaren Existenzbeweis im Spektrum heller Sterne zu ermöglichen, schien ebenso unwahrscheinlich.

1937 fand man jedoch ebensolche Spektrallinien, die auf eine Verbindung von Kohlenstoff und Wasserstoff (CH, Methylidin-Radikal) und eine Kohlenstoff-Stickstoff-Verbindung (CN, Cyan-Radikal) hinwiesen.

Nach dem Zweiten Weltkrieg machte die Radioastronomie große Fortschritte. Man fand bald, daß sie für die Suche nach interstellaren Molekülen besonders geeignet ist. Im Bereich des sichtbaren Lichts können bestimmte Atomkombinationen nur aufgrund ihrer charakteristischen Lichtabsorption identifiziert werden. Die einzelnen Atome in solchen Verbindungen schwingen jedoch hin und her, die Moleküle drehen sich um ihre Achsen, und einzelne Atome können sogar ihre Plätze verändern; bei all diesen Bewegungen werden Radiowellen ausgesendet, die man nun auffangen konnte. Jede bestimmte Atomverbindung strahlt Radiowellen bei charakteristischen Wellenlängen ab, wie man aus den Experimenten im Labor wußte, und so konnten die Moleküle unzweideutig identifiziert werden. 1963 beispielsweise fand man gleich vier solcher Radiosignale, die der Wasserstoff-Sauerstoff-Verbindung OH (Hydroxyl-Radikal) zugeordnet werden konnten.

Bis 1968 kannte man nur diese drei zweiatomigen Verbindungen, CH, CN und OH, und dies war schon Überraschung genug. Niemand erwartete, daß es auch dreiatomige Verbindungen gäbe, da die Wahrscheinlichkeit eines Zusammenstoßes einer zweiatomigen Verbindung mit einem dritten Atom noch kleiner sein mußte.

Dennoch fand man 1968 das dreiatomige Molekül Wasser (H_2O) und das vieratomige Molekül Ammoniak (NH_3) anhand der charakteristischen Radiofrequenzen in interstellaren Wolken. Seither ist die Liste der nachgewiesenen Molekülverbindungen rasch angewachsen, und gegenwärtig liegt der »Rekord« bei elfatomigen Verbindungen. Alle komplexen Atomverbindungen enthalten den Kohlenstoff, so daß man annehmen kann, es existieren vielleicht sogar Aminosäuremoleküle im Weltraum, deren Konzentration nur zu gering ist, als daß man sie nachweisen könnte.

Wenn wir so weit gehen wollen, ist es dann möglich, daß sich sehr einfache Lebensformen in diesen interstellaren Wolken bilden können? Hier brauchten wir uns um das ultraviolette Licht keine Sorgen zu machen, da die Gas- und Staubwolken selbst ein wirksames Filter gegen die von außen eindringende UV-Strahlung der Sterne darstellen.

Wäre es in diesem Fall weiterhin möglich, daß die Erde bei ihrem Weg durch

solche interstellaren Gas- und Staubwolken vielleicht einige dieser Mikroorga-
nismen auffängt, die so fremdartig für uns wären, daß wir keinerlei Abwehr-
mittel besäßen, Infektionskrankheiten auslösten, die uns dahinraffen würden?
Der englische Astronom Fred Hoyle geht sogar noch weiter. Er glaubt, daß das
Leben auf der Erde von den Kometen stammt. Die Kometenmaterie ist ähnlich
zusammengesetzt wie die interstellaren Gas- und Staubwolken, doch ist die
Konzentration hier viel höher als dort. Sollte sich also das Leben auf den
Kometen entwickelt haben? Wenn die Kometen in die Nähe der Sonne gelangen, verlieren sie einen Teil ihrer Gas- und Staubmengen an den Kometen-
schweif, der vom Sonnenwind verweht wird.

Kometen kommen der Erde viel näher als interstellare Wolken (sofern die Erde
nicht gerade durch eine solche Wolke hindurchfliegt), und so ist es viel wahrscheinlicher, daß die Erde durch einen Kometenschweif hindurchwandert.
1910 zum Beispiel passierte sie den Schweif des Halleyschen Kometen, wie ich
schon einmal erwähnt habe. Die Materie in einem Kometenschweif ist so dünn
verteilt, daß sie sicherlich keinerlei Einfluß auf die Erdbewegung hat oder die
Erdatmosphäre vergiften könnte. Könnten wir vielleicht aber einige fremde
Mikroorganismen auflesen, die sich auf der Erde vermehren, mutieren und
dann eine tödliche Wirkung bekommen?

War die Spanische Grippe des Jahres 1918 eine Spätfolge des Halleyschen
Kometen? Wenn ja, könnte eine Begegnung in der Zukunft eine neue, noch
tödlichere Krankheit bringen? Stehen wir vor einer Katastrophe, die jederzeit
unvorhersagbar über uns hereinbrechen könnte?

All dies ist in höchstem Maße unwahrscheinlich. Selbst wenn in interstellaren
Gas- und Staubwolken oder auch Kometen genügend komplizierte Molekülverbindungen entständen, die lebensfähig wären — mit welcher Wahrscheinlichkeit würden sie gerade jene Eigenschaften besitzen, die notwendig sind, um
menschliches Leben (oder andere irdische Lebensformen) angreifen zu können?

Vergessen wir nicht, daß nur ein winziger Bruchteil aller Mikroorganismen krankheitserregend ist. Die meisten von ihnen können immer nur eine bestimmte Lebensform oder eine kleine Gruppe von Spezies infizieren, sind ansonsten aber harmlos. So braucht beispielsweise kein Mensch zu fürchten, vom Holländischen Ulmensterben infiziert zu werden, aber auch Eichen bleiben von diesem Erreger verschont.

Damit ein Mikroorganismus bei einem speziellen Lebewesen eine Krankheit auslösen kann, muß er sorgfältig und exakt auf diese Aufgabe »vorbereitet« sein, muß an diese Lebensform angepaßt sein. Ein fremdartiger Organismus, der nach zufälligen Gesichtspunkten in den Tiefen des Weltalls oder in einem Kometen entstanden ist, dürfte kaum die chemische und physiologische Übereinstimmung mit Menschen besitzen, daß er zu einem »erfolgreichen« Parasiten werden könnte.

Dennoch ist die Gefahr einer neuen, unbekannten Infektionskrankheit damit nicht aus der Welt geschafft. Wir werden noch einmal auf dieses Thema zurückkommen und es dann aus einem anderen Blickwinkel betrachten.

XIII. Das Problem der Intelligenz

Nichtmenschliche Intelligenz

Im vorangegangenen Kapitel haben wir die Gefahren untersucht, denen die Menschheit durch die anderen Lebensformen ausgesetzt ist, und dabei herausgefunden, daß die Menschheit im Wettstreit mit solchen Lebensformen die unterschiedlichsten Positionen erreicht hat, vom endgültigen Sieg bis zum Patt. Doch selbst aus solch einer Pattsituation kann eine weiterentwickelte Technologie vielleicht noch einen Sieg machen. Es ist sicher unwahrscheinlich, daß die Menschheit durch irgendeine nichtmenschliche Spezies auf dieser Erde wirklich ernsthaft bedroht ist, solange sie nicht aufgrund anderer Einwirkungen geschwächt oder ihrer technologischen Errungenschaften beraubt wird.

Die Lebensformen, die wir in diesem Zusammenhang besprochen haben, haben eines gemeinsam — im Hinblick auf Intelligenz sind sie dem Menschen weit unterlegen.

Selbst wenn solche nichtmenschlichen Lebensformen hier und da einen Sieg erringen, wenn beispielsweise eine Armee von Ameisen einen Menschen »erlegt« oder Pestbazillen Millionen und Abermillionen von Menschen dahinraffen, so werden diese Siege doch immer wieder durch das mehr oder weniger automatische, stereotype Verhalten der Angreifer selbst gefährdet. Die Menschen können — sofern ihnen eine Atempause gegönnt wird — eine Gegenmaßnahme ergreifen, die zumindest bis jetzt entweder zur Vernichtung des Feindes oder wenigstens zur Eindämmung der Gefahr geführt hat. Und es ist unwahrscheinlich, daß sich diese Situation in absehbarer Zukunft zum Schlechten hin verändert.

Was aber wäre, wenn die Lebewesen, die zum Kampf gegen uns angetreten sind, eine dem Menschen vergleichbare oder sogar überlegene Intelligenz besitzen? Stehen wir dann nicht vor der Gefahr, doch ausgerottet zu werden? Schon, aber wo auf der Erde finden wir eine auch nur annähernd gleiche Intelligenz?

Die intelligentesten Lebewesen außerhalb der Spezies Mensch — Elephanten,

Bären, Hunde, selbst Schimpansen und Gorillas — stehen einfach nicht auf unserer Stufe. Keines von ihnen könnte sich gegen uns auch nur einen Moment zur Wehr setzen, wenn wir mit unseren technischen Mitteln erbarmungslos gegen sie vorrücken würden.

Wenn wir das Gehirn als »Sitz« der Intelligenz ansehen, dann ist das menschliche Gehirn mit seiner durchschnittlichen Masse von 1,45 Kilogramm so ziemlich das größte, das je existiert hat. Nur die großen Säugetiere, Elephanten und Wale, übertreffen uns in dieser Hinsicht.

Das größte Elephantengehirn kann eine Masse von sechs Kilogramm erreichen, etwas mehr als viermal so viel wie das menschliche Gehirn; das größte Walhirn hält jedoch mit neun Kilogramm, dem Sechsfachen des menschlichen Wertes, den Rekord aller Zeiten.

Diese Riesenhirne müssen jedoch sehr viel mehr Körper kontrollieren als das menschliche Gehirn. Das größte Elephantenhirn mag zwar viermal so groß sein wie das Menschenhirn, doch ein Elephantenkörper ist vielleicht einhundertmal so groß wie ein menschlicher Körper. Während bei einem Menschen auf ein Kilo Gehirn etwa fünfzig Kilogramm Körper kommen, muß jedes Kilogramm des Elephantenhirns 1.200 Kilogramm Elephantenkörper »versorgen«. Bei den noch größeren Walen ist das Verhältnis schließlich 1 : 10.000. Für Überlegungen und abstrakte Gedanken bleibt dann in einem Elephantenhirn oder einem Walhirn nicht mehr viel Platz, wenn man jene Bereiche abzieht, die für die Steuerung des Körpers erforderlich sind. Es ist daher keine Frage, daß, unabhängig von der Größe des Gehirns, die Menschen viel intelligenter sind als der Indische Elephant oder der Pottwal.

Sicher gibt es auch Lebewesen, bei denen das Gehirn in Relation zur Körpermasse größer ist als beim Menschen. Einige kleine Affenarten und Kolibri-Arten haben für jeweils 17,5 Gramm Körpermasse ein Gramm Gehirnmasse. Bei ihnen ist jedoch das absolute Hirngewicht so klein, daß die Gesamtmasse der grauen Zellen einfach nicht ausreicht, um abstrakte Gedanken und Überlegungen zu ermöglichen.

Die Menschen stellen offenbar ein gesundes Mittelmaß dar. Jedes Lebewesen, dessen Hirn viel größer ist als unseres, muß damit einen riesenhaften Körper versorgen, so daß eine vergleichbare Intelligenz unmöglich erscheint. Umgekehrt haben Lebewesen, deren Gehirn im Verhältnis zum Körper massereicher ist als bei uns, ein — absolut gesehen — so kleines Gehirn, daß eine uns vergleichbare Intelligenz dort nicht hineinpaßt.

Damit stünden wir allein auf dem Gipfel der Intelligenz — nahezu allein. Auch unter den Walen und ihren Verwandten nimmt das Hirn-Körper-Verhältnis mit abnehmender Größe zu. Wie ist es also mit den kleinsten Mitgliedern dieser Gruppe bestellt? Einige Delphine und Tümmler sind nicht wesentlich größer als menschliche Wesen und besitzen trotzdem ein Gehirn, das unserem überlegen ist. Das Hirn eines normalen Delphins kann bis zu 1,7 Kilogramm wiegen, ein Sechstel mehr als das menschliche Gehirn. Es ist auch komplexer gebaut.

Kann ein Delphin daher intelligenter sein als ein Mensch? Es gibt sicher keinen Zweifel, daß die Delphine innerhalb der Tierwelt ungewöhnlich intelligent sind. Sie besitzen anscheinend eine komplizierte Verständigungsmöglichkeit untereinander, können lernen, wie man eine gute Show aufzieht und haben auch noch Spaß daran. Das Leben im Wasser erzwingt jedoch eine Stromlinienform des Körpers, um eine rasche Bewegung durch das Wasser zu ermöglichen, und so können Delphine keine »fingerfertigen« Hände besitzen. Darüber hinaus ist im Lebensraum der Delphine, dem Wasser, Feuer nicht möglich, so daß die Delphine keine erkennbare Technik entwickeln konnten. Aus beiden Gründen vermochten Delphine keine Intelligenz im menschlichen Sinne zu entwickeln.

Delphine können natürlich eine durch und durch nach innen gerichtete, philosophische Intelligenz besitzen, und wir würden vielleicht ihre Denkweise im Vergleich zu unserer bewundern, wenn wir nur in Kontakt mit ihnen treten könnten. Eine solche Intelligenz interessiert aber im Zusammenhang dieses Buches nicht: Ohne ein Gegenstück zu unseren Händen und ohne ein Gegenstück zu unserer Technologie können uns die Delphine nicht gefährlich werden. Im Gegenteil, die Menschen könnten, wenn sie wollten (ich hoffe, sie wollen nicht), ohne große Schwierigkeiten die gesamte Walfamilie ausrotten. Ist es dann möglich, daß andere Tiere in der Zukunft eine Intelligenz entwickeln, die unserer Intelligenz überlegen ist? Können sie uns dann vernichten? Dies ist solange unwahrscheinlich, wie die Menschheit überlebt und ihre Technik weiterentwickelt. Die Evolution schreitet nicht mit Sieben-Meilen-Stiefeln fort, sondern mit erschreckend kleinen Schritten. Eine Spezies wird ihre Intelligenz nur über einen Zeitraum von Hunderttausenden von Jahren, eher noch innerhalb einer Million Jahre spürbar erweitern können. So wird genügend Zeit bleiben, daß die Menschen eine solche Veränderung rechtzeitig erkennen (zumal man nicht ausschließen kann, daß auch die Menschen selbst intelligenter werden), daß sie eine drohende Gefahr frühzeitig erkennen und Gegenmaßnahmen bis hin zur Vernichtung dieser Spezies einleiten.*

Doch damit kommen wir zu einem anderen Punkt. Muß der intelligente Gegner von der Erde selbst kommen? Ich habe schon über die Wahrscheinlichkeit gesprochen, mit denen die unterschiedlichsten Objekte von außen in das Sonnensystem eindringen können — Sterne, Schwarze Löcher, Antimaterie, Asteroiden, Gas- und Staubwolken, selbst Mikroorganismen. Es bleibt nur noch eine, die letzte, Invasionsmöglichkeit übrig: Können uns intelligente Lebewesen von anderen Planeten erreichen? Könnten diese Lebewesen nicht aus weitentwickelten Zivilisationen stammen, die eine hochentwickelte Intelligenz und Technik besitzen? Und könnten uns jene nicht so problemlos ausrotten wie wir die Schimpansen? So etwas ist zwar bislang noch nicht vorgekommen, doch könnte die Zukunft etwas Ähnliches bringen?

Wir können diese Möglichkeit nicht völlig ausschließen. In meinem Buch *Außerirdische Zivilisationen* habe ich Gründe dafür angeführt, daß auf rund 390 Millionen Planeten innerhalb unserer Galaxis technologische Zivilisatio-

*Es gibt einen Sonderfall, bei dem nichtmenschliche Intelligenz sich plötzlich und ohne Hilfe der Evolution im eigentlichen Sinne vermehren kann. Wir werden noch darauf zurückkommen.

nen heranwachsen können, von denen die meisten viel weiter entwickelt sein müßten als wir. In einem solchen Fall läge der Abstand zwischen zwei Zivilisationen bei rund 40 Lichtjahren. Es ist daher nicht ausgeschlossen, daß im Umkreis von 40 Lichtjahren eine Zivilisation existiert, die weiter entwickelt ist als unsere. Sind wir also bedroht?

Das beste Argument gegen eine solche Gefahr könnte sein, daß — soweit wir wissen — in der Vergangenheit eine Invasion nicht stattgefunden hat, daß die Erde in ihrer nunmehr schon 4,6 Milliarden Jahre dauernden Geschichte nach außen isoliert geblieben ist. Wenn wir so lange allein geblieben sind, sollte man meinen, daß sich das auch in Zukunft nicht ändert.

Sicher, es gibt hin und wieder einige Wirrköpfe oder quasireligiöse Individuen, die uns weismachen wollen, solche außerirdischen Intelligenzen seien bereits dagewesen. Sie finden immer wieder enthusiastische Anhänger aus dem Kreis derer, deren wissenschaftliche Kenntnis eng begrenzt ist. Da gibt es die Berichte über »Fliegende Untertassen« und die Behauptungen Erich von Dänikens, dessen »Beweise« für das Auftreten von Astronauten im Altertum ganze Bücher pseudowissenschaftlicher Literatur füllen.

Keine solche Behauptung über außerirdische Besuche jetzt oder in der Vergangenheit konnte jedoch wissenschaftlichen Untersuchungen standhalten. Und selbst wenn man diesen Berichten Glauben schenken wollte, bleibt es offensichtlich, daß solche angeblichen Invasionen bislang keine Gefahr für die Erde darstellten. Es gibt nicht einmal klare Hinweise dafür, daß sie die Erde in irgendeiner Weise beeinflußt haben. Wenn wir uns wieder vernünftigen Gedanken zuwenden wollen, müssen wir davon ausgehen, daß die Erde während ihrer gesamten Geschichte allein geblieben ist, und wir müssen fragen, warum. Drei mögliche Gründe können genannt werden:

1. Die Abschätzung in meinem Buch ist falsch, und es gibt in Wirklichkeit gar keine außerirdischen Zivilisationen.
2. Wenn solche Zivilisationen existieren, ist die große räumliche Distanz nicht zu überbrücken.

3. Wenn der Abstand doch überwunden werden kann, wenn die Außerirdischen uns doch erreichen können, suchen sie uns aus anderen Gründen nicht auf.

Der erste dieser drei Gründe kann nicht ausgeschlossen werden, obwohl die meisten Astronomen anderer Meinung sind. Schon aus philosophischen Gründen kann man keinen Gefallen an dem Gedanken finden, daß von all den Sternen in der Galaxis (ihre Zahl wird auf 300 Milliarden geschätzt) nur unser Stern »Sonne« über einem bewohnten Planeten leuchtet. Da viele dieser Sterne sonnenähnlich sind, sollte die Entstehung eines Planetensystems unvermeidlich sein, sollte die Entstehung von Leben auf einem geeigneten Planeten unvermeidlich sein, sollte die Entwicklung einer Intelligenz und Zivilisation bei genügend Zeit ebenfalls unvermeidlich sein.

Gewiß, es ist denkbar, daß eine technisierte Zivilisation sich im Laufe von vielen Millionen Jahren entwickelt, dann aber nicht mehr lange existiert. Unsere gegenwärtige Situation mag diese Gefahr belegen, und doch muß die Konsequenz nicht notwendigerweise ein globaler Selbstmord sein. Einige Zivilisationen müßten ihre Katastrophen überleben, vielleicht sogar wir selbst. Auch der dritte Grund erscheint sehr zweifelhaft. Wenn man die Abstände zwischen den einzelnen Zivilisationen überbrücken kann, werden mit Sicherheit Expeditionen ausgesendet, um Forschungsdaten zu sammeln — vielleicht auch, um zu kolonialisieren. Die Galaxis ist immerhin rund 15 Milliarden Jahre alt, so daß zumindest einige Zivilisationen schon über sehr lange Zeiträume existieren müßten und dabei über eine Technik verfügen, die der unseren weit überlegen ist.

Selbst wenn die meisten Zivilisationen nur kurzlebig sind, könnten die wenigen »überlebenden« die anderen Planeten kolonialisieren und ein »Galaktisches Imperium« errichten. Dann scheint es unvermeidlich, daß auch unser Sonnensystem von den Kundschaftern dieser Imperien entdeckt und die Planeten erforscht worden wären.

Die UFO-Fanatiker werden an dieser Stelle sofort zustimmen und behaupten, daß die fliegenden Untertassen der beste Beweis für diese galaktischen Imperien seien. Doch wenn eine fliegende Untertasse wirklich das Raumschiff einer außerirdischen Intelligenz ist, die unseren Planeten erforschen will, warum treten die Raumreisenden dann nicht mit uns in Kontakt? Wenn sie sich nicht in unsere Entwicklung einmischen wollen, warum verbergen sie sich dann nicht besser vor uns? Und wenn sie schließlich gar nicht an uns interessiert sind, warum besuchen sie uns dann in so großer Zahl?

Warum kommen sie erst jetzt, nachdem wir unsere Technik aus eigenen Kräften entwickelt haben, warum kamen sie nicht früher? Wäre es nicht viel wahrscheinlicher, daß sie uns während der vielen Milliarden Jahre dauernden Entwicklung des Lebens besucht hätten, daß sie bereits damals den Planeten Erde kolonialisiert und zu einer Außenstation ihrer Zivilisation gemacht hätten? Es gibt keine Anzeichen für solche Paläokontakte, und solange wir keine gegenteiligen Beweise finden, müssen wir annehmen, daß wir bislang nicht besucht wurden.

Damit bleibt nur der zweite Grund übrig, der auch sonst vernünftig erscheint. Selbst 40 Lichtjahre sind eine gewaltige Distanz. Die Lichtgeschwindigkeit im Vakuum ist die größte Geschwindigkeit, mit der irgendein Teilchen oder eine Information übermittelt werden kann. Teilchen, die eine Ruhemasse besitzen, können die Lichtgeschwindigkeit gar nicht mal erreichen, und so massereiche Objekte wie die Raumschiffe dürften selbst bei einer weiter entwickelten Technologie deutlich unter der Lichtgeschwindigkeit bleiben. (Es gibt zwar Spekulationen über die Möglichkeit, schneller als Licht zu reisen, doch sind diese Spekulationen so dürftig, daß wir uns darauf nicht verlassen können.)

Unter solchen Voraussetzungen würde es mehrere hundert Jahre dauern, um die kleinstmögliche Entfernung zwischen zwei Zivilisationen zu überbrücken. Es erscheint daher unwahrscheinlich, daß je große Eroberungsexpeditionen ausgesandt werden.

Vielleicht werden sich Zivilisationen, wenn sie den erforderlichen Entwicklungsstand erreicht haben, ganz allmählich in den Weltraum ausbreiten, werden sie selbständige und unabhängige Raumsiedlungen bauen, ähnlich den Raumkolonien, die Gérard O'Neill vorgeschlagen hat. Solche Raumsiedlungen können eines Tages Antriebsmechanismen erhalten, mit denen sie in die Tiefen des Weltalls starten können. Vielleicht ist das Universum schon heute voller solcher Raumsiedlungen, Sendboten von Hunderttausenden oder gar Millionen außerirdischer Zivilisationen.

Die Bewohner solch treibender Raumsiedlungen dürften sich längst so gut an die Verhältnisse im Weltraum angepaßt haben wie das Leben auf der Erde nach dem Wechsel aus dem Wasser auf das Land. Vielleicht können die Lebewesen einer solchen Raumsiedlung gar nicht mehr so einfach auf einer Planetenoberfläche landen, vielleicht bedeutet dies für sie etwas Ähnliches wie für uns ein Sturz in den Abgrund. Die Erde wird möglicherweise hin und wieder von weit draußen beobachtet, und vielleicht dringen gelegentlich automatische Raumsonden in die Erdatmosphäre ein, aber mehr ist unwahrscheinlich.

So können wir zusammenfassend sagen, daß, obwohl die Science-Fiction-Autoren sich bevorzugt mit der dramatischen Schilderung von Invasionen und Eroberungen der Erde durch außerirdische Lebewesen beschäftigt haben, ein solches Ereignis in absehbarer Zukunft wohl kaum über uns hereinbricht, eine solche Katastrophe uns nicht bedroht.

Hinzu kommt, daß wir uns im Falle eines Überlebens und einer sich weiter entwickelnden Technik immer mehr und immer besser gegen Eindringlinge von außen zur Wehr setzen könnten.

Krieg

Damit bleibt die Menschheit mit nur einer intelligenten Spezies allein, die ihr gefährlich werden kann: mit der Menschheit selbst. Und das kann völlig ausreichen. Wenn die Menschheit durch eine Katastrophe der vierten Art völlig ausgerottet werden sollte, dann ist es die Menschheit allein, die diese Katastrophe in die Wege zu leiten vermag.

Die Mitglieder einer jeden Spezies kämpfen untereinander um Nahrung, Fortpflanzung, Sicherheit; es gibt immer Auseinandersetzungen und Streit, wenn
diese Bedürfnisse verschiedener Individuen einander überlappen. Normalerweise enden solche Auseinandersetzungen nicht tödlich, weil der Unterlegene
in der Regel flieht und der Sieger mit seinem augenblicklichen Erfolg zufrieden
ist.

Dort, wo die Intelligenz keinen sehr hohen Stand erreicht hat, existiert nur die
Gegenwart im Bewußtsein; ihr ist der Wert einer planenden Voraussicht, mit
der man zukünftige Auseinandersetzungen vermeiden könnte, unbekannt, ihr
fehlt aber auch die Erinnerung an frühere Auseinandersetzungen. Mit steigender Intelligenz wachsen Gedächtnis und die Möglichkeit einer Vorausschau,
und irgendwann wird der Punkt erreicht, an dem ein Gewinner mit dem
bloßen Sieg allein nicht mehr zufrieden ist — er wird versuchen, den Unterlegenen zu töten, um zukünftige Belästigungen gleich auszuschalten. Ebenso
unvermeidlich wird der Unterlegene, der seinem Gegner noch einmal entkommen konnte, auf Rache sinnen; wenn dabei klar ist, daß ein offener Kampf
Mann gegen Mann eine erneute Niederlage bedeutet, wird er andere Möglichkeiten suchen, zum Beispiel aus dem Hinterhalt kämpfen oder Verstärkung
herbeiholen.

Die Menschen mußten im Laufe ihrer Entwicklung irgendwann den Punkt
erreichen, von dem ab Krieg möglich wurde — nicht weil unsere Spezies
kämpferischer oder bösartiger wäre als andere Wesen, sondern weil sie intelligenter ist.

Solange die Menschen auf ihre Fäuste, Beine, Nägel und Zähne angewiesen
waren, verliefen solche Kämpfe selten tödlich. Man wird kaum über Quet-
schungen und Verletzungen hinausgekommen sein, und man mag solche
Kämpfe sogar als nützliche Übung zur Erhaltung der Überlebenskraft angesehen haben.

Das Problem ist jedoch, daß die Menschen mit wachsender Intelligenz nicht
nur ein stärkeres Gedächtnis und eine bessere Vorausschau entwickelten, mit

deren Hilfe sie solche Auseinandersetzungen planen konnten — die gleiche Intelligenz erlaubte es ihnen auch, Werkzeuge zu schaffen. Als die Kämpfer begannen, Keulen und Steinäxte zu schwingen, mit Steinspitzen versehene Speere zu werfen und Pfeile zu schießen, wurden die Kämpfe immer blutiger. Die Entwicklung der Metallurgie erlaubte noch eine weitere Steigerung, als Steine durch die härtere und festere Bronze und später durch das noch härtere und festere Eisen ersetzt wurden.

Solange die Menschheit noch aus umherstreunenden Gruppen von Jägern und Sammlern bestand, waren solche Auseinandersetzungen kurz und endeten meist mit der Flucht einer der beiden Gruppen, wenn die Verluste überhandnahmen. Es gab aber auch keinen Grund zu andauernden Kämpfen, weil das Land, der Lebensraum, einen solchen Kampf nicht wert war. Keine Menschengruppe konnte lange an ein und demselben Ort verweilen; man mußte vielmehr immer weiterziehen, um neue, noch unberührte Nahrungs»quellen« zu erschließen.

Um das Jahr 7000 v. Chr., als die Gletscher der letzten Eiszeit sich kontinuierlich zurückzogen und die Menschen noch immer Steinwerkzeuge benutzten, veränderten sich die Verhältnisse jedoch. Damals lernten die Menschen an verschiedenen Stellen im Mittleren Osten (vielleicht auch noch anderswo), Nahrungsmittel auch über den Tag hinaus zu sammeln und zu lagern und die Produktion zukünftiger Nahrungsmittel sicherzustellen.

Wilde Tiere wurden für den Hausgebrauch gezähmt, und man hielt sich Herden von Schafen, Ziegen, Schweinen, Rindern und Geflügel, nutzte die Wolle, die Milch, die Eier und natürlich das Fleisch. Wenn man diese Tierzucht richtig betrieb, brauchte man auf die genannten Güter nicht mehr zu verzichten, denn die Tiere konnten für ihren eigenen Nachwuchs sorgen, und das bei Bedarf in stärkerem Maße, als sie verzehrt wurden. So ließen sich Nahrungsmittel, die für den menschlichen Verzehr nicht geeignet waren, zur Ernährung der Tiere nutzen, die ihrerseits — zumindest in den meisten Fällen — auch menschliche Nahrungsmittel darstellten.

354

Wichtiger noch war die Entwicklung des Ackerbaus, die gezielte Anpflanzung von Getreide, Gemüse und Obstbäumen. Bestimmte Nahrungsmittel konnten auf diese Weise in konzentrierter Form angebaut werden, mußten nicht länger aus weitverstreuten Gegenden zusammengetragen werden.

Ackerbau und Viehzucht führten zu einer steigenden Bevölkerungsdichte, da mit gesicherten Lebensmittelvorräten mehr Menschen versorgt werden konnten. Jene Gebiete, in denen diese Entwicklung voranschritt, erlebten eine wahre Bevölkerungsexplosion.

Gleichzeitig wurden die Menschen seßhaft. Viehherden waren nicht so beweglich wie die Menschengruppen, die als Jäger ihrer Beute nachziehen mußten; noch entscheidender aber war der Ackerbau: Felder ließen sich überhaupt nicht bewegen. Grund und Boden sowie der Besitz von Tieren wuchsen an Wert, und damit entwickelte sich auch eine soziale Hierarchie, die sich an diesem Besitztum messen ließ.

Diese Entwicklung machte aber auch weitergehende Zusammenarbeit und Spezialisierung erforderlich. Eine Gruppe von Jägern und Sammlern kann sich selbst versorgen, braucht keine Spezialisierung der einzelnen Mitglieder. Eine Gemeinschaft von Bauern dagegen kann gezwungen sein, ein kompliziertes Bewässerungssystem zu errichten und zu erhalten, kann gezwungen sein, Wachen für die Herden aufzustellen, um Ausreißer wieder einzufangen oder Raubtiere abzuwehren. Ein Bauarbeiter oder ein Hirte hat wenig Zeit für andere Aktivitäten, doch er kann seine Arbeit gegen Nahrung und andere Bedarfsgüter »eintauschen«.

Die Notwendigkeit der Zusammenarbeit ergibt sich leider aber nicht immer nur aus angenehmen Gründen, denn manche Arbeiten sind schwerer und weniger erstrebenswert als andere. Der einfachste Ausweg ist in diesem Fall, daß eine Gruppe von Menschen eine andere überfällt, einige Mitglieder tötet und den Rest zwingt, die unangenehmen Arbeiten zu verrichten. Die Verlierer können nicht mehr so leicht fliehen wie früher, denn auch sie sind an ihr Ackerland und ihre Herden gebunden.

Um sich vor solchen ständig drohenden Angriffen zu schützen, zogen Bauern und Hirten enger zusammen und befestigten ihre Siedlungen. Das Auftreten solcher von Wällen und Mauern umgebenen Orte markiert den Beginn der »Zivilisation« — diese Bezeichnung basiert auf einem lateinischen Wort für Stadtbewohner.

Um das Jahr 3500 v. Chr. waren die Städte zu komplexen sozialen Gemeinschaften herangewachsen, in denen viele Menschen wohnten, die weder Bauern noch Hirten waren, sondern Aufgaben erfüllten, die für Bauern und Hirten wichtig waren — sei es als Soldaten, Handwerker, Künstler oder Beamte. Damals lernte man, Metalle zu benutzen, und vor etwa 5000 Jahren wurde im Mittleren Osten die Schrift entwickelt. Sie stellte ein durchdachtes System von Symbolen dar, mit deren Hilfe man Informationen über längere Zeit und ohne die Gefahr des Verfälschens, wie es das Gedächtnis mit sich brachte, festhalten konnte. Damit begann die Periode der Geschichtsschreibung.

Mit dem Heranwachsen der Städte, deren jede ein Stück des Umlandes für Ackerbau und Viehzucht benötigte und nutzte, wurden die Auseinandersetzungen zwischen den einzelnen Gruppen immer besser organisiert, immer tödlicher und — unvermeidlich.

Die frühen Stadtstaaten waren an Flußufern entstanden. Die Flüsse waren einfache Handelswege und gleichermaßen Wasserquelle für die Bewässerungssysteme, die den Ackerbau erst ermöglichten. Es erwies sich jedoch als für die genannten Nutzungsmöglichkeiten hinderlich, wenn sich mehrere Stadtstaaten die »Kontrolle« dieses Flusses teilen mußten — vor allem dann, wenn diese Stadtstaaten einander mißtrauten, ja feindlich gesinnt waren. Für das Gemeinwohl war es zweifelsohne von Vorteil, wenn ein solcher Fluß von einer einzigen politischen Einheit kontrolliert wurde.

Es galt also, die Frage zu klären, welcher Stadtstaat die Oberherrschaft besitzen sollte, denn der Gedanke an eine föderalistische Vereinigung aller Beteiligten kam anscheinend nie auf, soweit wir wissen, und wäre wohl auch zu jener Zeit nicht praktikabel gewesen. Die Entscheidung, welcher Stadtstaat die Oberhoheit erhielt, wurde meist dem Kriegsglück überlassen.

Der erste namentlich bekannte Mensch, von dem wir wissen, daß er über ein beachtliches Gebiet des Nilufers geherrscht hat, war der ägyptische Monarch Narmer (in späteren griechischen Berichten trägt er den Namen Menes); vermutlich ist er aufgrund eines militärischen Feldzuges an die Macht gekommen. Um das Jahr 2850 gründete Narmer die erste Dynastie und regierte über das gesamte untere Niltal. Wir wissen allerdings nicht sicher, ob wirklich militärische Auseinandersetzungen am Anfang seiner Herrschaft standen oder ob seine vereinte Macht das Ergebnis von Diplomatie oder »Erbschaft« ist.

Der erste unbestrittene Eroberer, der erste Herrscher, der seinen Machtbereich mit kriegerischeren Auseinandersetzungen ausweitete, war Sargon aus der sumerischen Stadt Agade. Er kam um das Jahr 2334 v. Chr. an die Macht und besaß vor seinem Tod im Jahr 2305 v. Chr. die Herrschaft über das gesamte Gebiet an Euphrat und Tigris. Weil Menschen offenbar schon immer die Sieger kriegerischer Auseinandersetzungen bewunderten, wird er manchmal auch »Sargon der Große« genannt.

Um das Jahr 2500 v. Chr. gab es in vier Flußtälern Afrikas und Asiens weitentwickelte Kulturen: Sie existierten im ägyptischen Niltal, im irakischen Euphrat- und Tigrisgebiet, im pakistanischen Industal und im chinesischen Huang Ho-Gebiet.

Von dort breitete sich die Zivilisation durch Eroberung und Handel ständig aus. Um das Jahr 200 n. Chr. reichten die verschiedenen Kulturen nahezu lückenlos vom Atlantik bis zum Pazifik entlang der nördlichen und südlichen Küste des Mittelmeeres und über das südliche und westliche Asien. Das entspricht einer Ost-West-Ausdehnung von rund 13.000 Kilometern und einer Nord-Süd-Ausdehnung von etwa 800 bis 1.600 Kilometern. Zu jener Zeit mögen rund 10 Millionen Quadratkilometer oder etwa ein Zwölftel der Landflächen unseres Planeten zum Einzugsbereich dieser Kulturen gezählt haben.

Im Laufe der Zeit waren auch die politischen Einheiten immer größer geworden, weil die Menschen ihre Technik verbessern konnten und entsprechend in der Lage waren, Menschen und Material über immer größere Distanzen zu transportieren. Um das Jahr 200 nach Christus gab es nur vier etwa gleich große Herrschaftsbereiche auf unserem Planeten.

Der westliche Teil des Kulturgebietes rund um das Mittelmeer gehörte zum Römischen Reich, das seine größte Ausdehnung im Jahre 116 erreicht hatte und bis etwa zum Jahre 400 n. Chr. fortbestand. An seiner östlichen Grenze schloß sich das Persische Reich an, das die heutigen Länder Irak, Iran und Afghanistan umschloß; dieses Reich erlebte mit der Machtübernahme von Ardashir I., dem Begründer der sassanischen Dynastie, im Jahre 226 einen neuen Aufschwung. Um 550, unter dem Herrscher Chosroes I. erreichte es seine höchste Blüte und unter Chosroes II. um 620 seine größte Ausdehnung. Weiter im Südosten existierte Indien, das um das Jahr 250 v. Chr. unter Asoka fast schon einmal vereint worden wäre und im Jahre 320 unter der Gupta-Dynastie einen neuerlichen Aufschwung erlebte. Ganz im Osten schließlich China, das unter der Han-Dynastie zwischen 200 v. Chr. und 200 n. Chr. eine starke politische Einheit war.

Barbaren

Die Kriege zwischen den Stadtstaaten und den Reichen, die sich aus ihnen entwickelt hatten, wuchsen nie zu einer wirklichen Katastrophe heran. Die Menschheit konnte sich damals einfach noch nicht ausrotten, selbst wenn sie es gewollt hätte, denn sie besaß noch nicht die Möglichkeit dazu.

Die Möglichkeiten hätten allenfalls dazu gereicht, die mehr oder minder mühsam erworbenen Früchte der Zivilisation zu vernichten und damit dieses Kapitel der menschlichen Geschichte zu beenden. (Dies wäre eine der Katastrophen der fünften Art, mit denen wir uns im letzten Teil des Buches beschäftigen wollen.)

Dennoch war das Ziel der Auseinandersetzungen zwischen einzelnen Herrschaftsbereichen nicht die vollständige Zerstörung der Zivilisation. Zweck solcher Auseinandersetzungen war es vielmehr, die Macht und die wirtschaftliche Blüte der Sieger zu vergrößern, und dies ging nicht selten über den sogenannten Tribut. Damit aber Verlierer einen Tribut zahlen konnten, mußten ihnen genügend Möglichkeiten bleiben, diesen Tribut bereitzustellen. Es war daher wirtschaftlich unklug, den Unterlegenen zu sehr zu schwächen, ihm mehr als nur eine Lektion zu erteilen.

Wo natürlich die Unterlegenen überlebten, konnten sie sich gegen die Gewalt und die Habgier des Siegers auflehnen, konnten sie mitunter das Joch der Unterdrückung abwerfen und selbst zu Unterdrückern werden, die dann ihrerseits gewalttätig und ausbeuterisch handelten.

Die Herrschaftsbereiche wurden immer größer, und dies ist der beste Beweis dafür, daß die Kriege, so grausam und ungerecht sie für das einzelne Individuum sein mochten, die Menschheit als Ganzes nicht in eine Katastrophe führten. Man kann im Gegenteil sogar argumentieren, daß marschierende Armeen die Zivilisation ausbreiten halfen, daß Erfindungen zur Verbesserung der Waffentechnik den Stand der technologischen Entwicklung allgemein vorantrieben. Nicht ohne Grund nannte man den Krieg lange Zeit hindurch den »Vater aller Dinge«.

Es gab allerdings auch eine andere, gefährlichere Art der Kriegführung. Im Altertum war jede zivilisierte Gegend von weiten Flächen umgeben, deren Bevölkerung vergleichsweise »rückständig« war. Gewöhnlich wurden solche »einfältigen« Menschen als »Barbaren« bezeichnet. Dieses Wort griechischen Ursprungs deutet lediglich an, daß Fremde eine Sprache redeten, die den Griechen wie »bar-bar-bar« klang. So nannten die Griechen auch die Angehörigen fremder Zivilisationen Barbaren. (Die Bedeutung des Wortes hat sich mittlerweile gewandelt, es wird im wesentlichen für unzivilisierte Menschen verwandt, wobei im Untergrund die Verbindung zu bestialischer Grausamkeit mitschwingt.) Die Barbaren waren für gewöhnlich »Nomaden« nach einem griechischen Wort für »umherziehen«. Sie besaßen allenfalls einige Herden, mit denen sie von Weidegrund zu Weidegrund wanderten. Ihr Lebensstandard war im Vergleich zu den Lebensgewohnheiten der Stadtbevölkerung niedrig, ihnen fehlten die kulturellen Errungenschaften der Zivilisation.

Zivilisierte Gegenden waren im Vergleich dazu wirtschaftlich wohlhabend, denn sie besaßen genügend Nahrungsmittel und Güter. Solche Vorräte waren für die Barbaren eine ständige Versuchung, und sie scheuten sich nicht, sich selbst zu bedienen — sofern sie nur konnten. In den meisten Fällen blieben sie allerdings ausgeschlossen. Die zivilisierten Gegenden waren bevölkert und straff geordnet. Hier gab es Verteidigungsringe um die Städte, und die Bewohner beherrschten die »Wissenschaft der Kriegskunst« in der Regel besser als die Barbaren. So konnten sie sich die »Störenfriede« zumeist vom Halse halten. Auf der andere Seite waren die Menschen in den zivilisierten Gegenden aufgrund ihrer Besitztümer an ihren jeweiligen Wohnort gebunden. Demgegenüber konnten sich die Barbaren frei bewegen. Mit ihren Kamelen oder Pferden konnten sie angreifen, sich zurückziehen und am nächsten Tag erneut angreifen. Siege über Barbaren blieben lange Zeit nur vorläufig, waren nie endgültig. Hinzu kommt, daß weite Teile der Stadtbevölkerung »unkriegerisch« waren, da das Leben im Wohlstand oft zu einer Verweichlichung führte und zu einer mangelnden Bereitschaft, die gefährliche und risikoreiche Aufgabe des Soldatenlebens zu übernehmen. Die zahlenmäßige Überlegenheit der Stadtbevölkerung verlor also bei kriegerischen Auseinandersetzungen an Bedeutung. Eine verhältnismäßig kleine Gruppe barbarischer Krieger konnte daher leicht eine ganze Stadt erobern, wenn sie erst einmal die Schutztruppe besiegt hatte. Wenn beispielsweise eine zivilisierte Region von einem schwachen Herrscher geführt wurde, der sich nicht für die Schlagkraft seiner Armee interessierte, oder wenn in einer solchen Region gar ein Bürgerkrieg ausbrach, waren ideale Voraussetzungen für einen erfolgreichen Überfall der Barbaren geschaffen.*

*Viele Historiker umschreiben diese etwas peinliche Situation oft mit dem Einfall barbarischer »Horden«. Dieser Begriff stammt aus dem Türkischen und bedeutet soviel wie Armee, wird aber auf jede kriegerische Gruppe angewandt. Durch die Verwendung dieses Begriffs wird der Eindruck erweckt, als sei die Zahl der Angreifer jeweils sehr groß gewesen, was dann wiederum die Niederlage der eigenen zivilisierten Vorfahren »entschuldigt«. In Wirklichkeit verbergen sich hinter diesen barbarischen »Horden« zumeist recht kleine Gruppen — mit Sicherheit kleiner als die Zahl der jeweils Besiegten.

Die Machtübernahme durch Barbaren war in der Regel sehr viel schlimmer als ein Krieg zwischen zivilisierten Bevölkerungsgruppen, weil die Barbaren — der Mechanismen einer Zivilisation unkundig — oft keinen Sinn darin sahen, die Besiegten am Leben zu erhalten, um sie so besser ausnutzen zu können. Ihr Antrieb war die pure Selbsterhaltung, die meist dazu führte, daß alles bedenkenlos zerstört wurde, was gerade nutzlos erschien. So brachten Überfälle von Barbaren oft einen Zusammenbruch der Zivilisation, zumindest in einem räumlich begrenzten Gebiet und für eine begrenzte Zeit. Diese Gegend erlebte ein »finsteres« Zeitalter.

Das erste Beispiel für einen solchen Überfall der Barbaren und ein anschließendes finsteres Zeitalter folgte schon bald auf den ersten Eroberer. Sargon der Große, seine beiden Söhne, sein Enkel und sein Urenkel herrschten in Erbfolge über ein blühendes sumerisch-akkadisches Reich. Als im Jahr 2219 v. Chr. die Herrschaft des Urenkels zu Ende ging, war das Reich bereits so weit zerfallen, daß es dem Anstrum der Guthäer aus dem Nordosten nicht mehr standhalten konnte. Um das Jahr 2180 hatten sie die Kontrolle über das Zweistromland an sich gerissen, und es folgte ein dunkles Jahrhundert.

Die Barbaren waren immer dann besonders gefährlich, wenn sie eine Kriegswaffe besaßen, gegen die man zumindest vorübergehend keinen Widerstand leisten konnte. Als daher um 1750 v. Chr. die Volksstämme Zentralasiens den von Pferden gezogenen Kampfwagen entwickelt hatten, konnten sie mit ihm das Siedlungsland im Mittleren Osten und in Ägypten »im Sturm« erobern und eine Zeitlang beherrschen.

Zum Glück haben solche Invasionen durch Barbaren nie gereicht, um eine Zivilisation ganz auszulöschen. Selbst die finstersten Zeitalter waren nicht absolut schwarz, und die Barbaren konnten auf Dauer den Verlockungen einer Zivilisation nicht widerstehen — selbst einer zerschlagenen und zerfallenen Zivilisation nicht. Die Eroberer wurden mit der Zeit ebenfalls zivilisiert (und gleichermaßen unkriegerisch), so daß am Ende die Zivilisation wieder auflebte und meistens zu neuen Gipfeln heranwuchs.

Es gab auch Zeiten, in denen eine zivilisierte Region eine neue Waffe entwickelte und dann ihrerseits jeden Widerstand brechen konnte. Dies war beispielsweise der Fall, als man um das Jahr 1350 v. Chr. in Kleinasien lernte, Eisenerz zu verhütten. Der Gebrauch von Eisen nahm stetig zu, und auch die Qualität des Eisens konnte immer weiter verbessert werden, so daß man schließlich Waffen und Rüstungen aus Eisen herstellen konnte. Um das Jahr 900 v. Chr. konnten die Assyrer mit ihrer eisenstarrenden Armee eine dreihundertjährige Oberherrschaft über Westasien aufbauen.

Am bekanntesten dürfte für uns die Bedrohung des Römischen Reiches durch barbarische Volksstämme sein, die dem westlichen Teil des einstmaligen Weltreiches ein frühes Ende bereitete. Mit dem Jahre 166 n. Chr. war die Zeit der ständigen Ausdehnung des Römischen Reiches zu Ende gegangen, und seither mußte man sich gegen barbarische Eindringlinge zur Wehr setzen. Immer wieder wurde Rom erschüttert und konnte dann unter starken Herrschern verlorenes Terrain wiedergewinnen. Im Jahre 378 gewannen die Goten schließlich eine große Schlacht bei Adrianopel, in der die römischen Legionen ein für allemal vernichtet wurden. Rom konnte sich nur noch ein weiteres Jahrhundert behaupten, weil es Barbaren als »Fremdenlegionäre« anheuerte, um gegen andere Barbaren zu kämpfen.

Die westlichen Provinzen fielen nacheinander unter die Herrschaft dieser Barbaren, und die Annehmlichkeiten der Zivilisation gingen rasch verloren. Italien selbst wurde ebenfalls von den Barbaren erobert, und 476 mußte der letzte römische Herrscher, Romulus Augustus, seinen Thron räumen. Das anschließende finstere Zeitalter dauerte ein halbes Jahrtausend, und erst im 19. Jahrhundert wurde das Leben in Westeuropa wieder so angenehm wie unter der Herrschaft der Römer.

Doch obwohl wir nur sehr ungern von dieser nachrömischen dunklen Ära reden, gerade so, als wäre die Zivilisation an den Rand des Abgrunds geraten, blieb dieses finstere Zeitalter lokal begrenzt, beschränkt auf das heutige England, Frankreich, Deutschland und einen Teil von Spanien und Italien.

Ihren Tiefstpunkt erreichte diese Zeit um das Jahr 850, nachdem der Versuch Karls des Großen, das Römische Reich zumindest teilweise wieder zu errichten, fehlgeschlagen war und neue barbarische Volksstämme die Region drangsalierten — die Wikinger aus dem Norden, die Magyaren aus dem Osten, aber auch zivilisierte Moslems, die aus dem Süden drohend näherrückten. Wie sah die Situation damals in den übrigen Teilen der Erde aus?

1. Das Byzantinische Reich, das sich aus dem oströmischen Reich entwickelt hatte, hatte seine Kraft noch nicht verloren und konnte auf eine kontinuierliche Zivilisation seit dem klassischen Griechenland zurückblicken. Die byzantinische Kultur durchsetzte gerade die barbarischen Stämme der Slawen, und eine Periode neuer Macht unter der makedonischen Dynastie, einer sehr kriegerischen Regentschaft, stand bevor.

2. Das Reich der Abassiden mit der neuen Staatsreligion des Islam, das weite Teile des Persischen Reiches und die syrischen und afrikanischen Provinzen des Römischen Reiches vereinte, hatte den Höhepunkt seiner Blütezeit und Kultur erreicht. Sein größter Monarch Mamun der Große (ein Sohn des berühmten Harun al Rashid aus Tausendundeiner Nacht) war erst 833 gestorben. Das unabhängige moslemische Königreich in Spanien hatte ebenfalls einen hohen kulturellen Standard (höher jedenfalls als alles, was seither in Spanien an Kultur folgte).

3. In Indien herrschte die Gurjara-Prathihara-Dynastie, und die Kultur war ungebrochen.

4. Obwohl China zu jener Zeit politisch nicht durchorganisiert war, konnte es seinen hohen kulturellen und zivilisatorischen Entwicklungsstand halten und seine Kultur nach Korea und Japan exportieren.

Mit anderen Worten, die Zivilisation dehnte sich ständig weiter aus, nur im fernen Westen gab es eine Region, die einen ernsten Rückschlag hinnehmen mußte; eine Region allerdings, die weniger als vielleicht sieben Prozent der Gesamtfläche der damaligen Zivilisation ausmachte.

Obwohl die barbarischen Einbrüche des 5. Jahrhunderts der Zivilisation als

Ganzes nur wenig Schaden zugefügt haben, werden sie in den westlichen Geschichtsbüchern als schicksalhaft beschrieben. Dabei gab es andere barbarische Überfälle in späteren Jahrhunderten, die viel bedrohlicher waren. Wenn wir mit ihnen weniger vertraut sind, so liegt dies lediglich daran, daß die Regionen Westeuropas, die im 5. Jahrhundert so sehr betroffen waren, später nicht mehr viel abbekamen.

In den Steppen Zentralasiens wuchsen immer wieder Reiterstämme heran, die im wesentlichen auf ihren Pferden lebten.*

In guten Jahren mit ausreichenden Niederschlägen vermehrten sich die Herden, und auch die Zahl der Nomaden wuchs. Folgten Jahre der Trockenheit, dann führten die Nomaden ihre Herden in alle Richtungen aus den Steppen heraus, drängten sie gegen die Wehrmauern der Zivilisation, von China bis Europa.

In der heutigen Ukraine im südlichen Rußland tauchten immer wieder neue Stämme aus dem Osten auf. Zur Zeit des Assyrischen Reiches lebten die Timmerier nördlich des Schwarzen Meeres. Sie wurden um 700 v. Chr. von den Skythen verdrängt, diese wiederum um 200 v. Chr. von den Sarmathen, denen hundert Jahre später die Alanen folgten.

Um das Jahr 300 n. Chr. drangen die Hunnen aus dem Osten vor, die alle vorausgegangenen Invasoren an Grausamkeit übertrafen. Sie waren es letztlich, die die Germanen gegen das Römische Reich drängten. Die Germanen wollten ihren Einflußbereich nicht ausweiten — sie mußten fliehen.

451 drang Attila, der mächtigste Hunnenkönig, bis in die Nähe der Stadt Orléans in Frankreich nach Westen vor, wo er eine Schlacht gegen ein vereintes Heer von Römern und Germanen führte. Dies war der am weitesten westliche Punkt, den ein asiatischer Volksstamm je erreichte. Ein Jahr später starb Attila, und sein Reich fiel buchstäblich in sich zusammen.

*In gewisser Weise waren sie das Gegenstück zu den Cowboys des legendären amerikanischen Westens; während die Cowboys nur eine Blütezeit von ungefähr 25 Jahren erlebten, haben die Nomaden Zentralasiens ihre Herden seit Menschengedenken auf dem Rücken der Pferde betreut.

Es folgten die Awaren, die Bulgaren, die Magyaren, Kazaren, die Patzinaken, die Kumanen, die in der Ukraine noch bis in das Jahr 1200 herrschten. Jede neue Gruppe errichtete ein neues Königreich, das auf den Landkarten viel eindrucksvoller aussah als in Wirklichkeit, denn jede Gruppe bestand aus einer vergleichsweise kleinen Zahl von Mitgliedern, die eine größere Bevölkerungsgruppe beherrschte. Entweder wurde die kleine herrschende Gruppe von nachdrängenden Reiterhorden aus Zentralasien verdrängt oder sie ging in der unterworfenen Bevölkerung auf und wurde zivilisiert — meistens geschah beides.

Dann, im Jahr 1162, wurde in Zentralasien Temudschin geboren. Er konnte ganz allmählich die Herrschaft über viele mongolische Stämme in Zentralasien erwerben und nannte sich ab 1206 Dschingis Khan, was so viel heißt wie »sehr mächtiger König«. Er war der oberste Herrscher der Mongolen, die unter seiner Führung ihren Kampfstil verbesserten. Ihre Stärke war ihre Beweglichkeit. Auf ihren ausdauernden Ponys, von denen sie so gut wie nie herabstiegen, konnten sie viele Meilen zurücklegen, zuschlagen, wo und wann sie wollten, ihre Schläge so rasch austeilen, daß man sich kaum zur Wehr setzen konnte, und schnell genug wieder verschwinden, ehe ihre entsetzten Feinde zum Gegenangriff blasen konnten.

Daß die Mongolen vor Dschingis Khan keine besondere Gefahr für die Zivilisation dargestellt hatten, lag daran, daß sie sich im wesentlichen gegenseitig bekämpft hatten und keinen Führer besaßen, der ihre potentielle Kraft zu nutzen verstand. Unter der Herrschaft von Dschingis Khan fanden diese »Bürgerkriege« ein rasches Ende, da er sie alle unter seine militärische Führung stellte. Dschingis Khan ist tatsächlich einer der größten Feldherrn der Geschichte gewesen. Allenfalls Alexander der Große, Hannibal, Julius Caesar und Napoleon mögen ihm ebenbürtig gewesen sein, aber vielleicht war er noch größer als jene. Er baute aus seinen Mongolen die bedeutendste Militärmaschine auf, die je über diesen Planeten gefegt ist. Allein ihr Name verbreitete so viel Schrecken, daß die bloße Nachricht ihres Kommens ausreichte, alle Gegner zu lähmen und widerstandslos zu machen.

Bis zu seinem Tod hatte Dschingis Khan den nördlichen Teil Chinas und weite Bereiche Rußlands erobert. Darüber hinaus hatte er seine Generäle und seine Söhne in der Kriegskunst unterrichtet, damit sie seine Eroberungsfeldzüge fortsetzen konnten. Unter der Herrschaft seines Sohnes Ogadei Khan konnte auch der übrige Teil Chinas unterworfen werden. Unterdessen zogen die mongolischen Truppen unter Bathu, einem Enkel Dschingis Khans, und Subuthai, dem größten seiner Generäle, unaufhaltsam nach Westen.

1223, noch zu Lebzeiten Dschingis Khans, hatte eine mongolische Truppe auf einem Feldzug nach Westen eine Armee aus Russen und Kumanen besiegt. Jetzt, 1237, drangen die Mongolen nach Rußland ein. 1240 eroberten sie die Hauptstadt Kiew, und nahezu ganz Rußland fiel in ihre Hand. Sie drangen nach Polen und Ungarn vor und schlugen 1241 ein deutsch-polnisches Ritterheer bei Liegnitz. Ihre Raubzüge führten sie durch Deutschland und herunter an die adriatische Küste. Nichts schien sie aufhalten zu können, und aus der Rückschau wird man sagen dürfen, daß sie ohne Schwierigkeiten auch den Atlantik hätten erreichen können. Lediglich die Nachricht vom Tode Ogadai Khans und die Notwendigkeit einer Neuwahl zwang sie zur Umkehr. Die Truppen zogen sich zurück, und während Rußland unter mongolischer Herrschaft verblieb, wurden die Gebiete westlich von Rußland von der Unterjochung befreit. Sie hatten nur einen Vorgeschmack mongolischer Herrschaft bekommen, blieben aber von einer wirklichen Unterwerfung verschont.

Auf Ogadai folgte Ulagu, ein weiterer Enkel Dschingis Khans, der den heutigen Iran, den Irak und die östliche Türkei eroberte. 1258 nahm er Bagdad ein. Schließlich bestieg Kublai Khan, ebenfalls ein Enkel Dschingis Khans, den Thron und regierte 37 Jahre lang über ein mongolisches Reich, das China, Rußland, die zentralasiatischen Steppen und den Mittleren Osten umschloß. Es war das größte zusammenhängende Landreich, das bis zu diesem Zeitpunkt errichtet worden war, und einzig das Russische Reich und die ihm folgende UdSSR können sich größenmäßig mit ihm messen.

Das Mongolische Reich war innerhalb eines halben Jahrhunderts von nur drei aufeinanderfolgenden Generationen aus dem Nichts aufgebaut worden.

Wenn je die Zivilisation durch Barbaren von Grund auf erschüttert wurde, so war es durch dieses Mongolische Reich. (Und hundert Jahre später geißelte die Pest die Zivilisation — eine ähnlich schlimme Kombination ist seither nie wieder aufgetreten.)

Und doch waren auch die Mongolen keine wirkliche Gefahr für die Zivilisation. Gewiß, ihre Eroberungsfeldzüge waren blutig und unbarmherzig, und sie waren darauf angelegt, die Feinde und Besiegten massiv einzuschüchtern, da die Mongolen selbst eine zu kleine Gruppe waren, als daß sie ein so riesiges Reich ohne Psychoterror hätten regieren können.

Von Dschingis Khan sagt man, daß er mit dem Gedanken gespielt habe, diese Taktik zu ändern. Er wollte angeblich die Städte zerstören und die eroberten Regionen in Weideland für die Nomaden und ihre Herden umwandeln.

Es scheint zweifelhaft, ob ihm dies gelungen wäre oder ob er nicht bald seinen Irrtum eingesehen hätte, wenn er diesen Gedanken in die Tat umzusetzen begonnen hätte. Dazu ist es aber nie gekommen. Als militärisches Genie erkannte er sehr bald die Vorzüge einer organisierten, zivilisierten Kriegsführung und entwickelte eine hervorragende Belagerungstechnik, Methoden zur Erstürmung von Stadtmauern oder anderen Befestigungen und so weiter. Es ist aber kein großer Schritt von der Wertschätzung der Zivilisation als Gegenstand der Kriegskunst zur Wertschätzung der Zivilisation als Gegenstand der Friedenskunst.

Ein Musterbeispiel sinnloser Zerstörung leisteten sich die Mongolen allerdings doch. Ulagus Truppen, die in das Euphrat-Tigris-Gebiet eingedrungen waren, zerstörten das komplizierte Netzwerk der Bewässerungskanäle, das von allen vorherigen Eroberern sorgfältig ausgespart worden war und das dieser Gegend über 5000 Jahre hindurch zu einer hohen Kultur verholfen hatte. Das Zweistromland wurde durch diesen Akt blindwütiger Vernichtung weit zurückgeworfen, es ist heute noch eine Entwicklungsregion.*

*Seit einigen Jahrzehnten hat die Region erneut an Bedeutung gewonnen, weil man hier auf Erdölvorräte gestoßen ist — doch dies ist lediglich eine vorübergehende »Wiederbelebung«.

Trotz allem entwickelten sich die Mongolen zu verhältnismäßig aufgeklärten Herrschern, die keineswegs schlimmer waren als ihre Vorgänger, manchmal sogar besser. Insbesondere Kublai Khan gilt als aufgeklärter und humaner Herrscher, unter dem weite Teile Asiens ein »goldenes Zeitalter« erlebten wie nie zuvor, aber auch nie mehr seither (es sei denn, im 20. Jahrhundert — aber nur, wenn wir ein Auge zudrücken). Der riesige eurasische Kontinent war zum ersten und bislang einzigen Mal weitgehend vereint, vom Baltischen Meer bis zum Persischen Golf, in einem breiten Streifen weit nach Osten bis zum Pazifik.

Als Marco Polo, ein Weltreisender aus dem »Flickenteppich« Westeuropas, jenem Bereich der Welt, der sich für »das Christentum« hielt, das mächtige Königreich Tschagatai besuchte, war er vom Gesehenen und Erlebten sehr beeindruckt, und seine Landsleute weigerten sich, ihm zu glauben, obwohl er nur die nüchterne Wahrheit berichtete.

Vom Schießpulver zur Atombombe

Nicht lange nach der mongolischen Invasion wurde aus den gelegentlichen Kämpfen zwischen Städtern und Bauern einerseits und den umherstreunenden Barbaren andererseits eine offenbar permanente Auseinandersetzung. Eine Entwicklung auf dem Gebiet der Kriegführung gab der Zivilisation eine Waffe in die Hand, die den Barbaren zunächst vorenthalten blieb. Die Mongolen werden daher vielfach als »die letzten Barbaren« bezeichnet. Gemeint ist die Erfindung des Schießpulvers, eine Mischung aus Kaliumnitrat, Schwefel und Holzkohle. Erstmals bekam die Menschheit einen Explosivstoff in die Hände.*

Zur Herstellung des Schießpulvers war eine umfangreiche chemische Ausrüstung erforderlich, die die Barbaren nicht besaßen.

Wahrscheinlich wurde das Schießpulver zunächst in China entwickelt, denn dort verwandte man bereits seit 1160 eine ähnliche Substanz für Feuerwerke. Vielleicht waren es sogar die Mongolen selbst, die durch ihr großes Reich die Handelswege von China nach Westen öffneten, über die dann die Kenntnis vom Schießpulver nach Europa gelangte.**

In Europa nutzte man das Schießpulver allerdings sehr bald im kriegerischen Einsatz. Anstatt Steinbrocken mit einem Katapult zu schleudern, dessen »Wurfkraft« durch gebogenes Holz oder verdrillte und gespannte Lederriemen bereitgestellt wurde, konnte man Schießpulver in ein einseitig verschlossenes Rohr (eine Kanone) legen, eine Kanonenkugel davor plazieren und dann das Pulver zünden: Die Explosion schleuderte die Kanonenkugel davon.

*Im Byzantinischen Reich gab es schon 500 Jahre vorher eine chemische Waffe, das sogenannte »griechische Feuer«, eine Mischung aus Ingredienzien (das Rezept ist nicht mehr genau bekannt), die auf der Wasseroberfläche brennen konnte. Mit ihrer Hilfe konnten arabische und russische Flotten vom Festland abgehalten werden, konnte Konstantinopel mehrfach vor der Eroberung bewahrt werden. Bei dieser Substanz handelte es sich jedoch nicht um einen Explosivstoff, sondern lediglich um ein brennbares Material.
**Diesen Weg nahmen auch andere technische Erfindungen wie zum Beispiel das Papier und der Schiffskompaß.

Sehr einfache Modelle solcher Waffen wurden im 14. Jahrhundert bei verschiedenen Gelegenheiten eingesetzt, vor allem bei der Schlacht von Crécy in der Anfangsphase des Hundertjährigen Krieges, bei der die Engländer die Franzosen besiegten. Die Kanonen von Crécy waren aber noch wenig wirkungsvoll, und die Schlacht konnten sie nicht entscheiden; es waren die englischen Bogenschützen, deren Pfeile weit tödlicher waren als die Kanonenkugeln jener Tage. Dort, wo die Bogenschützen zum Einsatz kamen, waren sie noch weitere achtzig Jahre die »Könige« des Schlachtfeldes. Sie gewannen die Schlacht von Agincourt (1415), wo die Engländer eine zahlenmäßig weit überlegene französische Armee schlugen, und ihnen verdanken die Engländer auch den »Endsieg« bei Verneuil (1424).

Die Zusammensetzung des Schießpulvers konnte jedoch verbessert werden, ebenso die Funktionstüchtigkeit der Kanonen. Beides machte die Artillerie immer schlagkräftiger, konnte sie doch dem Feind verheerenden Schaden zufügen, ohne die Schützen selbst zu gefährden. Von der zweiten Hälfte des 15. Jahrhunderts an beherrschte das Schießpulver das Schlachtfeld, und das für mehr als vier Jahrhunderte.

Die Franzosen entwickelten als erste die Artillerie, hauptsächlich, um den englischen Bogenschützen zu Leibe zu rücken, und die Engländer, die 80 Jahre lang Frankreich mit Hilfe ihrer Bogenschützen mühsam niedergekämpft hatten, wurden innerhalb von 20 Jahren vom Kontinent vertrieben. Die Artillerie spielte auch bei der Zerschlagung des Feudalismus in Westeuropa eine bedeutende Rolle. Zum einen konnte man mit Kanonenkugeln ohne große Schwierigkeiten die Mauern von Festungen und Städten durchbrechen, zum anderen war nur eine starke Zentralregierung in der Lage, eine schlagkräftige Artillerie auf die Beine zu bringen, so daß sich die Edelmänner und Fürsten nach und nach gezwungen sahen, sich unter die Herrschaft eines Königs zu beugen.

Diese Artillerie setzte der Bedrohung durch die Barbaren ein für allemal ein Ende. Keine Pferde, ganz gleich, wie beweglich sie sein mochten, und keine Lanzen, ganz gleich, wie sicher sie geworfen sein mochten, konnten einer Kanonenkugel widerstehen.

Dennoch wurde Europa von Völkern bedroht, die zwar im ursprünglichen Sinne zivilisiert waren*, sich aber wie Barbaren verhielten.

Ein Beispiel dafür liefern die Türken, die als Barbaren um 840 in das Abbasidische Reich eingedrungen waren und dadurch seinen Zerfall einleiteten (der später von den Mongolen besiegelt wurde). Die Türken überstanden auch das Mongolische Reich, das schon bald nach dem Tode Kublai Khans in mehrere, untereinander zerstrittene Teile zerbrach.

Im Laufe der Zeit waren auch die Türken seßhaft und zivilisiert geworden und hatten ihren Einflußbereich auf Kleinasien und Teile des Nahen Ostens ausgedehnt. 1345 drangen die osmanischen Türken in den Balkan ein und setzten sich damit in Europa fest — bis heute haben sie den Kontinent nicht mehr verlassen. 1453 nahmen die Türken Konstantinopel ein und beendeten damit das letzte Kapitel der Geschichte des Römischen Reiches. Der Sieg gelang ihnen aber nur, weil ihre Artillerie besser war als die der Verteidiger.

Die Feldzüge Tamerlans (der sich selbst als Nachfahre Dschingis Khans bezeichnete) schienen mittlerweile das »goldene Zeitalter« der Mongolen erneuern zu können. Zwischen 1381 und 1405 gewann Tamerlan Schlachten in Rußland, im Mittleren Osten und in Indien. Obwohl Tamerlan vom Geist des Nomadentums durchdrungen war, nutzte er die Waffen und die Organisationsstrukturen der Bevölkerungen, über die er herrschte. Mit Ausnahme des kurzen, aber blutigen Feldzuges nach Indien blieb er aber innerhalb der Grenzen jenes Reiches, das seine Vorgänger errichtet hatten.

Nach dem Tode Tamerlans begann eine neue Blütezeit in Europa. Schießpulver und Schiffskompaß erlaubten den europäischen Seefahrern, an allen Küsten der Erde aufzutauchen. Die überwiegend barbarischen Völker wurden kolonialisiert, die bereits zivilisierten Gegenden unterworfen. Für rund 550 Jahre geriet die Erde zunehmend unter europäischen Einfluß. Diese Vorherr-

*Ich verwende das Wort zivilisiert hier nur zur Umschreibung der Tatsache, daß ein Volk über feste Siedlungsplätze (Städte) und eine entsprechend entwickelte Technik verfügt. Völker können also durchaus in diesem Sinne zivilisiert sein, sich aber dennoch grausam wie Barbaren gebärden.

schaft bröckelte erst ab, nachdem nichteuropäische Länder so viel von ihren »Vorbildern« gelernt hatten, daß sie ihre »Meister« mit eigenen Waffen verdrängen konnten.

Das Ende der Mongolen bedeutete also auch das Ende der — allerdings nie wirklich ernsthaften — Bedrohung der Zivilisation durch die Barbaren.

Die Verteidigung der Zivilisation gegen die barbarischen Invasionen führte aber auch zu immer heftigeren Kämpfen der zivilisierten Völker untereinander. Schon lange vor der Erfindung des Schießpulvers gab es Situationen, in denen die Zivilisation zumindest in einigen Gebieten vom Selbstmord bedroht war. Während des Zweiten Punischen Krieges (218—201 v. Chr.) wütete der karthagische Feldherr Hannibal 16 Jahre lang in Italien; das Land konnte sich erst ganz allmählich wieder erholen. Der Hundertjährige Krieg zwischen England und Frankreich (1338—1453) zerstörte die Zivilisation Frankreichs nahezu völlig, warf das Land beinahe in die Barbarei zurück. Im Dreißigjährigen Krieg (1618—1648) schließlich wurden Angst, Schrecken und Zerstörung durch den Einsatz des Schießpulvers noch vermehrt, wurde nahezu die Hälfte der deutschen Bevölkerung ausgerottet. Diese Kriege waren jedoch räumlich begrenzt, und wenn auch Italien oder Frankreich oder Deutschland seinerzeit arg gebeutelt worden waren, so dehnte sich doch die Zivilisation insgesamt immer weiter aus.

Als dann aber im Zeitalter der Entdeckungen die europäische Vorherrschaft über die Erde aufgebaut wurde, wurden auch die europäischen Kriege hinausgetragen in die Welt, begann die Ära der Weltkriege. Der erste Krieg, den man in gewisser Weise als »Weltkrieg« bezeichnen kann (in den Soldaten auf verschiedenen Kontinenten und auf See verwickelt waren und sie alle um miteinander verwobene Interessen kämpften), war der Siebenjährige Krieg (1756—1763). In diesem Krieg kämpften Preußen und Großbritannien auf der einen Seite gegen Österreich, Frankreich, Rußland, Schweden und Sachsen auf der anderen. Die großen Schlachten wurden in Deutschland geschlagen, wo Preußen zahlenmäßig überlegenen Feinden gegenüberstand. Preußen wurde

jedoch von Friedrich II. (dem Großen) regiert, dem letzten König, der gleichzeitig ein militärisches Genie war, und er blieb der Sieger.*
Unterdessen kämpften die Briten und Franzosen in Nordamerika, wo der
Siebenjährige Krieg schon 1755 seinen Anfang genommen hatte. Schlachten
gab es in Pennsylvanien und der heutigen kanadischen Provinz Quebec.
Im Mittelmeer trafen die Flotten Großbritanniens und Frankreichs aufeinan-
der, ebenso vor der indischen Küste. Darüber hinaus kämpfte Großbritannien
im Seegebiet von Kuba gegen die Spanier, im Pazifik gegen die Philippinen,
und auf indischem Boden standen sich englische und französische Truppen
gegenüber. (Großbritannien siegte, konnte Kanada aus dem französischen
Einflußbereich herauslösen und gewann einen wichtigen Stützpunkt in
Indien.)
Erst die Kriege des 20. Jahrhunderts erschütterten größere Flächen als der
Siebenjährige Krieg, aber auch ihre Heftigkeit hatte stark zugenommen. Während des Ersten Weltkrieges wurden Schlachten von Frankreich bis zum
Mittleren Osten geschlagen, war die Marine auf allen Weltmeeren im Einsatz
(obwohl die einzige große Seeschlacht mit einem massiven Einsatz von Kriegs-
schiffen in der Nordsee stattfand). Im Zweiten Weltkrieg gab es noch heftigere
Gefechte in Europa, im Mittleren Osten, in weiten Bereichen Nordafrikas und
im Fernen Osten, gab es Luft- und Seeschlachten weit größeren Ausmaßes
auch in anderen Teilen der Erde. Es war aber nicht die rein räumliche Ausweitung des Kriegsgeschehens allein, die eine zunehmende Bedrohung der Zivilisation bedeutete. Der stetige technische Fortschritt ließ auch die Kriegswaffen
immer vernichtender werden.
Gegen Ende des 19. Jahrhunderts verlor das Schießpulver zunehmend an
Bedeutung, denn es wurden explosivere Sprengstoffe wie TNT, Nitroglycerin
und Schießbaumwolle entwickelt. Der spanisch-amerikanische Krieg von 1898

*Nicht einmal der Genius Friedrichs des Großen hätte jedoch den Krieg gewinnen können, wäre er nicht
mit britischen Geldern finanziert worden und wäre nicht seine Erzfeindin, die russische Zarin
Elisabeth, am 5. Januar 1762 gestorben, so daß Rußland mit ihm Frieden schließen mußte.

war der letzte, der mit Hilfe des Schießpulvers entschieden wurde. Aber auch die Schiffe wurden immer mehr zu eisenstrotzenden Festungen mit immer stärkerer Bewaffnung.

Im Ersten Weltkrieg wurden erstmals Panzer, Flugzeuge und Giftgase als Waffen eingesetzt. Im Zweiten Weltkrieg folgte die Atombombe. Seither wurden die Interkontinental-Raketen, Nervengase, Laserstrahlen und biologischen Waffen entwickelt.

Während die Kriege aber immer weitere Teile der Erde einbezogen und die Waffen immer mehr zerstörerische Wirkungen bekamen, nahm die Intelligenz der Generäle nicht zu. Mit steigender Zerstörungskraft der Waffen und stetig wachsender Zahl der Soldaten, aber auch mit der Verknüpfung militärischer Operationen an verschiedenen Frontabschnitten, wurden immer höhere Anforderungen an die Entscheidungsträger gestellt, sahen sich die Generäle mehr und mehr überfordert. Sie mögen nicht absolut dümmer geworden sein, aber ihre Intelligenz konnte mit der Entwicklung nicht Schritt halten.

Schon im amerikanischen Bürgerkrieg richteten Fehlentscheidungen inkompetenter Generäle großen Schaden an, doch dies war nichts gegen die Schäden, die im Ersten Weltkrieg von unfähigen Generälen bewirkt wurden, und noch schlimmer wurde die Situation im Zweiten Weltkrieg.

Damit aber ist die bisher gültige Regel gefährdet, daß die Kriegführung der Zivilisierten die Zivilisation nicht ernsthaft gefährden könnte, weil Sieger und Besiegte gleichermaßen an der Erhaltung dieser Zivilisation interessiert wären. Zum einen ist die Zerstörungskraft der Waffen so gestiegen, daß ihre volle Anwendung nicht nur die Zivilisation zerstören, sondern die Menschheit als Ganzes vernichten kann. Zum anderen kann die Überlastung der militärischen Führung heute zu schwerwiegenden Fehlentscheidungen führen, so daß die Zivilisation, ja die gesamte Menschheit, ausgelöscht werden kann, ohne daß dies ernsthaft beabsichtigt war. Und schließlich sehen wir uns von der einzig wirklichen Katastrophe der vierten Art bedroht — dem Ausbruch eines Atomkrieges, der bis zum sinnlosen Ende fortgesetzt wird und einem Selbstmord der Menschheit gleichkommt.

Dies könnte geschehen, aber muß es geschehen?

Wenn wir voraussetzen, daß die politischen und militärischen Führer auf dieser Erde vernünftig sind und die Kontrolle über die nuklearen Waffenlager behalten, dann ist die Gefahr eines Atomkrieges vielleicht geringer. Zwei Atombomben wurden als letztes Mittel eingesetzt, eine über Hiroshima am 6. August 1945, die andere über Nagasaki drei Tage später. Das waren die beiden einzigen Atombomben, die zu jener Zeit existierten, und sie wurden geworfen, um den Zweiten Weltkrieg zu beenden. Dieses Ziel haben sie erreicht, und es gab keine Möglichkeit zu einem Gegenangriff.

Vier Jahre lang besaßen die Vereinigten Staaten ein Monopol auf die Atombomben, doch gab es keine wirkliche Gelegenheit, sie einzusetzen. Alle Krisen, die ein Wiederaufflammen des Zweiten Weltkrieges hätten provozieren können*, wie beispielsweise die russische Blockade Berlins im Jahre 1948, konnten beigelegt werden, ohne daß man auf diese Waffe zurückgreifen mußte.

Dann, am 29. August 1949, zündete die Sowjetunion ihre erste Atombombe und eröffnete damit die Möglichkeit eines Atomkrieges — eines Krieges, den keine Seite würde gewinnen können (und in dieser Beurteilung war man sich wohl auch einig).

Alle Versuche, eine waffentechnische Überlegenheit zu erringen und damit einen Krieg mit »positivem Ausgang« zu ermöglichen, schlugen fehl. Beide Seiten besitzen seit 1952 die noch gefährlichere Wasserstoffbombe, beide Seiten entwickelten Raketen und Satelliten, beide Seiten konnten ihre Waffensysteme ständig verbessern.

So wurde ein Krieg zwischen den beiden Weltmächten immer unvorstellbarer. Die wahrscheinlich gefährlichste Krise bedrohte den Weltfrieden 1962, als die Sowjetunion Raketen auf Kuba stationieren wollte, 150 Kilometer vor der Küste Floridas. Damit wären die Vereinigten Staaten der Gefahr eines nuklearen Nahkampfs ausgesetzt gewesen. Die USA verhängten eine See- und Luft-

*Bis heute ist kein Friedensvertrag unterschrieben, sondern nur eine Kapitulation zusammen mit einem Waffenstillstand. (Anm. d. Übers.)

blockade über Kuba und stellten der Sowjetunion ein Ultimatum, die Raketen abzuziehen. Zwischen dem 22. und 28. Oktober 1962 war die Welt so nahe an einem Atomkrieg wie nie.

Die Sowjetunion gab nach und zog ihre Raketen zurück. Im Gegenzug erlegten sich die Amerikaner eine Nicht-Einmischungspolitik für Kuba auf, nachdem sie noch 1961 an einem Versuch beteiligt waren, die Revolutionsregierung in Kuba zu stürzen. So gab jede Seite nach, was ohne die Atombomben vielleicht undenkbar gewesen wäre.

Die Amerikaner kämpften zehn Jahre lang in Vietnam und mußten schließlich eine schmähliche Niederlage einstecken. Die Kernwaffen aber ließen sie aus dem Spiel, obwohl sie damit den Feind mit einem Mal hätten vernichten können. Umgekehrt mischten sich China und die Sowjetunion nicht in das direkte Kriegsgeschehen ein, sondern gaben sich mit einer Unterstützung Vietnams zufrieden, die bei weitem nicht ausreichte, um einen Krieg gewinnen zu können, denn sie wollten die Vereinigten Staaten nicht zu einem Kernwaffeneinsatz provozieren.

Auch im Nahen Osten, wo die Sowjetunion und die Vereinigten Staaten die gegnerischen Lager unterstützen, kam es bislang nicht zu einer direkten Intervention der beiden Supermächte. Die kriegerischen Handlungen ihrer »Stellvertreter« durften nicht soweit auf die Spitze getrieben werden, daß die eine oder andere Seite selbst hätte eingreifen müssen.

Mit anderen Worten, wir leben seit nunmehr bald vier Jahrzehnten mit der Atombombe, ohne daß sie je in einem Krieg eingesetzt worden wäre (mit Ausnahme der beiden »Testexplosionen« über Hiroshima und Nagasaki), und die beiden Supermächte haben sich bislang redlich bemüht, einen solchen Einsatz zu verhindern.

Wenn das so weitergeht, kann ein Atomkrieg vermieden werden — aber geht dies so weiter? Inzwischen verfügen auch andere Länder über Kernwaffen; Großbritannien, Frankreich und China haben solche Waffen entwickelt. Andere könnten es ihnen gleichtun, und dies wäre nicht einmal zu verhindern. Könnte vielleicht eine kleinere Atommacht einen Kernwaffenkrieg auslösen?

Solange die Führer der kleineren Mächte vernünftig bleiben, erscheint auch dies wenig wahrscheinlich. Der Besitz nuklearer Waffen allein reicht nicht aus — wenn man eine schnelle und sichere Vernichtung durch eine der beiden Großmächte vermeiden will, brauchte man ein ähnlich großes Waffenarsenal. Es ist wahrscheinlicher, daß, sobald eine kleinere Macht auch nur die leisesten Andeutungen über den Einsatz von Kernwaffen macht, sie sofort beide Supermächte gegen sich aufbringt.

Wie sehr können wir aber auf die Vernunft der politischen Führer setzen? In der Vergangenheit hat es genügend Beispiele für Psychopathen an den Hebeln der Macht gegeben, und selbst geistig gesunde Menschen können in einem Anfall von Wut und Verzweiflung unvernünftige Entscheidungen treffen. Wir können uns sehr leicht ausmalen, daß jemand wie Adolf Hitler einen nuklearen Holocaust auslösen würde, wenn die Alternative die Zerstörung seiner Macht wäre, aber wir können uns auch vorstellen, daß seine militärischen Führer sich einem solchen Befehl widersetzt hätten. Eine ganze Reihe von Hitlers Anweisungen während der letzten Monate sind von seinen Generälen und Regierungsbeamten nicht ausgeführt worden.

Auch heute gibt es einige nationale Führer, die fanatisch genug erscheinen, um einen Atomkrieg auszulösen, wenn sie die Möglichkeit dazu hätten. Diese Möglichkeit aber haben sie nicht, und ich glaube, daß sie nur deshalb von der Welt toleriert werden, weil ihnen diese Möglichkeit fehlt.

Ist es aber denkbar, daß, wenn auch alle politischen und militärischen Führer ihre Geisteskraft behalten, sie dennoch die Kontrolle über das Kernwaffenarsenal verlieren, daß ein Atomkrieg durch eine überängstliche oder psychopathische Reaktion eines Untergebenen ausgelöst wird? Oder — schlimmer noch — kann ein solcher Atomkrieg das Ergebnis einer allmählichen Eskalation sein, eine Folge von kleinen, berechenbaren Reaktionen auf den Gegner, die schließlich zu dem führen, was niemand will und alle vermeiden möchten? (Eine solche Eskalation führte 1914 zum Ersten Weltkrieg). Könnte es am Ende gar zu einer solchen Erschütterung der politischen Systeme auf unserem Planeten kom men, daß ein Atomkrieg als einzig sinnvolle Alternative zum tatenlosen Zusehen erscheinen könnte?

Zweifellos ist eine Vernichtung aller Kernwaffen die beste Möglichkeit, einen Atomkrieg zu vermeiden, und vielleicht gelingt es uns noch, einen solchen friedlichen Abbau dieser Waffen zu erreichen, bevor sie in einem Ernstfall eingesetzt werden müssen.

Teil 5
Katastrophen der fünften Art

XIV. Die Ausbeutung der Vorräte

Reproduzierbare Vorräte

In den beiden letzten Kapiteln haben wir festgestellt, daß die einzige Katastrophe der vierten Art, die über uns hereinbrechen kann, ein globaler Atomkrieg ist, so heftig und so lang andauernd, daß das menschliche Leben völlig vernichtet wird oder allenfalls so erbärmliche Überreste der Menschheit zurückbleiben, daß ihr Aussterben unvermeidlich wird.

In einem solchen Fall können natürlich auch andere Lebensformen vernichtet werden, aber es ist nicht auszuschließen, daß Insekten, die Vegetation, Mikroorganismen usw. in ausreichendem Maße überleben, um der Erde zu neuem Leben und zu neuer Blüte zu verhelfen, aus der vielleicht eine neuerliche, vernünftigere intelligente Spezies erwächst.

Wir haben dabei aber auch die Vermutung geäußert, daß es unwahrscheinlich ist, jemand könne in einem solchen globalen Atomkrieg seine letzte Rettung sehen. Doch selbst dann kann Gewalt auf niedrigerer Basis ausreichen, um die Zivilisation zu zerstören, selbst wenn die Menschheit als Ganzes überlebt. Dies wäre eine Katastrophe der fünften Art. Es sind dies die »kleinsten« Katastrophen, von denen dieses Buch handelt — aber auch sie sind noch drastisch genug.

Wollen wir jetzt einmal annehmen, daß Krieg und Gewalt einmal der Vergangenheit angehören werden. Dies ist vielleicht keine sehr realistische Annahme, aber völlig auszuschließen ist sie auch nicht. Wir können uns vorstellen, daß die Menschheit zu der Erkenntnis kommt, Krieg sei Selbstmord und damit sinnlos; daß die Menschheit so viel Vernunft aufbringt, um Auseinandersetzungen auch ohne Krieg beizulegen, um Ungerechtigkeiten, die zu Guerillakampf und Terrorismus führen, zu beseitigen, um Quertreiber und Kompromißunwillige, die sich vernünftigen Argumenten (wie sie durch eine allgemeine Menschlichkeit definiert sind) widersetzen, zu entwaffnen und in Verwahrung zu nehmen. Wollen wir schließlich auch noch annehmen, daß die internationale Zusammenarbeit eng genug wird, um eine föderalistische Weltregierung zu ermöglichen, die dann große Probleme und große Projekte mit vereinten Kräften angehen kann.

Solche Voraussetzungen mögen hoffnungslos idealistisch sein, Märchenträume, aber nehmen wir einmal an, sie würden Wahrheit. Dann stellt sich die Frage: Sind wir in einer friedlichen Welt voller Zusammenarbeit ein für allemal sicher? Können wir unsere Technologie so weit verbessern, daß wir vielleicht die nächste Eiszeit in 100.000 Jahren verhindern können, daß wir das irdische Wetter nach unseren Wünschen gestalten können? Können wir dann unsere Technik weiter verbessern, so daß wir unsere Zivilisation in den Raum hinaustragen können und völlig unabhängig von der Sonne und der Erde werden, um in vielleicht sieben Milliarden Jahren dem Rote-Riese-Stadium der Sonne und seinen Auswirkungen auf die Erde zu entfliehen (so weit wir nicht schon viel früher die Erde verlassen haben)? Und können wir dann noch weiter bestehen, unsere Technik noch weiter verbessern, bis wir in der Lage sind, auch ein kollabierendes Weltall mit maximaler Entropie zu überdauern? Oder gibt es auch drohende Gefahren, die nur teilweise oder gar nicht vermeidbar sind, wenn wir in einer völlig friedlichen Welt leben?

Es könnte sie geben. Nehmen wir einmal die ständige Verbesserung unserer Technik. Während des ganzen Buches habe ich immer als selbstverständlich vorausgesetzt, daß die Technik grenzenlos weiterentwickelt werden kann, solange die Chance dafür besteht; daß sie keine natürlichen Grenzen hat, weil sich das Wissen grenzenlos vermehren kann. Aber gibt es vielleicht einen Preis, den wir für die Technologie bezahlen müssen, Voraussetzungen, die erfüllt sein wollen? Und wenn — was passiert, wenn wir feststellen, daß wir diesen Preis nicht mehr bezahlen können, die Voraussetzungen nicht mehr erfüllen können?

Die Anwendung der Technik ist auf die Bereitstellung der verschiedensten Rohstoffe unserer Umwelt angewiesen, und technologischer Fortschritt führt in der Regel zu einer verstärkten Ausnutzung dieser Vorräte. Wie lange reichen die Rohstoffvorräte noch?

Zweifellos sind zahlreiche Rohstoffe auf unserem Planeten unbegrenzt, da sie sich ständig erneuern können, solange die Sonne mit ihrer heutigen Intensität strahlt — und dies, so haben die Astronomen herausgefunden, wird ja noch einige Milliarden Jahre so andauern. Die grünen Pflanzen nutzen die Energie des Sonnenlichtes, um aus Wasser und Kohlendioxyd ihre Zellsubstanzen aufzubauen und dabei freien Sauerstoff an die Atmosphäre abzugeben. Den Tieren dienen die Pflanzen letztlich als Nahrung, und sie wandeln diese Nahrung zusammen mit Sauerstoff wieder in Wasser und Kohlendioxyd um.

Dieser Nahrungs- und Sauerstoffzyklus (dem zahlreiche lebensnotwendige Minerale beigefügt werden können) wird solange ablaufen, wie die Sonne scheint — zumindest theoretisch —, so daß vom menschlichen Standpunkt aus sowohl unsere Nahrung als auch der lebensnotwendige Sauerstoff als unbegrenzt angesehen werden können.

Ähnliches gilt für einige Bereiche der unbelebten Materie. Verbrauchtes Wasser fließt über die Ströme zurück ins Meer, wo es aufgrund der Sonneneinstrahlung verdunstet, um so als »aufgefrischtes« Niederschlagswasser den Kreislauf erneut zu beginnen. Wind wird solange wehen, wie die Erdoberfläche ungleichmäßig von der Sonne erwärmt wird, und die Gezeiten werden solange fortbestehen, wie die Erde sich relativ zur Sonne und dem Mond um ihre Achse dreht.

Alle nichtmenschlichen Lebensformen existieren nur aufgrund von regenerierbaren Rohstoffquellen. Die einzelnen Organismen sterben zwar alle, sei es durch Nahrungsmangel oder Wasserknappheit, sei es durch Temperaturextreme oder weil sie Raubtieren zum Opfer fallen oder auch an Altersschwäche. Ganze Arten sterben aus, weil Mutationen sie lebensunfähig gemacht haben, weil sie sich veränderten Umweltbedingungen nicht anpassen können oder weil sie von anderen, lebenstüchtigeren Arten verdrängt werden. Das Leben aber geht weiter, weil die Erde durch den endlos ablaufenden Zyklus regenerierbarer Rohstoffe bewohnbar bleibt.

Nur die Menschen benutzen nicht-regenerierbare Rohstoffe, und so haben nur die Menschen einen »Lebensstil« entwickelt mit dem Risiko, daß ein wichtiger Bestandteil ihrer Umwelt mehr oder weniger plötzlich nicht mehr verfügbar ist. Dies kann zu einer derartigen Störung führen, daß die menschliche Zivilisation daran zugrunde geht. Die Erde bliebe für das Leben bewohnbar, würde aber einer hochentwickelten technisierten Zivilisation keine Überlebenschance mehr gewähren.

Die Anfänge der Technik waren zweifellos noch auf die Benutzung regenerierbarer Ressourcen beschränkt. Die frühen Werkzeuge waren Gegenstände, die man einfach seiner Umwelt entnahm. Ein herabgefallener Baumast konnte ebenso als Keule benutzt werden wie der Knochen eines großen Tieres. Beides wird man zu den regenerierbaren Rohstoffen zählen dürfen, denn neue Äste und neue Knochen finden sich immer wieder.

Selbst als die Menschen begannen, Steine zu werfen, änderte sich die Situation nicht. Steine sind zwar nicht in dem Sinne regenerierbar, daß sie sich über Zeiträume, die kurz sind im Vergleich zur Aktivität der Menschheit, neu bilden, doch Steine werden nicht verbraucht, wenn man sie wirft: Ein geworfener Stein kann aufgehoben und erneut geworfen werden. Anders wurde die Situation erst, als man begann, Steine so zu bearbeiten, daß sie eine scharfe Kante oder Spitze bekamen und als Messer, Axt, Speerspitze oder Pfeilspitze benutzt werden konnten.

Solche bearbeiteten Steine waren nicht nur nicht-regenerierbar, sondern nutzten sich auch ab. Stumpfgewordene Steinwerkzeuge konnten zwar noch ein- oder zweimal nachgeschärft werden, doch verloren sie durch diese Nachbearbeitung immer mehr an Größe und konnten schließlich für den ursprünglich gedachten Zweck nicht mehr eingesetzt werden — man mußte neue Steine schleifen. Obwohl zwar genügend Steinmaterial vorhanden war, mußte man große Brocken zu kleineren zertrümmern, von denen immer nur Bruchstücke zu benutzen waren. Außerdem gibt es Unterschiede in der Eignung der Steine zur Herstellung von Werkzeug und Waffen; die Menschen begannen also, Feuersteine zu suchen, mit dem gleichen Eifer, mit dem sie Nahrung sammelten.

Trotzdem gab es diesen entscheidenden Unterschied: Neue Nahrung wuchs immer wieder heran, denn selbst die schlimmsten Trockenheiten und Hungersnöte dauerten nicht ewig — ein Feuerstein dagegen, der einmal verbraucht war, war ein für allemal unbrauchbar und kam nicht wieder vor.

Solange Steine die Hauptrohstoffquelle der Menschen aus dem Bereich der unbelebten Natur waren, gab es wenig Grund zu der Befürchtung, daß Steine irgendwann einmal »ausgehen« würden. Der Vorrat an Steinmaterial auf unserem Planeten ist so groß und die Zahl der Verbraucher während der Steinzeit war so klein, daß selbst über Jahrzehntausende hindurch keine merkliche Rohstoffverknappung zu beobachten gewesen wäre.

Gleiches gilt für andere Gesteinsarten — für Ton zum Töpfern, für Ocker zum Färben, für Marmor oder Kalkstein zum Bauen, für Sand zur Glasherstellung usw.

Dies änderte sich erst, als die Menschen lernten, Metalle zu gebrauchen.

Metalle

Das Wort Metall ist von dem griechischen Verb für »suchen« abgeleitet. Die Metalle stellen nur rund ein Sechstel der Gesteinsmasse, die in der Erdkruste enthalten ist, und nicht einmal dieses Sechstel liegt offen zutage. Die meisten Metalle existieren in Verbindungen mit Silizium und Sauerstoff, mit Kohlenstoff und Sauerstoff, mit Schwefel und Sauerstoff oder mit Schwefel allein, sie bilden sogenannte Erze, die sich in ihrem Aussehen und in ihren Eigenschaften kaum von normalem Gestein unterscheiden.

Es gibt einige wenige Metalle, die im Reinzustand vorkommen: Kupfer, Silber und Gold sowie kleinere Brocken aus meteoritischem Eisen. Solch »blankes Metall« ist aber ziemlich selten.

Gold stellt nur den zweihundertmillionsten Anteil der Erdkruste und ist damit eines der seltensten Metalle. Weil es aber fast nur in Klumpenform, als

Nugget, vorkommt und eine auffällig schöne gelbe Farbe hat, war es wahrscheinlich das erste Metall, das entdeckt wurde. Gold war ungewöhnlich schwer, glänzend genug, um als Schmuck zu dienen, und weich genug, um zu interessanten Formen verarbeitet werden zu können. Hinzu kommt, daß Gold weder rostet noch auf andere Weise vergänglich ist.

Vermutlich haben die Menschen schon um 4500 v. Chr. Gold bearbeitet. Gold, und in geringerem Maße auch Silber und Kupfer, wurden aufgrund ihrer Schönheit und Seltenheit geschätzt, so daß sie eine gebräuchliche Tauschware wurden und ihr Besitz Reichtum bedeutete. Um das Jahr 640 v. Chr. entwickelten die Lydier in Kleinasien die Münzen, kleine Stücke einer Gold-Silber-Legierung mit festgelegtem Gewicht, mit einer staatlichen Prägung als »echt« gekennzeichnet.

Die Menschen haben den Wert des Goldes als Tauschobjekt immer überschätzt. Nach nichts wurde so intensiv gesucht und nichts konnte die Menschen mehr in freudige Erregung versetzen als ein Goldfund. Doch außer seiner Seltenheit besitzt Gold kaum einen Wert, da es kaum in großtechnischem Maßstab verbraucht wird. Wenn daher irgendwo in der Welt Gold gefunden wird, wächst der Vorrat, und damit verliert Gold von der Grundlage seines Wertes wieder etwas mehr — von seiner Seltenheit.

Als daher die Spanier die aufgehäuften Goldschätze der Inkas und Azteken eroberten, wurden sie nicht eigentlich reich. Die Goldflut in Europa ließ den Wert des Edelmetalls schrumpfen, weil die Preise aller anderen Güter relativ zu Gold ständig anstiegen. Heute würden wir dies eine Inflation nennen. Spanien, das aufgrund seiner schwachen Wirtschaft viele Güter im Ausland kaufen mußte, mußte für immer weniger Güter immer mehr Gold herausrücken.

Trotzdem verleitete die Illusion des Goldreichtums die Spanier immer wieder zu neuen, endlosen Kriegen in Europa, Kriege, die das Land nicht bezahlen konnte und die das Land in den Bankrott trieben, von dem es sich nie erholte — während die anderen Länder mit einer wachsenden Wirtschaft auch ohne Gold reich wurden.

Die Alchimisten des Mittelalters versuchten verzweifelt, aus weniger wertvollem Metall Gold herzustellen. Ihr Erfolg wäre einer Katastrophe gleichgekommen, denn Gold hätte sehr rasch seinen Wert verloren, so daß Europas Wirtschaft zusammengebrochen wäre und sich vielleicht bis heute noch nicht wieder erholt hätte. Andere Metalle dagegen, die »innere« Werte besitzen, weil man sie zur Herstellung von Werkzeugen und für andere Aufgaben nutzen kann, verlieren ihren Wert nicht, wenn man neue Vorräte findet. Je mehr sie verfügbar sind und je geringer ihr Preis relativ zum Gold ist, in desto größerem Maße können sie benutzt werden, so daß die Wirtschaftskraft und damit der Lebensstandard wächst.

Damit Metalle aber allgemein verfügbar wurden, mußten die Menschen mehr tun als nur Metallklumpen suchen, die man hier und dort fand. Es mußten Methoden entwickelt werden, um Metalle aus ihren Erzen zu lösen; um die Atome aus ihren Verbindungen mit anderen Elementen herauszulösen. Ihren Ursprung nahm diese Metallurgie vermutlich um das Jahr 4000 v. Chr. im Mittleren Osten, wo man zum ersten Mal Kupfer aus Kupfererzen gewann.

Um das Jahr 3000 v. Chr. fand man, daß aus bestimmten Kupfererzen, die zusätzlich Arsen enthielten, eine Kupfer-Arsen-Legierung gewonnen werden konnte, die härter und fester war als Kupfer allein. Diese Verbindung war das erste Metall, das man für mehr als nur zur Schmuckherstellung nutzen konnte — es war das erste Metall, das für die Herstellung von Werkzeugen und Waffen eingesetzt wurde und darin den Steinen überlegen war.

Die Arbeit mit arsenhaltigen Erzen ist jedoch nicht ganz ungefährlich, und so dürften Arsenvergiftungen die erste »Industriekrankheit« gewesen sein, die die Menschen betroffen hat. Irgendwann entdeckte man jedoch, daß eine Mischung aus Zinnerzen mit Kupfererzen eine Kupfer-Zinn-Legierung, die sogenannte Bronze, lieferte, die die gleichen Qualitäten wie die Kupfer-Arsen-Verbindung besaß, aber ungefährlicher in ihrer Herstellung war.

Um das Jahr 2000 v. Chr. begann im Mittleren Osten die »Bronzezeit«. Die bekanntesten Überlieferungen aus jener Zeit sind die beiden Dichtungen *Ilias* und *Odyssee* von Homer, in denen von Kriegern berichtet wird, die in bronzenen Rüstungen und mit bronzenen Speerspitzen kämpften.

Kupfererze sind jedoch nicht sehr häufig, und so mußten die Kulturen, die sehr viel Bronze verwendeten, sehr bald feststellen, daß ihre eigenen Vorräte erschöpft waren und man auf Lieferungen aus dem Ausland angewiesen war. Bei den Zinnerzen ist die Situation noch schlimmer: Ihr Anteil ist 15mal kleiner als der der Kupfererze, und Kupfererze sind schon nicht gerade weit verbreitet. So waren bereits um das Jahr 1500 v. Chr., als noch genügend Kupfererze im Mittleren Osten zu finden waren, die dortigen Zinnvorräte weitgehend erschöpft. Zum ersten Mal in ihrer Geschichte standen die Menschen vor dem Problem einer drohenden Rohstoffverknappung. Es war keine bloß vorübergehende Knappheit wie etwa beim Nahrungsmittelmangel während einer Dürreperiode — es war eine endgültige Erschöpfung der Vorräte. Die Zinnminen waren leer und konnten nie wieder gefüllt werden.

Solange die Menschen weiter neue Bronze herstellen wollten, mußten sie den dafür notwendigen Zinn aus anderen Teilen der Erde herbeischaffen. Die Suche wurde auf immer größere Bereiche ausgeweitet, und um das Jahr 1000 v. Chr. stießen die phönizischen Seefahrer außerhalb des Mittelmeeres auf die sogenannten »Zinninseln«. Einige Archäologen glauben, daß sich dahinter die Scilly-Inseln vor der Südwestspitze Cornwalls verbergen.

Mittlerweile war um das Jahr 1300 v. Chr. in Kleinasien eine Methode entwickelt worden, mit der man Eisen aus Eisenerz erschmelzen konnte. Eisen ist stärker an andere Atome gebunden als Kupfer oder Zinn und war entsprechend schwieriger aus dieser Verbindung zu lösen. Man brauchte dazu höhere Temperaturen, und es dauerte eine Zeitlang, ehe die Menschen gelernt hatten, dafür Holzkohle zu verwenden.

Meteoritisches Eisen war viel härter und fester als Bronze, doch das Eisen, das aus Eisenerz gewonnen wurde, war brüchig und damit wenig brauchbar. Meteoritisches Eisen enthielt zusätzlich eine Mischung aus Kobalt und Nickel. Hin und wieder war auch das Eisen, das man aus Eisenerzen gewann, ausreichend hart und fest. Es geschah zwar nicht sehr oft, aber oft genug, um die Metallurgen in ihren Experimenten zu ermuntern. Irgendwann fand man schließlich, daß die Beifügung von Holzkohle im richtigen Mengenverhältnis das Eisen entsprechend härtete: So konnte eine »stählerne« Oberfläche entstehen.

Um das Jahr 900 v. Chr. war dieser Zusammenhang offenkundig geworden, konnten die Metallurgen gezielt hartes Eisen produzieren. Dies ist der Anfang des Eisenzeitalters. Die drohende Verknappung an Kupfer und Zinn verlor damit an Bedeutung.

Dies ist ein erstes Beispiel, wie die Menschen mit der Erschöpfung von Vorräten fertig geworden sind. Zunächst dehnten sie die Suche immer weiter aus*, und dann fanden sie einen — meist besseren — Ersatz.

Seit der Entwicklung der Metallurgie hat der Gebrauch an Metall ständig zugenommen, und zwar mit immer größerer Geschwindigkeit. Im 19. Jahrhundert wurden neue Methoden zur Stahlproduktion entwickelt, wurden neue Metalle, die zuvor unbekannt waren, wie beispielsweise Kobalt, Nickel, Vanadium, Niobium und Wolfram, dem Stahl hinzugefügt, um neue Legierungen mit zuvor unerreichter Härte und anderen ungewöhnlichen Eigenschaften zu erzeugen. Man fand Methoden zur Aluminium-, Magnesium- und Titanproduktion, und auch diese Metalle werden inzwischen in großem Maßstab genutzt.

Heute aber stehen die Menschen einer globalen Verknappung vieler Metalle gegenüber, und davon sind viele Bereiche unserer technisierten Zivilisation betroffen. Selbst »alte« Metalle werden heute nicht mehr für Schmuck oder zur Münzherstellung »verschwendet«: Kupfer ist aufgrund seiner hervorragenden

*Die Suche nach neuen Rohstoffquellen war eine sehr starke Motivation für die Erkundung unseres Planeten. Die großen Reisen des 15. und 16. Jahrhunderts geschahen nicht in erster Linie mit der Absicht, unsere geographischen Kenntnisse zu erweitern oder den Einflußbereich europäischer Politik auszudehnen — sie wurden vielmehr unternommen, um jene Güter zu suchen, die Europa fehlten, die aber wichtig waren, wie Gold, Seide und Gewürze.

elektrischen Leitfähigkeit unentbehrlich geworden für das immer rascher wachsende Elektrizitätsnetz, und Silberverbindungen sind für die Photographie unersetzlich. Auf beides können wir kaum verzichten. Einzig Gold wird auch heute noch nicht in großem Maßstab genutzt.

Was können wir tun, wenn die Metallvorkommen erschöpft sind, nicht nur die in unserer Umgebung, sondern alle auf der gesamten Erdoberfläche? Man sollte annehmen, daß es darüber hinaus keine weiteren Metalle mehr gibt und daß den Menschen kein anderer Ausweg bleibt, als auf so viele Bereiche der Technologie zu verzichten, daß unsere Zivilisation zusammenbrechen muß, auch wenn kein Krieg die Menschheit bedroht oder gar ausrottet.

Einige der wichtigen Metalle werden innerhalb der nächsten 25 Jahre verbraucht sein. Dazu gehört Platin, Silber, Gold, Zinn, Zink, Blei, Kupfer und Wolfram. Bedeutet dies, daß der Zusammenbruch der Zivilisation unmittelbar bevorsteht?

Vielleicht nicht, denn es gibt Möglichkeiten, solche Rohstoffverknappung zu umgehen.

Zum einen kann man sparen. Solange irgendein Material in ausreichendem Maße vorhanden ist, wird es auch für unwichtige Dinge benutzt, für modische Gegenstände, zum bloßen Angeben oder für irgendwelchen Firlefanz. Ein solches Objekt aus einem Rohstoff, der in Fülle vorhanden ist, wird einfach ersetzt, wenn es zerbricht, nicht geflickt. Es wird oft genug auch dann ersetzt, wenn ein neues Modell mehr Prestige und sozialen Status gewährt als das alte, auch wenn das alte noch voll funktionsfähig ist. Zu diesem Zweck werden immer wieder kleine, oft unsinnige Neuerungen eingeführt, um die bisherigen Modelle als »alt« abzustempeln und damit einen schnelleren Wechsel zu erzwingen, als er eigentlich nötig wäre — denn wer will schon mit alten Sachen herumlaufen.

Der amerikanische Ökonom Thorstein Veblen (1857—1929) prägte für diese Verschwendung als Zeichen des sozialen Status im Jahre 1899 den Begriff »sichtbarer Verbrauch«. Solch sichtbarer Verbrauch gehört seit Urzeiten zu den menschlichen Gepflogenheiten. Bis vor kurzem war dies allerdings auf eine kleine Gruppe der aristokratischen Oberschicht beschränkt, und die weggeworfenen Güter konnten von den »Normalbürgern« noch benutzt werden.

Mit der Einführung der maschinellen Massenproduktion konnte dieser sichtbare Verbrauch aber auch bei den Normalbürgern Einzug halten. Vorübergehend wurde eine derartige Verschwendung sogar als notwendig für eine gesunde Wirtschaft angesehen.

Wenn aber die Rohstoffe für bestimmte Güter ausgehen, wird der Zwang zur Sparsamkeit in der einen oder anderen Richtung verstärkt. Die Preise werden unaufhaltsam schneller steigen als die Löhne, so daß zumindest die wirtschaftlich Schwachen wieder sparen müssen und die Verschwendung nur noch den Reichen vorbehalten bleibt. Die daraus sich ergebenden gesellschaftlichen Probleme (soziale Unruhen der Armen angesichts der Verschwendung der Reichen) können zu einer Zwangswirtschaft führen. Dies schließt Mißbrauch zwar nicht aus, doch werden die solchermaßen nur noch eingeschränkt nutzbaren Vorräte länger reichen als wenn man nur stetiges Wachstum vor Augen hat.

Daneben gibt es die Möglichkeit des Ersatzes: Ein Metall, das häufiger vorkommt, kann ein Metall, das weniger häufig vorkommt, ersetzen. So wurden Silbermünzen durch Nickel- und Aluminiummünzen ersetzt. In vielen Fällen läßt sich Glas oder Plastik anstelle der Metalle verwenden.

Man kann beispielsweise Informationen auch mit Lichtstrahlen anstelle von elektrischen Strömen übertragen, und dies sogar mit viel größerer Effizienz. Solche Lichtstrahlen können durch sogenannte Glasfaserkabel geleitet werden, so daß dünne Glasfaserkabel unzählige Tonnen an Kupfer ersetzen können, die derzeit noch im elektrischen Kommunikationssystem genutzt werden; der Rohstoff für das Glas, Sand, dürfte nicht so leicht erschöpft werden.

Schließlich gibt es auch noch die Möglichkeiten neuer Vorräte: Obwohl es den Anschein hat, daß alle Minen erschöpft sind, können wir ernsthaft nur behaupten, daß alle bekannten Vorräte auf dem Festland ausgebeutet sind. Neue

Minen können entdeckt werden, wiewohl dies immer unwahrscheinlicher wird, da die Erdoberfläche mehr und mehr auf ihren Erzgehalt hin untersucht wird. Doch was meinen wir, wenn wir sagen, »ausgebeutet«? Wenn wir von einer Erzmine reden, sprechen wir von einem Teil der Erdkruste, in dem ein bestimmtes Metall in ausreichender Konzentration vorhanden ist, so daß es mit Gewinn isoliert werden kann. Der technologische Fortschritt führte aber auch zu Entwicklungen von Methoden, mit deren Hilfe man Metalle gewinnen kann, deren Konzentration im Erz so gering ist, daß sich in der Vergangenheit ein Abbau nicht gelohnt hätte. Mit anderen Worten, heute können Lagerstätten wirtschaftlich ausgebeutet werden, die noch vor kurzem nicht als Lagerstätten gegolten hätten.

Diese Entwicklung kann so weitergehen. Ein bestimmtes Metall mag zwar in den heute als Lagerstätten »anerkannten« Gebieten restlos geschürft sein, doch können verbesserte Förder- und Extraktionsmethoden auch die Ausnutzung geringerer Metallkonzentrationen erlauben.

Wir können den Abbau der Metalle auch auf den Meeresboden ausdehnen. Weite Bereiche der Ozeanböden sind mit metallhaltigen »Knollen« bedeckt. Man schätzt, daß am Grund des Pazifiks pro Quadratkilometer rund 11.000 Tonnen metallhaltiger Gesteine herumliegen. Sie enthalten unter anderem auch einen Teil jener Metalle, die uns in absehbarer Zeit »auszugehen« drohen, wie z. B. Kupfer, Kobalt und Nickel. Wenn es erst einmal gelingt, diese erzhaltigen Gesteine vom Meeresboden aufzulesen, wird man die Metalle ohne besondere Schwierigkeiten gewinnen können. Gegenwärtig wird der Abbau unter Wasser experimentell vorbereitet.

Und warum sollte man nicht auch die Metallvorkommen der Ozeane selbst nutzen? Das Meereswasser enthält nahezu jedes Element, wenn auch in extrem dünner Konzentration: Regenwasser, das an der Oberfläche der Kontinente abläuft, wäscht von allem ein bißchen aus und trägt dies mit ins Meer. Gegenwärtig können wir bereits ohne Probleme Magnesium und Brom aus dem Meerwasser gewinnen, so daß die Vorräte an diesen beiden Elementen in absehbarer Zukunft wahrscheinlich nicht erschöpft sein werden.

Das Volumen der Ozeane ist so riesig, daß die Gesamtmenge eines jeden in Wasser gelösten Metalls überraschend groß ist, egal, wie dünn seine Konzentration ist. Seewasser enthält rund 3,5 Prozent an Schwebeteilchen, so daß jeder Kubikkilometer Meereswasser 35 Tonnen gelöstes Material umschließt. Man kann auch sagen, daß jede Tonne Meereswasser 35 Kilogramm gelöstes Material enthält.

Magnesium stellt rund 3,7 Prozent dieser Schwebestoffe im Meerwasser, Brom 0,2 Prozent. Aus einer Tonne Meereswasser ließen sich demnach knapp 1,3 Kilogramm Magnesium und 66,6 Gramm Brom gewinnen.*

Wenn man berücksichtigt, daß es 1,4 Billiarden Tonnen Meereswasser auf unserem Planeten gibt, kann man sich ausmalen, welche ungeheure Mengen an Magnesium und Brom aus dem Meerwasser gewonnen werden können (und schließlich wird alles, was man »herausholt«, irgendwann wieder ins Meer zurücktransportiert).

Auch Jod wird aus dem Meereswasser gewonnen. Jod ist allerdings vergleichsweise selten, so daß in einer Tonne Meereswasser nur rund 50 Milligramm Jod enthalten sind. Diese Konzentration ist zu gering, um eine normale chemische Extraktion wirtschaftlich zu machen. Es gibt jedoch Seetangarten, die Jod aus dem Seewasser aufnehmen und in ihrem Zellgewebe anlagern. Verbrennt man diesen Tang, so kann man aus der Asche das Jod gewinnen.

Sollte es nicht auch möglich sein, andere wertvolle und nützliche Elemente aus dem Meerwasser zu fördern, wenn man Methoden entwickelt, die normalerweise extrem dünne Konzentration anzureichern? Immerhin enthalten die Ozeane insgesamt rund 15 Milliarden Tonnen Aluminium, 4,5 Milliarden Tonnen Kupfer und ebenso viel Uran, außerdem 320 Millionen Tonnen Silber, 6,3 Millionen Tonnen Gold und immerhin noch 45 Tonnen Radium.

All dies liegt vor, man muß nur »drankommen«.

Vielleicht müssen wir uns bei der Suche nach neuen Rohstoffquellen auch ganz

---

*Beide Elemente kommen natürlich nicht in reiner Form vor, sondern in chemischen Verbindungen.

von der Erde lösen. Vor noch nicht allzu vielen Jahren wurde die Idee, die Bodenschätze des Mondes oder gar der Kleinplaneten zu nutzen, in den Bereich der Science Fiction verwiesen, doch heute halten viele Menschen eine solche Praxis keineswegs mehr für so utopisch. Wenn die Phönizier schon zu den Zinninseln segeln konnten, um dort jene Metalle zu schürfen, die ihnen fehlten, warum sollten wir nicht für den gleichen Zweck zum Mond fliegen? Die Anforderungen an unsere Technik dürften heute kaum größer sein als die Probleme, denen die Phönizier gegenüberstanden.

Wir können schließlich — nachdem wir alle möglichen neuen Rohstoffquellen »abgehakt« haben — argumentieren, daß all dies gar nicht notwendig ist. Die 81 stabilen Elemente auf unserem Planeten sind unter normalen Bedingungen beständig, können nicht zerstört werden. Die Menschen verbrauchen sie nicht wirklich, sie bringen sie nur von einem Ort der Erdoberfläche zu einem anderen.

Geologische Prozesse haben über viele Millionen und Milliarden Jahre das eine oder andere Element einschließlich der verschiedenen Metalle an der einen oder anderen Stelle auf unserem Planeten konzentriert. Wir Menschen tun nichts anderes, als diese Konzentrationen mit wachsendem Tempo auszubeuten und die Elemente wieder mehr oder weniger gleichmäßig über den Planeten zu verteilen, sie untereinander zu mischen.

Die Metalle also bleiben vorhanden, auch wenn sie nicht mehr so konzentriert sind wie vorher, auch wenn sie korrodiert sind oder mit anderen Materialien verbunden wurden. Die Mülldeponien stellen daher gewaltige neue »Rohstofflager« dar, enthalten sie doch all jene Dinge, die wir Menschen irgendwann einmal gebraucht, dann aber als »unbrauchbar« oder »wertlos« weggeworfen haben. Mit entsprechenden Methoden könnte man all diese Elemente wieder aufbereiten und einer neuerlichen Nutzung zuführen.

Theoretisch sollte es also nie und nimmer einen Mangel an Vorräten geben, da alle Elemente auf der Erde erhalten bleiben und allenfalls mit anderen Elementen verbunden werden. Es gibt aber noch andere Gefahren für die Rohstoffvorräte der Erde, auch für die lebensnotwendigen Vorräte, von denen alle Lebensformen bis hin zum Menschen abhängen. Selbst jene Ressourcen, die wir nicht vollständig ausschöpfen, ja nicht einmal ausschöpfen können, können durch unsere Aktivitäten gefährdet werden. Sie mögen zwar weiter bestehen, aber für uns unbrauchbar werden.

Umweltverschmutzung

Wir brauchen unsere Umwelt nicht wirklich auf, wir ordnen nur die Atome neu. Was verbraucht wird, wird umgewandelt, so daß jeder Verbrauch durch eine »Neuproduktion« ausgeglichen wird.
Wenn wir Sauerstoff atmen, produzieren wir Kohlendioxyd. Wenn wir Nahrung und Wasser zu uns nehmen, scheiden wir Schweiß, Urin und Abfälle aus. Normalerweise können wir diese »Abfälle« nicht mehr weiterverwenden. Kohlendioxyd reicht nicht zum Atmen, und unsere Ausscheidungen sind ungenießbar.
Zum Glück ist das Leben eine ökologische Einheit, sind unsere Abfälle für andere Lebewesen nützliche Rohstoffe. Die Pflanzen benötigen Kohlendioxyd zum Atmen und produzieren daraus Sauerstoff, den sie an ihre Umgebung abgeben. Unsere Abfälle und Ausscheidungen werden von einer Vielzahl von Mikroorganismen zersetzt, und was übrig bleibt, kann von Pflanzen genutzt werden; auf diese Weise entsteht neues Trinkwasser ebenso wie neue Nahrung. Diesen ständigen Kreislauf bezeichnet man als »Recycling-Prozeß«.
In gewisser Weise trifft dies sogar auf die Technologie der Menschen zu. Wenn Menschen Holz verbrennen, geschieht beispielsweise nichts anderes, als wenn ein Blitz einen Baum entzündet. Die von Menschen gelegten Waldbrände fügen sich also in den gleichen Kreislauf ein wie die »natürlichen« Waldbrände. Hunderttausende von Jahren hindurch waren die Ausmaße der menschlichen Feuer klein im Vergleich zu den natürlichen, so daß die Aktivität der Menschen den natürlichen Kreislauf nicht durcheinanderbrachte.

Ähnliches gilt für den Gebrauch von Steinwerkzeugen. Ihre Herstellung bringt eine ständige Verkleinerung größerer Gesteinsbrocken mit sich. Ein Stein, der für den direkten Gebrauch zu groß ist, kann in handlichere Stücke zerschlagen werden, aus denen dann Klingen oder Speerspitzen hergestellt werden können. Irgendwann wird ein solches Werkzeug unbrauchbar, weil die Spitze oder die scharfe Kante stumpf werden, weil ein Stück abbricht.

Diese »künstliche« Erosion hat die gleichen Folgen wie die natürliche Erosion durch Wind, Wasser und Temperaturwechsel, die Felsbrocken allmählich zu Sand zerreibt. Durch geologische Prozesse kann aus Sand wieder Gestein werden, doch dauert dieser Zyklus vom Felsbrocken über den Sand zurück zum Felsbrocken sehr, sehr lange. Gemessen am menschlichen Bedarf waren die abgenutzten Steine daher nicht weiter zu verwenden, blieben sie Abfall, weil der Kreislauf zu lange dauert.

Alle Produkte menschlicher Aktivität, die unbrauchbar sind und sich nicht wieder in den Kreislauf einfügen lassen, tragen zu dem bei, was wir heute allgemein Umweltverschmutzung nennen. Die kleinen, stumpfgewordenen Steinwerkzeuge waren aber nur Dreck, als Umweltverschmutzung waren sie relativ harmlos: Man konnte sie beiseitefegen, denn sie richteten keinen Schaden an.

Selbst vollregenerierbare Abfallprodukte können zu einer Umweltbelastung führen, dann nämlich, wenn sie örtlich und zeitlich die Kapazität des Kreislaufes übersteigen. Bei der Verbrennung von Holz entstand beispielsweise Asche. Sie konnte ebenso wie die Gesteinsreste beiseitegefegt werden und richtete keinerlei Schaden an. Es entstanden aber auch Rauchgase, die zum überwiegenden Teil aus Kohlendioxyd und Wasserdampf bestehen und — für sich genommen — keinen Schaden anrichten. Zusätzlich enthalten die Dämpfe noch kleinere Mengen anderer Gase, die zu Reizungen der Augen und der Kehle führen, Reste unverbrannten Kohlenstoffs, die sich als Ruß niederschlagen, und andere Schwebeteilchen, die keinen Schaden anrichten. Zusammen mit dem Kohlendioxyd und dem Wasserdampf bilden sie den sichtbaren Rauch.

An der freien Luft verteilt sich dieser Rauch sehr rasch und wird dabei auf Konzentrationen verdünnt, die unschädlich sind. Immerhin enthält unsere Atmosphäre 5,1 Billiarden Tonnen Gase, und im Vergleich dazu ist der Rauch aller Feuer, die von unseren Vorfahren entzündet wurden (und der Rauch aller Waldbrände, die durch Blitzeinschlag entstanden) eine vernachläßigbar kleine Menge, die zur Unkenntlichkeit verdünnt wird, wenn sie sich mit der Atmosphäre vermischt. Damit werden die Gase und Schwebeteilchen aber auch gleichzeitig dem natürlichen Recycling-Prozeß zugeführt, der die Rohmaterialien den Pflanzen wieder zugänglich macht, so daß sie erneut Holz aufbauen können.

Was aber, wenn man ein Feuer in einer Behausung entzündete, um Licht und Wärme zu haben, kochen zu können und eine Abschreckung vor wilden Tieren zu haben? Innerhalb der Räumlichkeiten würde der Rauch sehr rasch hohe Konzentrationen erreichen, wäre sein Dreck störend, seine Geruchsbelästigung unerträglich, seine Reizung auf Augen und Kehle nicht auszuhalten — und all dies, lange bevor der Recycling-Prozeß auch nur beginnen könnte. Das Ergebnis war das erste »Umweltproblem«, das die menschliche Technologie mit sich brachte.

Es gab verschiedene Auswege. Zum einen hätte man ganz auf das Feuer verzichten können, was allerdings in der Steinzeit undenkbar war. Zum anderen hätte man Feuer nur unter freiem Himmel benutzen können, doch auch dies hätte den Menschen viele Unannehmlichkeiten bereitet. Schließlich gab es aber auch noch die Möglichkeit, das Umweltproblem durch eine Verbesserung der »Feuertechnik« aus der Welt zu schaffen: durch einen Kamin (der anfangs nur ein Loch im Dach gewesen sein mag), der den Rauch nach außen führte. Diese dritte Lösungsmöglichkeit wurde schließlich verwirklicht.

Auf ähnliche Weise haben die Menschen seither immer wieder unangenehme Nebenwirkungen ihrer Technik entschärft. Immer war damit aber auch eine ergänzende, korrigierende Technologie erforderlich.

Natürlich wird jeder zusätzliche Prozeß seine eigenen Nebenwirkungen haben, so daß die Kette eigentlich endlos sein müßte. Man muß sich daher fragen, ob irgendwann der Punkt erreicht wird, an dem unerwünschte Nebeneffekte der Technologie nicht mehr korrigierbar sind. Kann also die Umweltbelastung einmal so stark werden, daß wir nicht mehr die Möglichkeit einer Gegensteuerung haben, und wird dann unsere Zivilisation eine Katastrophe der fünften Art erleben (oder vielleicht das Leben allgemein an einer Katastrophe der vierten Art zugrunde gehen)?

Kehren wir noch einmal zum Problem des Feuers zurück. Die Zahl der Holzfeuer nahm zu, je größer die Zahl der Menschen wurde. Die fortschreitende Technologie machte neue Brennstoffe zugänglich — Fette, Kohle, Öl und Gas, und die Zahl der Feuerstellen nimmt von Jahr zu Jahr zu.

Jedes dieser Feuer braucht einen Kamin, durch den die Gase in die Atmosphäre geleitet werden. So werden gegenwärtig pro Jahr eine halbe Milliarde Tonnen Schadstoffe in Form von lästigen Gasen und Schwebeteilchen an die umgebende Atmosphäre abgegeben. Dadurch wurde die Lufthülle der Erde in den letzten Jahrzehnten zunehmend verschmutzter, weil der natürliche Kreislauf aus dem Gleichgewicht gebracht wird.

In dichtbesiedelten Gegenden ist die Umweltbelastung am größten, vor allem, wenn dort auch noch viele Industriebetriebe angesiedelt sind. Hier kämpfen wir seit Jahrzehnten gegen das Smog-Problem (eine Zusammensetzung aus »smoke« und »fog«, Rauch und Nebel). Hin und wieder verhindert eine Inversionsschicht in der Atmosphäre (eine hochliegende Kaltluftschicht, die eine darunterliegende Warmluftschicht nach oben abschließt, also als »Sperrschicht« wirkt) eine gleichmäßige Verteilung der Schadstoffe, so daß die Luft über einem begrenzten Gebiet »gefährlich« wird. 1948 trat über Donora im US-Bundesstaat Pennsylvania ein »Killersmog« auf, dem 29 Menschen zum Opfer fielen. Ähnliches geschah mehrfach in London und anderen Großstädten. Selbst wenn diese Umweltbelastung nicht direkt zu Todesfällen führt, ist in smoggefährdeten Gebieten eine Zunahme der Lungenerkrankungen bis hin zum Lungenkrebs zu beobachten.

Ist es daher denkbar, daß die Technologie in absehbarer Zeit die Atmosphäre so weit vergiftet, daß wir nicht mehr frei atmen können?

Die Gefahr ist zweifellos gegeben, doch ist die Menschheit ihr nicht hilflos ausgeliefert. In den ersten Jahrzehnten der industriellen Revolution lagen die Städte unter dichten Rauchwolken, die aus der Verbrennung von Fettkohle stammten. Ein »Umsteigen« auf Anthrazitkohle, die weniger Rauch produziert, führte zu einer spürbaren Verbesserung der Situation in den Städten wie Birmingham, England und Pittsburgh, USA.*

Andere Abwehrmaßnahmen sind möglich. Rauchgase enthalten unter anderem schädliche Stick- und Schwefeloxyde. Würden die Stickstoff- und Schwefelverbindungen vor der Verbrennung aus dem Brennstoff herausgelöst oder würden die Oxyde aus dem Rauch entfernt, bevor er in die Atmosphäre entweicht, würde die Luftverschmutzung viel von ihrer Gefahr verlieren. Im Idealfall sollte es möglich sein, die Abgase einer Verbrennung auf Kohlendioxyd und Wasserdampf zu reduzieren, und es ist durchaus möglich, dies zu erreichen.**

Nicht selten werden neue Luftverschmutzungen plötzlich und unerwartet offenkundig. So wurde beispielsweise erst Mitte der siebziger Jahre entdeckt, welche Gefahr die Verwendung von Fluorkohlenwasserstoffen wie etwa Freon als Treibgas von Spraydosen darstellt. Weil sie leicht verflüssigt werden können und völlig ungiftig sind, hat man sie seit den dreißiger Jahren verstärkt als Kühlmittel benutzt und damit giftigere und gefährlichere Gase wie Ammoniak und Schwefeldioxyd ersetzt. In den letzten Jahrzehnten benutzte man sie zunehmend als Treibmittel in Spraydosen. Bei dieser Freisetzung verwandeln sie sich in Dämpfe, die das zu versprühende Material fein verteilen.

---

*Inzwischen gibt es auch eine immer stärkere Opposition gegen den Nikotingenuß, da Tabakqualm krebserregende Substanzen enthält, die Raucher und Nichtraucher gleichermaßen schädigen. Leider ignorieren viele Raucher diese Gefahr oder bestreiten sie sogar, während die Zigarettenindustrie ihren eigenen Gewinn über die Gesundheit der Bevölkerung setzt.

**Selbst die Produktion von Kohlendioxyd ist jedoch nicht ungefährlich, wie wir noch sehen werden.

Obwohl diese Gase für das Leben unmittelbar ungefährlich sind, wurden 1976 Hinweise dafür vorgelegt, daß sie bei ihrem Aufstieg durch die Atmosphäre die Ozonschicht erreichen und sie teilweise, wenn nicht sogar völlig, abbauen können. Diese Ozonschicht, deren größte Dichte in etwa 24 Kilometern Höhe liegt, besteht aus drei-atomigen Sauerstoffmolekülen (normalerweise kommt Sauerstoff als zwei-atomiges Molekül in der Natur vor), die das auftreffende Ultraviolettlicht der Sonne absorbieren. Die Ozonschicht schützt die Erdoberfläche also vor der energiereichen Ultraviolettstrahlung der Sonne, die für das Leben gefährlich wäre. Erst die ausreichende Produktion von Sauerstoff durch die Photosynthese von Wasserpflanzen führte zur Bildung dieser Ozonschicht, die dann die Ausweitung des Lebens auf das Festland ermöglichte.

Wenn die Ozonschicht durch die Fluorkohlenwasserstoffe in ihrem Bestand ernsthaft gefährdet wird, kann mehr ultraviolette Strahlung der Sonne die Erdoberfläche erreichen, und als Folge davon wird die Zahl der Hautkrebserkrankungen zunehmen. Viel schlimmer noch ist, daß zahlreiche Mikroorganismen im Erdboden vernichtet werden können, wodurch das gesamte ökologische Gleichgewicht so nachhaltig beeinträchtigt werden kann, daß wir uns die Folgen gar nicht ausmalen können.

Die Einflüsse der Fluorkohlenwasserstoffe auf die Ozonschicht sind nach wie vor umstritten, doch schon jetzt ist die Benutzung der Gase in Spraydosen stark zurückgegangen, und ein Ersatz dieser Gase in Klimaanlagen und Kühlschränken sollte ebenfalls zu finden sein.

Aber nicht nur die Atmosphäre der Erde ist Umweltbelastungen ausgesetzt, auch die Hydrosphäre, die Wassermengen der Erde. Die irdischen Wasservorräte sind gewaltig; die Hydrosphäre enthält rund 275mal mehr Masse als die Atmosphäre. Die Ozeane bedecken eine Fläche von 360 Millionen Quadratkilometern oder rund 70 Prozent der gesamten Erdoberfläche; das ist etwa 40mal die Fläche der Vereinigten Staaten. Die durchschnittliche Tiefe des Ozeans liegt bei 3,7 Kilometern, so daß das Gesamtvolumen der Meere 1,33 Milliarden Kubikkilometer umfaßt.

Wollen wir dies einmal mit dem Bedarf der Menschheit vergleichen. Wenn wir die Brauchwassermengen für den täglichen Bedarf (Trinken, Baden, Waschen) und für die landwirtschaftliche und industrielle Nutzung zusammenrechnen, werden auf der Erde pro Jahr rund 4.000 Kubikkilometer Wasser benötigt, 1/330.000 der gesamten Wasservorräte auf unserem Planeten.

Angesichts dieser Verhältnisse scheint es lächerlich, von einer drohenden Wasserknappheit zu sprechen, wäre nicht der Ozean für uns als direkte Wasserquelle weitgehend unbrauchbar. Zwar können die Schiffe über die Ozeane fahren, können wir uns am Strand erholen, können wir uns mit Meeresgetier ernähren, doch trinkbar ist das Ozeanwasser aufgrund seines Salzgehalts nicht; wir können es auch nicht zum Waschen oder für landwirtschaftliche oder industrielle Zwecke nutzen. Wir brauchen frisches Wasser, Süßwasser. Nur etwa 2,7 Prozent des Gesamtwasservorrats der Erde bestehen aus Süßwasser, 37 Millionen Kubikkilometer. Das meiste davon liegt als Eis in den Polregionen oder auf den hohen Bergen und ist daher auch nicht direkt nutzbar. Groß ist auch die Wassermenge, die sich als Grundwasser dem direkten Verbrauch entzieht.

Wir brauchen flüssiges Süßwasser an der Oberfläche der Erde, wie es in Seen, Teichen und Flüssen zu finden ist, und davon gibt es nur 200.000 Kubikkilometer an der Erdoberfläche. Dies ist lediglich 0,015 Prozent des Gesamtwasservorrats der Erde, doch immer noch 30mal mehr als der gegenwärtige Süßwasserverbrauch der Menschheit pro Jahr.

Dieser Vorrat ist natürlich nicht festgeschrieben, da wir sonst nach 30 Jahren bei gleichbleibendem Verbrauch kein Trinkwasser mehr hätten. Das Wasser, das wir verbrauchen, wird durch die Natur regeneriert. Es fließt in die Ozeane, wo es teilweise wieder verdampft; aus diesem Wasserdampf entsteht dann wieder Regen, Hagel oder Schnee, der auf die Erdoberfläche fällt. Dieser Niederschlag ist gewissermaßen reines, destilliertes Wasser.

Pro Jahr fallen rund 500.000 Kubikkilometer Wasser in Form von Niederschlägen vom Himmel. Ein Großteil »regnet« direkt in die Ozeane, und auch der Anteil an Schnee über den eisbedeckten Regionen ist beachtlich. Rund ein Fünftel, 100.000 Kubikkilometer, dürften über dem nicht eisbedeckten Festland niedergehen. Ein Teil davon verdunstet, ehe er genutzt werden kann, doch rund 40.000 Kubikkilometer bleiben übrig, um die Seen und Flüsse zu füllen, die Landgebiete zu bewässern (ähnlich groß ist die Wassermenge, die pro Jahr in die Ozeane fließt). Dieser nutzbare Niederschlag ist immer noch 10mal so groß wie der jährliche Verbrauch der Menschheit.

Doch der Bedarf nimmt stetig zu. Allein in den Vereinigten Staaten hat der Wasserverbrauch sich in diesem Jahrhundert bereits verzehnfacht, und wenn die Zunahme in diesem Tempo anhält, wird es nicht lange dauern, bis die Versorgung knapp wird.

Das Problem wird noch dadurch verstärkt, daß die Niederschläge nicht gleichmäßig über Raum und Zeit verteilt sind. In manchen Gebieten fällt so viel Regen, daß ein Großteil des Wassers ungenutzt abfließen kann, während es anderswo so selten regnet, daß jeder Tropfen überlebensnotwendig ist. In trockenen Jahren gibt es hier Dürren und einen starken Einbruch in den Ernteerträgen. Schon heute ist die Versorgung mit brauchbarem Trinkwasser in vielen Teilen der Erde gefährlich knapp.

Vielleicht kann man irgendwann einmal etwas dagegen unternehmen. Vielleicht können wir irgendwann einmal das Wetter beeinflussen und die Niederschläge steuern. Man kann aber auch die Versorgung mit Trinkwasser durch Meerwasserentsalzungsanlagen steigern, wie dies zum Beispiel bereits im Mittleren Osten versucht wird.

Wenn das Festlandeis wieder dem Ozean zugeführt wird, geschieht dies meist in Form von Eisbergen, die an den Küsten von Grönland und der Antarktis ins Meer stürzen. Diese Eisberge stellen gewaltige Trinkwassermengen dar, die normalerweise ungenutzt direkt in den Ozean abschmelzen. Man könnte sie auch vor trockene Küstenzonen schleppen, um die gewaltigen Wassermengen dort sinnvoll zu nutzen.

Man könnte auch das Grundwasser stärker nutzen, das selbst unter dem

Wüstensand zu finden ist, oder die Oberflächen von Seen und Stauseen mit einer dünnen Schicht ungefährlicher Chemikalien vor einer übermäßigen Verdunstung sichern.

Die Versorgung mit Trinkwasser in flüssiger Form muß also nicht notwendigerweise zu einem Problem werden. Viel gefährlicher ist die Verschmutzung dieses Wassers. Die Abfallprodukte aller Wasserlebewesen werden natürlich direkt ins Wasser geleitet; sie werden aber auch durch natürliche Prozesse regeneriert. Die Ausscheidungen der Landlebewesen fallen aufs Land, wo sie größtenteils von Mikroorganismen zersetzt und regeneriert werden. Auch menschliche Abfallprodukte unterliegen diesem Zyklus, und auch sie können zersetzt werden, obwohl die hohe Bevölkerungsdichte in großen Städten diesen natürlichen Kreislauf zu überlasten droht.

Schlimmer noch ist, daß Chemikalien, die in einer industrialisierten Gesellschaft produziert und verbraucht werden, auch in die Flüsse und Seen gelangen und schließlich ins Meer gespült werden. So ist der Verbrauch von chemischen Düngemitteln, die Phosphate und Nitrate in immer größer werdenden Mengen enthalten, im letzten Jahrhundert stark gestiegen. Sie werden zwar auf den Boden gestreut, doch ein Teil davon wird vom Regenwasser ausgewaschen und in Bäche und Seen gespült. Weil Phosphate und Nitrate das Leben fördern, hat das Wachstum bestimmter Organismen in diesen Seen rapide zugenommen. Man nennt diesen Prozeß »Eutrophikation« (nach dem griechischen Wort für »gutes Wachsen«).

Dies hört sich zwar gut an, doch die Organismen, die am meisten von diesen künstlichen Düngemitteln profitieren, sind Algen und andere einzellige Lebewesen, die durch ihr Wuchern andere Lebensformen in Gefahr bringen. Wenn Algen absterben, werden sie von Bakterien zersetzt, die für diesen Prozeß einen Großteil des im Wasser gelösten Sauerstoffs verbrauchen; diese Sauerstoffarmut führt zu einem großen Sterben in tieferen Wasserschichten. Damit wird der See als Lebensraum für Fische wertlos, und auch seine Bedeutung als Trinkwasserreservoir sinkt. Die Eutrophikation beschleunigt die natürlichen

Veränderungen, die einen See langsam verlanden lassen. Was normalerweise über viele tausend Jahre abläuft, kann so bereits nach Jahrzehnten zu Ende gehen.

Wenn dies schon eine Folge der Anwendung von Substanzen ist, die für das Leben sinnvoll erscheinen, wie groß muß dann der Schaden sein, der durch giftige Substanzen ausgelöst wird?

Viele chemische Betriebe stellen Produkte her, die für das Leben hochgiftig sind. Immer wieder gelangen Abfälle, die Spuren dieser Produkte enthalten, in Flüsse und Seen. Man sollte annehmen, daß sie dort bis zur Unschädlichkeit verdünnt und durch natürliche Prozesse zersetzt werden. Das Problem ist jedoch, daß einige Chemikalien selbst bei extremem Verdünnungsgrad noch sehr gefährlich sind und darüber hinaus durch natürliche Prozesse nicht so ohne weiteres beseitigt werden können.

Aber auch wenn solche Chemikalien in geringer Konzentration nicht schädlich sind, können sie sich im Gewebe der Lebewesen anlagern und dabei wieder gefährliche Konzentrationen erreichen: Einfache Lebensformen absorbieren Gifte, und komplexere Lebewesen ernähren sich von ihnen. In einem solchen Fall kann zwar das Wasser selbst trinkbar bleiben, die Lebewesen im Wasser werden jedoch ungenießbar. Schon heute ist in der Industrienation der Vereinigten Staaten nahezu jeder See und Fluß verschmutzt — viele sogar ernsthaft. Irgendwann erreichen all diese chemischen Abfälle den Ozean. Man könnte annehmen, daß diese gewaltigen Wassermengen nahezu jede Konzentration an Abfallprodukten »verkraften« können, so gefährlich sie auch sein mögen, doch das ist falsch.

Allein in diesem Jahrhundert mußten die Meere unvorstellbare Mengen an Erdöl und anderen Abfällen »verdauen«: Tankerunglücke, das Auswaschen von Öltanks, abgelassenes Altöl von Automobilen und andere Quellen verseuchen die Ozeane Jahr für Jahr mit zwei bis fünf Millionen Tonnen Öl. Die Abfälle, die Schiffe ins Meer abführen, belaufen sich auf rund drei Millionen Tonnen pro Jahr. Allein die Vereinigten Staaten produzieren pro Jahr 50

Millionen Tonnen Abwasser und andere Abfälle, die ins Meer geleitet werden. Nicht alles davon ist gefährlich, aber der Anteil umweltbelastender Stoffe steigt ständig.

Besonders gefährdet sind die Schelfregionen, die flachen Küstengewässer, die besonders reichhaltig »belebt« sind. Schon jetzt ist ein Zehntel der amerikanischen Fanggründe für Schellfisch durch Umweltbelastungen unbrauchbar.

Wenn die Wasserverschmutzung in diesem Maße weitergeht, bedroht sie nicht nur den ständigen Nachschub an Frischwasser, sondern auch den Lebensraum »Ozean«. Wenn die Ozeane erst einmal so verschmutzt sind, daß Leben dort nicht mehr möglich ist, fällt ein wesentlicher Sauerstoffproduzent aus: Die mikroskopisch kleinen Pflanzen, das Plankton, das nahe der Oberfläche schwimmt und 80 Prozent des Sauerstoffs aufbereitet, würde absterben. Mit Sicherheit könnte das Landleben den Tod der Meereslebewesen nicht lange überdauern.

Eine grenzenlose Verschmutzung des Wassers könnte demnach durchaus das Leben auf der Erde insgesamt ausrotten, eine Katastrophe der vierten Art auslösen.

Doch dazu muß es nicht kommen. Man kann gefährliche Abfälle vor ihrer Ableitung ins Wasser »entschärfen«. Bestimmte Giftstoffe können verboten werden oder — wenn sie als Zwischen- oder Nebenprodukt entstehen — wieder zerstört anstatt freigesetzt werden. Dort, wo Eutrophikation um sich greift, kann man Algen »ernten« und mit ihrem erhöhten Nitrat- und Phosphatgehalt als Düngemittelersatz wiederverwenden.

Es gibt natürlich auch feste Abfälle, Abfälle, die weder in die Atmosphäre noch in die Hydrosphäre eindringen — Müll, Schutt und ähnliche Rückstände der Zivilisation. Solche Abfälle haben die Menschen schon seit Beginn ihrer Zivilisation produziert. Die alten Städte im Mittleren Osten wuchsen auf ihren eigenen Abfallbergen empor, und die Archäologen heute graben sich von Schuttschicht zu Schuttschicht weiter in die Vergangenheit zurück.

Inzwischen werden diese festen Abfälle gesammelt und in ungenutzten

Gegenden abgelagert. Um jede Stadt gibt es daher Zonen, in denen zahllose ausgediente Autos vor sich hinrosten, gibt es riesige Müllhalden, die Myriaden von Ratten als »Jagdgründe« dienen.

Diese Abfallberge türmen sich immer höher und höher, so daß die großen Städte, die tagtäglich viele Tonnen Abfall beseitigen müssen (in den industrialisierten Gebieten pro Jahr und Person mehr als 1 Tonne), bald keine neuen Plätze für Mülldeponien mehr finden.

Das Problem wird dadurch verschärft, daß ein zunehmender Anteil der festen Abfallstoffe nicht durch natürliche Prozesse zersetzt werden kann. Vor allem Aluminium und Plastikwerkstoffe sind äußerst beständig. Trotzdem muß man versuchen, auch sie wiederzugewinnen, stellen sie doch gerade jene »Minen« gebrauchter Rohstoffe dar, die ich vorhin erwähnte.

Energie — Alte Formen

Die Probleme der Rohstoffverknappung und Umweltverschmutzung haben also die gleiche Lösung — Recycling.*

Die Rohstoffe werden aus der Umwelt herausgezogen, während die Verschmutzung eine verstärkte Rückführung von Materialien darstellt, die durch natürliche Prozesse vollständig regeneriert werden könnte. Wir müssen versuchen, diesen Kreislauf zu beschleunigen, damit die Rohstoffe im gleichen Tempo wieder verfügbar werden, in dem sie aufgebraucht werden, damit die Verschmutzung im gleichen Tempo rückgängig gemacht wird, in dem sie entsteht. Die Prozesse müssen schneller ablaufen, als von der Natur vorgesehen, zum Teil auch in anderen Richtungen.

*Wir haben bislang nur materielle Verschmutzung diskutiert. Es gibt noch andere Arten der Verschmutzung, die nicht durch Recycling rückgängig gemacht werden können; ich werde später darauf zurückkommen.

Um dies zu erreichen, ist Zeit, Fleiß und die Entwicklung von neuen und besseren Recycling-Techniken erforderlich. Wesentlich ist aber auch noch eine weitere Zutat — Recycling verbraucht Energie. Die Rohstoffgewinnung am Meeresboden kostet Energie ebenso wie die Flüge zum Mond (wenn man Bodenschätze des Mondes nutzen will); Energie wird benötigt, wenn man die Konzentration dünn verteilter Substanzen erhöhen will oder komplexere Werkstoffe aus einfachen Bausteinen zusammensetzt; Energie ist notwendig, wenn man unliebsame Abfälle vernichten möchte oder sie zu gefahrlosen Nebenprodukten umwandeln will, wenn man sie einsammeln will oder zurückhalten möchte. Ganz gleich, welche Anstrengungen wir auch unternehmen, um die bestmöglichen Recyclingprozesse herauszufinden, die uns helfen, Rohstoffe zu »vermehren« und Umweltverschmutzung zu reduzieren — sie alle verbrauchen Energie.

Anders als materielle Vorräte kann Energie nicht beliebig oft wiederverwendet werden — sie läßt sich nicht »wiederaufbereiten«. Energie kann zwar nicht zerstört werden, doch jener Teil, der für die Verrichtung einer Arbeit nutzbar ist, nimmt aufgrund des Zweiten Hauptsatzes der Thermodynamik ständig ab. Wir müssen uns daher um den Nachschub an Energie mehr sorgen als um alle anderen Vorräte.

Wenn wir daher über die Ausbeutung unserer Vorräte allgemein reden, brauchen wir uns eigentlich nur auf die Erschöpfung unserer Energievorräte zu konzentrieren. Wenn wir eine beständige und ausreichende Energiequelle besitzen, können wir alle materiellen Vorräte wiederaufbereiten und so einer drohenden Verknappung entgegenwirken. Sind unsere Energievorräte dagegen begrenzt oder nur knapp bemessen, dann verlieren wir die Möglichkeit, steuernd in unsere Umwelt einzugreifen, und das bedeutet den unvermeidbaren Verlust aller Rohstoffquellen.

Wie aber ist es um unsere Energievorräte bestellt?

Die Hauptenergiequelle auf der Erde wird durch die Sonnenstrahlung gespeist, die ständig auf unseren Planeten trifft. Die Pflanzen wandeln die Energie des

Sonnenlichts in chemische Energie um, die sie in ihrem Gewebe speichern. Tiere fressen die Pflanzen und übernehmen dabei auch deren chemische Energie zur Deckung ihres eigenen Bedarfs.

Das Sonnenlicht wird aber auch in »unbelebte« Energieformen umgewandelt. Die ungleichmäßige Erwärmung der Erde erzeugt Meeresströmungen und Luftbewegungen (die konzentrierte Energie von Luftströmungen kann in Form von Hurricanes oder anderen Wirbelstürmen oftmals großen Schaden anrichten), und die Verdunstung des Ozeanwassers führt zu Niederschlägen, deren »Fließenergie« durch die Ausnutzung der Wasserkraft ebenfalls genutzt werden kann.

Alle anderen Energieformen liegen in viel geringerem Maße vor. Da gibt es zum Beispiel die innere Wärme der Erde, die wir in Geysiren und warmen Quellen als wohltuend empfinden, während Erdbeben und Vulkanausbrüche als ihre Folge gefürchtet werden. Da gibt es weiter die Rotationsenergie der Erde, die sich in den Gezeiten bemerkbar macht. Da gibt es schließlich die Strahlungsenergie, die nicht von der Sonne stammt, sondern von anderen Sternen und aus der kosmischen Strahlung, und die natürliche Radioaktivität von Elementen wie Uran und Thorium in der Erdkruste.

Pflanzen und Tiere nutzen zum überwiegenden Teil die chemische Energie, die in ihrem Gewebe gespeichert ist, wiewohl einfache Lebensformen hin und wieder auch die »unbelebten« Energien nutzen — wenn Pflanzen beispielsweise ihre Pollen oder Samen dem Wind anvertrauen.

Bei den frühen Menschen sah das nicht anders aus. Sie nutzten ihre eigene Muskelkraft, verstärkten sie noch durch geeignete Werkzeuge. Sie waren dennoch in der Lage, große Anstrengungen zu unternehmen. Mit Rädern, Hebeln und Keilen läßt sich auch mit Muskelkraft allein eine Menge leisten — auf diese Weise wurden immerhin die Pyramiden in Ägypten errichtet.

Schon vor den Anfängen der Zivilisation hatten die Menschen gelernt, sich die Muskeln anderer Tiere nutzbar zu machen. Gegenüber dem Einsatz von Sklaven brachte dies mancherlei Vorteile. Tiere waren gefügiger als Menschen, und Tiere brauchen eine andere Nahrung als Menschen, so daß sie die kargen Lebensmittelvorräte nicht zusätzlich belasteten. Schließlich sind sie oft genug stärker und schneller als Menschen.

Die wohl erfolgreichste Zähmung im Hinblick auf Geschwindigkeit und Kraft war die des Pferdes. Bis zum Beginn des 19. Jahrhunderts konnten die Menschen nicht schneller über Land reisen, als ein Pferd galoppieren konnte, und die gesamte Landwirtschaft einer Nation wie den Vereinigten Staaten hing von der Zahl der Pferde und ihrer Gesundheit ab.

Auch die Menschen nutzten unbelebte Energieformen. Auf Flössen konnten sie Güter stromabwärts transportieren, und mit Segeln ließ sich unter Ausnutzung der Windkraft auch stromaufwärts fahren. Wasserkraft wurde durch Schaufelräder nutzbar gemacht, und Windmühlen nutzten die Windkraft. In Meereshäfen schließlich ließ man Schiffe mit der ablaufenden Flut auslaufen. All diese Energiequellen waren jedoch begrenzt. Entweder konnten sie nur eine bestimmte Energiemenge freisetzen wie im Falle eines Pferdes, oder sie unterlagen unkontrollierbaren Schwankungen wie im Fall des Windes, oder sie waren an bestimmte geographische Regionen gebunden wie im Fall eines schnellströmenden Flusses.

Einen Wendepunkt brachte die Nutzung des Feuers, das es den Menschen erlaubte, eine Energiequelle beliebigen Ausmaßes jederzeit und an jedem beliebigen Ort zu nutzen.

Außer den Hominiden hat keine andere Tiergattung je den Versuch unternommen, Feuer zu nutzen. Dies ist die eindeutigste Trennung zwischen den Menschenähnlichen und allen anderen Lebewesen (ich sage Menschenähnliche, weil nicht erst der Homo sapiens das Feuer gebrauchte. Es gibt eindeutige Hinweise darauf, daß auch schon frühere Menschenformen wie der Homo erectus vor mehr als einer halben Million Jahre in chinesischen Höhlen das Feuer zu nutzen verstand).

Auf natürliche Weise ensteht Feuer durch den Einschlag von Blitzen in Bäume, und zweifellos nutzten die Menschen zunächst solche natürlichen Feuer. Man

»erbeutete« brennende Zweige, »speiste« sie mit Holz und sorgte dafür, daß sie nicht ausgingen. Ein erloschenes Lagerfeuer bereitete große Unannehmlichkeiten, weil man eine neue Feuerquelle suchen mußte, und wenn man sie nicht fand, wurde die Lage sehr schnell katastrophal.

Wahrscheinlich wurden erst um das Jahr 7000 v. Chr. Methoden zur künstlichen Feuererzeugung entwickelt. Wir wissen zwar nicht, wo, wie und wann genau die Menschen auf die Idee kamen, aber wir wissen sehr wohl, daß erst der Homo sapiens dazu in der Lage war, denn zu jenem Zeitpunkt gab es schon lange keine anderen Menschenähnlichen auf unserem Planeten mehr.

Hauptbrennstoff im Altertum und im Mittelalter war das Holz.*

Wie andere Energiequellen ist auch Holz unbegrenzt ersetzbar — aber mit einem Unterschied. Andere Energiequellen können nicht schneller genutzt werden, als sie sich erneuern können: Menschen und Pferde ermüden und müssen sich ausruhen, Wind und Wasser können nur eine vorgegebene Energiemenge bereitstellen und nicht »überlastet« werden. Anders beim Holz. Pflanzen wachsen zwar kontinuierlich nach, so daß sie bis zu einer bestimmten Grenze die Rodungen wieder auffüllen. Holz kann aber zunächst in stärkerem Maße verbraucht werden, als es wieder nachwächst, so daß die Menschen sich am Ende ihrer zukünftigen Energiequellen selbst beraubten.

Mit steigender Bevölkerungsdichte und voranschreitender technischer Entwicklung mußten immer mehr Feuer genährt werden, und so verschwanden allmählich die Wälder in der unmittelbaren Nachbarschaft menschlicher Wohngegenden.

Sparen wollte und konnte man nicht, weil nahezu jeder technologische Fortschritt den Energiebedarf steigerte und Menschen nie bereit waren, auf technologische Fortschritte zu verzichten. Das Schmelzen von Kupfer und Zinn erforderte Wärme, und sie konnte nur durch Holzverbrennung bereitgestellt werden.

*Fett, Öl und Wachs, das man aus Tier- und Pflanzenresten gewann, wurden zwar für Lampen und Kerzen benötigt, doch stellten sie nur einen geringen Anteil des Energieverbrauches dar.

Wollte man Eisen schmelzen, so brauchte man noch höhere Temperaturen, die durch Holzverbrennung nicht mehr erreicht werden konnten. Wenn aber Holz unter Bedingungen verbrannte, unter denen nur wenig Sauerstoff zugeführt wurde, entstand im Kern des Holzblocks nahezu reiner Kohlenstoff, die schwarze Holzkohle. Holzkohle brannte langsamer als Holz und produzierte nahezu gar kein Licht, lieferte aber dafür höhere Temperaturen als brennendes Holz. Mit Holzkohle konnte man Eisen schmelzen (und der Kohlenstoff ließ eine stählerne Oberfläche entstehen, die das Eisen brauchbar machte). Die Produktion von Holzkohle war jedoch im Hinblick auf den Holzverbrauch eine wahre Verschwendung.

Seit den Anfängen der menschlichen Zivilisation sind die Wälder auf unserm Planeten ausgebeutet worden, aber noch immer sind die Holzvorräte der Erde nicht erschöpft. Rund 40 Millionen Quadratkilometer der Erdoberfläche oder etwa 30 Prozent des Festlandes sind noch heute von Wäldern bedeckt.

Heutzutage werden zahlreiche Anstrengungen unternommen, um die Wälder zu erhalten und nicht mehr Holz zu benutzen, als ersetzt werden kann. Jedes Jahr kann ein Prozent des heranwachsenden Holzes »geerntet« werden, und dies sind immerhin zwei Milliarden Kubikmeter Holz. Rund die Hälfte davon wird vorwiegend in den Entwicklungsländern noch immer als Brennmaterial benutzt. Wahrscheinlich wird heute absolut mehr Holz als Brennstoff verwendet als noch zu jenen Zeiten, da zwar Holz das einzige »brennbare« Material war, dafür aber die Bevölkerungsdichte der Erde sehr viel geringer war als heute. Die restlichen Wälder bleiben nur deswegen geschützt (wobei dieser Schutz keineswegs vollständig ist), weil Holz nicht mehr der einzige Brennstoff und die einzige Energiequelle der Menschheit insgesamt ist.

Ein großer Teil jener Holzmassen, die in der Frühgeschichte der Erde entstanden, ist nicht vollständig zerfallen, sondern in Sümpfen versunken. Dann setzte ein Prozeß ein, bei dem bis auf die Kohlenstoffatome nahezu alle anderen Atome »verlorengingen«. Der Kohlenstoff wurde dann von weiteren Ablagerungen überdeckt und verdichtet. Dieses »fossile« Holz lagert in großen

Mengen unter der Erdoberfläche und ist als »Kohle« bekannt. Kohle ist ein chemischer Energiespeicher, der umgewandelte Sonnenenergie aus einer Periode von mehreren hundert Millionen Jahren enthält.

Man schätzt, daß die heute bekannten Kohlevorräte rund acht Billionen Tonnen ausmachen, die über weite Regionen der Erde verteilt sind. Wenn diese Schätzung stimmt, dann ist der Gehalt an Kohlenstoff in den Kohlevorräten der Erde rund zweimal so groß wie die Gesamtmasse der gegenwärtig auf der Erde lebenden Organismen.

Kohle ist wahrscheinlich schon während des Mittelalters in China verbrannt worden. Marco Polo, der im 13. Jahrhundert den Hof des Kublai Khan besuchte, berichtete, daß schwarze Steine als Brennstoff benutzt wurden. Erste Berichte über den Einsatz von Kohle in Europa tauchten erst im Anschluß daran auf, wobei die Holländer wohl den Anfang machten.

Allerdings begann die Kohleverbrennung in großem Maßstab in England. Dort waren die Waldgebiete schon früh ernsthaft gefährdet. Man brauchte nicht nur Holz als Energiequelle, um die Wohnstuben in diesem keineswegs sehr sonnenreichen Klima zu wärmen, man brauchte das Holz auch nicht nur für die wachsende Industrie, sondern mußte schließlich auch noch den Holzbedarf der englischen Marine decken, von deren Existenz die Sicherheit der Nation abhing.

Zum Glück fand man im nördlichen Teil des Landes leicht abzubauende Kohlevorräte. In England ist der Tagebau viel verbreiteter gewesen als in anderen Ländern. 1660 wurden pro Jahr zwei Millionen Tonnen Kohle gefördert, mehr als 80 Prozent der damaligen Gesamtförderung der Erde, und damit konnte die Ausbeutung des Waldes entscheidend zurückgedrängt werden. (Heute werden in England 150 Millionen Tonnen Kohle pro Jahr gefördert, doch macht dies nur noch fünf Prozent der globalen Kohleförderung aus.)

Besonders nützlich wäre Kohle gewesen, wenn man sie zum Schmelzen von Eisen hätte benutzen können, weil der Holzkohlenbedarf für die Eisenproduktion eine ungeheure Verschwendung des Holzes darstellte, man aber nicht gut auf die Herstellung von Eisen aus Eisenerzen verzichten konnte; diesem »strategischen« Bedarf fielen viele Wälder zum Opfer.

Im Jahre 1603 entdeckte Hugh Platt (1552—1608) eine Methode, Kohle zu erhitzen, um die »Fremdbestandteile«, die nicht Kohlenstoff waren, aus der Kohle herauszutreiben, so daß nahezu purer Kohlenstoff zurückblieb, der sogenannte Koks. Koks erwies sich als der Holzkohle ebenbürtig im Hinblick auf seine Verwendungsfähigkeit bei der Eisenproduktion.

Nachdem 1709 der englische Eisenfabrikant Abraham Darby (1678—1717) den Prozeß der Koksherstellung verbessert hatte, konnte der Siegeszug der Kohle als Primärenergiequelle beginnen. Kohle ermöglichte die industrielle Revolution in England, denn mit brennender Kohle wurde das Wasser zu Dampf erhitzt, der dann die Dampfmaschinen antrieb, die die Räder in den Fabriken, die Lokomotiven auf den Schienen und die Dampfschiffe auf den Flüssen und Meeren bewegten. In Deutschland wurde das Ruhrgebiet mit seinen Kohlevorräten zum Zentrum der industriellen Revolution, in den Vereinigten Staaten die Appalachen, in der Sowjetunion das Donezbecken.

Holz und Kohle gehören zu den festen Brennstoffen, doch gibt es auch flüssige und gasförmige Energiequellen. Pflanzenöle konnten als flüssiger Brennstoff für Lampen genutzt werden, und aus dem Holz wurden durch Erwärmung entzündbare Gase freigesetzt. Erst diese Verbindung der brennbaren Gase mit der Luft läßt die tanzenden Flammen eines Feuers entstehen. Feste Brennstoffe wie Kohle und Koks, aus denen keine Gase entweichen, glühen einfach. Erst im 18. Jahrhundert lernte man, wie entzündbare Gase erzeugt und gelagert werden konnten. Der englische Chemiker Henry Cavendish (1731—1810) konnte 1766 Wasserstoff isolieren und untersuchen; Cavendish nannte dieses Gas Feuergas aufgrund seiner Entflammbarkeit. Wenn Wasserstoff verbrennt, wird eine große Menge an Wärme freigesetzt, rund 1050 Joule pro Gramm im Vergleich zu 260 Joule pro Gramm bester Kohle.

Ein Nachteil des Wasserstoffs ist jedoch, daß er zu bereitwillig verbrennt und — wenn er mit Luft gemischt ist — schon durch den kleinsten Funken zu einer

Explosion gebracht wird. Diese gefährliche Mischung läßt sich jedoch kaum vermeiden.

Wenn dagegen normale Kohle unter Luftabschluß erhitzt wird, werden brennbare Gase freigesetzt (Leuchtgas), die nur zur Hälfte aus Wasserstoff bestehen. Den Rest bilden Kohlenmonoxyd und Kohlenwasserstoffe, und dadurch wird die Explosionsgefahr reduziert.

Um das Jahr 1800 verwendete der schottische Erfinder William Murdock (1754—1839) Leuchtgasflammen, um sein Haus zu erleuchten — damit wollte er vor allem zeigen, wie gering die Explosionsgefahr ist. 1803 beleuchtete er mit diesem Gas seine Fabrik, und 1807 wurden die ersten Straßen Londons von Gaslaternen erhellt.

Inzwischen hatte man ein brennbares, öliges Material entdeckt, das an manchen Stellen aus dem Gestein tropfte; man nannte es Petroleum (nach dem lateinischen Wort für Steinöl) oder, einfacher, Öl. Während Kohle aus den Überresten längst vergangener Wälder entstand, bildete sich das Öl aus den Resten längst vergangener einzelliger Meereslebewesen.

Die weitgehend festen Bestandteile solcher Materialien waren schon im Altertum als Bitumen oder Pech bekannt und wurden als wasserdichte Isolierung verwendet. Araber und Perser kannten auch die Brennbarkeit der flüssigen Bestandteile.

Im 19. Jahrhundert suchte man nach Gasen oder leichtverdampfbaren Flüssigkeiten, um dem ständig wachsenden Bedarf an Licht nachzukommen und dabei das Leuchtgas und den Tran zu ersetzen. Petroleum stellte eine mögliche Quelle dar. Es konnte destilliert werden, und ein Teil der Flüssigkeit, Kerosin, war für die Verwendung besonders gut geeignet. Allerdings brauchte man dann größere Petroleumvorkommen.

In Titusville (US-Bundesstaat Pennyslvania) gab es einige Sickerquellen, in denen das Petroleum aufgefangen und als Wundermedizin verkauft wurde. Ein Eisenbahnschaffner, Edwin Laurentine Drake (1818—1880), vermutete daraufhin ein großes unterirdisches Petroleumvorkommen und begann, danach zu bohren. 1859 hatte er Erfolg, und die erste »aktive« Erdölquelle war gefunden. Nun bohrte man auch an vielen anderen Stellen, und so entstand allmählich die moderne Erdölindustrie.

Seither ist die Erdölförderung von Jahr zu Jahr gestiegen. Die Entwicklung des Verbrennungsmotors, der mit »Gasolin« (einem Bestandteil des Petroleums, der noch leichter verdampft als Kerosin) betrieben wurde, und des Automobils, das mit einem solchen Verbrennungsmotor vorangetrieben wurde, gaben der Industrie einen gewaltigen Auftrieb. Petroleum enthält auch gasförmige Bestandteile, die hauptsächlich aus Methan bestehen, einer Verbindung von vier Wasserstoffatomen mit einem Kohlenstoffatom; Methan wird vielfach auch Erdgas genannt.

Zu Beginn des 20. Jahrhunderts begann das Öl, die Kohle zu verdrängen, und nach dem Zweiten Weltkrieg wurde es zum bevorzugten Energieträger der Industrie. Während die Kohle vor dem Zweiten Weltkrieg zu 80 Prozent den Energiebedarf Europas deckte, ist ihr Anteil in den siebziger Jahren auf rund 25 Prozent zurückgegangen. Seit dem Zweiten Weltkrieg hat sich der Verbrauch an Erdöl auf unserm Planeten mehr als vervierfacht und beläuft sich gegenwärtig auf 60 Millionen Barrel pro Tag oder 9,5 Milliarden Liter.

Seit 1859 wurden weltweit rund 350 Milliarden Barrel Öl gefördert, von denen allerdings die Hälfte allein in den letzten zwanzig Jahren verbraucht wurde. Man nimmt an, daß noch rund 660 Milliarden Barrel im Erdboden lagern, die bei der gegenwärtigen Verbrauchsrate innerhalb von 33 Jahren aufgebraucht wären.

Dies ist ein ernsthaftes Problem. Öl ist der angenehmste Energieträger, den die Menschen je in größeren Mengen gefunden haben. Es läßt sich leicht fördern, ist einfach zu transportieren, leicht in seine Bestandteile zu zerlegen, leicht zu verbrauchen — und das nicht nur als Energieträger, sondern auch für die Produktion einer Vielzahl synthetischer organischer Materialien, wie Farbstoffe, pharmazeutische Erzeugnisse, Kunstfasern und Kunststoffe. Erst das Öl erlaubte die rasche Ausbreitung der Industrialisierung über unseren Planeten.

Der Wechsel vom Öl zu einer anderen Energiequelle wird gewaltige Anstrengungen und Kapitaleinsätze erfordern — doch wird dieser Wechsel eines Tages notwendig werden. Der ständig wachsende Verbrauch und die Aussicht, daß die Vorräte irgendwann aufgebraucht sein werden, haben den Ölpreis in den siebziger Jahren emporschnellen lassen, wodurch die Weltwirtschaft in eine enorme Krise gestürzt wurde. Spätestens 1990 wird die Ölförderung hinter dem Bedarf zurückbleiben, und wenn wir bis dahin keine Ersatzenergielieferanten gefunden haben, wird eine unabsehbare Energiekrise die Folge sein. Damit werden sich aber auch die Gefahren der Rohstoffverknappung sowie der Luft- und Wasserverschmutzung verschärfen. Energiemangel in den Wohnungen, in den Fabriken und im Bereich der Landwirtschaft bedeutet aber auch Schwierigkeiten in der Versorgung mit Wärme, mit Handelswaren, selbst mit Nahrung.

Es erscheint daher wenig sinnvoll, sich vor Katastrophen des Universums, der Sonne oder der Erde zu fürchten; wir brauchen uns auch nicht um Schwarze Löcher zu sorgen oder um Invasionen von außerhalb der Erde. Statt dessen müssen wir uns fragen, ob innerhalb dieser Generation die Versorgung mit Energie, die seit Beginn der Menschheitsgeschichte ständig angestiegen ist, ihren endgültigen Höhepunkt erreicht und wieder abnimmt, und ob dies die menschliche Zivilisation so stark gefährdet, daß schließlich ein verzweifelter Atomkrieg das Ende der Menschheit bringt, die Hoffnung auf eine »Wiedergeburt« ein für allemal zerstört.

Dies ist die Katastrophe, der wir viel unmittelbarer gegenüberstehen als all den anderen Katastrophen, die wir bislang diskutiert haben.

Neue Energieformen

Obwohl die Aussicht auf eine Energieverknappung gleichermaßen bedrohlich wie erschreckend ist, bleibt eine solche Krise nicht unvermeidlich. Es ist eine von Menschen gemachte Katastrophe, die sich mit den den Menschen gegebenen Möglichkeiten hinauszögern oder ganz vermeiden läßt.

Wie schon bei der Verknappung anderer Rohstoffe gibt es auch in diesem Fall verschiedene Gegenmaßnahmen. Da ist zunächst die Energieeinsparung. Zweihundert Jahre lang war die Menschheit in der glücklichen Lage, viel Energie für geringe Kosten zu bekommen, und dies hatte seine weniger erfreulichen Nebeneffekte: Es gab wenig Anlaß, sparsam mit Energie umzugehen; vielmehr war die Versuchung groß, Energie zu verschwenden.

Doch die Zeit billiger Energie ist (zumindest vorübergehend) vorbei. Die Vereinigten Staaten sind im Hinblick auf Erdöl zum Beispiel keine Selbstversorger mehr. In den USA ist weit mehr Öl gefördert worden als in jedem anderen Land, doch aus genau diesem Grund sind die Vorräte inzwischen weitgehend erschöpft, während die Verbrauchsziffern ständig weiter steigen. Das bedeutet, daß die Vereinigte Staaten mehr und mehr Öl aus dem Ausland importieren müssen. Das bleibt nicht ohne Auswirkungen auf die Handelsbilanz, führt zu einem unerträglichen Druck auf den Dollar, treibt die Inflation an und zehrt allgemein an der wirtschaftlichen Position Amerikas.

Energiesparen ist daher nicht nur wünschenswert für die Amerikaner, sondern absolut notwendig.

Es gibt viele Möglichkeiten, Energie einzusparen, angefangen bei der »Vernichtung« der größten Energieverschwender auf unserem Planeten — den zahllosen militärischen Einsatzgeräten. Da Krieg ohne Selbstmord nicht denkbar ist, ist die Fortdauer des militärischen Wettrüstens zu Lasten eines gewaltigen Energieverbrauchs, während gleichzeitig Energiequellen der Erde zu versiegen drohen, absoluter Wahnsinn.

Parallel zu einem sparsameren Ölverbrauch gibt es auch noch Möglichkeiten, die Fördermethoden zu verbessern, so daß aus vorhandenen Ölquellen mehr Öl sprudelt oder bereits »ausgetrocknete« Quellen erneut angezapft werden können.

Es ist auch möglich, die Wirksamkeit der Energieausnutzung bei der Verbrennung von Öl zu steigern. Gegenwärtig werden durch die Verbrennungswärme des Öls Explosionen gezündet, durch deren Druck Teile im Innern des Verbrennungsmotors in Bewegung gesetzt werden; oder es wird Wasser in Dampf umgewandelt, mit dem dann eine Turbine zur Stromerzeugung angetrieben wird. Solche Maschinen wandeln nur etwa 25 bis 40 Prozent der Energie des brennenden Öls in Arbeit um — der Rest geht als Wärme verloren. Diesen Wirkungsgrad wird man nicht wesentlich steigern können.

Es gibt aber andere Möglichkeiten. Man kann auch Gase so weit aufheizen, bis die Atome und Moleküle in ihre elektrisch geladenen Bestandteile zerfallen, die dann durch ein magnetisches Feld beschleunigt werden können und dabei einen elektrischen Strom produzieren. Solche »magneto-hydrodynamischen Energiewandler« (MHD) würden mit sehr viel höherer Wirksamkeit arbeiten als die konventionellen Energiewandler.

Zumindest theoretisch ist es sogar möglich, Elektrizität direkt aus der Verbindung von Brennstoff und Sauerstoff in einer elektrischen Zelle zu produzieren, ohne den Umweg über Wärme. Hierbei ließe sich ohne Schwierigkeiten ein Wirkungsgrad von 75 Prozent erreichen, und mit etwas Anstrengung sollte man bis nahe an 100 Prozent herankommen. Bislang wurden allerdings noch keine brauchbaren Brennstoffzellen entwickelt, doch bleibt die Hoffnung, daß die noch zu überwindenden Schwierigkeiten genommen werden können.

Vielleicht werden auch neue Erdölquellen entdeckt. In den letzten 50 Jahren sind immer wieder Vorhersagen gemacht worden darüber, daß die Erdölvorräte zur Neige gehen würden, doch wurden alle diese Voraussagen Lügen gestraft. Vor dem Zweiten Weltkrieg nahm man an, daß die Erdölförderung ihren Höhepunkt in den vierziger Jahren erreichen würde und danach ständig abnähme; nach dem Krieg prophezeite man gleiches für die sechziger Jahre; heute spricht man von den neunziger Jahren. Wird diese Verschiebung ständig so weitergehen?

Darauf können wir natürlich nicht hoffen. Die genannten Verschiebungen wurden möglich, weil von Zeit zu Zeit neue Erdölquellen aufgefunden wurden.

Die größten Ölvorräte fand man ziemlich überraschend in den Jahren nach dem Zweiten Weltkrieg im Mittleren Osten. 60 Prozent aller gegenwärtig bekannten Erdölvorräte liegen in einem kleinen Gebiet rund um den Persischen Golf (nicht weit entfernt von jenen Landstrichen, in denen die ersten bekannten Hochkulturen der Menschheit entstanden).

Es ist unwahrscheinlich, daß wir noch einmal eine solche reiche Quelle finden werden. Seither sind immer weitere Bereiche der Erde mit immer ausgefeilteren Methoden nach Öl abgeklopft worden. Dabei wurden Ölquellen im nördlichen Alaska gefunden, Ölquellen in der Nordsee, und gegenwärtig untersuchen wir die Schelfregionen vor den Kontinenten — doch der Tag wird kommen (und er ist wahrscheinlich nicht mehr sehr fern), an dem es keine neuen Lagerstätten mehr geben wird.

So werden selbst Einschränkungen im Energieverbrauch, gesteigerte Wirkungsgrade und die Entdeckung neuer Ölquellen kaum verhindern können, daß schon bald im 21. Jahrhundert die Ölquellen erschöpft sein werden. Und dann?

Öl kann nicht nur aus Ölquellen gefördert werden. Öl ist zum Teil auch in bestimmten Gesteinen eingelagert, aus denen es relativ einfach gewonnen werden kann. Da gibt es beispielsweise den Ölschiefer, der eine teerige, organische Masse, das sogenannte Kerogen, enthält. Wenn solcher Ölschiefer erwärmt wird, brechen die Kerogenmoleküle auf, und eine Substanz ähnlich dem Rohöl kann extrahiert werden. Es ist nicht auszuschließen, daß die Schieferölvorräte in der Erdkruste mehr als 3000mal so groß sind wie die Erdölvorräte der bekannten Quellen. Eine Schieferölregion im Westen der Vereinigten Staaten enthält möglicherweise siebenmal so viel Öl wie der gesamte Mittlere Osten.

Das Problem ist, daß der Schiefer abgebaut werden muß, daß er erhitzt werden muß und daß das gewonnene Rohöl (selbst die ölhaltigsten Schiefer enthalten allenfalls zwei Barrel Öl pro Tonne Gestein) mit Methoden weiterverarbeitet werden muß, die sich von den gegenwärtigen Raffineriekonzepten sehr unterscheiden. Anschließend muß der verbrauchte Schiefer irgendwo gelagert werden. Die Schwierigkeiten und Kosten sind sehr groß, und noch sprudeln die bekannten Erdölquellen zu reichhaltig, um solche Kapitalinvestitionen notwendig zu machen. Dennoch bleibt die Hoffnung, daß in Zukunft, wenn die bekannten Erdölquellen versiegen, das Schieferöl die entstehenden Lücken füllen kann, wenn auch zu einem höheren Preis.

Daneben gibt es natürlich auch noch Kohle. Kohle war die Hauptenergiequelle, bevor sie vom Öl überholt wurde, und sie kann diese Rolle jederzeit wieder übernehmen. Man sagt allgemein, daß die Kohle untertage ausreichen würde, um den gegenwärtigen Energiebedarf der Menschheit noch über Jahrtausende zu decken. Nicht alle Kohlevorräte können jedoch mit den gegenwärtig verfügbaren Techniken abgebaut werden. Doch selbst die vorsichtigsten Schätzungen gehen davon aus, daß wir mit den gegenwärtigen Methoden noch einige Jahrhunderte hindurch genügend Kohle fördern können, um unseren Energiebedarf zu decken, und bis dahin sollten die Abbaumethoden weiter verbessert sein.

Bergbau ist jedoch nicht ungefährlich. Immer wieder hören wir von Explosionen und Stolleneinbrüchen, verbunden mit Todesfällen. Die Arbeit ist schwer, und die Bergleute sterben vielfach an Lungenerkrankungen. Bergbau zerstört und verschmutzt die Umgebung der Mine und verschandelt die Landschaft durch riesige Abraumhalden. Die geförderte Kohle muß transportiert werden, und das ist weit aufwendiger als der Transport von Öl durch eine Pipeline. Kohle ist sehr viel schwieriger zu handhaben und schwerer zu entzünden als Öl, und sie hinterläßt eine schwere Asche und einen luftverschmutzenden Qualm (solange nicht besondere Anstrengungen gemacht werden, die Kohle vor dem Gebrauch zu reinigen).

Dennoch können wir hoffen, daß die Kohleindustrie neue und bessere Methoden entwickeln wird. Das Land kann nach Ende der Kohleförderung wieder annähernd in seinen ursprünglichen Zustand gebracht werden. (Natürlich braucht man dazu Zeit, Arbeit und Geld.) Außerdem kann ein Großteil der

Kohleverarbeitung am Bergwerk selbst durchgeführt werden, so daß Transportkosten vermindert werden können.

So könnte man beispielsweise Kohle am Bergwerk verbrennen, um mit Hilfe magneto-hydrodynamischer Prozesse Elektrizität zu erzeugen. Dann braucht man nur noch den Strom zu produzieren, nicht aber die Kohle.

Man kann auch Kohle direkt am Bergwerk erhitzen, um die freiwerdenden Gase, zu denen Kohlenmonoxyd, Methan und Wasserstoff gehören, aufzufangen. Aus diesen Gasen kann man synthetisches Erdgas, Benzin und andere Ölprodukte herstellen. Dieses Öl und Gas wird dann zu transportieren sein, nicht die Kohle, und so können die Kohleflöze zu unseren neuen Erdölquellen werden.

Selbst die Kohle, die als Kohle verwendet werden muß (bei der Eisen- und Stahlproduktion beispielsweise), kann effizienter genutzt werden. Als feingemahlener Puder läßt sie sich leichter transportieren, leichter entzünden und leichter handhaben, so daß die Unterschiede gegenüber der »Benutzerfreundlichkeit« des Öls nicht mehr so groß sind.

Aus dem Ölschiefer und den Kohlelagerstätten können wir auch nach der vollständigen Ausbeutung der herkömmlichen Ölquellen Erdöl gewinnen, können wir auch im »Nachölzeitalter« unsere Technologie auf dem gegenwärtigen Stand für einige Jahrhunderte weiterbetreiben.

Es gibt jedoch im Zusammenhang mit der Verbrennung von Öl und Kohle ein schwerwiegendes Problem, das sich auch durch verbesserte Abbau- und Verarbeitungsmethoden nicht aus der Welt schaffen läßt. Diese »fossilen Brennstoffe« schlummern seit einigen hundert Millionen Jahren unter der Erdoberfläche und enthalten viele Billionen Tonnen Kohlenstoff, die seit eben dieser Zeit dem natürlichen Kreislauf entzogen waren. Jetzt wird dieser Kohlenstoff durch die Verbrennung der fossilen Brennstoffe zunehmend wieder freigesetzt, und zwar in Form von Kohlendioxyd, das in die Erdatmosphäre entweicht. Ein Teil dieses Kohlendioxyds wird sich im Ozeanwasser lösen, ein weiterer Teil mag dazu beitragen, daß die Pflanzen besser wachsen als gegenwärtig, weil ihnen dann mehr Kohlendioxyd zur Verfügung steht. Der Rest aber wird zu einem stetigen Ansteigen des Kohlendioxydgehalts in der Erdatmosphäre führen.

Seit 1900 ist der Kohlendioxydgehalt der Erdatmosphäre um rund 10 Prozent von 0,029 Prozent auf 0,032 Prozent gestiegen. Man nimmt an, daß um das Jahr 2000 die Konzentration bereits 0,038 Prozent erreicht hat, fast ein Drittel mehr als zu Beginn des Jahrhunderts. Dies ist zumindest zum Teil darauf zurückzuführen, daß wir zunehmend fossile Brennstoffe verbrennen, doch dürfte auch die zunehmende Abholzung der Wälder, die ja zu einer Verringerung der »Kohlendioxydspeicher« führt, ihren Teil dazu beitragen.

Sicher, die Zunahme des Kohlendioxydgehaltes in der Atmosphäre ist, absolut gesehen, nicht sehr groß. Selbst wenn der Verbrauch an fossilen Brennstoffen noch beschleunigt weitergeht, werden wir kaum eine Konzentration von mehr als 0,115 Prozent Kohlendioxyd in der Erdatmosphäre erreichen. Dies wird unsere Atmung keineswegs beeinträchtigen.

Es ist aber auch nicht die Atemluft, um die wir uns Sorge machen müssen. Es ist vielmehr der Treibhauseffekt in der Erdatmosphäre, der schon durch eine geringe Zunahme des Kohlendioxydgehaltes verstärkt wird. Man nimmt an, daß die durchschnittliche Jahrestemperatur auf der Erde im Jahre 2000 um ein Grad Celsius höher liegt als im Jahre 1900, nur wegen des gestiegenen Kohlendioxidgehaltes.[*]

Ein Grad Celsius reicht natürlich noch nicht aus, um das Klima der Erde ernsthaft zu beeinträchtigen, um die Eiskappen zu schmelzen und damit die tiefliegenden Landstriche unter Wasser zu setzen.

[*]Bei der Abschätzung dieser Auswirkungen darf man nicht vergessen, daß die zunehmende Industrialisierung dem Treibhauseffekt zumindest teilweise entgegenwirkt, weil auch verstärkt Staub in die Atmosphäre geblasen wird. Dieser Staub führt zu einer erhöhten Lichtreflektion, so daß weniger Sonnenlicht die Erdoberfläche erreicht, die Erde also abkühlt. In den siebziger Jahren gab es in der Tat einige ungewöhnlich kalte Winter. Im Endeffekt wird jedoch die Treibhauswirkung des Kohlendioxyds mit Sicherheit die erhöhte Reflexion durch den Industriestaub übertreffen — vor allem, wenn wir Maßnahmen ergreifen, die Atmosphäre nach Möglichkeit nicht weiter zu verschmutzen.

Es gibt aber auch Wissenschaftler, die darauf hinweisen, daß im Falle eines Ansteigens des Kohlendioxydgehalts über einen bestimmten Grenzwert die allmähliche Temperaturzunahme des Meereswassers zu einer Freisetzung auch des im Wasser gelösten Kohlendioxyds führt, das seinerseits den Treibhauseffekt beschleunigen würde, wodurch wieder die Wassertemperaturen ansteigen und mehr Kohlendioxyd freigesetzt wird usw. Sollte der Treibhauseffekt dermaßen außer Kontrolle geraten, könnte die Temperatur der Erdoberfläche schließlich den Siedepunkt des Wassers erreichen und die Erde damit unbewohnbar machen. Dies wäre zweifellos eine katastrophale Konsequenz des Verbrauchs fossiler Energieträger.

Möglicherweise haben vorübergehende Perioden eines geringfügig erhöhten Kohlendioxydgehalts in der Geschichte der Erde drastische Folgen gehabt. Vor rund 75 Millionen Jahren beispielsweise führten Umwälzungen in der Erdkruste dazu, daß eine Vielzahl flacher Meeresgewässer austrocknete. In diesen Flachwassern hatte es sicherlich ein reichhaltiges Algenwachstum gegeben, durch das eine Menge Kohlendioxyd aus der Luft gebunden wurde. Als diese Flachwasser von der Erdoberfläche verschwanden, nahm die »Bevölkerungsdichte« der Algen rapide ab, so daß nicht mehr so viel Kohlendioxyd der Erdatmosphäre entzogen werden konnte. Entsprechend stieg die Temperatur der Erde langsam an.

Große Tiere tun sich schwerer, Körperwärme an die Umgebung abzugeben, als kleine Tiere, so daß sie mit dieser ansteigenden Temperatur weniger gut fertig wurden. Vor allem die Samenzellen sind nur in einem engen Temperaturbereich fruchtbar, und entsprechend könnte eine Zunahme der Körpertemperatur die Fortpflanzungsfähigkeit der großen Tiere beeinträchtigt haben. Vielleicht ist dies die Ursache für das plötzliche Aussterben der Saurier.

Könnte ein ähnliches, noch dazu selbst herbeigeführtes Schicksal auch uns drohen?

In ähnlichen Fällen habe ich bislang immer auf die Fortschritte in unserer Technologie vertraut, die uns helfen sollten, solche Katastrophen zu vermeiden oder ihnen zu begegnen. Entsprechend könnten wir uns vorstellen, daß die Menschheit eines Tages in der Lage sein wird, gefährliche Überkonzentrationen an Kohlendioxyd aus der Atmosphäre herauszuziehen. Anders als eine kommende Eiszeit oder gar die Expansion der Sonne zu einem roten Riesenstern wird das Kohlendioxydproblem aber schon sehr bald auf uns zukommen, wird der Treibhauseffekt schon bald außer Kontrolle geraten; ich halte es für unwahrscheinlich, daß unsere Technologie in der kurzen Zeit, die uns noch bleibt, in der Lage ist, entsprechende Gegenmaßnahmen zu entwickeln.

Es ist daher durchaus denkbar, daß die Suche nach neuen Ölquellen oder ihr Ersatz durch Ölschiefer und Kohle keine praktikable Lösung darstellen, weil es eine scharfe Grenze für die Verbrennung fossiler Energieträger gibt, jenseits derer wir einen katastrophalen Treibhauseffekt riskieren. Bleiben uns Alternativen oder müssen wir voller Verzweiflung darauf warten, bis innerhalb des nächsten Jahrhunderts die Zivilisation auf die eine oder andere Weise zugrunde geht?

Es gibt Alternativen. Zum Beispiel die alten Energiequellen, die die Menschen nutzten, ehe die fossilen Brennstoffe zum Einsatz kamen. Wir besitzen Muskeln, die Tiere ebenfalls. Wind weht über unseren Planeten, Wasser strömt den Ozeanen entgegen, Gezeiten bewegen die Meere, die Erde selbst verfügt über innere Energie, und sie ist von Wäldern bewachsen. All diese Energieträger verursachen keine bleibende Umweltverschmutzung, sie sind alle regenerierbar und unerschöpflich. Darüber hinaus können wir sie heute mit größerer Effizienz nutzen als unsere Vorfahren.

Zum Beispiel brauchen wir nicht wie verrückt Bäume zu fällen, um sie zur Temperierung unserer Wohnungen oder für die Herstellung von Holzkohle zur Stahlproduktion zu verbrennen. Wir könnten statt dessen bestimmte Pflanzen anbauen, die so gezüchtet sind, daß sie besonders schnell wachsen, viel Kohlendioxyd der Atmosphäre entziehen und als Kohlenstoff in ihrem Gewebe anlagern (man spricht in diesem Zusammenhang von Biomasse). Wir könnten diese Pflanzen direkt verbrennen oder aber spezielle Züchtungen verwenden, aus denen wir brennbares Öl gewinnen, vielleicht auch Alkohole produzieren können. Solche natürlich hergestellten Brennstoffe könnten in Zukunft als Energiequelle für Autos und Fabriken dienen.

Der große Vorteil solcher »pflanzlichen« Treibstoffe liegt darin, daß sie nicht ständig neues Kohlendioxyd in die Erdatmosphäre freisetzen. Die Brennstoffe werden aus Kohlendioxyd gewonnen, das einige Monate oder Jahre zuvor der Atmosphäre entzogen worden ist — auf diese Weise wird der natürliche Kreislauf des Kohlendioxyds entscheidend beschleunigt.

Auch Windmühlen oder ihre modernen Gegenstücke lassen sich mit einem viel größeren Wirkungsgrad bauen als die Museumsstücke, die man heute hier und dort noch sieht.

Früher nutzte man die Gezeitenenergie nur, in dem man Schiffe mit dem ablaufenden Wasser aus den Häfen auslaufen ließ. Heute kann man das Hochwasser in Gezeitenbecken stauen und bei Niedrigwasser wieder ablaufen lassen — natürlich über eine Turbine, die einen Generator zur Stromerzeugung antreibt. Vorschläge wurden gemacht, die Temperaturunterschiede zwischen dem Oberflächenwasser und dem Tiefenwasser in tropischen Gewässern zu nutzen oder aber auch die nie versiegende Energie der Meereswellen, um Strom zu erzeugen.

All diese Energieformen sind im großen und ganzen sicher und unerschöpflich. Sie verursachen keine gefährliche Umweltverschmutzung, und sie sind immer wieder regenerierbar, solange die Erde und die Sonne existieren.

Sie sind allerdings nicht im Übermaß vorhanden. Sie können weder jede für sich noch alle zusammen den Energiebedarf der Menschheit decken, der in den beiden letzten Jahrhunderten von Öl und Kohle bereitgestellt worden ist. Das heißt aber nicht, daß sie unbedeutend sind. Zum einen mögen sie in der einen oder anderen Form an bestimmten Orten der Erde die jeweils günstigste Energie darstellen, zum anderen können sie alle zusammen den Bedarf an fossilen Energieträgern reduzieren helfen, die Verfügbarkeit dieser Brennstoffe ausweiten.

Mit all diesen anderen Energieträgern ließe sich so der Einsatz fossiler Brenn-
stoffe noch lange Zeit auf einem Niveau halten, das niedrig genug ist, um das
Klima nicht ernsthaft zu gefährden. Während dieser Zeit könnte eine neue,
sichere, unerschöpfliche und reichhaltige Energieform entwickelt werden.
Gibt es eine Energie mit diesen Eigenschaften überhaupt?
Die Antwort lautet: ja.

Energie im Überfluß

Nur fünf Jahre, nachdem der französische Physiker Antoine Henri Becquerel
(1852—1908) im Jahre 1896 die Radioaktivität entdeckt hatte, konnte Pierre
Curie bereits die Wärmemenge messen, die beim Zerfall von Radium entsteht.
Dies war der erste Hinweis darauf, daß innerhalb des Atoms Energiemengen
schlummerten, von deren Existenz man zuvor keine Ahnung hatte.
Sofort begannen die Menschen mit Spekulationen darüber, wie man diese
Energie einsetzen könnte. Der englische Science-fiction-Autor H. G. Wells
nahm in seinem Metier schon bald nach der Entdeckung Curies die Entwicklung der Atombombe vorweg.
Man erkannte jedoch schon bald, daß man zur Freisetzung dieser Atomenergie
(oder, richtiger, der »Kernenergie«, denn hier ging es um die Freisetzung von
Energie, die die Atomkerne zusammenhält und die Elektronen, die für die
chemischen Reaktionen verantwortlich sind, unbeachtet läßt) zunächst einmal
Energie in die Atome stecken mußte. Man mußte die Atome mit energiereichen Elementarteilchen beschießen, die elektrisch positiv geladen sind. Nur
einige davon erreichten den Atomkern, und nur wenige davon konnten die
elektrische Abstoßung des ebenfalls positiv geladenen Kerns mit noch ausreichender Energie überwinden, um die Zerstörung anzurichten, die zum Freisetzen der Kernenergie notwendig war. Man mußte also weit mehr Energie
hineinstecken, als man herausziehen konnte, und so schien die Nutzung der
Kernenergie ein unwirklicher Traum zu bleiben.

1932 jedoch entdeckte James Chadwick (1891—1974) ein weiteres Elementarteilchen. Weil es keine elektrische Ladung besaß, nannte er es Neutron, und weil es keine elektrische Ladung besaß, konnte es sich dem elektrisch geladenen Atomkern nähern, ohne von ihm zurückgestoßen zu werden. Wenn man ein Neutron in einen Atomkern bringen wollte, brauchte man nicht viel Energie. Das Neutron wurde sehr rasch zum bevorzugten subatomaren »Geschoß«. 1934 bombardierte der italienische Physiker Enrico Fermi (1901—1954) Atome mit Neutronen, um ihre Kernmasse zu vergrößern und damit ihre Position im Periodensystem der Elemente zu verändern. Am Ende der damals bekannten Liste stand das Element Uranium mit der Nummer 92; ein Element mit der Nummer 93 war nicht bekannt, und so schoß Fermi auch Neutronen auf Uranium, um dieses unbekannte Element zu erzeugen.

Die Ergebnisse waren verwirrend. Andere Physiker wiederholten das Experiment und versuchten es zu deuten, vor allem der deutsche Chemiker Otto Hahn (1879—1968). Frau Meitner erkannte gegen Ende des Jahres 1938, daß beim Beschuß von Uran mit Neutronen kein schweres Element entstand, sondern die Urankerne vielmehr in zwei Stücke auseinanderbrachen (Uranspaltung).

Frau Meitner lebte zu jenem Zeitpunkt in Schweden, da sie als Jüdin das Nazi-Deutschland hatte verlassen müssen. Sie teilte ihre Vorstellungen dem dänischen Physiker Nils Bohr (1885—1962) mit, der sie in die Vereinigten Staaten weiterleitete.

Der ungarisch-amerikanische Physiker Leo Szilard (1898—1964) erkannte die Bedeutung dieser Entdeckung. Bei jedem Zerfall eines Urankerns wurde viel mehr Energie freigesetzt, als zur Beschleunigung des Neutrons erforderlich gewesen war. Außerdem wurden bei jeder Uranspaltung zwei oder drei Neutronen freigesetzt, die ihrerseits wiederum Uranatome spalten konnten, wodurch erneut Neutronen frei wurden, usw.

Innerhalb kürzester Zeit würde diese »Kettenreaktion« eine gewaltige Explosion auslösen, hervorgerufen durch dieses einzelne Neutron am Anfang, das

»ohne böse Absicht« durch die Atmosphäre geistern mochte, also nicht einmal beabsichtigt auf Urankerne gelenkt worden war.

Szilard überredete die amerikanischen Wissenschaftler, über diese Entdeckung und ihre weiteren Forschungsarbeiten Stillschweigen zu bewahren (denn Deutschland schickte sich an, einen Krieg gegen die zivilisierte Welt zu führen), und überredete dann Präsident Roosevelt, diese Arbeiten zu unterstützen, indem er Albert Einstein bat, einen Brief zugunsten des Projekts zu schreiben. Noch vor dem Ende des Zweiten Weltkriegs waren drei Uranspaltungsbomben fertiggestellt. Eine wurde am 16. Juli 1945 bei Alamogordo im US-Bundesstaat Neu Mexiko getestet, die beiden andern wurden über Japan abgeworfen.

Mittlerweile hatten die Wissenschaftler auch einen Weg gefunden, die Uranspaltung zu kontrollieren. Die Kettenreaktion wurde dabei so gedrosselt, daß sie zwar ablief, aber keinen gefährlichen Grad erreichte. Auf dieser »Sparflamme« konnte sie unbegrenzt weitergehen. Damit ließ sich genügend Wärme produzieren, um die Aufgabe von Kohle und Öl bei der Erzeugung von Elektrizität zu übernehmen.

In den fünfziger Jahren wurden Kernkraftwerke zur Stromerzeugung in den Vereinigten Staaten, in Großbritannien und in der Sowjetunion errichtet. Inzwischen stehen solche Kernspaltungsreaktoren in vielen Ländern und tragen ihren Teil zur Energieversorgung bei.

Kernreaktoren haben eine Reihe von Vorteilen. Zum einen läßt sich aus einer gegebenen Menge Uran weit mehr Energie gewinnen als aus einer gleich großen Menge Kohle oder Öl. Obwohl Uran nicht gerade häufig ist, reichen die Uranvorräte der Erde aus, um zehn- bis hundertmal mehr Energie zu produzieren als mit Hilfe der bekannten fossilen Brennträger.

Die Verhältnisse wären noch günstiger, gäbe es nicht zwei unterschiedliche Arten von Uran, von denen nur eine für die Kernspaltung verwendbar ist. In der Natur kommen Uran-238 und Uran-235 vor, doch nur Uran-235 kann durch Beschuß mit langsamen Neutronen zur Spaltung angeregt werden.

Leider stellt Uran-235 nur 0,7 Prozent des Gesamturangehaltes der Erde dar.

Man kann jedoch einen Kernreaktor bauen, bei dem das Spaltmaterial von normalem Uran-238 oder dem ähnlichen Metall Thorium-232 umgeben ist. Neutronen, die aus dem Kernbereich austreten, können die Uran- oder Thoriumkerne treffen und dort zwar keine Spaltung auslösen, wohl aber Atomumwandlungen hin zu Atomen, die sich unter den richtigen Voraussetzungen spalten lassen. Ein Reaktor dieser Art erbrütet das spaltbare Plutonium-239 oder Uran-233, auch wenn sein Gehalt an Uran-235 langsam aufgebraucht wird. Die »Brutrate« ist sogar größer als der eigene Verbrauch, und so nennt man einen solchen Reaktor einen »Brutreaktor«.

Bislang sind die meisten gebauten Kernreaktoren keine Brüter, doch gibt es auch bereits einige Brutreaktoren, den ersten seit 1951, und neue könnten jederzeit gebaut werden. Brutreaktoren ermöglichen die Aufbereitung und spätere Spaltung aller Uran- und Thoriumvorräte auf der Erde, so daß die Menschheit damit eine Energiequelle besäße, die mindestens 3000mal so groß ist wie die in den fossilen Brennstoffen gespeicherte Energie.

Selbst mit herkömmlichen Kernreaktoren könnte die Menschheit genügend Energie freisetzen, um ihren gegenwärtigen Bedarf noch für Jahrhunderte zu decken. Bei der Verwendung von Brutreaktoren würden die Energievorräte der Erde einige hunderttausend Jahre reichen, so daß genügend Zeit bliebe, sich nach anderen Energiequellen umzusehen. Hinzu kommt, daß Kernreaktoren, ob Brüter oder nicht, kein Kohlendioxyd produzieren und keine chemische Verschmutzung der Atmosphäre heraufbeschwören.

Gibt es neben diesen Vorteilen aber auch Nachteile? Uran und Thorium sind ziemlich gleichmäßig über die Erdkruste verteilt, so daß diese Elemente schwierig zu finden und nicht leicht zu konzentrieren sind. Vielleicht wird man nur einen kleinen Teil der Uran- und Thoriumvorräte der Erde nutzen können. Kernreaktoren sind darüber hinaus sehr teure Einrichtungen, die nicht leicht gewartet und noch schwieriger repariert werden können. Schließlich —

und dies ist das Wichtigste — führen die Kernreaktoren zu einer neuen, besonders gefährlichen Form der Verschmutzung — sie produzieren radioaktive Strahlung.

Wenn sich ein Uranatom durch den Beschuß mit einem Neutron spaltet, bricht es in eine ganze Serie kleinerer Atome auseinander, die ihrerseits viel radioaktiver sind als das Uran. Diese Radioaktivität klingt nur sehr langsam auf ein Niveau ab, das ungefährlich ist — bei einigen Folgeprodukten dauert es mehrere tausend Jahre. Die »radioaktive Asche« ist sehr gefährlich, weil ihre Strahlung ebenso tödlich sein kann wie die einer Atombombe, dabei aber viel »hinterhältiger« ist. Wollte die Menschheit ihren Energiebedarf ausschließlich mit Spaltreaktoren decken, besäße die radioaktive Asche, die pro Jahr entstünde, so viel Radioaktivität, wie sie bei der Explosion von Millionen Atombomben freigesetzt wird.

Die radioaktiven Abfallprodukte müssen an einem sicheren Ort so gelagert werden, daß sie über Tausende von Jahren nicht an die Außenwelt dringen können. Man kann sie in rostfreie Stahlbehälter einschließen oder in Glas einschmelzen. Stahl- und Glasbehälter lassen sich in unterirdischen Salzstöcken, in der Antarktis, im Sedimentgestein unter dem Meeresboden und an anderen sicheren Orten lagern. Bislang sind schon eine Reihe von Vorschlägen zur Lagerung der radioaktiven Abfälle gemacht worden, von denen jeder seine Vorzüge besitzt, von denen aber noch keiner so sicher zu sein scheint, daß alle Betroffenen zufriedengestellt wären.

Man darf auch nicht außer acht lassen, daß ein Kernreaktor außer Kontrolle geraten kann. Der Reaktor ist zwar so konzipiert, daß er nicht explodieren kann, doch müssen immer beachtliche Mengen radioaktiven Spaltmaterials eingesetzt werden, und wenn sich die Kettenreaktion bei einem Unfall über den Sicherheitspunkt hinaus beschleunigt, kann der Reaktorkern sich aufheizen, den Schutzmantel durchschmelzen und schließlich tödliche Strahlung an die Außenwelt abgeben.

Brutreaktoren werden von einigen Leuten noch für viel gefährlicher gehalten, weil sie in erster Linie Plutonium verwenden, dessen Radioaktivität viel stärker ist als die des Urans und diese Gefährlichkeit über Hunderttausende von Jahren beibehält. Plutonium wird von einigen Menschen als die tödlichste Substanz auf der Erde angesehen, so daß man fürchten muß, falls der Einsatz von Plutonium gang und gäbe würde, daß ein Teil dieser tödlichen Substanz an die Außenwelt dringen könnte und die Erde buchstäblich unbewohnbar machen würde.

Es könnte auch die Gefahr bestehen, daß der Terrorismus, falls er in den Besitz von Plutonium kommt, zu einer wirklich ernsthaften Gefahr anwachsen könnte. Wenn Terroristen an Plutonium herankommen, können sie mit der Drohung einer Explosion oder einer Freisetzung dieser extrem giftigen Substanz die Welt erpressen. Dies wäre eine weit gefährlichere Waffe als alles, was ihnen bislang zur Verfügung stand.

Man kann natürlich der Bevölkerung nicht garantieren, daß solche Zwischenfälle *nie* passieren, und so wachsen die Widerstände gegen den Bau von Kernreaktoren. Die friedliche Nutzung der Kernenergie muß weit langsamere Zuwachsraten in Kauf nehmen, als man noch in den fünfziger Jahren vermutet hatte, zu einer Zeit, da man aufgrund der Entdeckung der Kernenergie eine rosige Zukunft mit Energie im Überfluß voraussagte.

Doch die Kernspaltung ist nicht die einzige Möglichkeit, Kernenergie zu nutzen. Überall im Universum wird die Energie hauptsächlich durch die Verschmelzung von Wasserstoffkernen in Heliumkerne bereitgestellt; Wasserstoff ist das einfachste Atom, Helium das zweiteinfachste. Diese Wasserstoffverschmelzung oder auch Wasserstoffusion liefert die Energie der Sterne, wie der deutsch-amerikanische Physiker Hans Albrecht Bethe (1906—) im Jahre 1938 zeigen konnte.

Nach dem Zweiten Weltkrieg begannen Physiker mit Versuchen, die Wasserstoffusion auch im Labor zu ermöglichen. Dazu benötigen sie extreme Temperaturen von mehreren Millionen Grad, und sie müssen das Wasserstoffgas, das auf diese Temperaturen erhitzt wird, zusammenhalten. Im Fall der Sonne und der übrigen Sterne geschieht dies durch die starken Anziehungskräfte, die auf der Erde jedoch nicht dupliziert werden können.

Einen Lösungsweg bot die Möglichkeit, die Temperatur des Wasserstoffs so rasch zu erhöhen, daß ihm gar nicht die Zeit bleibt, zu entweichen, ehe die Fusion einsetzt. Dies sollte mit einer Kernspaltungsbombe möglich sein, und so wurde 1952 in den Vereinigten Staaten eine Bombe gezündet, bei der eine Urankettenreaktion die Wasserstofffusion in Gang brachte. Kurz darauf zündete auch die Sowjetunion eine entsprechende Bombe.

Eine solche Kernverschmelzungsbombe oder Wasserstoffbombe setzt sehr viel mehr Energie frei als eine Kernspaltungsbombe, und bislang ist sie noch in keinem Krieg eingesetzt worden. Weil Wasserstoffbomben eine höhere Ausgangstemperatur benötigen, nennt man sie auch thermonukleare Bomben; sollten sie je in einem thermonuklearen Krieg zum Einsatz kommen, so dürfte die Erde von einer Katastrophe der vierten Art heimgesucht werden.

Aber könnte man auch die Wasserstofffusion unter Kontrolle bringen, ihre Energie auch friedlich nutzen, wie dies im Fall der Uranspaltung möglich ist? Der englische Physiker John David Lawson (1923—) untersuchte 1957 die dafür notwendigen Voraussetzungen. Der Wasserstoff mußte eine bestimmte Dichte besitzen, eine bestimmte Temperatur erreichen und diese Temperatur für eine bestimmte Zeit beibehalten, ohne aus dem Reaktionsgefäß entweichen zu können. Jede Einschränkung in einem dieser drei Punkte bedeutete eine Verschärfung in einem oder in beiden anderen Aspekten. Seither bemühen sich Wissenschaftler in den Vereinigten Staaten, in Europa und der Sowjetunion, die von Lawson markierten Grenzen zu überschreiten.

Wir kennen drei verschiedene Arten der Wasserstoffatome, Wasserstoff-1, Wasserstoff-2 und Wasserstoff-3; Wasserstoff-2 wird Deuterium genannt, Wasserstoff-3 Tritium. Wasserstoff-2 verschmilzt bei geringeren Temperaturen als Wasserstoff-1, und Wasserstoff-3 kommt mit noch niedrigeren Temperaturen aus (obwohl selbst die geringste Temperatur, die für die Fusion erforderlich ist, unter irdischen Bedingungen bei einigen zehn Millionen Grad liegt).

Wasserstoff-3 ist ein radioaktives Isotop, das in der Natur kaum vorkommt. Es kann zwar im Laboratorium produziert werden, aber nur in kleinen Mengen. Daher ist Wasserstoff-2 der Haupt»rohstoff« für die Wasserstoffverschmelzung, und zur Senkung der erforderlichen Fusionstemperatur wird ein bißchen Wasserstoff-3 hinzugefügt.

Wasserstoff-2 ist viel seltener als Wasserstoff-1. Auf jeweils hunderttausend Atome Wasserstoff-1 kommen nur 15 Atome Wasserstoff-2. Dennoch enthält jeder Liter Meereswasser so viel Wasserstoff-2 Atome, daß die aus ihnen gewonnene Fusionsenergie dem Energiegehalt von 350 Litern Benzin entspricht. Und die Ozeane (die bekanntlich zu zwei Dritteln aus Wasserstoff- und zu einem Drittel aus Sauerstoffatomen bestehen) sind so riesig, daß sie genügend Wasserstoff-2 enthalten, um den gegenwärtigen Energiebedarf der Menschheit über mehrere Milliarden Jahre decken zu können.

Es gibt eine Reihe von Punkten, die der Wasserstoffusion gegenüber der Kernspaltung den Vorzug geben. So kann man zum Beispiel mit der Wasserstoffusion pro Masseneinheit rund zehnmal so viel Energie produzieren wie mit Hilfe der Kernspaltung, und Wasserstoff-2, der Fusionsrohstoff, ist viel leichter zu gewinnen als Uran oder Thorium und viel leichter zu handhaben. Wenn die Fusion von Wasserstoff-2 erst einmal eingeleitet ist, werden jeweils nur kleine Mengen auf einmal verschmolzen, so daß, selbst wenn die Fusion außer Kontrolle geraten und die gesamte bereitstehende Menge auf einmal verschmelzen sollte, nur eine sehr kleine Explosion die Folge ist, von der man kaum etwas merkt. Darüber hinaus werden bei der Wasserstoffverschmelzung keine radioaktiven Abfallprodukte gebildet. Helium, das bei dieser Fusion entsteht, ist die ungefährlichste Substanz, die wir kennen. Während des Prozesses entsteht zwar Wasserstoff-3, entstehen auch Neutronen, und beides ist gefährlich. Sie werden jedoch nur in kleinen Mengen freigesetzt, und sie können dem Fusionsprozeß wieder zugeführt werden.

Die Kernverschmelzung erscheint daher als die ideale Energiequelle. Das Problem ist lediglich, daß wir sie bislang nicht beherrschen. Allen Anstrengungen zum Trotz ist es den Wissenschaftlern noch nicht gelungen, genügend Wasserstoff bei genügend hohen Temperaturen für eine genügend lange Zeit einzuschließen, um die kontrollierte Fusion zu ermöglichen.

Die Wissenschaftler versuchen, auf unterschiedlichen Wegen zum Ziel zu gelangen. Mit starken Magnetfeldern in ganz bestimmten Konfigurationen werden die geladenen Teilchen zusammengehalten, während die Temperatur langsam erhöht wird. Man kann auch die Temperatur sehr rasch steigern, nicht durch eine Uranbombe, sondern mit Laserlicht oder Elektronenstrahlen. Es bestehen berechtigte Hoffnungen, daß einer der Wege in den achtziger Jahren zum Ziel führt, vielleicht auch alle drei, so daß zumindest im Labor die kontrollierte Kernfusion Wirklichkeit wird. Dann wird es allerdings noch einige Jahrzehnte dauern, ehe große Fusionskraftwerke errichtet sind, die einen spürbaren Beitrag zur Energieversorgung der Menschheit leisten können.

Neben der Wasserstoffusion gibt es jedoch noch eine andere unerschöpfliche Energie, die sicher und »ewig« ist: die Sonnenenergie. Nur zwei Prozent des auftreffenden Sonnenlichts werden für die Photosynthese aller Pflanzen auf der Erde benötigt und damit indirekt für die Versorgung allen tierischen Lebens auf unserem Planeten. Die restliche Energie im Sonnenlicht ist immer noch zehntausendemal so groß wie der Energiebedarf der Menschheit. Diese gewaltige Energiemenge der Sonnenstrahlung verpufft jedoch nicht nutzlos. Sie läßt Meereswasser verdunsten und sorgt damit für Regen, fließendes Wasser und allgemein die Süßwasserversorgung auf unserem Planeten, sie läßt Meeresströmungen und den Wind entstehen, sie erwärmt die Erdoberfläche und macht damit die Erde erst bewohnbar.

Es gibt jedoch keinen Grund, warum Menschen nicht zuerst von dieser Strahlungsenergie Gebrauch machen sollten. Schließlich wandeln wir dabei nur Strahlung in Wärme um, so daß der Erde allgemein nichts verloren geht. Die Situation wäre vergleichbar mit einem Wasserfall, unter dem wir herwandern: Das Wasser würde auch dann noch den Boden erreichen und ablaufen, doch könnten wir genügend davon vorübergehend aufgefangen haben, um uns zu erfrischen oder zu waschen.

Das Problem bei der Nutzung der Sonnenenergie ist lediglich, daß sie, obwohl reichlich vorhanden, sehr dünn verteilt ist. Um sie nutzen zu können, muß man sie in großen Flächen auffangen, was ihre »Handhabung« erschwert.

Im kleinen Maßstab hat man Sonnenenergie schon seit langem genutzt. Fenster nach Süden lassen im Winter das Licht der tiefstehenden Sonne ins Zimmer eindringen, sind dagegen für die im Zimmer entstehende Wärmestrahlung ziemlich »dicht«, so daß ein Zimmer — zumindest teilweise — durch diesen Treibhauseffekt aufgeheizt wird und weniger Brennstoff nötig ist.

Die gleiche Methode erlaubt auch eine noch weitergehende Nutzung. Wassertanks, die man auf schrägliegenden Dachflächen nach Süden (auf der Südhalbkugel nach Norden) montiert, können die Sonnenstrahlung absorbieren und so ein Haus mit einer ständigen Warmwasser»quelle« versorgen. Damit ließe sich auch die Heizung allgemein betreiben oder im Sommer die Klimaanlage. Sonnenlicht kann aber auch mit Hilfe von Sonnenzellen direkt in Elektrizität umgewandelt werden.

Gewiß, das Sonnenlicht ist nicht ständig verfügbar. Nachts scheint die Sonne nicht, und tagsüber können Wolken die Intensität der Sonnenstrahlung so stark abschwächen, daß ihre Wirkung verpufft. Außerdem kommt es immer wieder vor, daß ein Haus durch ein anderes Gebäude oder ein natürliches Objekt, einen Baum oder einen Berg, abgeschattet wird. Und bislang gibt es keine zufriedenstellenden Speichermöglichkeiten, mit deren Hilfe man sich »aufgestaute Sonnenenergie« für schlechte Zeiten bewahren könnte.

Wenn man die Energieversrogung der Erde vollständig mit Sonnenenergie decken will, kommt man mit einer individuellen Nutzung der Sonnenenergie nicht mehr aus. Statt dessen werden riesige Auffangflächen erforderlich, die man beispielsweise in Wüsten errichten könnte. Allerdings sind der Bau und die Unterhaltung solcher Sonnenzellenfarmen extrem teuer.

Es gibt aber noch eine andere Möglichkeit, Sonnenenergie aufzufangen: Nicht auf der Erdoberfläche, sondern im erdnahen Weltraum. Ein großes Areal von Sonnenzellenflächen, das in einer Umlaufbahn über dem Erdäquator in 36.000 Kilometern Höhe installiert wird, würde sich innerhalb von 24 Stunden einmal um die Erde drehen. Dies ist eine sogenannte synchrone Umlaufbahn, die dazu führt, daß die Raumstation scheinbar bewegungslos über einem Punkt der Erdoberfläche zu verharren scheint.

Solche Sonnenzellenflächen in der Erdumlaufbahn würden das volle Sonnenlicht empfangen, ohne Abschwächung durch die Atmosphäre. Im Laufe eines Jahres würden sie nur zwei Prozent ihrer Zeit im Erdschatten verbringen, so daß die Notwendigkeit eines Energiespeichers stark reduziert wird. Man schätzt, daß eine Sonnenzellenfläche einer bestimmten Größe in der Erdumlaufbahn 60mal mehr Strom produzieren kann als eine gleich große Fläche am Erdboden.

Der Strom, der in der Raumstation produziert wird, müßte in Form von Mikrowellenstrahlung zu einer Empfangsstation auf der Erdoberfläche »gesendet« und dort wieder in Elektrizität umgewandelt werden. Hundert solcher Stationen entlang dem Erdäquator könnten genügend Energie bereitstellen, solange die Sonne existiert.

Wenn wir in die Zukunft blicken und dabei voraussetzen, daß die Menschen lernen, um des Überleben willen zusammenzuarbeiten, so dürfte es um das Jahr 2020 nicht nur die ersten Fusionsreaktoren auf der Erdoberfläche geben, sondern auch die ersten Sonnenenergiekraftwerke im Weltraum. Bis zum Jahre 2020 können wir sicher mit den verschiedenen Energieträgern und anderen Energiequellen von heute durchhalten. Unter friedlichen Voraussetzungen und mit gutem Willen könnte also die Energiekrise, die uns gegenwärtig bedroht, nur vorübergehend sein. Hinzu kommt, daß die Eroberung des Weltalls im Zusammenhang mit dem Bau von Sonnenenergiekraftwerken noch ganz andere Konsequenzen haben dürfte. Man wird Laboratorien und Observatorien im Weltall errichten, zusammen mit Raumsiedlungen für die Menschen, die dort arbeiten und leben. Auf dem Mond wird es Bergwerke geben,

die den Löwenanteil der Rohstoffe für die Raumstrukturen bereitstellen können (obwohl Kohlenstoff, Stickstoff und Wasserstoff nach wie vor von der
Erde herangeschafft werden müssen).

Im Laufe der Zeit wird ein Großteil der irdischen Industrien in den Weltraum
abwandern, wird man die Bodenschätze der Planetoiden abbauen, wird die
Menschheit sich über das Sonnensystem ausbreiten und vielleicht sogar in die
Milchstraße vordringen. Ein solches Szenario entwirft vor unseren Augen die
Vorstellung, daß alle Probleme gelöst werden können — mit Ausnahme der
Tatsache, daß der Sieg selbst zu einem Problem werden kann. Und so will ich in
meinem letzten Kapitel die Katastrophen diskutieren, die sich aus diesem Sieg
ergeben könnten.

XV. Die Gefahren des Sieges

Bevölkerungsexplosion

Wenn wir uns eine friedliche Gesellschaft vorstellen, die über genügend Energie verfügt und daher die Möglichkeit besitzt, alle Rohstoffe zu regenerieren und eine hochentwickelte Technik aufzubauen, dürfen wir nicht außer acht lassen, daß eine solche Gesellschaft auch die Früchte ihres Sieges über die Umwelt ernten will. Solche Siege hat es im kleinen Rahmen schon mehrfach gegeben, und immer war das Ergebnis das gleiche — eine Zunahme der Bevölkerungsdichte.

Die Menschen haben wie alle anderen Lebewesen, die je auf diesem Planeten existierten, die Möglichkeit, sich rasch zu vermehren. Es ist nicht ausgeschlossen, daß eine Frau während ihrer fruchtbaren Jahre beispielsweise 16 Kinder bekommen kann. (Es wird sogar von Fällen berichtet, in denen eine einzelne Mutter 30 Kinder geboren hat.) Das würde bedeuten, daß wir — ausgehend von einem Paar — nach 30 Jahren 18 Menschen haben würden. Die älteren Kinder könnten (falls wir uns eine Gesellschaft vorstellen, die Inzest erlaubt) bereits untereinander verheiratet sein und ihrerseits 10 Kinder besitzen. Innerhalb von 30 Jahren wären aus zwei Personen 28 geworden — eine Vervierzehnfachung. Mit diesem Tempo können innerhalb von 200 Jahren aus zwei Menschen 100 Millionen werden.

Die Menschen vermehren sich jedoch nicht mit diesem Tempo, und das aus zwei Gründen. Zum einen gebiert nicht jede Frau 16 Kinder, sondern im Durchschnitt sehr viel weniger, so daß die Geburtenrate weit unter dem potentiellen Höchstwert liegt.

Zum anderen habe ich bei meiner Rechnung vorausgesetzt, daß alle Menschen, die einmal geboren wurden, am Leben bleiben, und dies ist natürlich nicht richtig. Irgendwann muß jeder Mensch sterben, oft genug, bevor er so viele Kinder wie möglich gezeugt hat, manchmal sogar, bevor auch nur ein einziges Kind gezeugt wurde.

Neben der Geburtenrate gibt es also auch noch eine Sterblichkeitsrate, und für die meisten Tierarten sind beide Raten nahezu gleich groß.

Wenn auf Dauer gesehen Sterblichkeits- und Geburtenrate gleich bleiben, dann bleibt die Bevölkerungsdichte einer jeden Spezies stabil. Steigt dagegen die Sterblichkeitsrate über die Geburtenrate, dann nimmt — selbst bei einem nur kleinen Unterschied — die Bevölkerungsdichte ab, und die Art wird irgendwann einmal ausgestorben sein. Wenn umgekehrt die Geburtenrate auch nur sehr geringfügig höher als die Sterberate ist, wird sich die Zahl der Lebewesen dieser Gattung ständig erhöhen.

Die Sterberate nimmt in der Regel zu, wenn die Umweltbedingungen sich verschlechtern, und nimmt ab, wenn sich die Lebensbedingungen verbessern. Die Population einer jeden Spezies wächst in guten Jahren und schrumpft in schlechten Jahren.

Einzig die Menschen haben die Intelligenz und die Möglichkeit, ihre Umwelt radikal zu ihren Gunsten zu verändern. Sie konnten ihr lokales Klima durch den Gebrauch des Feuers verbessern, sie konnten ihre Nahrungsversorgung durch den Anbau von Pflanzen und die Haltung von Haustieren verbessern, sie konnten die Gefahr, die ihnen von Raubtieren drohte, durch die Entwicklung von Waffen reduzieren; sie konnten die Gefahr, die ihnen von Parasiten drohte, durch die Entwicklung der Medizin reduzieren. Als Folge davon konnte die Menschheit eine Geburtenrate halten, die — insgesamt gesehen — immer höher war als die Sterberate, seit der Homo sapiens auf der Erdoberfläche erschien.

Um das Jahr 6000 v. Chr., als Ackerbau und Viehzucht noch in ihren Anfängen steckten, lebten rund 10 Millionen Menschen auf dem Planeten. Zur Zeit des Pyramidenbaus waren es wahrscheinlich schon 40 Millionen, zu Lebzeiten Homers 100 Millionen, als Kolumbus Amerika entdeckte, 500 Millionen, zur Zeit Napoleons eine Milliarde, zur Zeit Lenins zwei Milliarden, und mittlerweile leben mehr als vier Milliarden Menschen auf der Erde.

Da die Fortschritte der Technologie kontinuierlich sind, nahm die Geschwindigkeit, mit der die Menschheit ihre Herrschaft über die Umwelt und rivalisierende Lebensformen ausweitete, nahm die Geschwindigkeit, mit der die

»Sicherheit« der Menschheit wuchs, ständig zu. Entsprechend vergrößerte sich das Ungleichgewicht zwischen Geburten- und Sterberate zugunsten der Geburtenrate. Dies aber heißt nichts anderes, als daß die menschliche Bevölkerungsdichte nicht nur wächst, sondern mit ständig steigendem Tempo zunimmt.

Vor der Entwicklung des Ackerbaus, als die Menschen ausschließlich von der Jagd und vom Sammeln ihrer Nahrungsmittel lebten, war die Versorgung mit eßbarem Material knapp und unsicher, so daß sich die Menschheit nur durch eine Ausweitung des Lebensraumes vergrößern konnte. Damals dürfte die Zuwachsrate der Bevölkerungsdichte bei weniger als 0,02 Prozent pro Jahr gelegen haben, so daß es mehr als 35.000 Jahre dauerte, ehe sich die Bevölkerungszahl verdoppelte.

Durch die Einführung von Ackerbau und Viehzucht konnte eine ausreichende Nahrungsversorgung gesichert werden, was — zusammen mit anderen technologischen Fortschritten — zu einer Steigerung des Bevölkerungswachstums führte. Um das Jahr 1700 lag es bei 0,3 Prozent (dies entspricht einer Verdoppelungsrate innerhalb von 230 Jahren), um 1800 bei 0,5 Prozent (eine Verdoppelungsrate innerhalb von 140 Jahren).

Durch die industrielle Revolution, die Mechanisierung der Landwirtschaft und den Fortschritt in der Medizin stieg die Zuwachsrate auf ein Prozent im Jahre 1900 (eine Verdoppelungsrate innerhalb von 70 Jahren) und zwei Prozent in den siebziger Jahren (eine Verdoppelungsrate innerhalb von 35 Jahren). Die Zunahme sowohl der Bevölkerungsdichte als auch der Zuwachsrate läßt die Zahl der hinzukommenden Menschen explodieren. Um das Jahr 1800, als die Erdbevölkerung bei einer Milliarde lag und eine Zuwachsrate von 0,5 Prozent pro Jahr hatte, kamen jedes Jahr fünf Millionen neue Menschen hinzu, die ernährt werden wollten. In den siebziger Jahren dieses Jahrhunderts waren es — ausgehend von vier Milliarden Menschen auf dem Planeten und einer Zuwachsrate von zwei Prozent pro Jahr — 80 Millionen neue Menschen, die ernährt werden wollen. Die Bevölkerungszahl hat sich in 170 Jahren vervier-

facht, doch die Zahl der neu hinzukommenden Menschen versechzehn-
facht.

Obwohl dies ein Erbe des Sieges der Menschheit über die Umwelt ist, steckt
in ihm eine fürchterliche Bedrohung. Eine stetig abnehmende Bevölkerungszahl kann immer weiter sinken, bis sie schließlich bei Null ankommt. Eine
stetig zunehmende Bevölkerungszahl dagegen kann unter *keinen Umständen*
unbegrenzt weiterwachsen. Irgendwann einmal muß eine ständig wachsende
Bevölkerungsdichte die Nahrungsmittelproduktion überfordern, die Möglichkeiten der Umwelt überfordern, den vorhandenen Lebensraum überlasten,
und dann wird sich mit einer katastrophalen Geschwindigkeit die Situation
umkehren und in einen drastischen Rückgang der Bevölkerungsdichte mün-
den.

Solche Entwicklungen in der Bevölkerungsdichte hat man bei zahlreichen
anderen Arten verfolgen können, die sich in Jahren günstiger Umweltbedingungen nahezu grenzenlos vermehrten, nur um in den anschließenden mageren
Jahren in Massen an Futtermangel zu sterben.

Dieses Schicksal droht der Menschheit ebenfalls. Unser Sieg über die Umwelt
führt zu einer Bevölkerungsexplosion, die uns auf Höhen treibt, von denen es
keinen Rückweg mehr gibt außer dem Absturz — und je größer die Höhe,
desto tiefer der Sturz.

Können wir auf technologische Fortschritte im Kampf gegen diese Gefahr
zählen, wie dies in der Vergangenheit immer wieder der Fall war? Nein, denn es
läßt sich leicht zeigen, daß bei der gegenwärtigen Rate des Bevölkerungswachstums in absehbarer Zeit jeder technologische Fortschritt unmöglich wird.

Beginnen wir mit der Tatsache, daß die Erdbevölkerung 1979 bei etwa vier
Milliarden Menschen lag (in Wirklichkeit sogar noch etwas darüber) und mit
einer Rate von zwei Prozent pro Jahr wuchs. Dabei könnten wir schon heute
sagen, daß eine Bevölkerung von mehr als vier Milliarden Menschen für die
Erde zu groß ist und keinerlei Wachstum mehr verträgt. Immerhin leiden 500
Millionen Menschen, ein Achtel der Weltbevölkerung (vorwiegend in Asien

und Afrika), unter chronischer Unterernährung, und Hunderttausende sterben jedes Jahr an Hunger. Der Zwang, ständig mehr Nahrungsmittel zu produzieren, um die jedes Jahr neu hinzukommenden Menschen zu ernähren, hat zur Kultivierung unfruchtbarer Böden geführt, zum Einsatz von Pestiziden, künstlichen Düngemitteln und Bewässerungssystemen, die insgesamt das ökologische Gleichgewicht der Erde mehr und mehr durcheinanderbringen. Die Folge ist eine Erosion des fruchtbaren Bodens, eine Ausbreitung des Wüstengürtels und ein scheinbarer Stillstand der Nahrungsmittelproduktion (die bislang immer mit der Bevölkerungszahl gestiegen ist, in den letzten Jahrzehnten sogar noch etwas schneller), der aber schon bald nicht mehr gehalten werden kann. Dann wird sich der Hunger von Jahr zu Jahr weiter ausbreiten.

Man kann gegenargumentieren, daß Nahrungsmittelknappheit eine »hausgemachte« Katastrophe ist, das Ergebnis von Verschwendung, Schlendrian, Habgier und Ungerechtigkeit. Mit menschlicheren und besseren Regierungen, mit einer vernünftigen Bodennutzung, mit vernünftigeren Lebensgewohnheiten und einer gerechten Verteilung der Nahrungsmittel könnte die Erde viel mehr Menschen Heimat bieten als gegenwärtig, ohne übermäßig belastet zu werden. 50 Milliarden Menschen auf unserem Planeten sind durchaus vorstellbar, 12 1/2mal so viel wie gegenwärtig.

Mit der gegenwärtigen Zuwachsrate von zwei Prozent wird sich die Bevölkerung der Erde jedoch alle 35 Jahre verdoppeln. Im Jahre 2014 wird es acht Milliarden Menschen geben, 2049 etwa 16 Milliarden und so weiter. Das aber heißt, daß bei der gegenwärtigen Zuwachsrate bereits um das Jahr 2100 rund 50 Milliarden Menschen auf diesem Planeten leben, in nur 120 Jahren. Und dann? Wenn wir diesen Punkt erreicht haben, werden wir *auch* die Nahrungsmittelreserven der Erde erschöpfen, wird sich ein abruptes, katastrophales Ende kaum vermeiden lassen.

Sicher, innerhalb von 120 Jahren kann der technologische Fortschritt auch eine neuartige Ernährungsweise der Menschen hervorgebracht haben — doch würde es dann keine anderen Tiere mehr auf dem Planeten geben, und wir lebten nur noch von Zuchtpflanzen, die hundertprozentig eßbar sind und zu denen es keine Alternative mehr gäbe. Unter solchen Voraussetzungen könnte die Erde sogar 1,2 Billionen Menschen, rund 300mal so viel wie heute, ernähren. Aber auch diese Ziffer würde bei der gegenwärtigen Zuwachsrate bereits in 300 Jahren erreicht, um das Jahr 2280. Und dann?

Es ist in der Tat sinnlos, anzunehmen, man könnte diese oder jene Zahl von Menschen durch diesen oder jenen technologischen Fortschritt noch ernähren: Eine geometrische Reihe (und nach diesem Muster nimmt die Erdbevölkerung zu) übersteigt irgendwann einmal jede beliebige Zahl. Die folgende Rechnung mag dies belegen.

Nehmen wir einmal an, das Durchschnittsgewicht eines Menschen (Frauen und Kinder eingeschlossen) betrage 45 Kilogramm. Dann ist das Gesamtgewicht der Menschen, die gegenwärtig auf der Erde leben, rund 180 Milliarden Kilogramm. Dieses Gewicht wird sich alle 35 Jahre verdoppeln, entsprechend der Zuwachsrate der Erdbevölkerung. Rechnet man diese Zuwachsrate bis ins Extrem weiter, so kommt man zu dem Ergebnis, daß nach nur 1800 Jahren die Gesamtmasse der dann auf der Erde lebenden Menschen so groß ist wie die Masse der Erde selbst. (Diese Zeitspanne ist nicht sehr lang, sie entspricht gerade der Zeit, die seit der Herrschaft des römischen Kaisers Marc Aurel vergangen ist.)

Man kann natürlich davon ausgehen, daß die Menschheit sich auf der Erde nicht bis zu jenem Punkt fortpflanzen kann, zu dem die gesamte Erde nur noch eine gewaltige Kugel aus menschlichem Fleisch und Blut ist. Mit anderen Worten, *ganz egal, was wir tun,* wir können die gegenwärtige Zuwachsrate von zwei Prozent auf der Erde nicht 1800 Jahre lang durchhalten.

Aber warum sollten wir uns auf die Erde beschränken? Es wird sicher keine 1800 Jahre dauern, ehe die Menschheit andere Planeten kolonialisiert und künstliche Raumsiedlungen errichtet hat, und beides würde uns »mehr Luft« geben. Unter dieser Voraussetzung ließe es sich vielleicht ermöglichen, die Masse der Menschen größer werden zu lassen als die Masse der Erde — vor allem dann, wenn sich die Menschheit auch in die Tiefen des Universums hinein ausbreitet. Doch nicht einmal dies könnte ein grenzenloses Wachstum ermöglichen.

Die Sonne enthält 330.000 Erdmassen und die Milchstraße rund 150 Milliarden Sonnenmassen. Die Zahl der Galaxien in unserem Universum wird auf 100 Milliarden geschätzt. Nehmen wir an, daß eine durchschnittliche Galaxie so viel Masse besitzt wie unsere Milchstraße (zweifellos eine Überschätzung, in diesem Zusammenhang aber unwesentlich), dann entspricht die Gesamtmasse des Universums fünf Quadrilliarden Erdmassen (einer fünf mit 27 Nullen dahinter). Würde die gegenwärtige Zuwachsrate der Menschen anhalten, dann wäre nach wenig mehr als 5000 Jahren die Gesamtmasse des Universums erreicht. Dies ist etwa die Zeit, die seit der Erfindung der Schrift vergangen ist. Mit anderen Worten: Wir haben während der ersten 5000 Jahre der Geschichtsschreibung das Stadium erreicht, wo wir die Oberfläche unseres kleinen Planeten schon ziemlich dicht besiedeln. Innerhalb der nächsten 5000 Jahre würden wir bei der gegenwärtigen Zuwachsrate nicht nur diesen Planeten, sondern das gesamte Universum »überrunden«.

Wenn wir also die totale Erschöpfung der Nahrungsmittel, der Rohstoffe und des Lebensraumes vermeiden wollen, müssen wir die gegenwärtige Zuwachsrate der Erdbevölkerung innerhalb der nächsten 5000 Jahre irgendwann abknicken lassen, selbst wenn wir uns während dieser Zeit einen technologischen Fortschritt über alle Grenzen der Phantasie hinaus zubilligen. Und wenn wir auch nur ein Fünkchen Realismus bewahren wollen, müssen wir zugestehen, daß wir nur dann eine Katastrophe der fünften Art vermeiden können, wenn wir dieses Abknicken in der Bevölkerungszuwachsrate *jetzt* einleiten! Aber wie? Dies ist in der Tat ein Problem, denn in der gesamten Lebensgeschichte hat noch nie eine Spezies versucht, ihre Bevölkerungszahl freiwillig zu kontrollieren.*

---

*Experimente mit Ratten haben zwar gezeigt, daß extreme Überbevölkerungen eine gewisse psychotische Grundstimmung auslösen, durch die die Produktion von Nachwuchs oder seine Aufzucht

Nicht einmal die Menschen haben bislang diesen Versuch unternommen. Bisher war die Zahl der Geburten frei wählbar, und so ist die Zahl der Menschen bis an die Grenzen des Möglichen gewachsen.

Um das Bevölkerungswachstum in den Griff zu bekommen, muß das Ungleichgewicht zwischen Geburten- und Sterberate irgendwie reduziert werden, muß die Geburtenrate mehr der Sterberate angepaßt werden. Wenn wir eine stabile Bevölkerungszahl erreichen wollen oder sogar einen vorübergehenden Rückgang, haben wir nur zwei Alternativen: Entweder muß die Sterberate angehoben werden, bis sie die Geburtenrate erreicht oder überschreitet, oder die Geburtenrate muß reduziert werden, bis sie die Sterberate erreicht oder unterschreitet.*

Eine Zunahme der Sterberate ist der leichtere Weg. Bei allen Pflanzen- und Tierspezies war während der ganzen Geschichte des Lebens eine plötzliche und dramatische Zunahme der Sterberate die normale Antwort auf eine Überbevölkerung, durch die die Spezies auf lange Sicht an die Grenzen ihrer Lebensräume stießen. Eine Zunahme der Sterberate ist im wesentlichen eine Folge des Hungers. Die körperliche Schwächung, die mit dem Hunger einhergeht, läßt die Individuen anfälliger werden für Krankheiten, läßt sie zu einer leichten Beute für Raubtiere werden.

Ähnliches können wir rückblickend für die Geschichte der Menschheit sagen, und wenn wir in die Zukunft schauen, können wir sicher sein, daß auch unsere Bevölkerungsdichte von Hunger, Krankheit und Gewalt kontrolliert werden wird (selbst wenn alle anderen Versuche fehlschlagen) — denn hinter jedem steht der Tod. Daß dies keine neue Idee ist, wird nicht zuletzt dadurch bestätigt, daß diese vier — Hunger, Krankheit, Gewalt und Tod — die 4 Reiter

---

verhindert wird, doch ist dies keine freiwillige Kontrolle. Wenn die Menschen warten würden, bis ein solcher Fall für sie einträt, würden sie auf die Katastrophe warten.

*Man kann natürlich auch beide Wege kombinieren, die Geburtenrate senken und die Sterberate steigern.

der Apokalypse sind, die in der biblischen Offenbarung als die Ritter des Teufels in den letzten Tagen der Menschheit beschrieben werden.

Es ist offensichtlich, daß die Lösung des Bevölkerungsproblems durch ein Ansteigen der Sterberate dem Spiel mit einer Katastrophe der fünften Art gleichkommt, bei der die Zivilisation zusammenbricht. Wenn dann noch im Kampf um die letzten Nahrungsreserven ein thermonuklearer Krieg als letzte, verzweifelte Maßnahme über uns hereinbricht, kann sich sogar eine Katastrophe der vierten Art anschließen und die Menschheit vollständig ausgerottet werden.

Der einzige Ausweg aus dieser Katastrophe ist eine Senkung der Geburtenrate. Aber wie?

Kindsmord oder auch nur Abtreibung bringen keine Lösung. Selbst wenn man sie nicht vor dem Hintergrund der »Achtung menschlichen Lebens« (einem Prinzip, das in der Menschheitsgeschichte ohnehin kaum mehr als ein Lippenbekenntnis war) betrachtet, können wir fragen, warum sich eine Frau den Unannehmlichkeiten einer Schwangerschaft unterwerfen soll, wenn das Kind anschließend getötet wird, oder warum sie sich den Unannehmlichkeiten einer Abtreibung aussetzen soll? Warum nicht gleich am Anfang eine Empfängnisverhütung?

Eine narrensichere Methode der Empfängnisverhütung wäre es, Geschlechtsverkehr zu vermeiden, doch wird man dies wohl kaum durchsetzen können. Statt dessen ist es notwendig, Sexualität und Empfängnis voneinander zu trennen. Das eine ohne das andere zu ermöglichen, es sei denn, um »Wunschkinder« zu empfangen, die zur Aufrechterhaltung einer annehmbaren Bevölkerungszahl notwendig sind.

Es gibt eine Reihe von Verhütungsmethoden, chirurgisch, mechanisch und chemisch; sie alle sind wohlbekannt und brauchen nur richtig verwendet zu werden. Darüber hinaus gibt es eine Vielzahl wohlbekannter Liebesspiele, die von vielen angewendet werden und die weder diesen noch irgendwelchen anderen Menschen einen Schaden zufügen, die aber mit Sicherheit eine Empfängnis ausschließen.

446

Es gibt also keine praktischen Schwierigkeiten, die einer Senkung der Geburtenrate im Wege stehen — nur gesellschaftliche und psychologische Gründe. Die Gesellschaft war so lange an einen großen Kinderreichtum gewöhnt (nicht zuletzt wegen der hohen Kindersterblichkeit), daß in vielen Gegenden die Wirtschaft, in nahezu allen Bereichen die Psychologie des Individuums davon abhängt. Viele Traditionalisten bekämpfen die Empfängnisverhütung als unmoralisch und glorifizieren auch heute noch Kinderreichtum als eine Art Segen.

Was aber wird dann geschehen? Wird eine Lösung möglich, wird die Menschheit die Katastrophe vermeiden können, weil sie sich an einen ungewohnten Gedanken gewöhnen kann? Genau dies könnte geschehen! Immer mehr Menschen haben wie ich begonnen, die Probleme und Gefahren einer Übervölkerung aufzuzeigen, die Zerstörung der Umwelt, die mit einer ständig steigenden Bevölkerungszahl einhergeht und der damit verbundenen ständig wachsenden Forderung nach mehr Nahrung, nach mehr Energie und nach mehr Annehmlichkeiten des Lebens. In zunehmendem Maße haben die politischen Führer erkannt, daß *kein* Problem gelöst werden kann, solange das Bevölkerungsproblem ungelöst bleibt, daß *alle* Anstrengungen umsonst sind, wenn die Bevölkerung weiter anwächst. Die Stimmung scheint dahin umzuschlagen, auf die ein oder andere Weise eine Senkung der Geburtenrate herbeizuführen. Dies ist ein sehr hoffnungsvolles Zeichen, denn gesellschaftlicher Druck kann die Geburtenrate wirkungsvoller senken als jedes andere Mittel.

Am Beginn der achtziger Jahre scheinen sich schon erste Erfolge abzuzeichnen, denn die Zuwachsrate ist von zwei Prozent auf 1,8 Prozent zurückgegangen. Dieser Rückgang ist noch nicht stark genug, da gegenwärtig *jeder* Zuwachs uns der Katastrophe näherbringt, wenn dieser Zuwachs anhält. Dennoch ist dieser Knick ein erstes, ermutigendes Zeichen der Hoffnung.

Es ist dann möglich, daß die Zahl der Menschen zwar noch weiter anwächst, aber mit abnehmendem Tempo, irgendwann ein Maximum von vielleicht acht Milliarden erreicht und dann wieder abknickt. Auch diese Entwicklung wird noch genügend Schaden anrichten, doch bleibt die Hoffnung, daß die Zivilisation diesen Sturm übersteht und die Menschheit — wenn auch gebeutelt — überlebt und die Wunden heilen kann, die sie der Erde und ihrem ökologischem Gleichgewicht zugefügt hat, so daß am Ende eine weisere und realistischere Kultur auf der Basis einer stabilen, akzeptablen Erdbevölkerung entsteht.

Ausbildung

Wir können uns ausmalen, daß auf diese Weise in hundert Jahren das Bevölkerungsproblem gelöst sein könnte, daß eine Zeit billiger und reichhaltiger Energie anbricht, in der die Menschen ihre Rohstoffe regenerieren und in Frieden miteinander leben. Dann wären alle Probleme gelöst, alle Katastrophen vermieden.
Doch dies ist ein Trugschluß. Jede Problemlösung bringt notwendigerweise mit dem Sieg neue Probleme. Wenn die Erdbevölkerung stabil bleiben soll, muß die Geburtenrate so niedrig sein wie die Sterberate, und weil die moderne Medizin die Lebenserwartung der Menschen viel höher werden läßt als früher, muß die Geburtenrate extrem niedrig liegen. Mit anderen Worten, es wird prozentual weniger Babys und junge Menschen geben als je zuvor, dagegen mehr reife und alte Menschen. Und wenn wir nicht ausschließen wollen, daß medizinische Fortschritte die Lebenserwartung noch weiter vergrößern, käme dies einer weiteren Senkung der Sterberate gleich, die durch eine entsprechende Senkung der Geburtenrate aufgefangen werden müßte.
Wenn wir also mit Erfolg die Erdbevölkerung stabilisieren wollen, haben wir am Ende eine Gesellschaft mit einer steigenden Lebenserwartung des Individuums — die Erde wird allmählich »vergreisen«. Die Folgen können wir schon heute in den Ländern beobachten, in denen die Lebenserwartung des Einzelnen gestiegen und die Geburtenrate zurückgegangen ist — in den Vereinigten Staaten zum Beispiel.

Um das Jahr 1900, als die mittlere Lebenserwartung für einen Bürger der Vereinigten Staaten nur rund 40 Jahre betrug, gab es 3,1 Millionen Menschen über 65, rund 4 Prozent der 77 Millionen Amerikaner. 1940 waren 9 Millionen Amerikaner über 65, etwa 6,7 Prozent von 134 Millionen. 1970 war die Zahl der über 65jährigen auf 20,2 Millionen angestiegen, nahezu 10 Prozent von 208 Millionen. Um das Jahr 2000 werden in Amerika rund 29 Millionen Menschen leben, die älter als 65 sind, rund 12 Prozent der amerikanischen Gesamtbevölkerung. Und wenn sich in hundert Jahren die Bevölkerung Amerikas etwas mehr als verdreifacht hat, wird sich die Zahl der Menschen, die älter sind als 65, verzehnfachen.

Die Auswirkungen auf die amerikanische Politik und die Wirtschaft liegen auf der Hand. Die älteren Menschen bekommen bei Wahlen das Übergewicht, und Politik wie Wirtschaft müssen sich mehr und mehr mit Pensionszahlungen, dem sozialen Netz, Krankenversicherungen und so weiter auseinandersetzen. Sicher, jeder möchte lange leben, und jeder möchte im Alter versorgt werden, doch vom Standpunkt der Zivilisation insgesamt kann sich daraus ein Problem ergeben. Wenn wir als Ergebnis der Stabilisierung der Erdbevölkerung auf eine Greisengesellschaft zusteuern, besteht dann nicht die Gefahr, daß die Geistesfrische, die Abenteuerlust und die Vorstellungskraft der jungen Menschen angesichts des starren Konservativismus des »satten« Alters ausstirbt? Würde dann nicht die Last der Erneuerung und des Wagnisses auf so wenigen jungen Menschen liegen, daß unter diesem tödlichen Druck die Zivilisation zusammenbricht? Könnte die Zivilisation am Ende eines langsamen Alterstodes sterben, nachdem sie ein katastrophales Ende, das ihr angesichts der Bevölkerungsexplosion drohte, so erfolgreich abgewehrt hat?

Aber sind Alter und Starrheit notwendigerweise miteinander verbunden? Unsere Generation ist die erste, die davon überzeugt ist, denn unsere Gesellschaft ist die erste, in der die alten Menschen überflüssig sind. In jenen Gesellschaften, die noch keine Geschichtsschreibung kannten, waren die Alten die Hüter der Überlieferung, wandelnde Geschichtsbücher, wandelnde Lexika und Orakel. Heute brauchen wir das Gedächtnis der Alten nicht mehr; wir können unsere Erinnerungen viel besser aufzeichnen. Die Alten haben ihre Funktion verloren und damit unseren Respekt.

In Gesellschaften, deren technologischer Fortschritt langsam voranging, waren es die alten, erfahrenen Menschen, die das geübte Auge besaßen, ein abgewogenes Urteil bilden konnten und daher den guten Job bekamen. Heute geht der technologische Fortschritt so rasch voran, daß wir nur noch dem frischgebackenen Hochschulabsolventen vertrauen in der Hoffnung, daß er die neuesten Erkenntnisse mitbringt. Um ihm Platz zu schaffen, werden die Alten zwangsweise pensioniert, und so verlieren sie auch in dieser Hinsicht ihre Rolle. Je weiter die Zahl der aufgabenlosen Alten steigt, desto mehr erscheinen die Alten als Belastung. Aber muß dies so sein?

Die Menschen leben heute im Schnitt doppelt so lange wie vor anderthalb Jahrhunderten. Das lange Leben allein ist aber nicht die einzige Verbesserung. Die Menschen sind heute im Schnitt auch gesünder und stärker als ihre gleichaltrigen Vorfahren.

Früher starben die Menschen nicht nur in jungen Jahren, viele von ihnen waren mit 30 schon sichtbar alt. Wer so alt wurde oder noch älter, hatte zumeist mehrere Infektionskrankheiten überlebt, die wir heute entweder vermeiden oder zumindest einfach kurieren können. Wer so lange lebte, hatte in der Regel Ernährungsmängel überlebt, sowohl quantitativ als auch qualitativ. Man hatte keine Möglichkeit, kranke Zähne zu retten oder chronische Infektionen zu behandeln, keine Möglichkeit, Fehlfunktionen der Hormone oder Vitaminmangel auszugleichen oder Dutzende andere schwächende Einflüsse zu beseitigen. Und dennoch mußten viele Menschen hart arbeiten, jene schweren Arbeiten verrichten, die wir heute an die Maschinen abgegeben haben.*

*Viele Leute träumen heute davon, daß die Menschen früher »naturverbundener« lebten, gesünder und erfrischender als die Menschen heute, die in überfüllten, umweltverschmutzten Städten leben müssen. Solche Träumer wären wahrscheinlich unangenehm überrascht, wenn sie sich in der *wirklichen* Vergangenheit wiederfänden — von Krankheiten geplagt, dem Hunger nahe und von Schmutz und Unrat umgeben, selbst als Angehöriger der Oberschicht.

Die alten Leute heute sind daher vergleichsweise kräftiger und jünger als gleichaltrige Menschen zu Zeiten der Ritter oder auch noch der amerikanischen Pioniere.

Wir können davon ausgehen, daß dieser Trend zu »jüngeren« alten Menschen anhält, wenn die Zivilisation und der medizinische Fortschritt weiter bestehen. Es ist nicht auszuschließen, daß die Einteilung in »jung« und »alt« unsinnig wird, wenn sich die Zahl der Menschen auf unserer Erde stabilisiert. Doch wie steht es um die geistigen Unterschiede, wenn schon die körperlichen Gegensätze zwischen Jung und Alt verschwimmen? Kann man etwas gegen die Stagnation des »alten Geistes« tun, gegen die Schwierigkeiten, die alte Menschen haben, wenn es darum geht, Veränderungen zu akzeptieren?

Wie sehr ist diese »Stagnation des Alters« eigentlich eine Folge der Bevorzugung der jungen Menschen innerhalb der Gesellschaft? Unabhängig von den graduellen Unterschieden der Schuldauer wird die Ausbildung auch heute noch mit jungen Menschen identifiziert, gibt es irgendwann eine »Ende der Ausbildung«. Noch immer hält sich die Meinung, daß die Ausbildung irgendwann *abgeschlossen* ist, und zwar im Vergleich zur Lebenserwartung eines Menschen recht frühzeitig.

In gewisser Weise führt dies zu einem Negativimage des Lernens in unserer Gesellschaft. Viele junge Menschen, die vom dichtgedrängten Wissensstoff der Schule überfordert sind und sich mit unzulänglich ausgebildeten Lehrern herumplagen müssen, können nicht übersehen, daß Erwachsene nicht zur Schule zu gehen brauchen. Ein Vorteil des Erwachsenendaseins, so müssen viele rebellische Heranwachsende denken, liegt darin, die Lasten des Lernens abzuschütteln. Für sie ist das Herauswachsen aus den Kinderschuhen identisch mit dem Erreichen einer Lebensphase, in der man nie mehr etwas Neues zu lernen braucht.

Das heutige Erziehungswesen läßt Jugend unvermeidlich als eine Art Strafe erscheinen und scheint die Versager zu begünstigen. Jene Schüler, die vorzeitig die Schule verlassen und damit die Lasten des Lernenmüssens abschütteln, beginnen in den Augen ihrer Zeitgenossen das Leben der Erwachsenen. Der Erwachsene dagegen, der versucht, noch etwas Neues zu lernen, wird oft etwas wehleidig angesehen; ihm wird unterstellt, er wolle eine zweite Kindheit durchleben.

Wenn wir Ausbildung nur den jungen Menschen zubilligen und damit die gesellschaftliche Situation jener Erwachsenen, die nach dem Schulabschluß noch etwas lernen wollen, erschweren, sorgen wir selbst dafür, daß die meisten Menschen kaum mehr wissen als das, was sie zwischen 6 und 16 Jahren gelernt haben und an das sie sich oft nur noch vage erinnern — und schaffen damit selbst die »geistige Schwerfälligkeit« des Alters.

Dieser Bildungsnotstand der Einzelnen kann noch durch einen Bildungsnotstand der Gesellschaft insgesamt überschattet werden. Die Gesellschaft als Ganze könnte gezwungen sein, mit dem Lernen aufzuhören. Ist es denkbar, daß dem Fortschritt menschlichen Wissens allein durch diesen Fortschritt selbst Einhalt geboten wird? Wir haben inzwischen so viel erforscht und gelernt, daß es schwierig ist, aus der Fülle unseres Wissens das herauszugreifen, was für den wirklichen Fortschritt notwendig ist. Wenn aber die Menschheit sich nicht länger auf dem Weg des wissenschaftlichen und technologischen Fortschritts vorantasten kann, können wir dann noch unsere Zivilisation aufrechterhalten? Ist dies eine weitere Gefahr, die im Sieg begründet liegt?

Wir können die Gefahr, die sich daraus ergibt, konkretisieren: Menschliches Wissen läßt sich nicht katalogisieren, und so gibt es keine wirkungsvolle Methode, Informationen aus dem Gedächtnis zurückzurufen. Wie anders könnten wir diese Schwäche ausräumen als mit der Forderung nach einem »übermenschlichen Gedächtnis«, das katalogisiertes Wissen schnell wieder verfügbar macht?

Wir brauchen Computer, und seit rund 40 Jahren wurden mit nahezu halsbrecherischem Tempo immer bessere, schnellere, kompaktere und vielseitigere Computer entwickelt. Dieser Trend dürfte sich fortsetzen, sofern die Zivilisation erhalten bleibt, und in diesem Fall ist die Computerisierung des Wissens unvermeidbar. Mehr und mehr Informationen wird man auf Mikrofilmen speichern, und mehr und mehr dieser Informationen werden dem Computer zugänglich sein.

Sicher wird es Bestrebungen geben, die Informationen zu zentralisieren, so daß die Nachfrage zu einem bestimmten Stichwort die Quellen aller Büchereien einer Region, einer Nation und vielleicht sogar der ganzen Erde anzapfen kann. Am Ende wird es eine Art globaler computerisierter Bücherei geben, in der das gesamte verfügbare Wissen der Menschheit gespeichert ist, von der jeder jederzeit alles erfahren kann.

Die Zugriffsmöglichkeiten zu einer solchen Bibliothek werden schon heute erprobt: Schon jetzt benutzen wir Kommunikationssatelliten, die es uns erlauben, mit jedem Punkt auf der Erdoberfläche innerhalb kürzester Zeit in Kontakt zu treten. Die Kommunikationssatelliten unserer Zeit arbeiten aber noch mit Radiowellen, und die Zahl verfügbarer Kanäle ist eng begrenzt. In Zukunft wird man wahrscheinlich auf Satelliten zurückgreifen, die Laserstrahlung des sichtbaren und ultravioletten Lichtes für die Verbindung nutzen. (Der erste Laser wurde erst 1960 von dem amerikanischen Physiker Theodore Harold Maiman (1927—) gebaut.) Die Wellenlängen des sichtbaren Lichts und der Ultraviolettstrahlung sind millionenfach kürzer als die der Radiofrequenzen, so daß mit solchen Laserstrahlen millionenfach mehr Kanäle übertragen werden können als mit Radioimpulsen.

Vielleicht kommt einmal die Zeit, daß jeder Mensch seinen eigenen speziellen TV-Kanal besitzt, mit dem er den zentralen Computer anzapfen kann. Das Gegenstück zu unserem heutigen Fernsehgerät würde dann die gewünschten Informationen auf einen Bildschirm geben oder sie auf Papier oder Film reproduzieren — Börsenkurse, Schlagzeilen des Tages, Einkaufsgelegenheiten, Zeitungen oder zumindest Teile davon, Magazine und Bücher.

Die globale computerisierte Bücherei ist auf jeden Fall wesentlich für Schüler, Studenten und die Forschung, doch würde dies nur einen kleinen Bruchteil ihrer Nutzungsmöglichkeiten ausmachen. Darüber hinaus stellt sie eine ungeheure Revolution im Bildungssystem dar, weil zum ersten Mal ein Bildungsangebot geschaffen wäre, das jedem, unabhängig von seinem Alter, zugänglich ist.

Schließlich *wollen* die Menschen lernen. Sie tragen ein fünfzehnhundert Gramm schweres Gehirn mit sich herum, das nach ständiger Beschäftigung verlangt, um die schmerzliche Langeweile zu umgehen. In Ermangelung eines Besseren kann es mit den »sinnlosen« Bildern eines mittelmäßigen TV-Programms vollgestopft werden oder mit dem ebenso »sinnlosen« Schall geringwertiger Tonbandkonserven.

Selbst dieses schlechte Material ist den heutigen Schulen vorzuziehen, wo jeder einzelne Student mit von außen diktierter Geschwindigkeit stereotype Lerninhalte eingetrichtert bekommt, unabhängig davon, ob er das eine oder andere wissen will und wie schnell oder wie langsam er die Informationen aufnehmen kann.

Wie anders sähe die Situation aus, wenn in jeder Wohnung ein Gerät stünde, das genau jene Informationen bereitstellte, die abgefragt werden: wie man eine Briefmarkensammlung aufbaut, wie man einen Zaun repariert, wie man Brot backt oder Liebe »macht«, Einzelheiten über die Lebensgeschichte der englischen Könige, die Regeln des Fußballs, die Geschichte des Schauspiels? Wie anders wäre die Situation, wenn all dies mit endloser Geduld vorgebracht würde, mit (falls nötig) zahllosen Wiederholungen und an einem Ort und zu einer Zeit, die von dem »Schüler« selbst gewählt werden könnten?

Wie anders wäre die Situation, wenn der »Schüler«, nachdem er eine Information verdaut hat, nach weiteren Informationen fragt oder sich für benachbarte Gebiete interessiert? Wenn die Information in ihm ein neues Interesse weckt und sein Lernen in eine völlig unerwartete Richtung lenkt?

Warum nicht? Sicher würden immer mehr und mehr Menschen diese einfache und natürliche Methode nutzen, ihre Neugierde zu befriedigen und ihren Drang nach Wissen zu stillen. Und jeder Mensch, der seinen eigenen Interessen entsprechend »gebildet« ist, könnte dann Beiträge zu dem Gesamtwissen liefern: Wenn er einen neuen Gedanken oder eine neue Beobachtung gemacht hat, könnte er darüber berichten und diese Information, sofern sie nicht bereits in der Bibliothek enthalten ist, nach einer Bestätigung durch die Fachleute dem zentralen Speicher hinzufügen. Jeder Mensch wäre sowohl Schüler als auch Lehrer.

Würden die Menschen dann das Interesse an menschlichen Begegnungen verlieren, weil sie alles, was sie wissen wollen, und alles, was sie herausfinden, über die zentrale Lehr- und Lernmaschine abwickeln? Würde die Zivilisation zu einer unüberschaubaren Menge isolierter Menschen degenerieren und am Ende auseinanderbrechen?

Warum? Keine Lehrmaschine kann den menschlichen Kontakt auf allen Gebieten ersetzen. Sport, Vorträge, Schauspiel, Abenteuer, Tanzen, Lieben — kein noch so großes theoretisches Wissen kann die Praxis ersetzen, kann sie allenfalls verbessern. Natürlich würden die Menschen sich noch begegnen, wahrscheinlich sogar herzlicher und intensiver, weil sie wissen, was sie tun.

Wir können darauf vertrauen, daß jeder Mensch einen unbeirrbaren Instinkt besitzt für das, was ihn brennend interessiert. Der Schachfanatiker wird nach anderen Schachfreunden suchen, und das gleiche gilt für Sportangler, Tänzer, Chemiker, Historiker, Jogger, Antiquitätenkäufer und jeden anderen. Jemand, der die Lernmaschine abfragt und Interesse an Weberei findet oder der Geschichte der Kleider oder römischer Münzen, wird sicher auch versuchen, andere Menschen mit gleichen Interessen zu finden.

Diese Lehr- und Lernmethode via Computer macht mit Sicherheit keine Unterschiede zwischen den einzelnen Altersgruppen. Sie kann von jedem benutzt werden, ganz gleich, wie alt er ist, auch von einem Sechzigjährigen, dem sich plötzlich neue Interessen eröffnen. Ständige Neugierde und geistiges Training halten das Gehirn genauso frisch, wie ständige Leibesübungen den Körper fit erhalten. Schwerfälligkeit wäre dann nicht länger automatisch eine Begleiterscheinung des Alters, zumindest nicht so sehr und nicht so früh.

Als Folge davon könnte die Erde selbst bei einer stabilisierten Bevölkerungszahl mit ihrem hohen Anteil an alten Menschen und ihrer Unterrepräsentierung der Jugend eine Welt rapiden technischen Fortschrittes sein, eine Welt noch nie dagewesenen geistigen Austausches.

Aber birgt nicht die freiwillige Bildung auch Gefahren in sich? Wenn jeder selbst entscheiden kann, was er wissen möchte, ist dann nicht die Gefahr groß, daß viele sich auf Vordergründiges und Triviales beschränken? Wer wird denn schon die langweiligen, schwierigen Dinge lernen, die notwendig sind, um die Welt voranzubringen?

In einer computerisierten Welt der Zukunft brauchen sich die Menschen nicht mehr um die wirklich langweiligen Dinge zu kümmern; Automaten werden dies für sie übernehmen. Den Menschen bleiben die schöpferischen Aspekte vorbehalten, die denen, die sie betreiben, Spaß bereiten.

Es wird immer Menschen geben, die Spaß an Mathematik und Naturwissenschaft haben, an Politik und Geschäft, an Forschung und Entwicklung. Sie werden die Welt schon voranbringen, und zwar aufgrund ihres eigenen Wollens und mit der gleichen Freude, mit der andere Steingärten anlegen oder Kochrezepte entwickeln.

Könnten jene, die die Welt steuern, sich selbst bereichern und andere unterdrücken? Wahrscheinlich bleibt diese Möglichkeit erhalten, doch kann man hoffen, daß in einer vollständig computerisierten Welt die Chancen für Korruption geringer sind als heute und daß eine »gut funktionierende« Welt allen mehr Vorteile bringt, so daß Korruption nicht mehr nötig sein wird.

Diese Vorstellungen klingen utopisch. Es wäre eine Welt, in der nationale Rivalitäten beigelegt wären und kein Krieg mehr ausbrechen könnte. Es wäre eine Welt, in der die unterschiedlichen Rassen, Geschlechter und Altersstufen gleichberechtigt miteinander leben könnten in einer kooperativen Gesellschaft, ermöglicht durch fortgeschrittene Kommunikationstechniken, Automation und Computerisierung. Es wäre eine Welt mit reichlichen Energievorräten und einer blühenden Technologie. Kann aber nicht auch Utopia seine Gefahren haben? Wird nicht in einer Welt der Muße und des Vergnügens die

456

innere Kraft der Menschheit geschwächt und schließlich verfallen? Der Homo sapiens hat sich in einer Umwelt entwickelt, die voller Risiken und Gefahren war. Ist es daher denkbar, daß — wenn das Leben für die Menschen erst einmal zu einem »ständigen Sonntagnachmittag im Grünen« wird — die Zivilisation den Langeweiletod stirbt, nachdem sie erfolgreich den plötzlichen und katastrophalen Tod der Überbevölkerung und den langsamen Tod der Vergreisung erfolgreich besiegt hat?
Vielleicht, wenn die Erde alles wäre und wir uns auf sie beschränken müßten. Der rasche technologische Fortschritt, der durch computerisiertes Wissen ermöglicht wird, erlaubt aber auch eine schnellere Erforschung, Eroberung und Besiedlung des Weltraums, so daß dann Raumsiedlungen den Menschen neue Heimat bieten können.
An dieser neuen Grenze, der größten, vor der wir je gestanden haben, wird es Risiken und Gefahren zuhauf geben. Wenn auch die Erde zu einem stillen Zentrum der Besinnung wird, das keine äußeren Reize mehr bietet, so gibt es draußen noch immer viele Herausforderungen, die die Menschheit stark erhalten und ihren Untergang vermeiden helfen.

Technologie

Ich habe die Technologie immer als Hauptarchitekt einer bewohnbaren und vielleicht sogar utopischen Welt mit einer niedrigen Geburtenrate beschrieben. Im ganzen Buch habe ich die Technologie immer als Instrument angepriesen, mit dem sich Katastrophen verhindern lassen. Wir können aber nicht übersehen, daß auch die Technologie selbst zu einer Katastrophe werden kann. Ein thermonuklearer Krieg wäre eine direkte Folge hochentwickelter Technologie, und sowohl die Erschöpfung unserer Rohstoffquellen als auch die Gefahren der Umweltverschmutzung sind eng mit dieser Technologie verknüpft.

Selbst wenn wir alle gegenwärtigen Probleme lösen, sei es mit menschlicher Vernunft oder mit technologischem Fortschritt, haben wir keine Garantie, daß irgendwann in der Zukunft eine sich verselbständigende Technologie uns nicht doch noch bedroht.

Wenn wir beispielsweise reichhaltige Energiequellen ohne chemische oder radioaktive Umweltbelastungen bereitstellen wollen, also durch Wasserstoffverschmelzung oder direkte Nutzung der Sonnenenergie, könnte dies nicht auch zu Umweltbelastungen führen, die untrennbar mit der Energieproduktion verknüpft sind?

Der Erste Hauptsatz der Thermodynamik besagt, daß Energie nicht verlorengehen kann, sondern allenfalls ihre Erscheinungsform wechselt. Zwei dieser Energieformen sind Licht und Schall. Seit den siebziger Jahren des vergangenen Jahrhunderts, als Edison das elektrische Licht erfand, ist die Nachtseite der Erde von Jahrzehnt zu Jahrzehnt heller geworden. Solche Umweltverschmutzung des Nachthimmels durch Licht ist ein vergleichsweise kleines Problem (es sei denn für die Astronomen, die auf jeden Fall aber ihre Beobachtungsstationen über kurz oder lang in den Weltraum verlagern werden), aber wie steht es um den Schall? Die Schwingungen all jener Teile, die sich bei der Herstellung oder dem Verbrauch von Energie bewegen, verursachen ein Geräusch, und die industrialisierte Erde ist schon heute ziemlich lärmerfüllt. Die Geräusche des Automobilverkehrs, startender Flugzeuge, von Eisenbahnen, Nebelhörnern, Schneefahrzeugen in einer winterlichen Landschaft, Motorbooten auf ansonsten stillen Seen, von Plattenspielern, Radios und Fernsehern setzen uns schon heute einer ständigen Lärmbelästigung aus. Wird dies in Zukunft immer schlimmer werden, so daß das Leben auf diesem Planeten unerträglich wird?

Dies ist unwahrscheinlich. Viele unerwünschte Licht- und Schallquellen lassen sich schon heute abschirmen, und wenn die Technologie sie hervorbringt, kann sie auch ihre schädlichen Nebenwirkungen ausgleichen. Elektrische Autos wären beispielsweise viel leiser als benzingetriebene Fahrzeuge.

Licht und Schall haben uns aber schon immer umgeben, selbst in der vorindustriellen Zeit. Wie steht es um andere Energieformen, die typisch für unsere heutige Zeit sind? Wie steht es um die Mikrowellen?

Zum ersten Mal wurden Mikrowellen, die nichts anderes sind als Radiowellen vergleichsweise kurzer Wellenlänge, im Zweiten Weltkrieg im Zusammenhang mit Radar in größerem Umfange eingesetzt. Seither hat sich nicht nur die Zahl der Radarstationen vervielfacht, sondern Mikrowellen werden inzwischen auch zum schnellen Kochen verwendet, da sie das Brat-, Koch- oder Grillgut durchdringen und dabei vollständig in Wärme umgewandelt werden, während die Nahrungsmittel normalerweise langsam von außen nach innen erwärmt werden.

Die Mikrowellen dringen aber auch in menschliche Körper ein und werden hier absorbiert. Könnte der wachsende Einsatz solcher Mikrowellenapparaturen dazu führen, daß immer mehr Mikrowellen auch »vagabundieren« können und dann auf molekularer Ebene im menschlichen Körper Schaden anrichten?

Die Gefahr, die von Mikrowellen ausgeht, ist von einigen Schwarzmalern übertrieben worden, doch ist sie nicht gleich Null. Wenn die Energie der Erde in Zukunft von Sonnenkraftwerken in der Erdumlaufbahn bereitgestellt werden soll, wird man diese Energie in Form von Mikrowellenstrahlung zur Erdoberfläche transportieren müssen. Dabei wird man darauf achten müssen, daß diese Strahlenbündel für die Allgemeinheit keine Gefahr darstellen. Diese Gefahr ist zwar unwahrscheinlich, aber auch nicht unmöglich.

Irgendwann wird jede Energieform in Wärme umgewandelt. Das ist die Sackgasse der Energie. Die Erde empfängt ihre Wärme von der Sonne. Die Sonne ist die bei weitem größte Wärmequelle für die Erde, doch kleinere Anteile steuern auch die innere Hitze und die natürliche Radioaktivität der Erdkruste bei.

Solange sich die Menschen darauf beschränken, die Sonnenenergie, die geothermale Energie und die natürliche Radioaktivität in dem Umfang zu nutzen, in dem sie natürlicherweise verfügbar sind, entsteht keine zusätzliche Wärme. Mit anderen Worten, wir können den Sonnenschein, die Wasserkraft,

Gezeiten, Temperaturunterschiede im Ozeanwasser, heiße Quellen, Wind usw. nutzen, ohne dem natürlichen Kreislauf mehr Wärme zuzufügen, als er ohne uns erhielte.

Wenn wir dagegen Holz verbrennen, produzieren wir Wärme in einem größeren Tempo, als sie durch den langsamen Zerfall des Holzes entstünde. Wenn wir Kohle und Öl verbrennen, entsteht Hitze, die normalerweise nicht freigesetzt würde. Wenn wir nach heißem Tiefenwasser bohren, vergrößern wir die Wärmeverluste der Erde in einem »übernatürlichen« Maße.

All dies führt zu einer Erwärmung der Umgebung, die stärker ist als durch die natürlichen Prozesse. Diese von der menschlichen Technologie hinzugefügte Hitze muß Tag und Nacht von der Erde abgestrahlt werden. Damit aber die Wärmeabstrahlung vergrößert wird, muß die mittlere Temperatur der Erde automatisch über jenen Grenzwert steigen, der ohne menschliche Technologie erreicht würde, und schon haben wir eine »Wärme-Umweltbelastung«.

Bislang ist die ganze zusätzliche Energie, die wir hauptsächlich mit der Verbrennung fossiler Energieträger freisetzen, ohne meßbaren Einfluß auf die durchschnittliche Temperatur der Erde. Die Menschheit produziert pro Jahr 6,6 Millionen Megawatt an Wärme im Vergleich zu 120 Milliarden Megawatt, die pro Jahr aus natürlichen Quellen anfallen. Unser Anteil ist also nur 1/18.000 der natürlichen Wärmeproduktion. Unsere Wärmeproduktion konzentriert sich jedoch auf einige eng begrenzte Regionen, und die lokale Aufheizung in großen Städten läßt das Klima dort schon heute wesentlich von dem Klima abweichen, das eine ungestörte Naturlandschaft »produzieren« würde. Und wie wird sich dies in Zukunft entwickeln? Kernspaltung und Kernverschmelzung sorgen für weitere Wärmequellen, und dies in einem viel stärkeren Ausmaß, als wir es gegenwärtig durch das Verbrennen von Öl und Kohle tun. Die Nutzung der Sonnenenergie direkt am Erdboden führt zu keiner weiteren Aufheizung des Planeten, wohl aber die Nutzung der Sonnenenergie, die im Weltraum aufgefangen und auf die Erde konzentriert wird.

Bei der gegenwärtigen Zuwachsrate der Bevölkerung und des Pro-Kopf-

Energieverbrauchs kann sich die Energieproduktion innerhalb der nächsten fünfzig Jahre versechzehnfachen und würde dann schon 1 Promille der gesamten Wärmeproduktion ausmachen. Dann könnten ernsthafte Folgen eintreten, angefangen vom Anstieg der globalen Temperatur über das Schmelzen der Polkappen bis hin zu einem Treibhauseffekt, der außer Kontrolle gerät.

Selbst wenn die Bevölkerungszahl auf der Erde nicht weiter steigen sollte, wird der Energiebedarf für eine immer komplexere Technologie zunehmen, wird immer mehr Wärme der Erde zugefügt, was nicht ohne Folgen bleiben kann. Um die negativen Auswirkungen einer Wärmeumweltbelastung zu vermeiden, kann es notwendig werden, daß die Menschen sich eine scharfe Grenze im Hinblick auf ihren Energieverbrauch setzen müssen — nicht nur auf der Erde, sondern auf jeder Welt, auf der Menschen siedeln und ihre Technologie entfalten, sei sie nun natürlich oder künstlich. Vielleicht kann die Wärmeabstrahlung aber auch bei erträglichen Temperaturen verstärkt werden.

Der technologische Fortschritt kann aber auch noch in anderer Richtung gefährlich werden, nicht nur im Hinblick auf den Energiebedarf. Wir lernen gegenwärtig, Eingriffe in das Erbgut zu planen und erfolgreich durchzuführen, auch beim Menschen. Dies ist allerdings nicht absolut neu.

Seit die Menschen Tiere und Pflanzen züchten, haben sie immer wieder steuernd eingegriffen, sei es durch gezielte Befruchtung oder durch Kreuzung, um jene Eigenschaften, die sie als nützlich erkannt hatten, in der Generationsfolge zu verstärken. So kommt es, daß Kulturpflanzen und Haustiere sich in vielen Fällen sehr von ihren wilden Artgenossen unterscheiden, die in den Anfängen der Kultur von den damaligen Menschen gezähmt wurden. Pferde sind heute größer und schneller, Kühe geben mehr Milch, Schafe mehr Wolle, Hühner mehr Eier. Es gibt inzwischen zahllose Hunde- und Taubenrassen, nützliche und zierliche Variationen. Die moderne Wissenschaft macht es jedoch möglich, erbliche Eigenschaften gezielt und mit größerer Geschwindigkeit zu verändern.

Im elften Kapitel habe ich beschrieben, wie wir gelernt haben, die Gesetzmäßigkeiten der Vererbung zu entschleiern und welche Rolle dabei die DNS spielt.

Zu Beginn der siebziger Jahre wurden Techniken entwickelt, mit deren Hilfe einzelne DNS-Moleküle durch Enzyme an bestimmten Stellen aufgebrochen und wieder verbunden werden können. Dadurch wird es möglich, ein DNS-Teil aus der Zelle eines Lebewesens mit einem anderen DNS-Teil einer Zelle eines anderen Lebewesens zu kombinieren. Solche »DNS-Rekombinationstechniken« produzieren ein völlig neues Gen, mit ihnen kann man direkten Einfluß auf die Evolution nehmen.

Inzwischen sind viele DNS-Rekombinationen an Bakterien durchgeführt worden, um die genauen chemischen Einzelheiten der genetischen Vererbung zu untersuchen. Doch schon jetzt zeichnet sich eine Vielzahl praktischer Anwendungsmöglichkeiten ab.

Diabetes ist eine weit verbreitete Krankheit. Bei Diabetikern ist die Insulinproduktion gestört; Insulin ist ein Hormon, das die Zuckermoleküle innerhalb des Gewebes verarbeitet. Man nimmt an, daß man die Zuckerkrankheit auf ein defektes Gen zurückführen muß. Zum Glück kann Insulin von außen zugeführt werden. Quelle dieser Insulinzufuhr ist die Bauchspeicheldrüse geschlachteter Tiere. Jedes Tier hat aber nur eine Bauchspeicheldrüse, so daß die Versorgung mit Insulin eng begrenzt ist; die verfügbare Menge läßt sich nicht leicht vergrößern. Hinzu kommt, daß das Insulin, das von Kühen, Schafen oder Schweinen stammt, nicht absolut identisch mit menschlichem Insulin ist. Die Situation würde sich ändern, wenn es gelänge, jenes Gen, das die Produktion von Insulin steuert, aus einer menschlichen Zelle zu isolieren und einem Bakterium einzupflanzen. Dieses Bakterium mit einer DNS-Rekombination könnte dann nicht nur Insulin produzieren, sondern sogar menschliches Insulin, und es würde diese Fähigkeit an seine Nachkommen weitervererben. Weil aber Bakterien in jeder beliebigen Menge gezüchtet werden können, könnte auf diese Weise genügend Insulin produziert werden. In der Tat gelang es 1978, mit Hilfe der DNS-Rekombinationstechnik Insulin-produzierende Bakterien zu züchten.

Man kann sich ähnliche Glanzleistungen vorstellen. So ließen sich gewiß auch Bakterien »entwerfen«, die andere Hormone als Insulin produzieren können, Bakterien, die bestimmte Blutfaktoren oder Antibiotika oder Impfstoffe produzieren. Wir könnten Bakterien entwerfen, die besonders bereitwillig den Stickstoff aus der Atmosphäre anlagern und an Pflanzen weitergeben, um auf diese Weise Kunstdünger zu sparen, Bakterien, die Photosynthese betreiben, Bakterien, die aus Stroh Zucker machen und aus Abfall Öl, Fette und Proteine; aber auch Bakterien, die Kunststoffe vernichten, oder Bakterien, die Spurenelemente aus dem Meerwasser verdichten und so als »natürliche« Rohstoffrückgewinnungsprozesse einsetzbar wären.

Was aber wäre, wenn völlig unbeabsichtigt ein Bakterium entstünde, das eine neue Krankheit auslöst? Eine Krankheit, für die der menschliche Körper keine Abwehrkräfte besitzt, weil sie ihm zuvor noch nie begegnet ist. Eine solche Krankheit muß nicht nur ein vorübergehendes Unwohlsein bedeuten, sondern kann auch tödlich sein, tödlicher noch als der Schwarze Tod, und so die Menschheit ausrotten.

Die Wahrscheinlichkeit für eine solche Katastrophe ist zwar sehr gering, doch der bloße Gedanke daran veranlaßte 1974 eine Gruppe von Wissenschaftlern, die auf diesem Gebiet arbeiten, zu dem Vorschlag, freiwillig besondere Vorsichtsmaßnahmen walten zu lassen, um zu verhindern, daß gezielt mutierte Mikroorganismen aus den Laboratorien an die Umwelt gelangen könnten.

Eine Zeitlang sah es so aus, als hätte die Technologie einen Alptraum heraufbeschworen, der noch schlimmer war als das Schreckensbild eines nuklearen Krieges, daß aber der Druck der Öffentlichkeit erreichen könnte, alle weiteren Forschungen auf dem Gebiet der Gentechnologie einzustellen.

Die Ängste erscheinen übertrieben, und insgesamt gesehen sind die Vorteile der Gentechnologie so groß, sind die Chancen für ein Desaster aufgrund der Vorsichtsmaßnahmen so gering, daß es wohl eher eine Tragödie wäre, gäbe man die Forschungen auf dem Gebiet der Gentechnologie angesichts der übertriebenen Ängste auf.

Trotzdem wären wahrscheinlich viele Menschen erleichtert, wenn gefährliche genetische Experimente (wie auch andere gefährliche wissenschaftliche und industrielle Arbeiten) an Bord von Weltraumlaboratorien durchgeführt würden. Sie böten eine bessere Quarantäne für den Ernstfall, so daß sich das Risiko entscheidend verringern ließe.

Wenn schon Genmanipulationen bei Bakterien zu einer möglichen Katastrophe führen können, in welchem Licht erscheint dann die Genmanipulation beim Menschen?

Ängste in dieser Richtung hat es schon gegeben, noch ehe die modernen Gentechnologien entwickelt waren. Seit mehr als einem Jahrhundert versucht die Medizin, Leben zu erhalten, das andernfalls verloren wäre; auf diese Weise ist der natürliche Ausleseprozeß eingeschränkt worden, der kranken Genen nur wenig Überlebenschancen einräumt.

Ist dies richtig? Ist es vernünftig, wenn wir das Auftreten kranker Gene fördern, wenn am Ende dadurch der genetische Ballast so groß wird, daß die gesunden Menschen nicht länger in der Überzahl sind und so der Fortbestand der Menschheit gefährdet ist?

Vielleicht, obgleich es schwierig ist, zuzulassen, daß Menschen leiden und sterben müssen, wenn man ihnen leicht helfen könnte. Es mag Menschen geben, die einwenden, daß ein konsequentes Verhalten in diesem Fall richtiger wäre, doch würden sie vielleicht auch anders entscheiden, wenn sie selbst oder ihnen nahestehende Personen davon betroffen wären.

Vielleicht kommt die wirkliche Lösung auch erst mit dem technologischen Fortschritt. Die medizinische Behandlung angeborener Defekte beschränkt sich gegenwärtig noch auf eine bloße Ausbesserung. Die Insulinzufuhr von außen ermöglicht dem Diabetiker zwar ein halbwegs normales Leben, doch das kranke Gen bleibt unverändert und wird weitervererbt.*

*Ein krankes Gen kann natürliche auch durch Mutation bei einem Kind gesunder Eltern entstehen, so daß selbst eine konsequente Ausmerzung der Menschen mit kranken Genen keine Gewähr dafür bietet, die kranken Gene ausgerottet zu haben.

Vielleicht wird es uns einmal möglich sein, mit Hilfe der Gentechnologie das kranke Gen selbst zu heilen und damit die Krankheit zu beseitigen.

Einige Menschen befürchten, daß die Spezies Mensch gefährdet ist, wenn man die Geburtenrate reduziert. Sie gehen davon aus, daß sich vor allem die Menschen mit einem höheren Bildungsgrad und einer stärkeren sozialen Verantwortung in ihrer Fortpflanzung einschränken, so daß am Ende ein Mißverhältnis zwischen geistig überlegenen und einfältigen Menschen entsteht.

Diese Angst wird noch verstärkt durch die Behauptung einiger Psychologen, daß Intelligenz erblich sei. Sie legen Daten vor, die zeigen sollen, daß wirtschaftlich besser stehende Menschen intelligenter sind als wirtschaftlich schwache. Vor allem behaupten diese Psychologen, Intelligenztests zeigten, daß Schwarze entscheidend geringere IQ-Werte erreichen als Weiße.

Die Konsequenz daraus wäre, daß jeder Versuch, das soziale Mißverhältnis auszugleichen, zu einem Fehlschlag verurteilt wäre, weil die Unterdrückten nur aufgrund ihrer geistigen Beschränkung unterdrückt sind und es deswegen verdienen, unterdrückt zu sein. Weiter könnte man daraus ableiten, daß Einschränkungen in der Geburtenrate hauptsächlich bei den armen und unterdrückten Menschen vorzunehmen seien, weil sie ohnehin »wertlos« sind.

Der englische Psychologe Cyril Burt (1883—1971), Vorkämpfer dieser Psychologen, glaubte sogar, zeigen zu können, daß Mitglieder der britischen Oberschicht klüger seien als Mitglieder der unteren sozialen Klassen, daß »eingeborene« Briten klüger seien als britische Juden, daß britische Männer den britischen Frauen überlegen seien und die Briten allgemein den Iren. Man muß jedoch heute annehmen, daß er seine Daten manipuliert hat, um mit ihnen seine Vorurteile belegen zu können.

Doch selbst da, wo Beobachtungen objektiv zu sein scheinen, gibt es Zweifel an der Aussagekraft von IQ-Tests. Was können sie wirklich mehr sein als ein Vergleich zwischen Tester und Testperson — wobei der Tester natürlich davon ausgeht, selbst zur Intelligenzspitze zu gehören.

Dabei hat es immer wieder in der Geschichte soziale Aufsteiger gegeben: Aus

Bauern wurden Angehörige der sozialen Mittelschicht, aus Unterdrückten wurden Unterdrücker. Wenn wir daher die Ahnengalerie der »feinen Leute« von heute nur weit genug zurückverfolgen, wird man auch ihre Herkunft aus den niederen sozialen Schichten nachweisen können, aus Schichten, die von den zeitgenössischen Unterdrückern natürlich ebenfalls als hoffungslos »subhuman« angesehen wurden.

Es ist letztlich also gleichgültig, wo die Geburtenrate gesenkt wird, *wenn* sie nur ausreichend gesenkt wird — und dies ist erforderlich, wenn wir überhaupt überleben wollen. Die Menschheit wird diesen »Schock« überleben und deswegen sicherlich kaum weniger intelligent sein als heute.

Eine Gefahr scheint uns zu drohen durch die Möglichkeit der Wissenschaftler, natürliche oder synthetische Drogen zu isolieren oder zu produzieren, Drogen, die narkotisieren, stimulieren oder Halluzinationen hervorrufen. Immer mehr sonst normale Menschen scheinen diesen Drogen zu verfallen und von ihnen abhängig zu werden. Wird sich dieser Trend fortsetzen, bis eines Tages die gesamte Menschheit drogenabhängig ist und aus den Fugen gerät?

Offensichtlich werden Drogen im wesentlichen dazu verwendet, der Langeweile oder dem Unglück zu entfliehen. Wenn es daher das erklärte Ziel einer sozial sensiblen Gesellschaft ist, Langeweile und Unglück zu verringern, dürfte ein Erfolg an dieser »Front« auch das Bedürfnis nach diesen Drogen reduzieren. Umgekehrt dürfte eine Niederlage im Kampf gegen Langeweile und Unglück zu einer katastrophalen Zunahme der Drogenabhängigkeit führen.

Schließlich kann die Genmanipulation dazu eingesetzt werden, Mutation und Evolution des Menschen so zu steuern, daß wir einige der drohenden Gefahren ausschließen können. Vielleicht kann man mit Genmanipulation die Intelligenz erhöhen, kranke Gene ausmerzen, positive Veranlagungen verstärken. Aber können nicht selbst gute Vorhaben schiefgehen? Vielleicht gehört zu den ersten Erfolgen der Genmanipulation beim Menschen, daß man das Geschlecht eines Kindes vorausbestimmen kann. Würde dies nicht die gesamte Gesellschaft durcheinander bringen? Die meisten Menschen wünschen sich

Söhne, so daß die Gefahr besteht, daß am Ende nur noch männliche Wesen auf diesem Planeten leben.

Dies ist nicht auszuschließen und hätte einschneidende Folgen. Mit Sicherheit würde die Geburtenrate drastisch zurückgehen, denn sie hängt im wesentlichen von der Zahl der Frauen im gebärfähigen Alter ab, wenig dagegen von der Zahl der Männer. In einer überbevölkerten Welt wäre dies vielleicht sogar ein sehr gutes Mittel, die Geburtenrate zu senken, zumal gerade in übervölkerten Regionen das Streben nach männlichen Nachfahren besonders tief verwurzelt ist.

Umgekehrt würde der »Wert« von Mädchen aufgrund der »verstärkten Nachfrage« rapide ansteigen, und weitsichtige Eltern könnten auf den Gedanken kommen, vorwiegend Mädchen zu »produzieren«, als Investition auf die Zukunft gewissermaßen. Man wird annehmen dürfen, daß es nicht allzu lange dauern wird, ehe sich von alleine ein annähernd gleiches Verhältnis von Jungen und Mädchen einpendeln wird, das einzig wahre und vernünftige Verhältnis.

Und wie steht es um Retortenbabys? 1978 gingen Schlagzeilen um die Welt, die von der Geburt eines Retortenbabys berichteten. Doch das Baby war nur das Ergebnis einer künstlichen Befruchtung in einer Retorte, einer Praxis, die bei Haustieren schon lange eingesetzt wird. Das befruchtete Ei mußte wieder eingepflanzt werden, der Fötus konnte sich nur im Mutterleib entwickeln.

Dies läßt die Vision von einer »Leihmutter« entstehen: Berufstätige Frauen könnten Wert darauf legen, daß ihre Eier künstlich befruchtet werden und dann einer anderen Frau eingepflanzt werden, die das Baby austrägt. Am Ende dieser »Leihschwangerschaft« erhielte sie das Baby zurück und würde die »Leihmutter« bezahlen.

Könnte sich eine solche Methode durchsetzen? Ein Baby ist keineswegs nur das Produkt seiner Gene. Ein Großteil seiner Entwicklung im Mutterleib hängt von der direkten Umgebung ab, von der Ernährung der Mutter, von ihrer Placenta, von den biochemischen Details ihrer Zellen und ihres Blutes. Entsprechend könnte die »biologische« Mutter das Gefühl haben, das Kind, das sie von einer »Leihmutter« bekommt, sei nicht wirklich *ihr* Kind, könnte sie beim Auftreten von (wirklichen oder vermeintlichen) Fehlern und Mangelerscheinungen beim Kind diese nicht geduldig und liebevoll ertragen, sondern sie der »Leihmutter« anlasten.

So wird die künstliche Befruchtung vielleicht als Möglichkeit angesehen werden, auch unfruchtbaren Eltern zu Kindern zu verhelfen — eine Nutzung dieser Methode im großen Maßstab wird es dagegen kaum geben. Wir könnten natürlich auch den Weg bis zum Ende gehen und die natürliche Gebärmutter völlig entlasten. Wenn es erst einmal möglich ist, eine künstliche Placenta zu entwickeln, könnten menschliche Eizellen, die im Labor befruchtet wurden, neun Monate lang im Labor aufgezogen werden. Ernährt würden sie durch eine mit Sauerstoff angereicherte Nährlösung, die auch die körpereigenen Abfallprodukte auswaschen würde. Dies erst wäre ein wirkliches Retortenbaby.

Würde sich die Gebärmutter zurückentwickeln, wenn sie nicht mehr gebraucht wird? Würde die menschliche Spezies von künstlichen Gebärmuttern abhängig, so daß ein Ausfall der Technik das Aussterben der Art nach sich zöge? Wohl kaum. So schnell laufen evolutive Veränderungen nicht ab. Selbst wenn wir über 100 Generationen hinweg menschliche Zuchtfabriken verwenden würden, bliebe der weibliche Gebärapparat funktionstüchtig. Doch unabhängig davon ist es unwahrscheinlich, daß Retortenbabys einmal allein den menschlichen Nachwuchs sichern sollen; dies wird allenfalls eine mögliche Variante bleiben. Viele Frauen werden sicherlich die natürliche Form der Schwangerschaft bevorzugen, und sei es nur, um sicher zu sein, daß das Kind wirklich ihr Kind ist. Vielleicht glauben sie auch, daß das Kind in ihnen ähnlicher ist, wenn sie es selbst mit ihrem eigenen Körper genährt haben und ihm die mütterliche Umgebung angedeihen ließen.

Natürlich haben auch die Retortenbabys ihre Vorteile. Die sich entwickelnden Embryos wären unter ständiger Beobachtung, so daß kleinere Fehlentwicklungen korrigiert werden könnten. Embryonen mit ernsthaften Fehlentwicklungen ließen sich von vornherein ausmerzen, wenn die Mütter Wert darauf legen, gesunde Kinder zu bekommen.

Vielleicht ist es eines Tages möglich, die Erbinformationen eines jeden menschlichen Gens zu verstehen und zu lokalisieren. Dann könnten wir folgenschwere Genschäden genau erkennen und die Wahrscheinlichkeiten abschätzen, unter denen eine zufällige Vereinigung der Gene zweier Partner zu einem kranken Kind führt.

Vielleicht suchen sich die Menschen, die über ihr Genpotential genau informiert sind, ihren Partner danach aus, daß die Erbanlagen möglichst gut zusammenpassen. Solche, die auch dann noch eine Liebesheirat vorziehen, könnten durch Hilfe von außen die optimale Genkombination für ihre Kinder sicherstellen. Auf diese Weise und durch gezielte Genveränderungen ließe sich die Evolution des Menschen steuern.

Besteht dann aber nicht die Gefahr, daß Rassisten versuchen werden, Genkombinationen zu produzieren, aus denen nur große, blonde, blau-äugige Kinder erwachsen? Oder Genkombinationen, aus denen sich geistlose, schwachsinnige Menschen entwickeln, die geduldig und phlegmatisch genug sind, die Schmutzarbeit zu verrichten oder als Soldaten zu kämpfen?

Beide Gedanken sind nicht sehr tiefgründig. Man wird annehmen dürfen, daß solche Laboratorien, die für die Durchführung der Genmanipulation ausgestattet sind, in vielen Ländern der Erde stehen werden — und warum sollten Asiaten beispielsweise davon träumen, den nordischen Typ zu züchten? Und ein Geschlecht von stumpfsinnigen Untermenschen — in einer Welt ohne Krieg, in der die Arbeit von computergesteuerten Automaten verrichtet wird, bleibt für sie keine Aufgabe.

Bleibt noch die Möglichkeit des sogenannten Klonens. Warum sollten wir nicht die normale Fortpflanzung ersetzen durch diesen Duplikationsprozeß, für den man den Zellkern einer normalen Körperzelle eines Menschen (gleichgültig, ob männlich oder weiblich) in eine menschliche Eizelle einpflanzen muß? Diese Eizelle muß dann noch zur Teilung angeregt werden, so daß sich schließlich aus ihr ein Baby entwickelt, das exakt die gleichen Erbanlagen besitzt wie jener Mensch, der als »Vorlage« gedient hat.

Aber warum? Schließlich reicht die normale Fortpflanzung aus, um genügend Babys zu produzieren, und sie hat darüber hinaus den Vorteil, daß die Gene zweier Menschen miteinander kombiniert werden und so neue Verbindungen entstehen können.

Könnte es sein, daß einige Menschen nur ihre eigenen Gene erhalten wollen? Vielleicht, obwohl das »Doppelwesen« keineswegs ein genaues Duplikat wäre. Wenn ein Mensch geklont wird, hat das Doppelwesen zwar das gleiche Aussehen, doch würde es sich nicht in der gleichen Gebärmutter entwickeln und in eine andere soziale Umwelt geboren werden als die »Vorlage«. Klonen böte auch keine Garantie für »ewiges Leben« beispielsweise eines Einstein oder Beethoven. Der »Doppelgänger« eines Mathematikers muß in seinem eigenen sozialen Umfeld keineswegs eine so starke Vorliebe zur Mathematik entwickeln wie die »Vorlage«, und der Klon eines Musikers kann Musik durchaus langweilig finden usw.

Mit anderen Worten, viele Ängste sind im Zusammenhang mit der Genmanipulation ebenso wie die Prophezeiung einer Katastrophe das Ergebnis eines zu sehr vereinfachten Denkens. Dafür werden einige mögliche Vorteile des Klonens meist übersehen.

Mit speziellen Gentechnologien, die noch nicht entwickelt sind, könnte man eine geklonte Zelle so manipulieren, daß sie sich gezielt falsch entwickelt, nur ein funktionierendes Herz hervorbringt, während der Rest des Körpers verkümmert ist. Auf die gleiche Weise könnte man Lebern heranzüchten, Nieren usw. Diese Organe ließen sich dann dazu verwenden, die geschädigten Gegenstücke des Spenders der geklonten Zelle zu ersetzen. seine körpereigenen Abwehrstoffe würden diese Ersatzorgane akzeptieren, da sie schließlich aus dem gleichen genetischen Material entstanden wie der Körper selbst.

Mit Hilfe des Klonens könnte man auch gefährdete Tierarten vor dem Aussterben bewahren. Muß aber eigentlich die Evolution — gesteuert oder nicht — das Ende der Menschheit bringen? Wenn wir die Menschheit auf den Homo sapiens beschränken, vielleicht ja. Aber ist diese Einschränkung berechtigt?

Wenn Menschen einmal wirklich Raumsiedlungen bewohnen sollten, die sich schließlich aus dem Sonnensystem lösen und in den Tiefen des Universums verschwinden, dann werden sich die Menschen in jedem dieser Raumschiffe weiterentwickeln, leicht verändert weiterentwickeln, so daß nach vielleicht einer Million Jahre Dutzende, Hunderte oder Myriaden von unterschiedlichen Spezies entstanden sind, die alle auf den heutigen Menschen zurückgeführt werden können.

Dies kann nur von Vorteil sein, da Vielfältigkeit und Vielseitigkeit die menschliche Gattung nur stärken kann. Wir können davon ausgehen, daß die Intelligenz erhalten bleibt oder sogar noch verbessert wird, da eine Spezies, deren Intelligenzgrad absinkt, eine solche Raumsiedlung auf Dauer nicht betreiben kann und so von alleine »ausscheidet«. Und wenn die Intelligenz erhalten bleibt und sogar noch wächst, warum sollten sich dann äußere Erscheinungsform und innere Abläufe des »Intelligenzträgers« nicht verändern dürfen?

Computer

Ist es denkbar, daß sich nicht nur die Menschheit weiterentwickelt und dabei »verbessert«, sondern auch andere Spezies? Könnten diese anderen Spezies uns eines Tages einholen und verdrängen?

In gewisser Weise haben wir die Delphine eingeholt und überholt, die schon seit vielen Millionen Jahren ein Gehirn von der Größe eines Menschenhirns besitzen. Es gab jedoch zwischen diesen im Wasser lebenden Meeressäugetieren und den auf dem Land lebenden Primaten keine Konkurrenz, keine Auseinandersetzungen, und es blieb uns vorbehalten, eine Technologie zu entwickeln. Wir wären wahrscheinlich nicht wir selbst, wenn wir einen solchen Wettstreit zuließen. Wir könnten allenfalls eine Spezies, die so intelligent ist wie wir, als Verbündete im Kampf gegen die Katastrophen dulden. Doch dazu müßten wir zunächst einmal mit Hilfe der Gentechnologie andere Spezies in ihrer Entwicklung so beeinflussen, daß Intelligenz entsteht, und zwar in Zeiträumen, die sich nicht in Millionen von Jahren messen lassen.

Es gibt jedoch noch eine andere Art von Intelligenz auf diesem Planeten, eine, die unabhängig vom Leben ist, eine Intelligenz, die von der Menschheit geschaffen wurde: die Computer.

Der Traum von Rechenmaschinen, die komplizierte mathematische Aufgaben viel schneller und zuverlässiger lösen konnten als Menschen (sofern die Computer richtig programmiert sind), ist schon alt. Im Jahre 1822 begann der englische Mathematiker Charles Babbage (1792—1871) mit dem Bau einer solchen Rechenmaschine. Doch obwohl er viele Jahre probierte, blieb ihm der Erfolg versagt — nicht etwa, weil seine Theorie falsch war, sondern weil er sich nur auf mechanische Bauteile stützen konnte, die aber für die gestellte Aufgabe denkbar ungeeignet waren.

Was man brauchte, war die Elektronik, der Einsatz subatomarer Teilchen anstelle von großen beweglichen Teilen. Während des Zweiten Weltkriegs wurde die erste große elektronische Rechenmaschine von John Presper Eckert, jun. (1919—) und John William Machly (1907—) nach Plänen des amerikanischen Elektroingenieurs Vannevar Bush (1890—1974) an der Universität von Pennsylvania gebaut. Diese elektronische Rechenmaschine ENIAC (*E*lectronic *N*umerical *I*ntegrator *a*nd *C*omputer) kostete 3 Millionen Dollar, enthielt 19.000 Röhren, wog 30 Tonnen, benötigte eine Standfläche von 140 Quadratmetern und verbrauchte so viel Energie wie eine Lokomotive. 1955 gab sie ihren Geist auf und wurde 1957 demontiert — sie war inzwischen völlig veraltet.

Die empfindlichen, unzuverlässigen und energiefressenden Elektronenröhren wurden inzwischen durch Transistoren abgelöst, die viel kleiner und zuverlässiger sind und auch weniger Energie verbrauchen. Im Laufe der Zeit konnten selbst diese elektronischen Bausteine weiter verkleinert werden, konnte ihre Zuverlässigkeit noch erhöht werden. Mittlerweile werden winzige Siliziumplättchen, kaum größer als einige Quadratzentimeter, so dünn wie Papier und mit Spuren anderer Elemente fein »verziert«, zu komplizierten elektronischen Bausteinen zusammengefügt, die die Grundlage der Mikrocomputertechnik bilden.

Gegen Ende der siebziger Jahre konnte man für 300 Dollar bei jedem Versandhaus oder nahezu an jeder Ecke einen Computer kaufen, der kaum mehr Strom verbraucht als eine Glühlampe, der leicht genug ist, um transportabel zu sein, der aber viel mehr kann als ENIAC, 20mal schneller arbeitet als jener und viel zuverlässiger ist.

Seit Computer immer kompakter wurden, immer vielseitiger und immer billiger, halten sie Einzug in den privaten Haushalt. Möglicherweise werden sie sich innerhalb der achtziger Jahre einen so festen Platz im alltäglichen Leben erobern wie das Fernsehen in den fünfziger Jahren. Ich habe ja schon darauf hingewiesen, daß solche Computer auch zu Lernzwecken eingesetzt werden können. Wie weit wird diese Entwicklung gehen?

Noch sind Computer nur in der Lage, gestellte Probleme zu lösen, wobei sie sich strikt an das ihnen eingegebene Programm halten und dabei letztlich nur die einfachsten Rechenoperationen vollführen — allerdings mit außergewöhnlicher Geschwindigkeit und Geduld. Ein erster Ansatz von Intelligenz ist jedoch schon zu erkennen, denn Computer »lernen« allmählich, ihre eigenen Fehler zu verbessern und Programmänderungen vorzunehmen.

Wenn Computer mit ihrer »künstlichen Intelligenz« immer mehr und mehr der Routinedenkarbeit übernehmen und eines Tages vielleicht auch andere Denkaufgaben erfüllen, wird dann die menschliche Intelligenz degenerieren, weil sie aus der Übung kommt? Werden wir von unseren Maschinen abhängig, so daß, wenn unsere Intelligenz nicht ausreicht, diese Maschinen richtig zu bedienen, wir als Spezies degenerieren und einen Zusammenbruch der Zivilisation heraufbeschwören?

Vor dem gleichen Problem und der gleichen Angst dürften die Menschen auch schon in früheren Zeiten gestanden haben. Man kann sich die Verachtung früherer Bauleute vorstellen, als die Vorläufer des heutigen Zollstocks in

Gebrauch kamen: Würden das geübte Auge und die erfahrene Urteilskraft der ausgebildeten Architekten für immer degenerieren, wenn jeder Narr mit Hilfe von Markierungen ablesen könnte, welches Stück Holz oder welcher Stein die erforderliche Länge besaß? Und wie müssen erst die Bänkelsänger in der Frühzeit der Zivilisation auf die Erfindung der Schrift reagiert haben, jene »Geheimzeichen«, die das Gedächtnis überflüssig machten? Ein zehnjähriges Kind, des Lesens kundig, würde die *Ilias* vortragen können, auch wenn es vorher nie etwas davon gehört hat, einfach durch Lesen der Schriftzeichen. Wie sehr würde der Geist darunter leiden!

Doch der Einsatz lebloser Hilfen, mit denen Messen und Erinnern erleichtert wurde, führte keineswegs zu einer Reduzierung dieser menschlichen Fähigkeiten. Sicher, man findet heute kaum noch jemanden mit einem so geschulten Gedächtnis, daß er lange Gedichte herunterrasseln könnte. Aber wer braucht so etwas? Ist es nicht besser, wenn unser Geist sich nicht mit »nutzlosen« Dingen zu belasten braucht, sondern für Wichtigeres bereitsteht? Hätte man den Kölner Dom oder die Golden Gate Bridge nach Augenmaß bauen können? Wieviele Menschen würden die Theaterstücke Shakespeares oder die Novellen Tolstois kennen, wenn wir erst jemanden finden müßten, der sie auswendig kennt und bereit ist, sie vorzutragen — vorausgesetzt, sie wären überhaupt je verfaßt worden, wenn es keine Schrift gäbe.

Als mit der industriellen Revolution die Entwicklung der Dampfkraft und der Elektrizität kam, die beide menschliche Arbeitskraft entlasten konnten, verloren da die menschlichen Muskeln als Folge davon ihre Kräfte? Die sportlichen Leistungen in den Wettkampfarenen widerlegen diese Ängste nachträglich. Selbst jeder normale Büroarbeiter kann sich durch Jogging, Tennis oder Freiübungen in Form halten — durch freiwillige körperliche Ertüchtigung, die nichts mehr zu tun hat mit der harten Arbeit früherer Jahrhunderte.

Warum sollte dies mit den Computern anders gehen? Sie können uns die rein mechanischen Arbeiten abnehmen, langwierige Rechnereien, Buchhaltung, das Wiederfinden von Informationen und anderes mehr, so daß unsere Gehirne für kreative Arbeiten freigestellt werden.

Das setzt natürlich voraus, daß Computer immer nur die Routinearbeiten erfüllen. Was aber, wenn sich die Computer weiterentwickeln und schließlich uns ebenbürtig werden? Was, wenn Computer aus sich heraus Brücken bauen, Symphonien komponieren, wissenschaftliche Glanzleistungen vollbringen? Was, wenn sie lernen, jede menschliche Fähigkeit des Gehirns nachzuahmen? Was schließlich, wenn Computer als künstliche Gehirne für Roboter benutzt werden können, sie zu künstlichen Menschen werden lassen, die alles können, was Menschen können, aber aus beständigeren Materialien gebaut sind, so daß sie auch unter härteren Umweltbedingungen existieren können? Könnte nicht die Menschheit am Ende unterliegen? Könnten nicht die Computer die Führung übernehmen? Stünde uns so nicht eine Katastrophe der vierten Art bevor (nicht bloß der fünften Art), bei der die Menschheit ausgerottet wird, abgelöst durch ihre eigenen künstlichen Geschöpfe?

Wir könnten jetzt zynisch zurückfragen: warum nicht? Die Geschichte der Evolution des Lebens ist die Geschichte langsamer Veränderungen der Spezies, aber auch zahlloser »Ablöseprozesse« einer Spezies durch eine andere, wann immer solche Veränderungen oder Ablösungen zu einer besseren Anpassung an die ökologische Nische führten. Auf diese Weise entstand vor einigen hunderttausend Jahren schließlich auch der Homo sapiens, aber warum sollte er der letzte Schritt sein?

Warum sollten wir annehmen, daß jetzt, wo wir selber die Erde bevölkern, die Evolution am Ende ist? Sicher, wenn wir die Möglichkeit besäßen, uns umzudrehen und den gesamten komplexen Weg der Evolution zu überschauen, könnten wir den Eindruck haben, daß sich das Leben ganz langsam auf dem Umweg über zahlreiche Versuche und Fehlversuche immer weiterentwickelt hat, bis schließlich eine Spezies entstand, die intelligent genug ist, um den Prozeß der Evolution selbst in die Hand zu nehmen. Diese Evolution würde sich nur fortsetzen, wenn eine künstliche Intelligenz entsteht, die weit besser ist als alles, was die Natur bislang hervorgebracht hat.

Unter solchen Voraussetzungen wäre die Verdrängung der Menschheit durch hochentwickelte Computer ein natürlicher Prozeß, vergleichbar mit der Verdrängung der Reptilien durch die Säugetiere. Allenfalls unsere Eigenliebe könnte uns subjektive, unzureichende Argumente für eine Ablehnung dieser Entwicklung liefern. Und wenn wir noch zynischer werden wollen, könnten wir sogar behaupten, daß die Ablösung der Menschen durch die Computer keineswegs von Übel sein muß, sondern eine Menge Positives in sich birgt.

Wir haben in den vorausgegangenen Kapiteln immer stillschweigend angenommen, daß die Menschheit in der Lage ist, Kriege zu vermeiden, die Bevölkerung zu begrenzen und eine menschliche Gesellschaftsordnung aufzubauen — aber stimmt diese Annahme? Man möchte gerne davon ausgehen, doch die Geschichte der Menschheit läßt eigentlich diese Hoffnung nicht zu. Was, wenn die Menschen nicht lernen, ihre ewigen Verdächtigungen und gegenseitigen Auseinandersetzungen zu beenden? Was, wenn es ihnen nicht gelingt, das Bevölkerungswachstum zu stoppen? Was, wenn es nicht gelingt, menschliche Höflichkeit und Anstand zur Grundlage einer menschlichen Gesellschaft werden zu lassen? Läßt sich dann eine Zerstörung der Zivilisation, eine Selbstvernichtung der Menschheit überhaupt vermeiden?

Vielleicht ist die Ablösung einer unfähigen Spezies durch eine andere Spezies die einzige Lösung. Von diesem Standpunkt aus betrachtet, sollten wir nicht fürchten, daß die Menschheit von den Computern abgelöst wird, sondern daß es den Menschen nicht gelingt, die Computer schnell genug so weit zu entwickeln, daß sie das Erbe der Menschheit antreten können, bevor die unvermeidliche Zerstörung der Zivilisation eingesetzt hat.

Was aber, wenn die Menschen doch in der Lage sind, ihre Probleme zu lösen, wenn sie eine menschliche Gesellschaft aufbauen, die auf Frieden, Kooperation und einem vernünftigen technologischen Fortschritt basiert? Was, wenn sie dies mit Hilfe der immer weiter sich entwickelnden Computertechnik schaffen? Würden die Menschen nicht trotz dieses Erfolges von den Computern »ausgestochen« und wäre dies nicht trotz allem eine Katastrophe?

Wann aber ist eine Intelligenz überlegen?

Wir können geistige Qualitäten nicht wie Strecken oder Flächen mit Hilfe eines Maßstabs untereinander vergleichen. Wir sind nur an eindimensionale Vergleiche gewöhnt, so daß wir sehr wohl verstehen, was es heißt, daß eine Strecke größer ist als eine andere, eine Masse größer ist als eine andere, eine Zeitspanne länger ist als eine andere. Von daher neigen wir zu der Annahme, daß sich alle Dinge so einfach vergleichen lassen.

So kann zum Beispiel ein Zebra einen entfernten Punkt schneller erreichen als eine Biene, wenn beide gleichzeitig starten. Es erscheint uns daher durchaus berechtigt, zu sagen, ein Zebra sei schneller als eine Biene. Doch eine Biene ist viel kleiner als ein Zebra und kann fliegen. Beide Unterschiede müssen wir berücksichtigen, wenn wir die Qualität »Schnelligkeit« beider Tiere miteinander vergleichen wollen. Eine Biene kann aus einem Graben herausfliegen, in den ein Zebra gestürzt ist; sie kann durch die Stäbe eines Käfigs entweichen, in dem ein Zebra gefangen ist. Welches von beiden Lebewesen ist nun schneller? Wenn A im Hinblick auf eine Qualität dem Lebewesen B überlegen ist, so kann B in einer anderen Qualität A übertreffen. Abhängig von den jeweiligen Voraussetzungen kann die eine oder andere Qualität überlebensnotwendig sein.

Mit einem Flugzeug können Menschen viel schneller fliegen als Vögel, aber eben nicht so langsam wie sie, und manchmal kann die Fähigkeit zum Langsamfliegen überlebensnotwendig sein. Mit einem Hubschrauber kann ein Mensch so langsam fliegen wie ein Vogel, aber nicht so geräuschlos, und manchmal kann ein geräuschloses Fliegen für das Überleben entscheidend sein. Die Überlebensfähigkeit hängt von vielen Eigenschaften ab, und keine Spezies kann durch eine andere ersetzt werden, nur weil jene ihr in einer einzigen Eigenschaft überlegen ist — auch dann nicht, wenn dieser einzige Unterschied sich auf die Intelligenz beschränkt.

Wir erleben dies im täglichen Leben oft genug. In einem Notfall bleibt nicht notwendigerweise der Mensch mit dem höchsten IQ Sieger — es könnte jener mit der stärksten Entscheidungskraft sein, mit der größten Körperkraft, mit der längsten Ausdauer, mit der stärksten Gesundheit, dem größten Einfluß. Intelligenz ist zwar wichtig, aber nicht allein entscheidend.

Außerdem läßt sich Intelligenz nicht einfach messen, ihre Erscheinungsformen sind zu unterschiedlich. Wir alle kennen die Witzfigur eines zerstreuten Professors, der zwar in seinem Fachgebiet führend ist, sich aber im täglichen Leben nicht zurechtfindet. Wir würden uns auch nicht wundern, wenn ein scharfsinniger Geschäftsmann, der intelligent genug ist, um eine milliardenträchtige Firma mit sicherer Hand zu führen, nicht in der Lage wäre, grammatisch richtig zu reden. Wie also wollen wir menschliche Intelligenz und Computerintelligenz miteinander vergleichen, wie wollen wir eine überlegene Intelligenz kennzeichnen?

Schon jetzt können Computer Leistungen vollbringen, zu denen wir nie in der Lage wären, und trotzdem wird kaum jemand behaupten wollen, daß Computer intelligenter seien als wir. Wir dürfen auch nicht vergessen, daß die Entwicklung der menschlichen Intelligenz und der Computerintelligenz grundsätzlich verschiedene Wege gegangen sind, von verschiedenen äußeren Mechanismen angetrieben.

Das menschliche Gehirn entstand durch viele Versuche und Fehlschläge, durch zufällige Mutationen, aufgrund geringfügiger chemischer Veränderungen, unter dem Druck der natürlichen Selektion und dem Zwang, unter bestimmten Umweltbedingungen zu überleben. Die Computergehirne sind das Ergebnis einer sorgfältigen menschlichen Überlegung, sie funktionieren aufgrund elektrischer Veränderungen, und Entwicklung wird durch den technologischen Fortschritt vorangetrieben und durch die Anforderungen, die wir Menschen an sie stellen.

Es wäre schon ziemlich seltsam, wenn nach zwei solch unterschiedlichen Entwicklungswegen menschliche Gehirne und Computerhirne am Ende einander so ähnlich würden, daß man von dem einen objektiv sagen kann, es sei dem anderen überlegen.

Viel wahrscheinlicher ist, daß, selbst wenn beide im ganzen gesehen, gleiche Intelligenz besitzen, die Intelligenzen sich untereinander doch so unterscheiden, daß man sie nicht einfach miteinander vergleichen kann. Es wird immer

Aufgaben geben, für die das Computergehirn besser geeignet ist, und solche, die das menschliche Gehirn besser zu leisten vermag. Dies um so mehr, wenn es der Gentechnologie gelingen sollte, das menschliche Gehirn gezielt auf jene Aufgaben vorzubereiten, denen der Computer nicht gewachsen ist. Man wird daher eher versuchen, Computer- und Menschenhirne in verschiedene Richtungen weiterzuentwickeln, da eine Parallelentwicklung unnötig und verschwenderisch wäre und eine von beiden überflüssig machen würde.

Entsprechend muß das Problem der evolutiven Ablösung gar nicht erst erwachsen. Viel vernünftiger erscheint die Entwicklung einer Art Symbiose, einer Zusammenarbeit, bei der beide Arten von Intelligenz einander ergänzen und so eine viel größere Kapazität erreichen als jede für sich. Das könnte neue Horizonte eröffnen, die Entwicklung zu neuen Höhen vorantreiben. Die Verbindung von menschlicher und künstlicher Intelligenz könnte sich einmal als Tor zu einer neuen Welt erweisen, in der die Menschheit aus ihrer isolierten Kindheit zu einem kooperativen Erwachsenenleben findet.

Nachwort

Wollen wir am Ende noch einmal zurückblicken auf die Vielzahl der möglichen Katastrophen, die vor uns liegen.

Wir können alle Katastrophen, die ich vorgestellt habe, in zwei Gruppen unterteilen: (1) Wahrscheinliche oder sogar unvermeidbare Katastrophen, wie etwa die Entwicklung der Sonne zu einem Roten Riesen und (2) sehr unwahrscheinliche Katastrophen, wie etwa das Eindringen eines großen Klumpens Antimaterie in das Sonnensystem und sein Zusammenstoß mit der Erde.

Über die Katastrophen der zweiten Kategorie brauchen wir uns nicht ernsthaft zu sorgen. Wahrscheinlich liegen wir nicht sehr falsch, wenn wir annehmen, daß sie sich nie ereignen, und wir uns daher auf die erste Gruppe konzentrieren. Sie läßt sich in zwei Untergruppen aufgliedern: (a) Katastrophen, die die unmittelbare Zukunft bringen kann, wie Krieg und Hunger, und (b) Katastrophen, die erst in Zehntausenden oder gar Milliarden Jahren über uns hereinbrechen, wie etwa eine neue Eiszeit oder die Aufheizung der Sonne.

Auch hier brauchen wir uns über die Katastrophen der zweiten Untergruppe gegenwärtig noch keine Sorgen zu machen, denn wenn wir uns nicht auf Katastrophen der ersten Untergruppe konzentrieren, bleibt alles andere rein akademisch.

Auch die Katastrophen der ersten Untergruppe, jene, die sehr wahrscheinlich sind und noch dazu unmittelbar bevorstehen, können wir in zwei Klassen einteilen: (i) vermeidbare Katastrophen und (ii) unvermeidbare Katastrophen. Ich glaube nicht, daß irgendeine Katastrophe in die zweite Kategorie eingeordnet werden kann: Es gibt *keine* unmittelbar bevorstehende Katastrophe, die sich *nicht* vermeiden ließe; nichts ist wirklich so bedrohlich, daß wir schon nichts mehr dagegen unternehmen könnten. Wenn wir vernünftig und menschlich reagieren, wenn wir uns mit klarem Kopf auf die Probleme konzentrieren, die die gesamte Menschheit bedrohen, und uns nicht durch unsere Gefühle auf längst überkommene Ziele wie nationale Sicherheit und lokalen

480

Stolz beschränken, wenn wir erkennen, daß nicht der Nachbar unser Feind ist, sondern Elend, Unwissenheit und die kalte Gleichgültigkeit der Naturgesetze — dann können wir all jene Probleme lösen, denen wir uns gegenübersehen. Wir können frei entscheiden, überhaupt keine Katastrophe zuzulassen.

Und wenn uns dies innerhalb des nächsten Jahrhunderts gelingt, können wir uns in den Weltraum ausbreiten und damit unsere Verletzlichkeit verlieren. Wir werden nicht länger von einem Planeten oder von einem Stern abhängig sein. Und dann wird die Menschheit oder ihre intelligenten Nachfahren fortbestehen, wenn das Ende der Erde herannaht, wenn das Ende der Sonne herannaht, vielleicht sogar wenn das Ende des Universums naht (wer weiß?).

Dies ist und sollte unser Ziel sein.

Mögen wir es erreichen!

Stichwortregister

Isaac Asimov
Außerirdische Zivilisation

Wieder einmal läßt uns Asimov, ausgerüstet mit den neuesten wissenschaftlichen Informationen, einen Blick in die Tiefe des Weltalls tun, diesmal auf der Suche nach einer Beantwortung der Frage: sind wir allein im Weltall? Sind wir die einzigen intelligenten Lebewesen, die das Universum auf der Suche nach Leben durchforschen?
Asimov prüft diese Frage, die die Menschheit seit Jahrhunderten beschäftigt, mit unbestechlichem wissenschaftlichen Blick. Er zeigt, daß die Astronomie unserer Tage diese Frage ganz neu stellt und mit neuen erregenden Details beantwortet.

352 Seiten. Leinen. DM 36,–

Kiepenheuer & Witsch

Isaac Asimov
Die Schwarzen Löcher

Asimov, als Sachbuch- und
Science Fiction-Autor
ein hervorragender Kenner
der astronomischen Forschung,
schreibt die Geschichte
der Schwarzen Löcher,
die gleichzeitig die Geschichte
der Sterne ist.

224 Seiten. DM 14,80

Band 7
Paperbackreihe
bei
Kiepenheuer & Witsch